高等院校数字艺术精品课程系列教材

新媒体技术与应用 第2版

全彩慕课版

刘解放 张艳婷 主编／陈小欣 黄海萍 禄璟 副主编

人民邮电出版社
北京

图书在版编目（CIP）数据

新媒体技术与应用 : 全彩慕课版 / 刘解放，张艳婷主编. -- 2版. -- 北京 : 人民邮电出版社，2025.
(高等院校数字艺术精品课程系列教材). -- ISBN 978-7-115-65227-0

Ⅰ. TP37

中国国家版本馆 CIP 数据核字第 2024J2V055 号

内 容 提 要

本书全面、系统地介绍新媒体技术的核心知识与应用领域，包括新媒体技术概述、图形图像的编辑与制作、视频的编辑与制作、音频的编辑与制作、动画的编辑与制作及综合案例等内容。

本书第 1 章为基础知识；第 2～5 章以课堂案例为主线展开讲解，每个课堂案例都有详细的操作步骤，学生通过实际操作可以快速熟悉新媒体技术并掌握其应用技巧，课堂练习和课后习题可以提升学生应用新媒体技术的能力，拓宽学生的设计思路；第 6 章综合案例设有 8 个商业案例，旨在帮助学生综合运用所学知识完成制作，顺利达到实战水平。

本书可作为高等职业院校数字媒体类专业新媒体技术与应用课程的教材，也可作为对新媒体技术感兴趣的读者的参考书。

◆ 主　　编　刘解放　张艳婷
　副 主 编　陈小欣　黄海萍　禄　璟
　责任编辑　王亚娜
　责任印制　王　郁　焦志炜

◆ 人民邮电出版社出版发行　　北京市丰台区成寿寺路 11 号
　邮编　100164　　电子邮件　315@ptpress.com.cn
　网址　https://www.ptpress.com.cn
　北京捷迅佳彩印刷有限公司印刷

◆ 开本：787×1092　1/16
　印张：15.5　　2025 年 2 月第 2 版
　字数：397 千字　　2025 年 2 月北京第 1 次印刷

定价：79.80 元

读者服务热线：(010)81055256　印装质量热线：(010)81055316
反盗版热线：(010)81055315

前言

本书全面贯彻党的二十大精神，以社会主义核心价值观为引领，传承中华优秀传统文化，坚定文化自信。为使内容更好地体现时代性、把握规律性、富于创造性，编者对本书进行了精心设计。

如何使用本书

第一步，通过精选基础知识，快速熟悉新媒体行业。

第二步，通过课堂案例＋软件功能解析，边做边学软件功能，熟悉操作流程。

2.3.1 课堂案例——制作元宵节海报 精选商业案例

【案例学习目标】学习使用不同的抠图工具选取不同图像，并应用图层控制面板为图像添加效果。

【案例知识要点】使用“置入嵌入对象”命令置入图片，使用“添加图层样式”命令为图像添加效果，使用“色相/饱和度”命令调整色调，通过创建剪贴蒙版调整图片显示区域。元宵节海报效果如图2-28所示。

【效果所在位置】Ch02/效果/制作元宵节海报.psd。

图 2-28

（1）启动Photoshop软件，按Ctrl+N组合键，弹出“新建文档”对话框，设置宽度为1125像素，高度为2436像素，分辨率为72像素/英寸，背景内容为红色（153、21、26），如图2-29所示，单击“创建”按钮，新建一个文件。

文字 + 视频步骤详解

（2）选择“文件 > 置入嵌入对象”命令，弹出“置入嵌入的对象”对话框，选择云盘中的“Ch02 > 制作元宵节海报 > 素材 > 01”文件。单击“置入”按钮，置入图片，将图片拖曳到适当的位置，按Enter键确定操作，在“图层”控制面板中生成新的图层并将其命名为“点”，如图2-30所示，效果如图2-31所示。

第三步，通过课堂练习 + 课后习题，提高应用能力。

更多商业案例

2.8 课堂练习——制作嘉兴肉粽主图

【练习知识要点】使用“矩形”工具、“添加锚点”工具、“转换点”工具和“直接选择”工具制作会话框，使用“横排文字”工具和“字符”控制面板添加公司名称、职务信息和联系方式。嘉兴肉粽主图效果如图2-249所示。

【效果所在位置】Ch02/效果/制作嘉兴肉粽主图.psd。

图 2-249

巩固本章所学知识

2.9 课后习题——制作实木双人床 Banner

【习题知识要点】使用“矩形选框”工具、“变换选区”命令、“扭曲”命令和“羽化”命令制作沙发投影，使用“移动”工具添加装饰图片和文字。实木双人床Banner效果如图2-250所示。

【效果所在位置】Ch02/效果/制作实木双人床Banner.psd。

图 2-250

第四步，通过综合实战，演练真实商业项目，拓宽设计思路。

制作视频节目片头

制作运动产品广告

制作微信海报

制作公众号首图

制作活动促销 H5 页面

制作中式糕点 H5 页面

配套资源

- 所有案例的素材文件及最终效果文件。
- PPT 课件。
- 教学大纲。
- 配套教案。

读者可登录人邮教育社区（www.ryjiaoyu.com）搜索本书书名，在相关页面中免费下载配套资源。

登录人邮学院网站（www.rymooc.com）或扫描封底的二维码，使用手机号码完成注册，在首页右上角单击“学习卡”选项，输入封底刮刮卡中的激活码，即可在线学习本书慕课。

教学指导

本书的参考学时为 64 学时，其中实训环节的参考学时为 36 学时，各章的参考学时参见下面的学时分配表。

章	内　容	学时分配	
		讲　授	实　训
第 1 章	新媒体技术概述	4	
第 2 章	图形图像的编辑与制作	4	8
第 3 章	视频的编辑与制作	4	8
第 4 章	音频的编辑与制作	4	4
第 5 章	动画的编辑与制作	8	8
第 6 章	综合案例	4	8
学时总计		28	36

由于编者水平有限，书中难免存在不足之处，敬请广大读者批评指正。

编 者

2024 年 11 月

目录

—04—

第 4 章　音频的编辑与制作

—05—

第 5 章 动画的编辑与制作

—06—

第 6 章 综合案例

第 1 章

01 新媒体技术概述

本章介绍

随着VR、AR、人工智能等技术的持续发展，新媒体领域产生了巨大的变化。面对这些变化，相关从业人员必须对新媒体及新媒体技术进行持续的学习。本章重点对新媒体的概念、发展、特点和类型，新媒体技术的概念和类型，以及新媒体信息处理技术的类型、软件和应用进行讲解。通过本章的学习，学生可以对新媒体技术有一个基本的认识，有助于后续进行深入学习。

学习目标

- 理解新媒体的概念。
- 了解新媒体的发展。
- 熟悉新媒体的特点。
- 熟悉新媒体的类型。
- 理解新媒体技术的概念。
- 了解新媒体处理技术的类型。

素养目标

- 培养对新媒体技术的兴趣。
- 培养学无止境的学习精神。

技能目标

- 了解新媒体信息处理技术的软件。
- 熟悉新媒体信息处理技术的应用。

1.1 认识新媒体

媒体是指传播信息的媒介，是人们用来传递信息、获取信息的工具、渠道、载体、中介或技术手段。随着互联网的高速发展，微信、微博、抖音、今日头条等新媒体已成为人们获取信息的主要渠道。

1.1.1 新媒体的概念

新媒体的概念可以通过狭义及广义两个方面进行理解。

（1）狭义上，新媒体特指建立在智能数字技术之上，通过计算机、手机及数字电视机等终端交互式传播信息的载体。

（2）广义上，新媒体是指向用户提供信息和服务的新的传播载体。

1.1.2 新媒体的发展

新媒体的发展经历了精英媒体阶段、大众媒体阶段以及个人媒体阶段3个阶段。

精英媒体阶段是新媒体的初期，在这一阶段主要是媒体相关的专业人士接触及使用新媒体。

大众媒体阶段是新媒体已经完成了整体发展并得到普及的时期，在这一阶段主要是大众利用计算机、平板电脑以及手机等终端设备传递信息。

个人媒体阶段是新媒体技术的持续发展并得到整体普及的时期，在这一阶段主要是以往没有平台和媒体资源但具备一技之长的个体通过网络发表自己的言论和观点向受众展示。

1.1.3 新媒体的特点

新媒体的特点可以分为互动化、全时化、个性化、数据化以及智能化5个方面。其中新媒体的互动化是指新媒体信息传播时，接收方和信息源能够产生交流、互动。新媒体的全时化是指新媒体信息的传播可以根据不同的需要在任何时间进行。新媒体的个性化是指新媒体针对个人进行相关服务，如个性化推送和定制化消费。新媒体的数据化是指在数字化信息处理技术的基础之上，通过互联网传播数据信息。新媒体的智能化是指新媒体在互联网、物联网、大数据以及人工智能等技术的支持下，具有能动性地满足人类各种需要的属性。

1.1.4 新媒体的类型

新媒体可以分为物质新媒体和信息新媒体两大类型：物质新媒体是指计算机、智能手机、照相机、新媒体辅助设备以及可穿戴设备等硬件；信息新媒体是指平台新媒体、社群新媒体、展示型新媒体、公众号新媒体、App新媒体及游戏新媒体等软件，如图1-1所示。

图 1-1

1.2 认识新媒体技术

新媒体是相对于传统媒体而言的，是向用户提供信息和服务的新的传播载体。相比过去借助报刊、收音机、电视机等终端设备获取信息和服务的传统媒体技术，在现代化、全球化、知识经济飞速发展的背景下，人们更倾向于借助手机、计算机、数字电视机等终端设备获取信息和服务的新型媒体技术。

1.2.1 新媒体技术的概念

新媒体技术是一种综合且新兴的技术，该技术是以互联网技术为基础，为提供用户需要的信息服务功能而诞生的实际应用技术。

1.2.2 新媒体技术的类型

新媒体技术的类型主要可以分为新媒体信息存储、显示、发布及检索技术，新媒体传播技术，新媒体技术的基础，新媒体传播新技术和新媒体信息管理与安全技术，如图1-2所示。

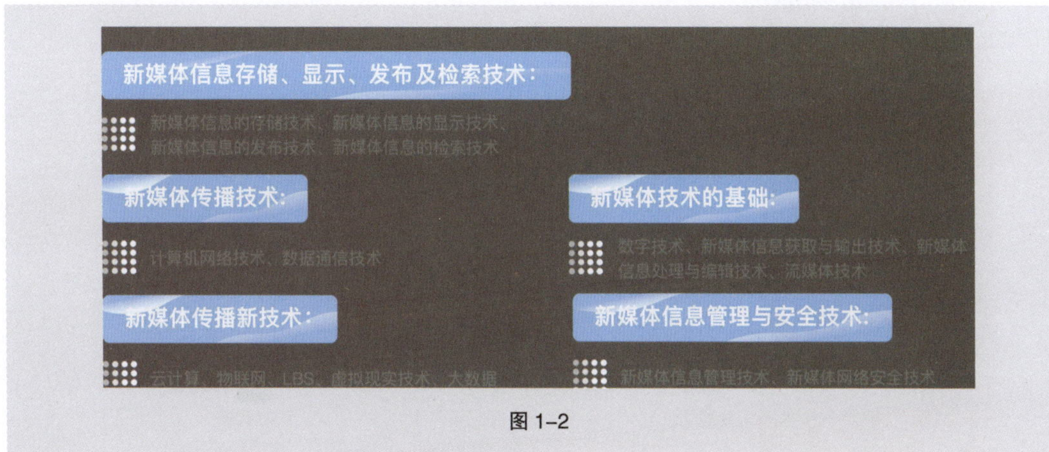

图 1-2

1.3 新媒体信息处理技术

新媒体信息处理技术作为新媒体技术的基础，主要用于针对各类信息进行相关处理。经过处理的信息通常会直观地呈现到人们面前，带来直观的体验。

1.3.1 新媒体信息处理技术的类型

新媒体信息处理技术主要分为文字信息处理技术、图形图像信息处理技术、动画信息处理技术、音频信息处理技术以及视频信息处理技术。

1.3.2 新媒体信息处理技术的软件

新媒体信息处理技术的常用软件可以分为文章排版软件、设计制图软件、影音编辑软件、动画设计工具、制作常用工具、网址加工工具、团队协作工具、实用辅助工具这8类，具体的软件如图1-3所示。

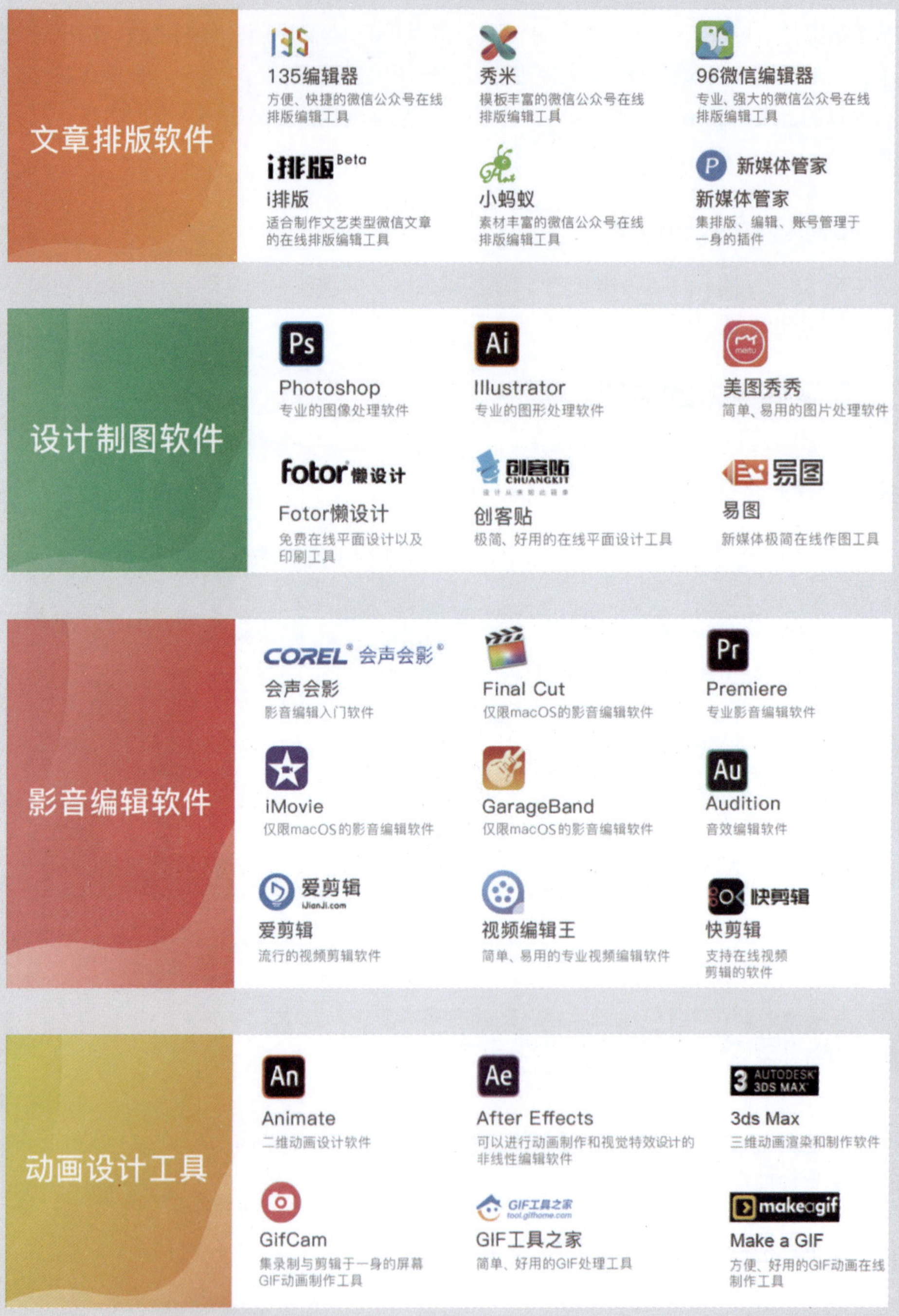

文章排版软件
135编辑器
方便、快捷的微信公众号在线排版编辑工具
秀米
模板丰富的微信公众号在线排版编辑工具
96微信编辑器
专业、强大的微信公众号在线排版编辑工具
i排版 Beta
i排版
适合制作文艺类型微信文章的在线排版编辑工具
小蚂蚁
素材丰富的微信公众号在线排版编辑工具
新媒体管家
新媒体管家
集排版、编辑、账号管理于一身的插件
设计制图软件
Ps
Photoshop
专业的图像处理软件
Ai
Illustrator
专业的图形处理软件
美图秀秀
简单、易用的图片处理软件
fotor 懒设计
Fotor懒设计
免费在线平面设计以及印刷工具
创客贴 CHUANGKIT
创客贴
极简、好用的在线平面设计工具
易图
易图
新媒体极简在线作图工具
影音编辑软件
COREL 会声会影
会声会影
影音编辑入门软件
Final Cut
仅限macOS的影音编辑软件
Pr
Premiere
专业影音编辑软件
iMovie
仅限macOS的影音编辑软件
GarageBand
仅限macOS的影音编辑软件
Au
Audition
音效编辑软件
爱剪辑 iJianJi.com
爱剪辑
流行的视频剪辑软件
视频编辑王
简单、易用的专业视频编辑软件
快剪辑
快剪辑
支持在线视频剪辑的软件
动画设计工具
An
Animate
二维动画设计软件
Ae
After Effects
可以进行动画制作和视觉特效设计的非线性编辑软件
3 AUTODESK 3DS MAX
3ds Max
三维动画渲染和制作软件
GifCam
集录制与剪辑于一身的屏幕GIF动画制作工具
GIF工具之家
GIF工具之家
简单、好用的GIF处理工具
makeagif
Make a GIF
方便、好用的GIF动画在线制作工具

图 1-3

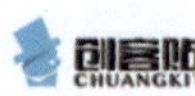

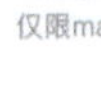

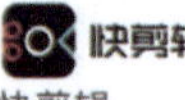

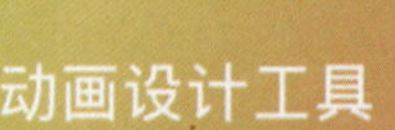

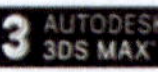

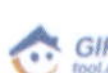

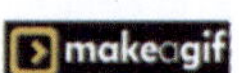

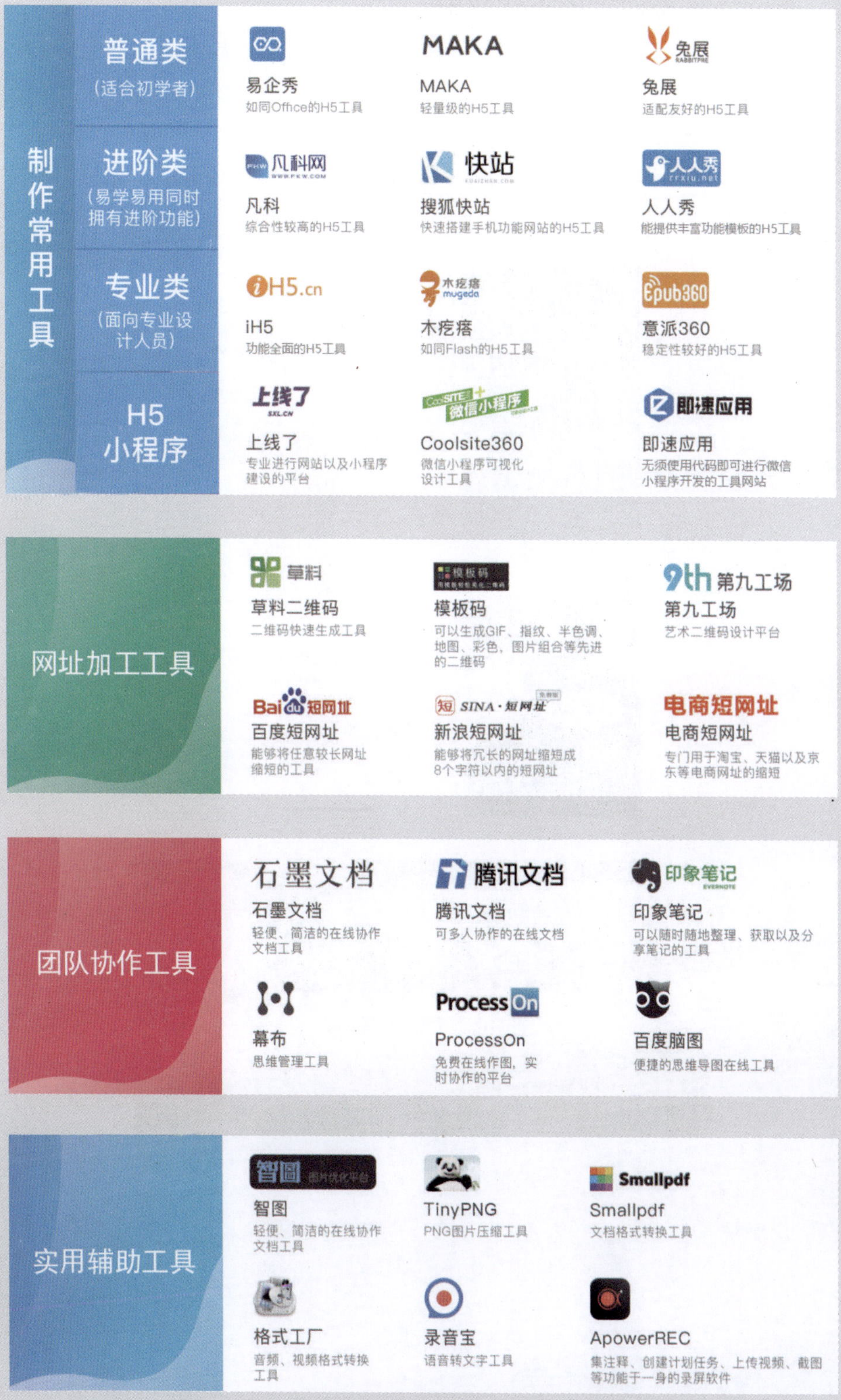

制作常用工具

普通类（适合初学者）

- 易企秀：如同Office的H5工具
- MAKA：轻量级的H5工具
- 兔展：适配友好的H5工具

进阶类（易学易用同时拥有进阶功能）

- 凡科：综合性较高的H5工具
- 搜狐快站：快速搭建手机功能网站的H5工具
- 人人秀：能提供丰富功能模板的H5工具

专业类（面向专业设计人员）

- iH5：功能全面的H5工具
- 木疙瘩：如同Flash的H5工具
- 意派360：稳定性较好的H5工具

H5小程序

- 上线了：专业进行网站以及小程序建设的平台
- Coolsite360：微信小程序可视化设计工具
- 即速应用：无须使用代码即可进行微信小程序开发的工具网站

网址加工工具

- 草料二维码：二维码快速生成工具
- 模板码：可以生成GIF、指纹、半色调、地图、彩色，图片组合等先进的二维码
- 第九工场：艺术二维码设计平台
- 百度短网址：能够将任意较长网址缩短的工具
- 新浪短网址：能够将冗长的网址缩短成8个字符以内的短网址
- 电商短网址：专门用于淘宝、天猫以及京东等电商网址的缩短

团队协作工具

- 石墨文档：轻便、简洁的在线协作文档工具
- 腾讯文档：可多人协作的在线文档
- 印象笔记：可以随时随地整理、获取以及分享笔记的工具
- 幕布：思维管理工具
- ProcessOn：免费在线作图，实时协作的平台
- 百度脑图：便捷的思维导图在线工具

实用辅助工具

- 智图：轻便、简洁的在线协作文档工具
- TinyPNG：PNG图片压缩工具
- Smallpdf：文档格式转换工具
- 格式工厂：音频、视频格式转换工具
- 录音宝：语音转文字工具
- ApowerREC：集注释、创建计划任务、上传视频、截图等功能于一身的录屏软件

图 1-3（续）

1.3.3 新媒体信息处理技术的应用

新媒体信息处理技术的应用主要表现在图文设计、动画设计、视频编辑以及音频编辑这4个方面，常见的应用形式有微信公众号推广海报、微信公众号宣传长图、微信小程序界面、微信GIF表情包、H5页面、App弹窗动画、App界面、网站加载动画、网站Banner、网站内嵌动画及网站视频等。图1-4左上侧所示为微信公众号宣传长图的部分截图，右上侧所示为H5页面，底部所示为网站Banner。

图 1-4

第2章

02 图形图像的编辑与制作

本章介绍

本章主要介绍图像的基础知识和Photoshop的基本操作方法，如抠图、修饰图像、调整图像色彩色调、合成图像、实现特殊图像效果。通过本章的学习，学生可以了解图像的基础知识和编辑方法，提高Photoshop操作技能。

学习目标

- 了解图像的基础知识。
- 熟练掌握Photoshop的基本操作。
- 掌握不同的抠图方法和技巧。
- 掌握不同的修饰图像方法和技巧。
- 掌握不同的调整图像色彩色调方法和技巧。
- 掌握不同的合成图像方法和技巧。
- 掌握特效工具组的应用。

素养目标

- 培养夯实基础的学习习惯。
- 提高艺术审美水平。
- 提高计算机操作水平。

技能目标

- 掌握节日海报的制作方法。
- 掌握文化类公众号内文配图的制作方法。
- 掌握电商App主页Banner的制作方法。
- 掌握微信公众号封面首图的制作方法。
- 掌握网站首页Banner的制作方法。

2.1 图像的基础知识

新媒体图像处理是指运用新媒体技术对图像进行分析、加工以及处理，以满足视觉、心理或其他要求。图像处理涉及人类生活和工作的方方面面，如个人生活照、旅游风景照以及工作会议照。

2.1.1 认识数字图像

1. 传统图像与数字图像

生活中常见的图像一般分为两种：传统图像和数字图像。

（1）传统图像

通常在纸质媒介上印刷或绘制的图像，称为传统图像，生活中常见的报纸、杂志、图书上出现的图像，都属于传统图像，如图2-1所示。

图 2-1

（2）数字图像

在数字媒介上显示的图像，称为数字图像，常见的在计算机、数码相机、手机、平板电脑上显示的图像，都属于数字图像，如图2-2所示。

图 2-2

提示：传统图像与数字图像可以相互转换，传统图像通过数码相机翻拍或者扫描仪扫描，可以转换为数字图像。数字图像通过打印或印刷可以转换为传统图像。

2. 数字图像的类型

数字图像可以分为两种类型：位图和矢量图。一般把位图称为图像，把矢量图称为图形。

（1）位图

位图是由一个个像素点构成的数字图像。由数码相机和手机拍摄的照片，或者由扫描仪扫描后的数字图像，都是位图。在Photoshop中打开图像，使用缩放工具把图像放大，可清晰地看到一个个小方块，如图2-3所示，一个小方块就是一个像素点，多个不同颜色的像素点可以组合成一幅精美的位图。

（2）矢量图

矢量图是由计算机软件生成的，是用数学方法描绘的数字图像。完整的矢量图作品是通过对点、线、面等矢量图形进行绘制、编辑、填色以及组织来完成的，如图2-4所示。

图 2-3　　图 2-4

2.1.2　编辑数字图像

1. 图像大小

打开一幅图像，如图2-5所示。选择“图像 > 图像大小”命令，弹出“图像大小”对话框，如图2-6所示。可以调整图像的尺寸、分辨率等，相关设置会影响图像在屏幕上的显示大小、质量、打印特性及存储空间等。

图 2-5　　图 2-6

2. 画布大小

打开一幅图像，如图2-7所示。选择“图像 > 画布大小”命令，弹出“画布大小”对话框，如图2-8所示。可以调整当前图像周围的工作空间的大小和颜色等。

图 2-7　　图 2-8

2.2 Photoshop 的基本操作

Photoshop是由Adobe公司开发和发行的一款专业级图像处理软件，本节将详细讲解Photoshop的基础知识和基本操作。

2.2.1 Photoshop 的工作界面

熟悉Photoshop的工作界面是学习Photoshop的基础。Photoshop的工作界面主要由菜单栏、属性栏、工具箱、控制面板和状态栏组成，如图2-9所示。

图 2-9

菜单栏：包含12个菜单。利用菜单中的命令可以完成编辑图像、调整色彩和添加滤镜效果等操作。

属性栏：工具箱中各工具的功能扩展。通过在属性栏中设置不同的选项，可以快速地完成多样化的操作。

工具箱：包含多个工具。利用不同的工具可以完成图像的绘制、观察和测量等操作。

控制面板：Photoshop的重要组成部分。通过不同的控制面板，可以完成在图像中填充颜色、设置图层和添加样式等操作。

状态栏：可以提供当前文件的显示比例、文档大小、当前工具和暂存盘大小等提示信息。

2.2.2 Photoshop 文件基本操作

1. 新建文件

选择“文件 > 新建”命令，或按Ctrl+N组合键，弹出“新建文档”对话框，如图2-10所示。在对话框中可以设置新建图像的名称、宽度和高度、分辨率、颜色模式等，设置完成后单击“创建”按钮，即可完成文件新建，如图2-11所示。

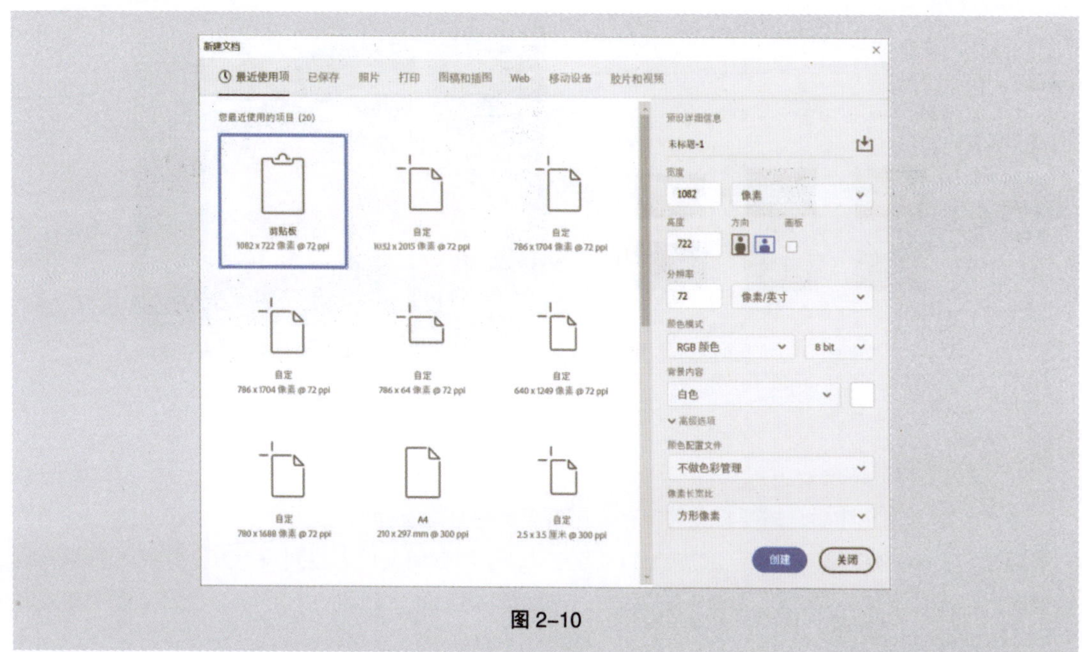

图 2-10

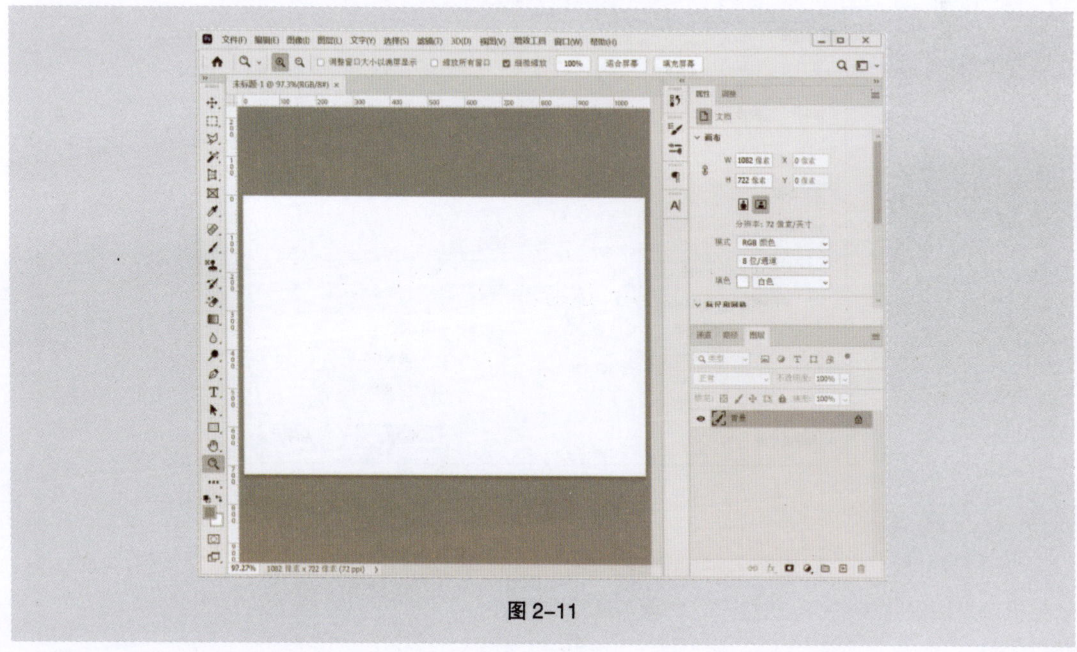
图 2-11

2. 打开文件

如果要对照片或图片进行修改或处理，需要在Photoshop中打开所需的文件。

选择“文件 > 打开”命令，或按Ctrl+O组合键，弹出“打开”对话框，在对话框中搜索文件，确认文件名和格式并选中，如图2-12所示。单击“打开”按钮，或直接双击文件，即可打开所指定的文件，如图2-13所示。

图 2-12　　图 2-13

3. 保存文件

新建或编辑完文件后，需要将文件保存，以便下次打开继续操作。

选择“文件 > 存储”命令，或按Ctrl+S组合键，可以存储文件。当对设计好的作品进行第一次存储时，选择“文件 > 存储”命令，将弹出“存储为”对话框，如图2-14所示。在对话框中输入文件名、选择保存类型后，单击“保存”按钮，即可将文件保存。

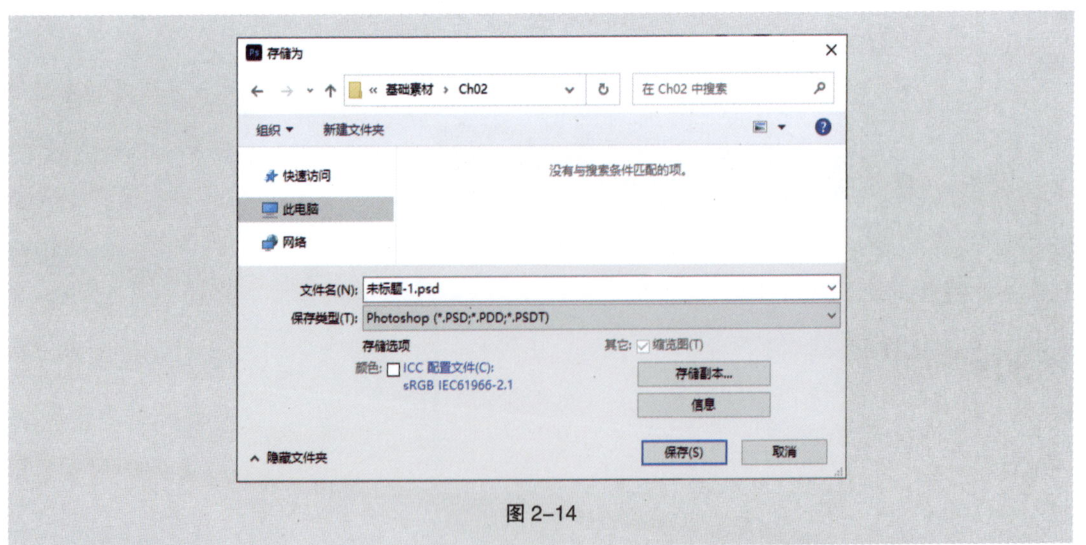

图 2-14

当对已存储过的文件进行各种编辑操作后，选择“存储”命令，将不弹出“存储为”对话框，计算机会直接保存最终确认的结果，并覆盖原始文件。

4. 关闭文件

文件存储完毕后，可以选择将其关闭。选择“文件 > 关闭”命令，或按Ctrl+W组合键，即可关闭文件。关闭文件时，若当前文件被修改过或是新建的文件，则会弹出提示框，如图2-15所示，单击“是”按钮即可存储并关闭文件。

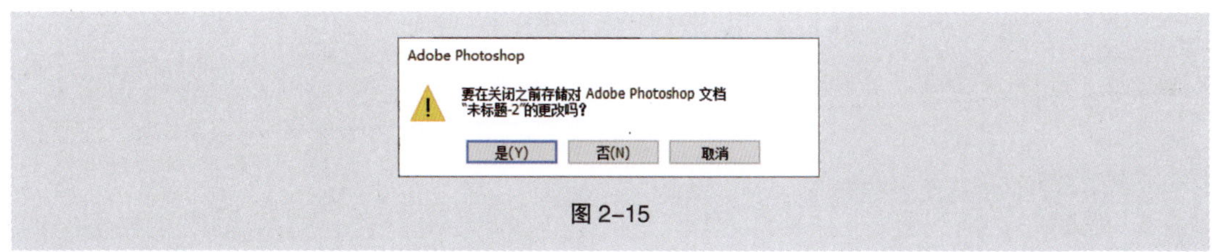

图 2-15

2.2.3 Photoshop 的工具箱

Photoshop的工具箱包括选择工具、绘图工具、填充工具、编辑工具、颜色选择工具、屏幕视图工具、快速蒙版工具等，如图2-16所示。想要了解每个工具的具体用法、名称和功能，可以将鼠标指针放置在具体工具的上方，此时会出现一个演示框，上面会显示工具的名称、功能等信息，如图2-17所示。工具名称后面括号中的字母代表选择此工具的快捷键，只要在键盘上按该字母，就可以快速切换到相应的工具。

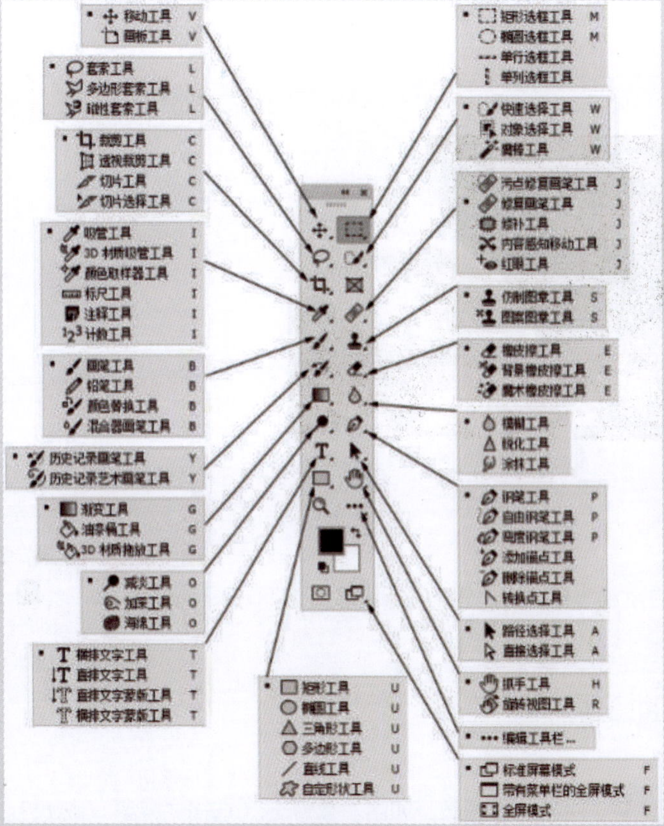

图 2-16

图 2-17

2.2.4 Photoshop 的常用工具

1. 移动工具

利用移动工具可以将图层中的整幅图像或选定区域中的图像移动到指定位置。选择“移动”工具，或按V键，其属性栏状态如图2-18所示。

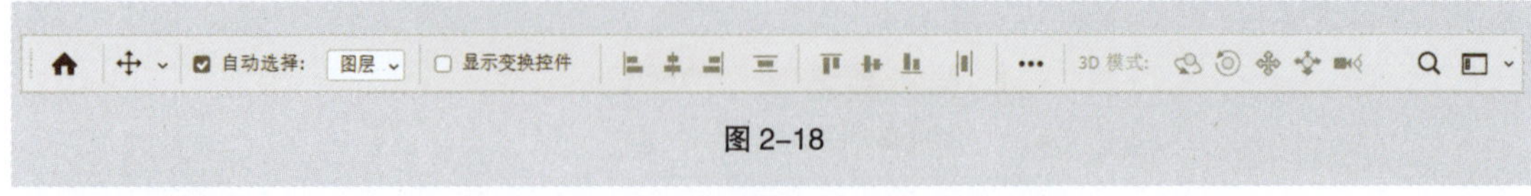

图 2-18

2. 缩放工具

选择“缩放”工具，图像窗口中的鼠标指针变为放大工具图标，单击相应位置，该位置图像会放大一倍。按住Alt键，鼠标指针变为缩小工具图标。在图像上单击相应位置，该位置图像将缩小一级，其属性栏状态如图2-19所示。

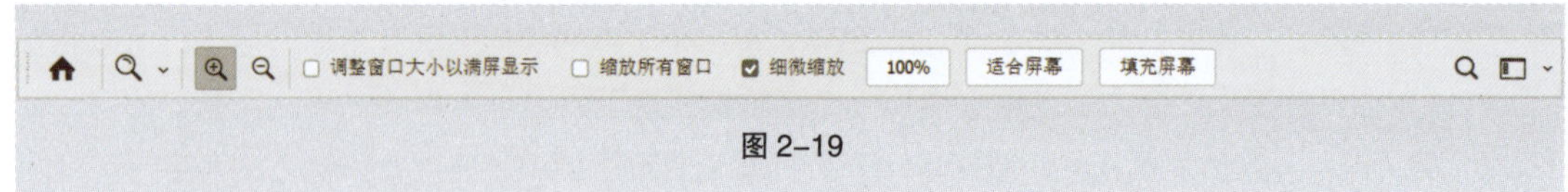

图 2-19

3. 抓手工具

选择“抓手”工具，图像窗口中的鼠标指针变为抓手图标，如图2-20所示。在放大的图像中拖曳鼠标指针，可以观察图像的每个部分。

图 2-20

4. 前景色与背景色设置工具

Photoshop中前景色与背景色的设置图标在工具箱的底部，位于前面的是前景色的设置图标，位于后面的是背景色的设置图标，如图2-21所示。

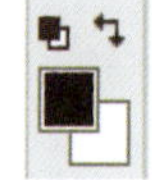

图 2-21

2.2.5 Photoshop 的辅助工具

1. 标尺

利用标尺可以确定图像或元素的位置。打开一幅图像，如图2-22所示。选择“视图 > 标尺”命令或按Ctrl+R组合键，显示标尺，如图2-23所示。

图 2-22　　图 2-23

2. 参考线

打开一幅图像，选择“视图 > 标尺”命令或按Ctrl+R组合键，显示标尺。在水平标尺上单击并向下拖曳鼠标指针，可以拖曳出水平参考线，如图2-24所示。用类似的方法在垂直标尺上拖曳出垂直参考线，如图2-25所示。

图 2-24　　图 2-25

2.2.6 Photoshop 的恢复操作

在绘制和编辑图像的过程中，经常会错误地执行一个步骤或对实现的一系列效果不满意。当希望恢复到前一步或原来的图像效果时，可以使用恢复操作。

1. 恢复到上一步的操作

在编辑图像的过程中可以随时将操作返回到上一步，也可以恢复图像到之前的效果。选择“编辑 > 还原”命令，或按Ctrl+Z组合键，可以恢复到图像的上一步操作。如果想恢复图像到之前的效果，按Shift+Ctrl+Z组合键即可。

2. 中断操作

当正在进行图像处理时，如果想中断操作，可以按Esc键。

3. 恢复到操作过程的任意步骤

利用“历史记录”控制面板可以将进行过多次处理操作的图像恢复到任意一步操作时的状态，

即它具有所谓的多次恢复功能。选择“窗口 > 历史记录”命令，弹出“历史记录”控制面板，如图2-26所示。

控制面板下方的按钮从左至右依次为“从当前状态创建新文档”按钮、“创建新快照”按钮和“删除当前状态”按钮。

单击控制面板右上方的图标，弹出面板菜单，如图2-27所示。

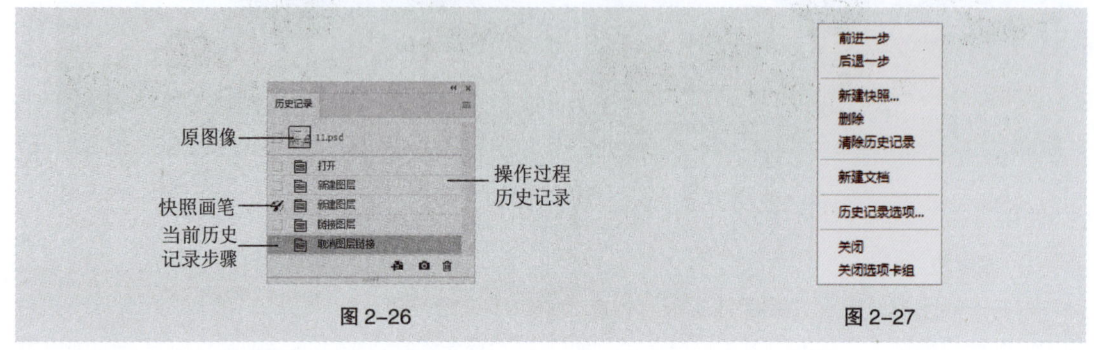

图 2-26　　图 2-27

“后退一步”：表示撤销上一步的编辑操作。

“前进一步”：表示重新应用撤销的操作。

“新建快照”：用于根据当前滑块所指的操作记录建立新的快照。

“删除”：用于删除控制面板中滑块所指的操作记录。

“清除历史记录”：用于清除控制面板中除最后一条记录外的所有记录。

“新建文档”：用于由当前状态或者快照建立新的文件。

“历史记录选项”：用于设置“历史记录”控制面板。

“关闭”和“关闭选项卡组”：分别用于关闭“历史记录”控制面板和“历史记录”控制面板所在的选项卡组。

2.3 抠图

抠图有抠出、分离图像之意。在Photoshop中，可以借助抠图工具、抠图命令和选择方法将选取的图像中的一部分或多个部分分离出来。

2.3.1 课堂案例——制作元宵节海报

【案例学习目标】学习使用不同的抠图工具选取不同图像，并应用图层控制面板为图像添加效果。

【案例知识要点】使用“置入嵌入对象”命令置入图片，使用“添加图层样式”命令为图像添加效果，使用“色相/饱和度”命令调整色调，通过创建剪贴蒙版调整图片显示区域。元宵节海报效果如图2-28所示。

【效果所在位置】Ch02/效果/制作元宵节海报.psd。

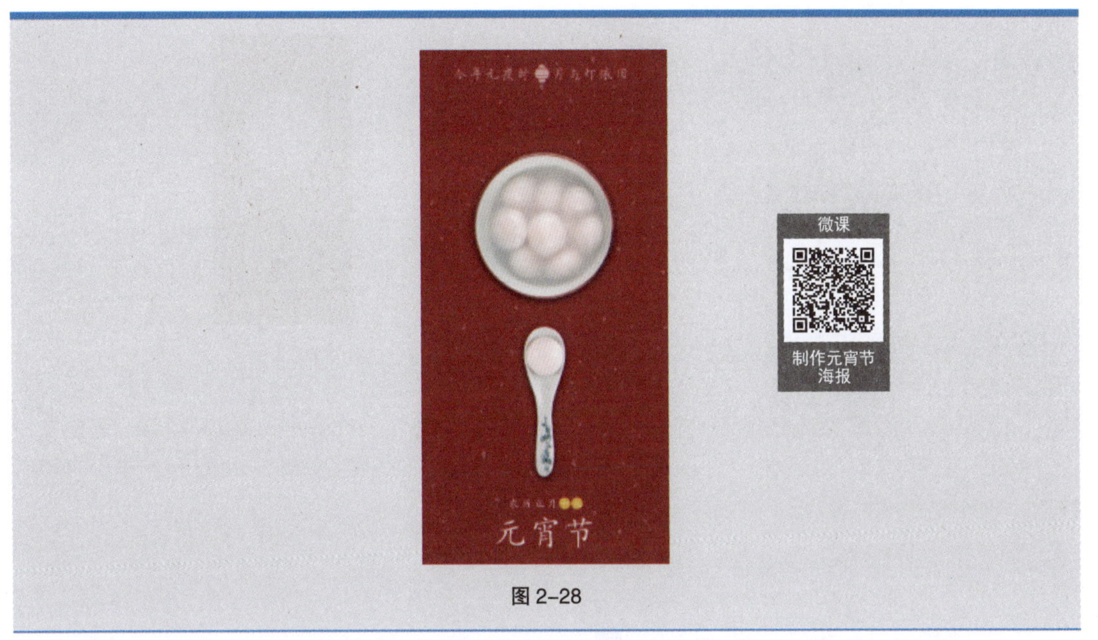

图 2-28

（1）启动Photoshop软件，按Ctrl+N组合键，弹出“新建文档”对话框，设置宽度为1125像素，高度为2436像素，分辨率为72像素/英寸，背景内容为红色（153、21、26），如图2-29所示，单击“创建”按钮，新建一个文件。

（2）选择“文件 > 置入嵌入对象”命令，弹出“置入嵌入的对象”对话框，选择云盘中的“Ch02 > 制作元宵节海报 > 素材 > 01”文件。单击“置入”按钮，置入图片，将图片拖曳到适当的位置，按Enter键确定操作，在“图层”控制面板中生成新的图层并将其命名为“点”，如图2-30所示，效果如图2-31所示。

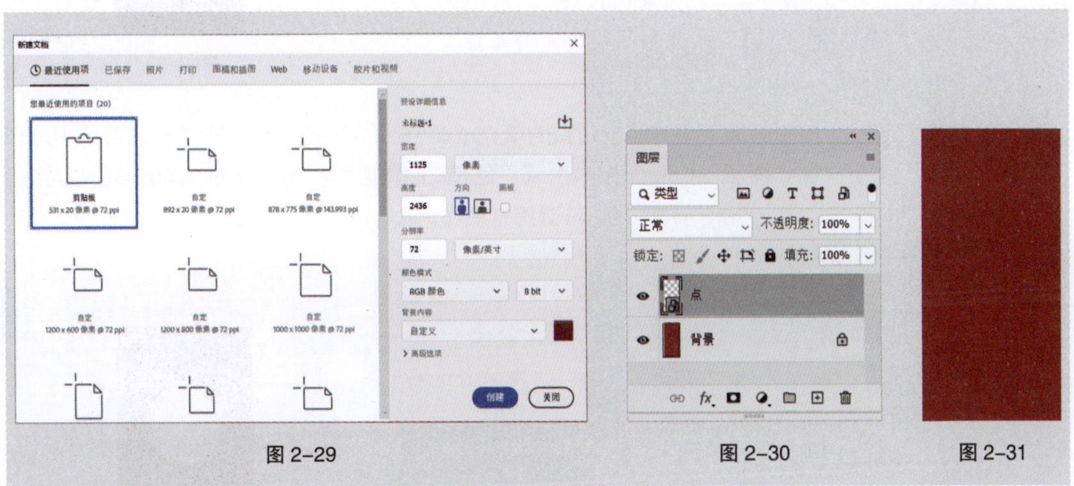

图 2-29　　图 2-30　　图 2-31

（3）选择“文件 > 置入嵌入对象”命令，弹出“置入嵌入的对象”对话框，选择云盘中的“Ch02 > 制作元宵节海报 > 素材 > 02”文件。单击“置入”按钮，置入图片，将图片拖曳到适当的位置，按Enter键确定操作，在“图层”控制面板中生成新的图层并将其命名为“汤圆”，如图2-32所示，效果如图2-33所示。

图 2-32　　　　图 2-33

（4）单击“图层”控制面板下方的“添加图层样式”按钮 fx，在弹出的菜单中选择“投影”命令，弹出“图层样式”对话框，将投影颜色设为黑色，其他选项的设置如图2-34所示，单击“确定”按钮，效果如图2-35所示。

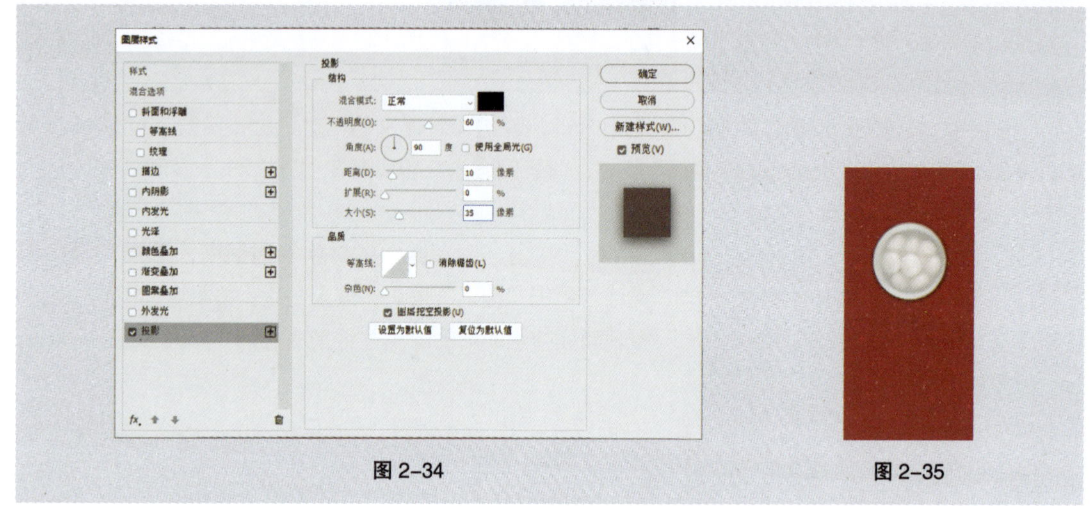

图 2-34　　　　图 2-35

（5）单击“图层”控制面板下方的“创建新的填充或调整图层”按钮 ◐，在弹出的菜单中选择“色相/饱和度”命令，在“图层”控制面板中生成“色相/饱和度 1”图层，同时弹出“色相/饱和度”面板，选项的设置如图2-36所示，按Enter键确定操作。按Alt+Ctrl+G组合键，创建剪贴蒙版，图层如图2-37所示，效果如图2-38所示。

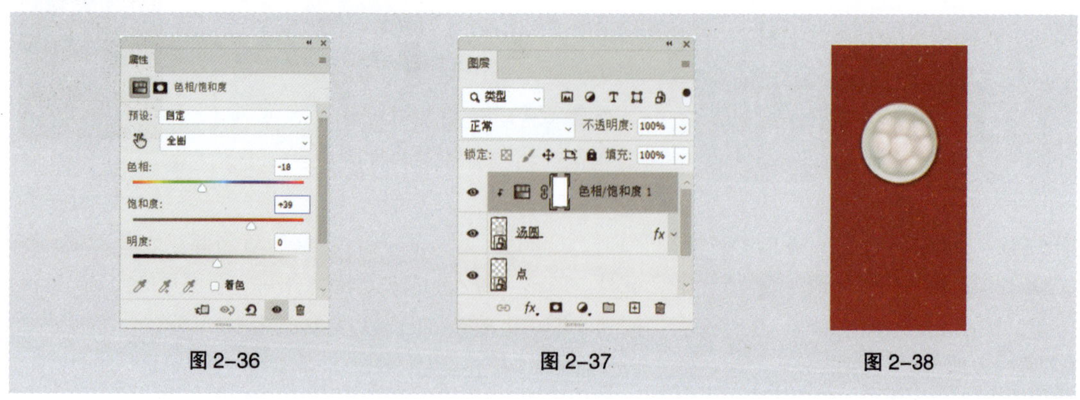

图 2-36　　　　图 2-37　　　　图 2-38

（6）选择“文件 > 置入嵌入对象”命令，弹出“置入嵌入的对象”对话框，选择云盘中的“Ch02> 制作元宵节海报 > 素材 > 03”文件。单击“置入”按钮，置入图片，将图片拖曳到适当的位置，按Enter键确定操作，在“图层”控制面板中生成新的图层并将其命名为“汤勺”，如图2-39所示，使用步骤（4）中的方法添加投影效果，图层如图2-40所示，效果如图2-41所示。

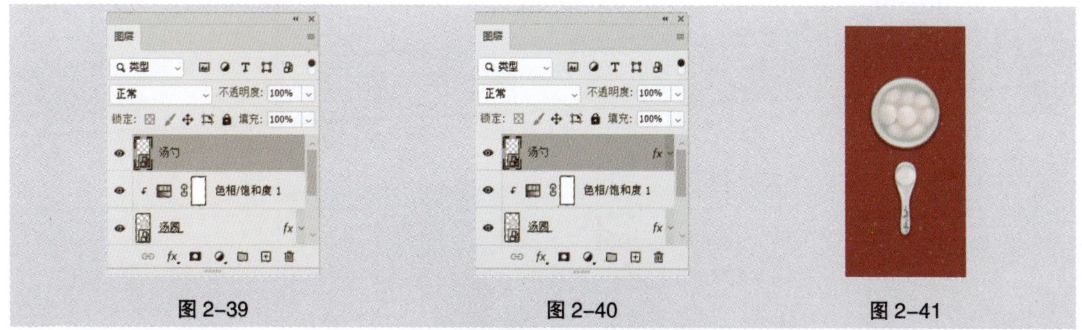

图 2-39　　图 2-40　　图 2-41

（7）单击“图层”控制面板下方的“创建新的填充或调整图层”按钮 ，在弹出的菜单中选择“色相/饱和度”命令，在“图层”控制面板中生成“色相/饱和度 2”图层，同时弹出“色相/饱和度”面板，选项的设置如图2-42所示，按Enter键确定操作。按Alt+Ctrl+G组合键，创建剪贴蒙版，图层如图2-43所示，效果如图2-44所示。

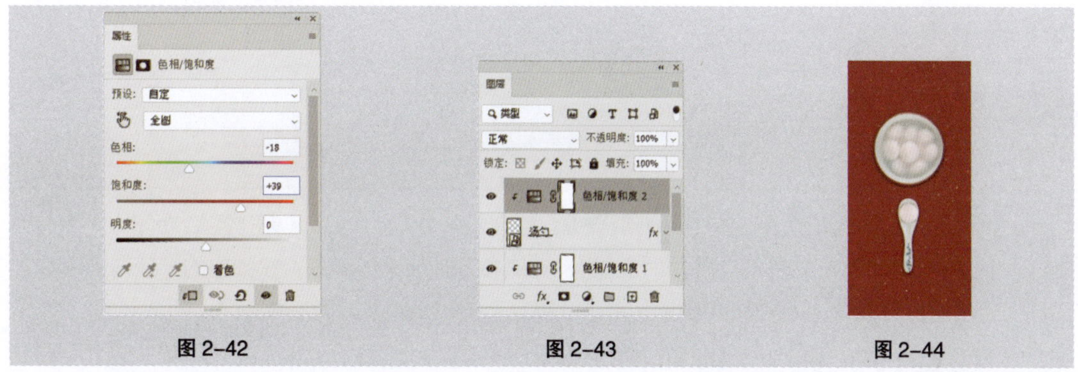

图 2-42　　图 2-43　　图 2-44

（8）选择“文件 > 置入嵌入对象”命令，弹出“置入嵌入的对象”对话框，分别选择云盘中的“Ch02 > 制作元宵节海报 > 素材 > 04”文件。单击“置入”按钮，置入图片，将图片拖曳到适当的位置，按Enter键确定操作，在“图层”控制面板中生成新的图层并将其命名为“元宵广告”，如图2-45所示，效果如图2-46所示。元宵节海报制作完成。

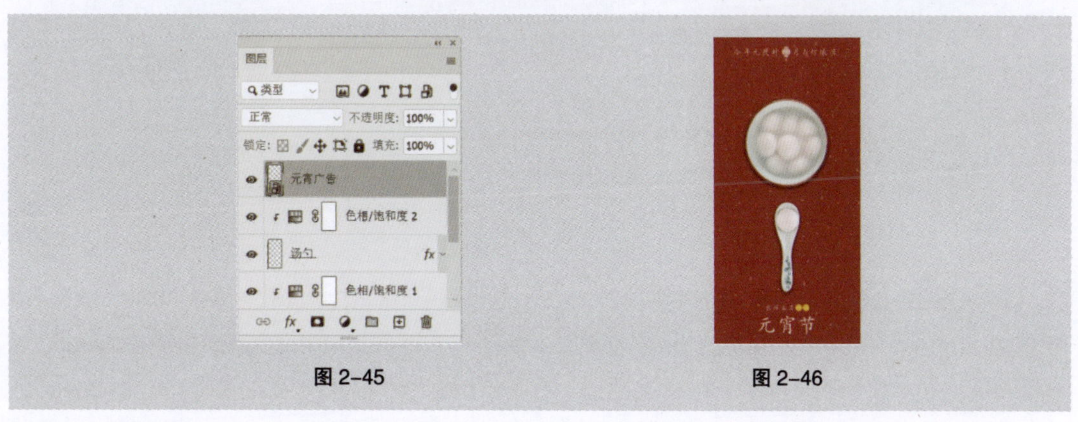

图 2-45　　图 2-46

2.3.2 课堂案例——制作端午节海报

【案例学习目标】学习使用“色彩范围”命令和“钢笔”工具制作端午节海报。

【案例知识要点】使用“快速选择”工具、“椭圆选框”工具、“色彩范围”命令和“钢笔”工具抠图，使用“污点修复画笔”工具和“仿制图章”工具修复图像，使用“移动”工具添加信息文字。端午节海报效果如图2–47所示。

【效果所在位置】Ch02/效果/制作端午节海报.psd。

图 2–47

（1）启动Photoshop软件，按Ctrl+O组合键，打开云盘中的“Ch02 > 制作端午节海报 > 素材 > 02”文件，效果如图2–48所示。选择“视图 > 新建参考线版面”命令，在弹出的“新建参考线版面”对话框中进行设置，如图2–49所示。单击“确定”按钮，效果如图2–50所示。

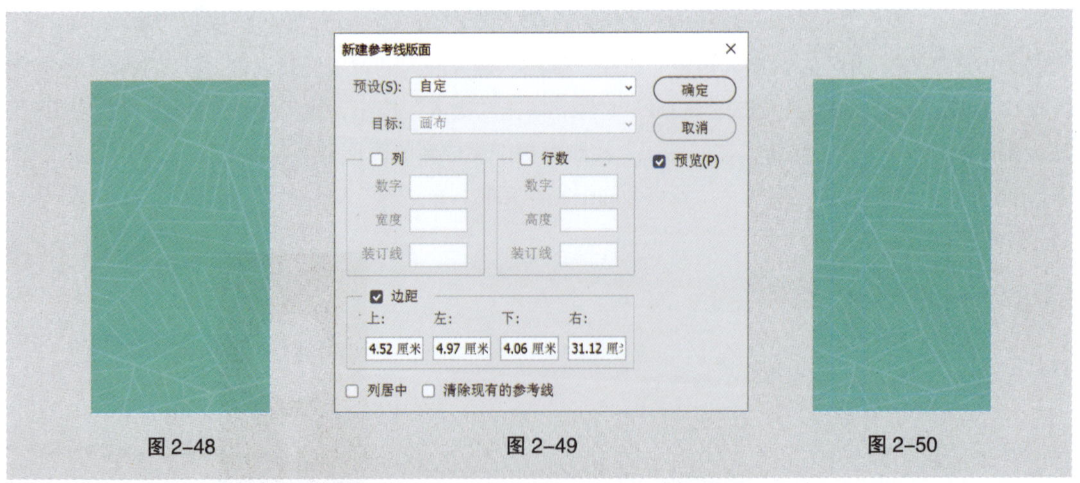

图 2–48　　图 2–49　　图 2–50

（2）按Ctrl+O组合键，打开云盘中的“Ch02 > 制作端午节海报 > 素材 > 01”文件。选择“快速选择”工具，在属性栏中进行设置，如图2–51所示。在图像窗口中拖曳鼠标指针选取图像，如图2–52所示。

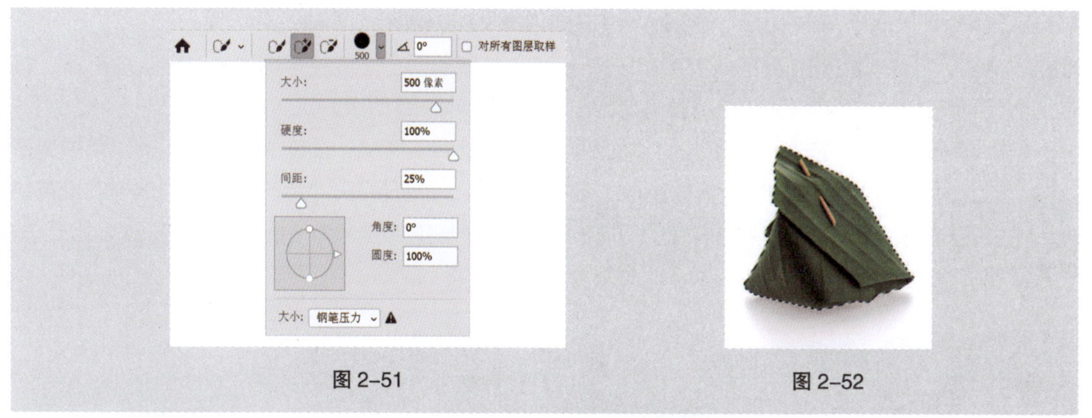

图 2-51　图 2-52

（3）选择“移动”工具，将01图像窗口选区中的图像拖曳到02图像窗口中适当的位置并调整其大小，效果如图2-53所示。按Ctrl+T组合键，在图像周围出现变换框，单击鼠标右键，在弹出的快捷菜单中选择“变形”命令，拖曳控制手柄到适当的位置调整图像，如图2-54所示。按Enter键确定操作，在“图层”控制面板中生成新的图层并将其命名为“粽子”，如图2-55所示。

图 2-53　图 2-54　图 2-55

（4）选择“污点修复画笔”工具，在属性栏中进行设置，如图2-56所示，在图像窗口中拖曳鼠标指针修复斑点，如图2-57所示。

（5）选择“仿制图章”工具，在属性栏中单击“画笔”选项，在弹出的“画笔”选择面板中选择需要的画笔形状，选项的设置如图2-58所示。在图像窗口中拖曳鼠标指针修补图像，如图2-59所示。

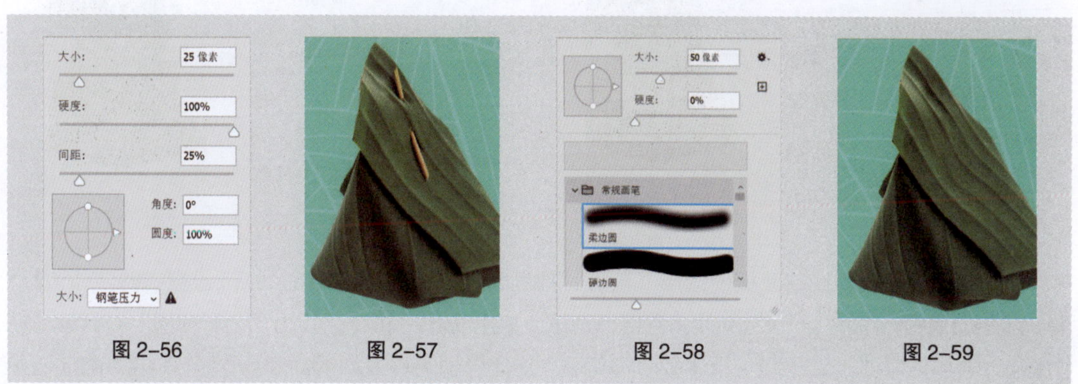

图 2-56　图 2-57　图 2-58　图 2-59

（6）单击“图层”控制面板下方的“创建新的填充或调整图层”按钮，在弹出的菜单中选择

“色相/饱和度”命令，在“图层”控制面板中生成“色相/饱和度1”图层，同时弹出“色相/饱和度”面板，单击“此调整影响下面的所有图层”按钮使其显示为“此调整剪切到此图层”按钮，其他选项设置如图2-60所示。按Enter键确定操作，效果如图2-61所示。

（7）单击“图层”控制面板下方的“创建新的填充或调整图层”按钮，在弹出的菜单中选择“色阶”命令，在“图层”控制面板中生成“色阶1”图层。同时弹出“色阶”面板，选项的设置如图2-62所示，单击“此调整影响下面的所有图层”按钮使其显示为“此调整剪切到此图层”按钮，效果如图2-63所示。

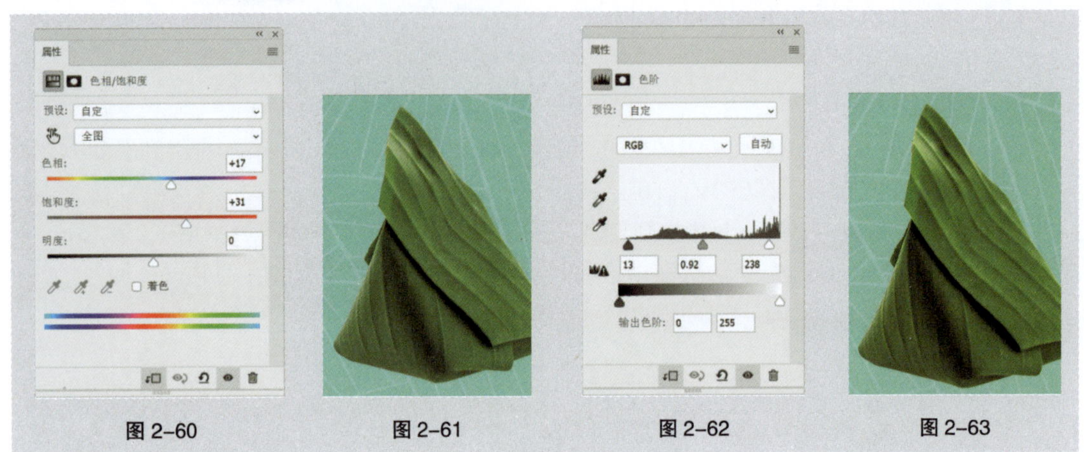

图 2-60　图 2-61　图 2-62　图 2-63

（8）按住Shift键的同时，选择“色阶1”图层和“粽子”图层之间的所有图层，按Ctrl+J组合键复制选取的图层，按Ctrl+E组合键合并图层。将合并后的图层拖曳到“粽子”图层下方并将其命名为“粽子2”，如图2-64所示。按Ctrl+T组合键，在图像周围出现变换框，拖曳鼠标指针调整其大小并将其拖曳到适当的位置，效果如图2-65所示。

（9）选择“滤镜 > 模糊 > 高斯模糊”命令，在弹出的“高斯模糊”对话框中进行设置，如图2-66所示。单击“确定”按钮，效果如图2-67所示。

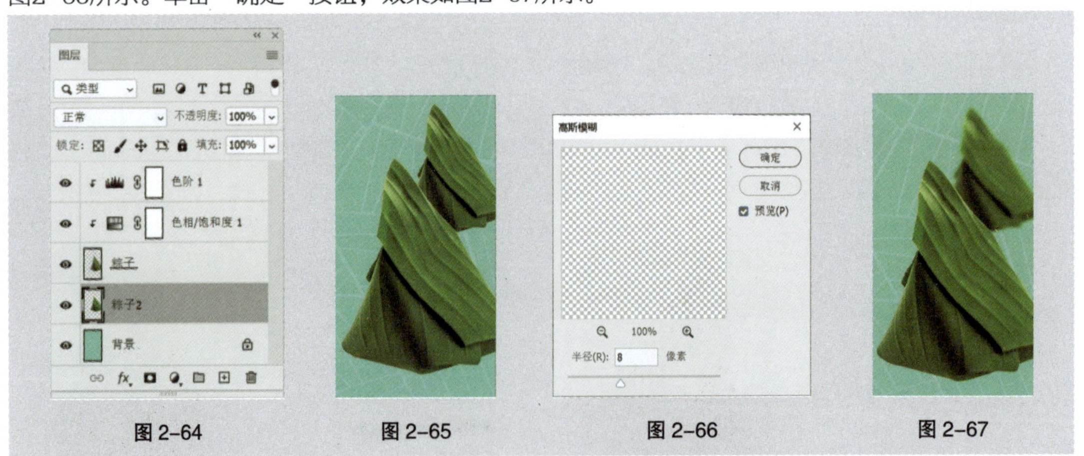

图 2-64　图 2-65　图 2-66　图 2-67

（10）在“图层”控制面板中选择“色阶1”图层。按Ctrl+O组合键，打开云盘中的“Ch02 > 制作端午节海报 > 素材 > 04”文件。选择“选择 > 色彩范围”命令，弹出“色彩范围”对话框，在图像窗口中单击鼠标吸取颜色，如图2-68所示，其他选项的设置如图2-69所示。单击“确定”按钮，效果如图2-70所示。

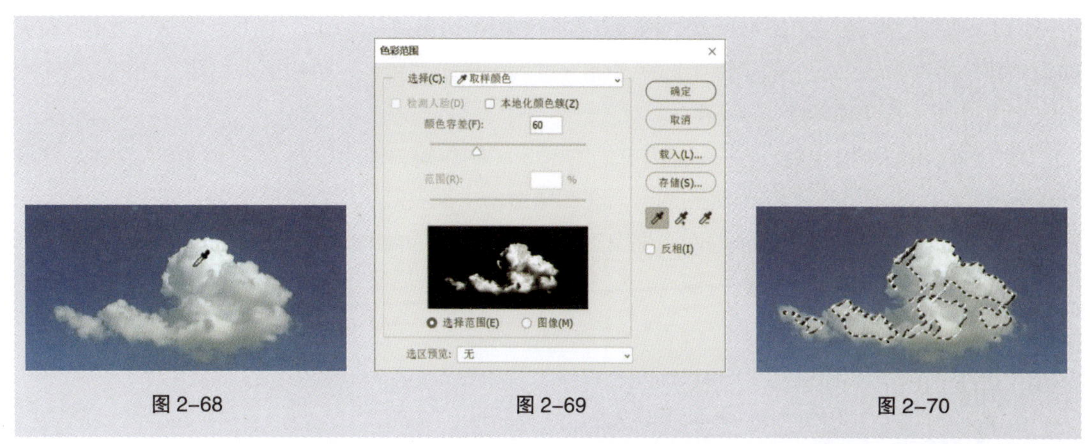

图 2-68　图 2-69　图 2-70

（11）选择“移动”工具，将选区中的图像拖曳到02图像窗口中适当的位置调整其大小，并将其命名为“云1”，效果如图2-71所示。用相同的方法添加其他云，效果如图2-72所示，在“图层”控制面板中生成新的图层并将其命名为“云2”，如图2-73所示。

图 2-71　图 2-72　图 2-73

（12）重复按Ctrl+J组合键复制两次图层，在“图层”控制面板中将“云2拷贝2”图层拖曳至“粽子”图层下方，如图2-74所示。按Ctrl+T组合键，拖曳鼠标指针调整其大小并将其拖曳到适当的位置，效果如图2-75所示。

（13）选择“滤镜 > 模糊 > 方框模糊”命令，在弹出的“方框模糊”对话框中进行设置，如图2-76所示。单击“确定”按钮，效果如图2-77所示。

图 2-74　图 2-75　图 2-76　图 2-77

（14）选择“移动”工具，在“图层”控制面板中选择“云2拷贝”图层。选择“文件>置入嵌入对象”命令，在弹出的对话框中选择“05”文件，单击“置入”按钮置入文件，并将其重命名为“相关信息”，效果如图2-78所示。

（15）按Ctrl+O组合键，打开云盘中的“Ch02 > 制作端午节海报 > 素材 > 06”文件。选择“椭圆选框”工具，按住Shift键的同时，在图像窗口中拖曳鼠标指针绘制选区，如图2-79所示。选择“移动”工具，将选区中的图像拖曳到02图像窗口中适当的位置调整其大小，并将其命名为“大枣”，效果如图2-80所示。

图 2-78　　图 2-79　　图 2-80

（16）按Ctrl+O组合键，打开云盘中的“Ch02 > 制作端午节海报 > 素材 > 07”文件。选择“钢笔”工具，在属性栏中将“选择工具模式”设为路径，在图像窗口中沿着物体轮廓绘制路径，如图2-81所示。按Ctrl+Enter组合键，将路径转换为选区，如图2-82所示。

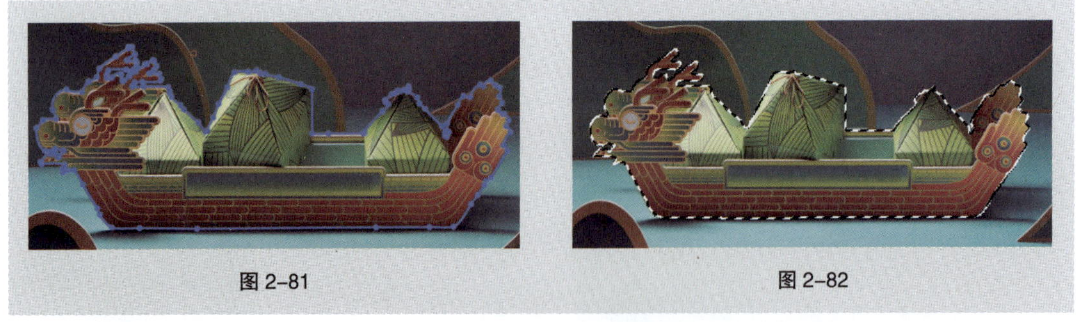

图 2-81　　图 2-82

（17）选择“移动”工具，将选区中的图像拖曳到02图像窗口中适当的位置调整其大小，并将其命名为“龙舟”，效果如图2-83所示。

（18）单击“图层”控制面板下方的“创建新的填充或调整图层”按钮，在弹出的菜单中选择“色相/饱和度”命令，在“图层”控制面板中生成“色相/饱和度2”图层，同时弹出“色相/饱和度”面板，单击“此调整影响下面的所有图层”按钮使其显示为“此调整剪切到此图层”按钮，其他选项设置如图2-84所示。按Enter键确定操作，效果如图2-85所示。端午节海报制作完成。

图 2-83　　图 2-84　　图 2-85

2.3.3　课堂案例——制作婚纱摄影广告

【案例学习目标】学习使用“通道”控制面板抠出婚纱。

【案例知识要点】使用“钢笔”工具绘制选区，使用“通道”控制面板和“计算”命令抠出婚纱照片，使用“色阶”命令调整图片，使用“横排文字”工具添加文字，使用“移动”工具调整图像位置。婚纱摄影广告效果如图2-86所示。

【效果所在位置】Ch02/效果/制作婚纱摄影广告.psd。

图 2-86

（1）启动Photoshop软件，按Ctrl+O组合键，打开云盘中的“Ch02 > 制作婚纱摄影广告 >素材 > 01”文件，如图2-87所示。

（2）选择“钢笔”工具，在属性栏中将“选择工具模式”设为路径，沿着人物的轮廓绘制路径，绘制时要避开半透明的婚纱，如图2-88所示。

图 2-87

图 2-88

（3）选择“路径选择”工具，将绘制的路径同时选取。按Ctrl+Enter组合键，将路径转换为选区，效果如图2-89所示。按Shift+Ctrl+I组合键，反选选区。单击“通道”控制面板下方的“将选区存储为通道”按钮，将选区存储为通道，如图2-90所示。

图 2-89

图 2-90

（4）将“红”通道拖曳到“通道”控制面板下方的“创建新通道”按钮上，复制通道，如图2-91所示。选择“钢笔”工具，在图像窗口中沿着婚纱边缘绘制路径，如图2-92所示。按Ctrl+Enter组合键，将路径转换为选区，效果如图2-93所示。

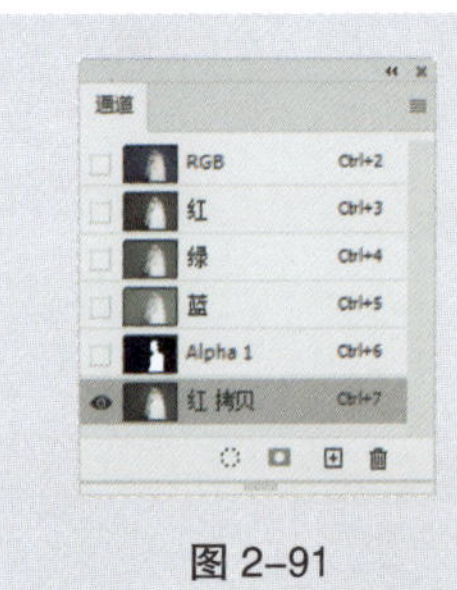

图 2-91

图 2-92

图 2-93

（5）按Ctrl+Shift+I组合键，反选选区，如图2-94所示。将前景色设为黑色。按Alt+Delete组合键，用前景色填充选区。按Ctrl+D组合键，取消选区，效果如图2-95所示。选择“图像 > 计算”命令，在弹出的“计算”对话框中进行设置，如图2-96所示。单击“确定”按钮，得到新的通道图像，效果如图2-97所示。

图 2-94

图 2-95

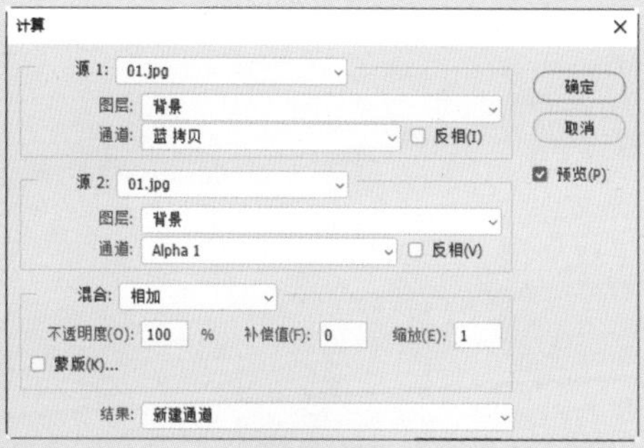

图 2-96 　　图 2-97

（6）选择“图像 > 调整 > 色阶”命令，在弹出的“色阶”对话框中进行设置，如图2-98所示，单击“确定”按钮，调整图像，效果如图2-99所示。按住Ctrl键的同时，单击“Alpha2”通道的缩览图，如图2-100所示，载入婚纱选区，效果如图2-101所示。

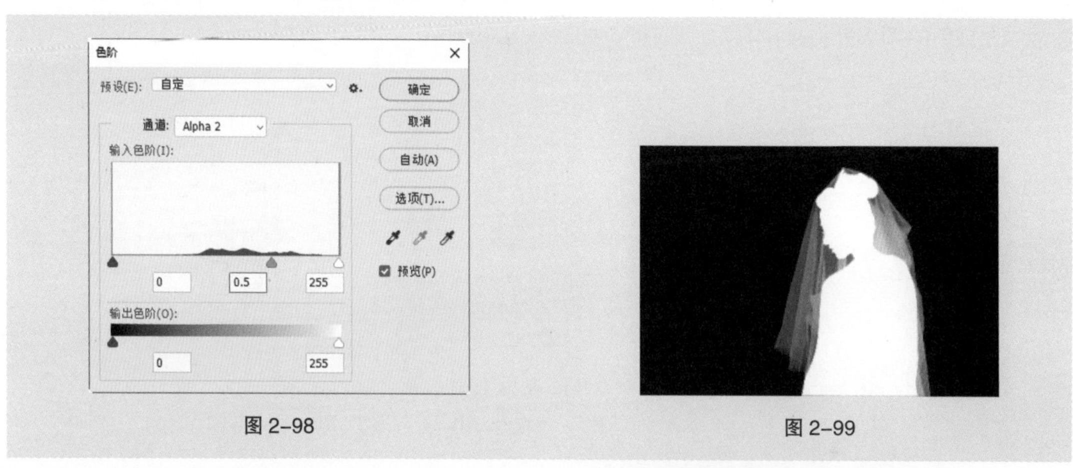

图 2-98　　图 2-99

图 2-100　　图 2-101

（7）单击“RGB”通道，显示彩色图像。单击“图层”控制面板下方的“添加图层蒙版”按钮，添加图层蒙版，如图2-102所示，抠出婚纱图像，效果如图2-103所示。按Ctrl+N快捷键，弹出“新建文档”对话框，设置宽度为265mm，高度为417mm，分辨率为72像素/英寸，背景内容为灰蓝色（143、153、165），单击“创建”按钮，新建一个文件，效果如图2-104所示。

（8）选择“横排文字”工具 T，在适当的位置输入需要的文字并选取文字，在属性栏中选择合适的字体并设置大小，将“文本颜色”设置为浅灰色（235、235、235），效果如图2-105所示，在

“图层”控制面板中生成新的文字图层。

图 2-102　图 2-103　图 2-104　图 2-105

（9）按Ctrl+T组合键，在文字周围出现变换框，拖曳左侧中间的控制手柄到适当的位置，调整文字，并拖曳到适当的位置，按Enter键确定操作，效果如图2-106所示。选择“移动”工具，将01文件拖曳到新建的图像窗口中的适当位置并调整大小，效果如图2-107所示，在“图层”控制面板中生成新的图层并将其命名为“人物”，如图2-108所示。

图 2-106　图 2-107　图 2-108

（10）按Ctrl+L组合键，弹出“色阶”对话框，选项的设置如图2-109所示。单击“确定”按钮，效果如图2-110所示。

（11）按Ctrl+O组合键，打开云盘中的“Ch02 > 制作婚纱摄影广告 > 素材 > 02”文件，选择“移动”工具，将图像拖曳到新建的图像窗口中适当的位置，效果如图2-111所示，在“图层”控制面板中生成新的图层并将其命名为“文字”。婚纱摄影广告制作完成。

图 2-109　图 2-110　图 2-111

2.4 修饰图像

修饰图像是指对已有的图像进行修饰加工，不仅可以为原图增光添彩、弥补缺陷，还能轻易完成在拍摄中很难实现的特殊效果，以及对图像进行再次创作。

2.4.1 课堂案例——修复人物照片

【案例学习目标】学习使用“仿制图章”工具擦除图像中多余的碎发。

【案例知识要点】使用“仿制图章”工具清除照片中人物多余的碎发。修复人物照片效果如图2-112所示。

【效果所在位置】Ch02\效果\修复人物照片.psd。

图 2-112

（1）启动Photoshop软件，按Ctrl+O组合键，打开云盘中的“Ch02 > 素材 > 修复人物照片 > 01”文件，如图2-113所示。将“背景”图层拖曳到“图层”控制面板下方的“创建新图层”按钮 ⊞ 上进行复制，生成新的图层“背景 拷贝”，如图2-114所示。

（2）选择“缩放”工具，将图像的局部放大。选择“仿制图章”工具，在属性栏中单击“画笔”选项，在弹出的“画笔”选择面板中选择需要的画笔形状，选项的设置如图2-115所示。

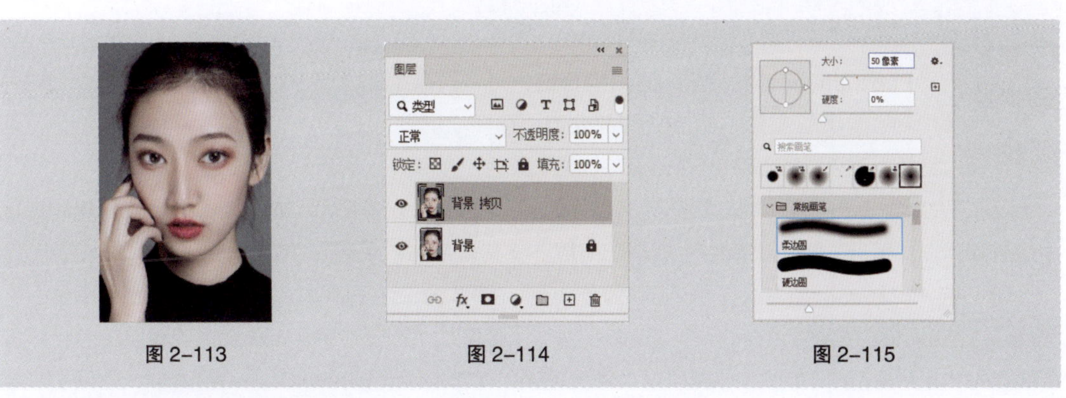

图 2-113　　图 2-114　　图 2-115

（3）将鼠标指针放置到图像需要复制的位置，按住Alt键的同时，鼠标指针由“仿制图章”图标变为圆形十字图标⊕，如图2-116所示。单击鼠标左键，定下取样点，在图像窗口中需要清除的位置多次单击鼠标左键，清除图像中人物多余的碎发，效果如图2-117所示。使用相同的方法，清除图像中人物其余的碎发，效果如图2-118所示。人物照片修复完成。

图 2-116　　图 2-117　　图 2-118

2.4.2　课堂案例——制作茶文化类公众号内文配图

【案例学习目标】学习使用修饰工具为茶具添加水墨画。

【案例知识要点】使用“钢笔”工具和剪贴蒙版制作合成图片，使用“减淡”工具、“加深”工具和“模糊”工具为茶具添加水墨画。茶文化类公众号内文配图效果如图2-119所示。

【效果所在位置】Ch02/效果/制作茶文化类公众号内文配图.psd。

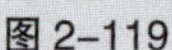
图 2-119

（1）启动Photoshop软件，按Ctrl+O组合键，打开云盘中的“Ch02 > 制作茶文化公众号内文配图 > 素材 > 01、02”文件。选择01图像窗口，选择“钢笔”工具，在属性栏中将“选择工具模式”设为路径，在图像窗口中沿着茶壶轮廓绘制路径，如图2-120所示。

（2）按Ctrl+Enter组合键，将路径转换为选区，如图2-121所示。按Ctrl+J组合键，复制选区中的图像，在“图层”控制面板中生成新的图层并将其命名为“茶壶”，如图2-122所示。

（3）选择“移动”工具，将02图像拖曳到01图像窗口中适当的位置，如图2-123所示，在“图层”控制面板中生成新的图层并将其命名为“水墨画”。在控制面板上方，将该图层的混合模式选项设为“正片叠底”，如图2-124所示，效果如图2-125所示。按Alt+Ctrl+G组合键，为图层创建剪切蒙版，效果如图2-126所示。

图 2-120　　图 2-121　　图 2-122

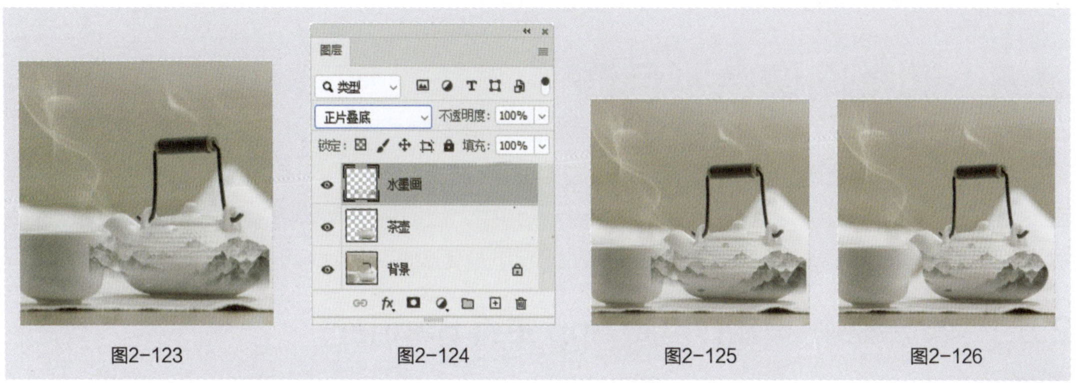

图2-123　　图2-124　　图2-125　　图2-126

（4）选择“减淡”工具，在属性栏中单击“画笔”选项，在弹出的“画笔”选择面板中选择需要的画笔形状，选项的设置如图2-127所示。在图像窗口中进行涂抹，弱化水墨画边缘，效果如图2-128所示。

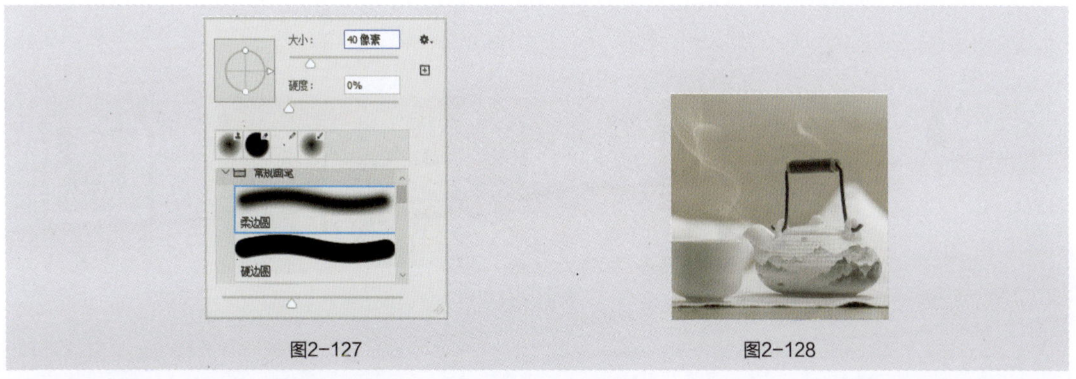

图2-127　　图2-128

（5）选择“加深”工具，在属性栏中单击“画笔”选项，在弹出的“画笔”选择面板中选择需要的画笔形状，选项的设置如图2-129所示。在图像窗口中进行涂抹，调暗水墨画暗部，效果如图2-130所示。

（6）选择“模糊”工具，在属性栏中单击“画笔”选项，在弹出的“画笔”选择面板中选择需要的画笔形状，选项的设置如图2-131所示。在图像窗口中拖曳鼠标指针模糊图像，效果如图2-132所示。茶文化类公众号内文配图制作完成。

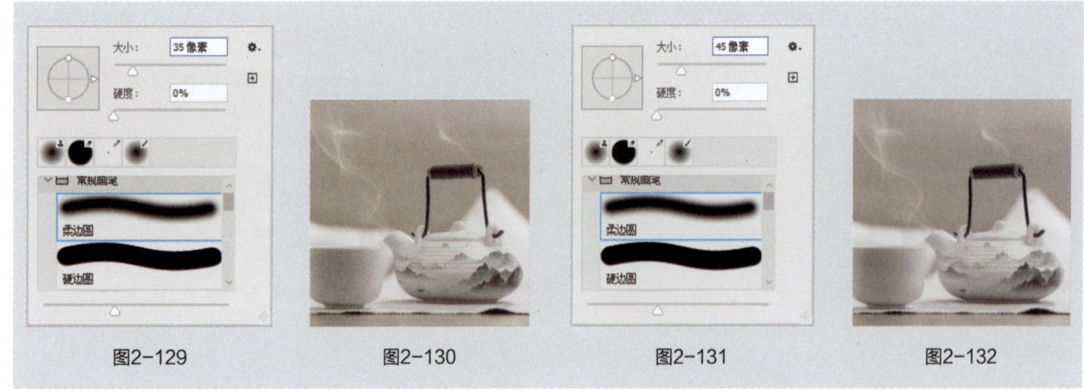

图2-129　图2-130　图2-131　图2-132

2.5 调整图像色彩色调

数码相机由于本身原理和构造的特殊性，加上摄影者技术方面的原因，拍摄出来的照片往往存在曝光不足、画面黯淡、偏色等缺憾。在Photoshop中，使用调整命令可以解决原始照片的这些缺憾，还可以根据创作意图改变图像整体或局部的颜色以及更改图片的意境等。

2.5.1 课堂案例——制作电商 App 主页 Banner

【案例学习目标】学习使用调色命令调整图像的色调。

【案例知识要点】使用“色相/饱和度”命令调整照片的色调。电商App主页Banner效果如图2-133所示。

【效果所在位置】Ch02/效果/制作电商App主页Banner.psd。

图 2-133

微课
制作电商 App 主页 Banner

（1）启动Photoshop软件，按Ctrl+N组合键，弹出“新建文档”对话框，设置宽度为750像素，高度为200像素，分辨率为72像素/英寸，颜色模式为RGB颜色，背景内容为白色，单击“创建”按钮，新建一个文件。

（2）按Ctrl+O组合键，打开云盘中的“Ch02 > 制作电商App主页Banner > 素材 > 01、02”文件，选择“移动”工具，分别将图片拖曳到新建图像窗口中适当的位置，效果如图2-134所示，在“图层”控制面板中分别生成新的图层并将其命名为“底图”和“包1”。

（3）单击“图层”控制面板下方的“创建新的填充或调整图层”按钮，在弹出的菜单中选择“色阶”命令，在“图层”控制面板中生成“色阶1”图层，同时弹出“色阶”面板，单击“此调整影响下面的所有图层”按钮使其显示为“此调整剪切到此图层”按钮，其他选项设置如图2–135所示。按Enter键确定操作，效果如图2–136所示。

图 2–134

图2–135

图2–136

（4）按Ctrl+O组合键，打开云盘中的“Ch02 > 制作电商App主页Banner > 素材 > 03”文件，选择“移动”工具，将图片拖曳到新建图像窗口中适当的位置，并调整其大小，效果如图2–137所示，在“图层”控制面板中生成新的图层并将其命名为“包2”。

（5）单击“图层”控制面板下方的“创建新的填充或调整图层”按钮，在弹出的菜单中选择“色相/饱和度”命令，在“图层”控制面板中生成“色相/饱和度1”图层，同时弹出“色相/饱和度”面板，单击“此调整影响下面的所有图层”按钮使其显示为“此调整剪切到此图层”按钮，其他选项设置如图2–138所示。按Enter键确定操作，效果如图2–139所示。

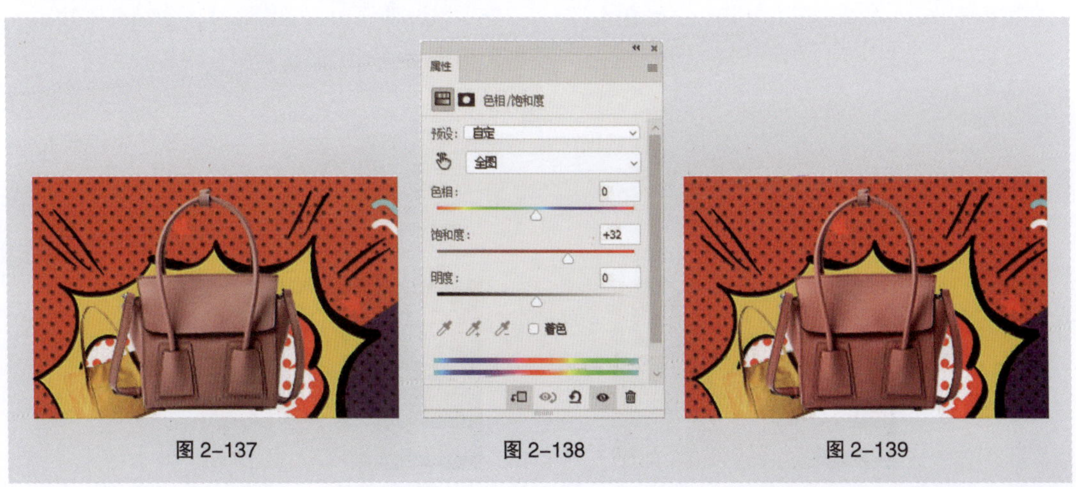

图 2–137

图 2–138

图 2–139

（6）按Ctrl+O组合键，打开云盘中的“Ch02 > 制作电商App主页Banner > 素材 > 04”文件，选择“移动”工具，将图片拖曳到新建图像窗口中适当的位置，效果如图2–140所示，在“图层”

控制面板中生成新的图层并将其命名为“包3”。

（7）单击“图层”控制面板下方的“创建新的填充或调整图层”按钮，在弹出的菜单中选择“亮度/对比度”命令，在“图层”控制面板中生成“亮度/对比度1”图层，同时弹出“亮度/对比度”面板，单击“此调整影响下面的所有图层”按钮使其显示为“此调整剪切到此图层”按钮，其他选项设置如图2-141所示。按Enter键确定操作，效果如图2-142所示。

图 2-140　图 2-141　图 2-142

（8）选择“横排文字”工具，在适当的位置分别输入需要的文字并选取文字，在属性栏中分别选择合适的字体并设置大小，设置文本颜色为白色，效果如图2-143所示，在“图层”控制面板中生成新的文字图层。

图 2-143

（9）选择“圆角矩形”工具，在属性栏中将“选择工具模式”设为形状，将“填充”颜色设为橙黄色（255、213、42），“描边”颜色设为无，“半径”选项设为11像素，在图像窗口中绘制一个圆角矩形，效果如图2-144所示，在“图层”控制面板中生成新的形状图层并将其命名为“圆角矩形1”。

（10）选择“横排文字”工具，在适当的位置分别输入需要的文字并选取文字，在属性栏中分别选择合适的字体并设置大小，设置文本颜色为红色（234、57、34），效果如图2-145所示，在“图层”控制面板中生成新的文字图层。

图2-144　图2-145

至此，电商App主页Banner制作完成，效果如图2-146所示。

图 2-146

2.5.2 课堂案例——制作旅游出行类公众号封面首图

【案例学习目标】 学习使用调色命令调整风景画的颜色。

【案例知识要点】 使用“通道混合器”命令和“黑白”命令调整图像。旅游出行类公众号封面首图效果如图2-147所示。

【效果所在位置】 Ch02/效果/制作旅游出行类公众号封面首图.psd。

图 2-147

（1）启动Photoshop软件，按Ctrl＋O组合键，打开云盘中的“Ch02 > 素材 > 制作旅游出行类公众号封面首图 > 01”文件，如图2-148所示。将“背景”图层拖曳到“图层”控制面板下方的“创建新图层”按钮 上进行复制，生成新的图层“背景 拷贝”，如图2-149所示。

图 2-148　　图 2-149

（2）选择“图像 > 调整 > 通道混和器”命令，在弹出的“通道混和器”对话框中进行设置，如图2-150所示。单击“确定”按钮，效果如图2-151所示。

图 2-150　　图 2-151

（3）按Ctrl+J组合键，复制“背景 拷贝”图层，生成新的图层并将其命名为“黑白”。选择“图像 > 调整 > 黑白”命令，在弹出的“黑白”对话框中进行设置，如图2-152所示。单击“确定”按钮，效果如图2-153所示。

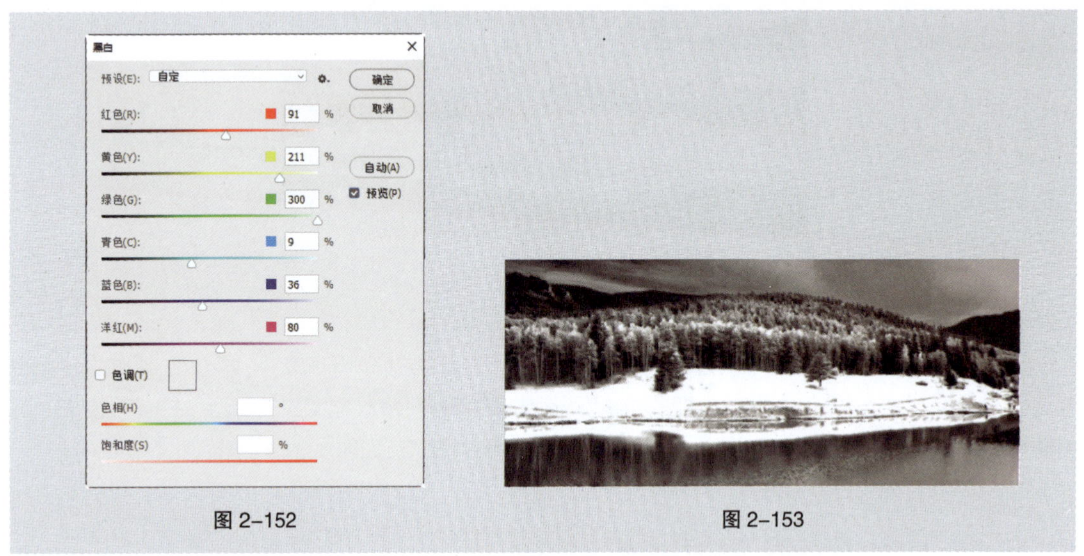

图 2-152　　图 2-153

（4）在“图层”控制面板上方，将“黑白”图层的混合模式设为“滤色”，如图2-154所示，效果如图2-155所示。

图 2-154　　图 2-155

（5）按住Ctrl键的同时，选择“黑白”图层和“背景 拷贝”图层。按Ctrl+E组合键，合并图层并将其命名为“效果”。选择“图像 > 调整 > 色相/饱和度”命令，在弹出的“色相/饱和度”对话框中进行设置，如图2-156所示。单击“确定”按钮，效果如图2-157所示。

图 2-156　　图 2-157

（6）按Ctrl＋O组合键，打开云盘中的“Ch02 > 素材 > 制作旅游出行类公众号封面首图 > 02”文件。选择“移动”工具，将02图像拖曳到新建的图像窗口中适当的位置，效果如图2-158所示，在“图层”控制面板中生成新的图层并将其命名为“文字”。旅游出行类公众号封面首图制作完成。

图 2-158

2.6 合成图像

合成图像是指使用适当的合成工具或面板将两幅或多幅图像合并成一幅图像，实现符合设计者要求的独特设计效果。

2.6.1 课堂案例——制作茶叶网站首页 Banner

【案例学习目标】学习使用混合模式和图层蒙版实现效果。

【案例知识要点】使用“移动工具”添加图片，使用图层混合模式和图层蒙版实现合成效果。茶叶网站首页Banner效果如图2-159所示。

【效果所在位置】Ch02/效果/制作茶叶网站首页Banner.psd。

图 2-159

（1）启动Photoshop软件，按Ctrl+N组合键，弹出“新建文档”对话框，设置宽度为1920像素，高度为700像素，分辨率为72像素/英寸，颜色模式为RGB颜色，背景内容为白色，如图2-160所示，单击“创建”按钮，新建一个文件。

（2）选择“矩形”工具，在属性栏中将“选择工具模式”设为形状，将“填充”颜色设为白色，“描边”颜色设为无，在图像窗口中绘制一个与页面大小相等的矩形，如图2-161所示，在“图层”控制面板中生成新的形状图层“矩形1”。

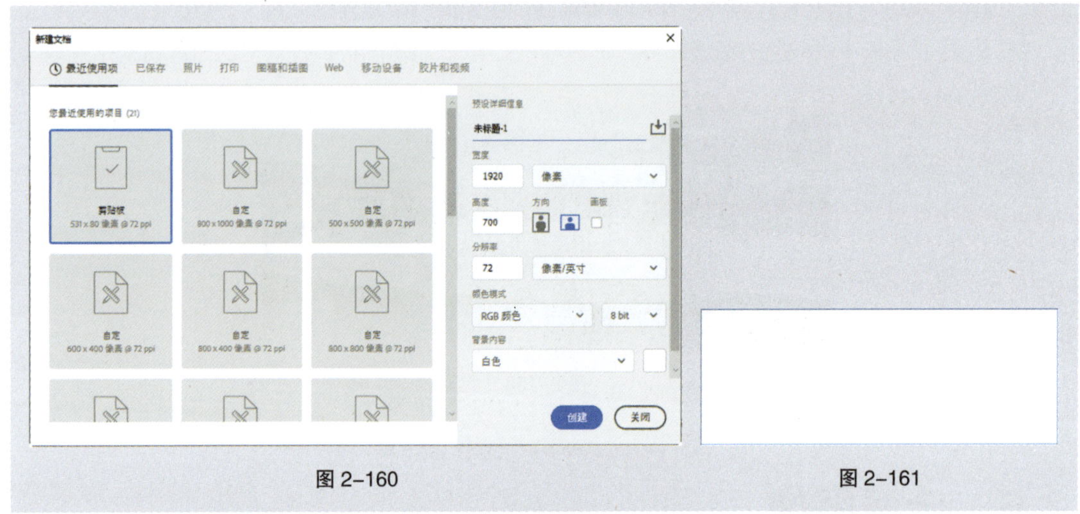

图 2-160　　图 2-161

（3）单击“图层”控制面板下方的“添加图层样式”按钮，在弹出的菜单中选择“渐变叠加”命令。在弹出的对话框中，单击“点按可编辑渐变”按钮，弹出“渐变编辑器”对话框，分别设置两个位置点颜色的RGB值为20（152、197、192），80（222、236、235），如图2-162所示。单击“确定”按钮，返回到“图层样式”对话框，其他选项的设置如图2-163所示。单击“确定”按钮，为形状添加渐变效果。

（4）选择“文件 > 置入嵌入对象”命令，弹出“置入嵌入的对象”对话框，选择云盘中的“Ch02 >制作茶叶网站首页Banner > 素材 > 01”文件。单击“置入”按钮，将图片置入图像窗口中，将“01”图像拖曳到适当的位置。按Enter键确定操作，效果如图2-164所示，在“图层”控制面板中生成新的图层并将其命名为“山 1”。

（5）在“图层”控制面板中将图层的混合模式设为“正片叠底”。单击“图层”控制面板下方的“添加图层蒙版”按钮，为“山 1”图层添加图层蒙版，如图2-165所示。按住Ctrl键的同时，单击图层前的缩览图，载入选区。

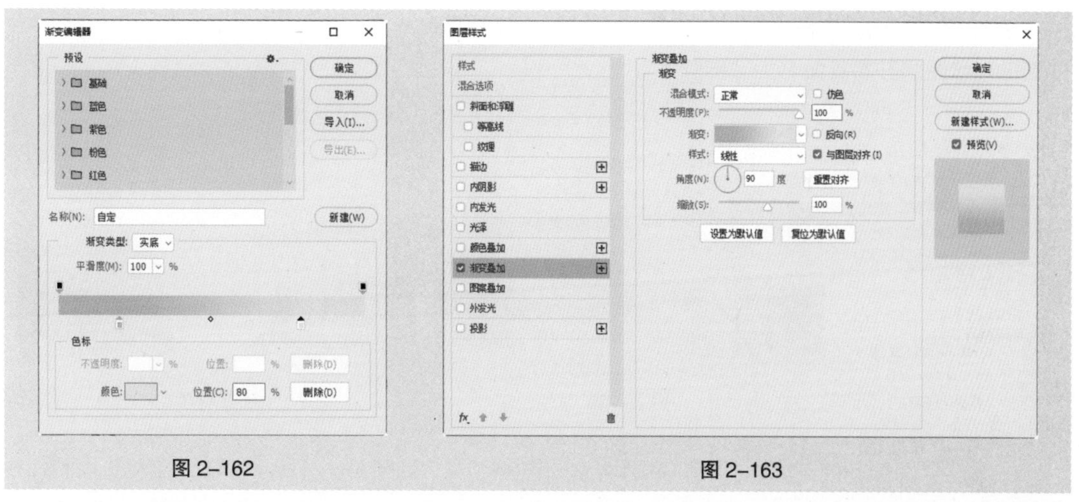

图 2-162　　图 2-163

图 2-164　　图 2-165

（6）选择“渐变”工具，单击属性栏中的“点按可编辑渐变”按钮，弹出“渐变编辑器”对话框，将渐变色设为从黑色到白色，单击“确定”按钮。在图像窗口中由下至上拖曳填充渐变色。

（7）按Ctrl+D组合键，取消选区。选择“画笔”工具，在属性栏中单击“画笔预设”选项，在弹出的面板中进行设置，如图2-166所示。将前景色设为黑色，在图像窗口中拖曳鼠标指针擦除不需要的部分，效果如图2-167所示。

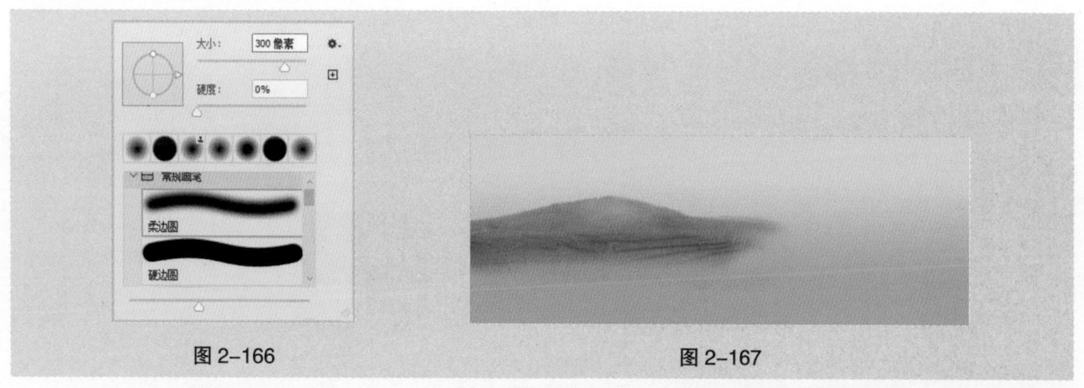

图 2-166　　图 2-167

（8）使用步骤（4）、步骤（5）的方法置入图像并添加图层蒙版，如图2-168所示，效果如图2-169所示。选择“椭圆”工具，在属性栏中将“填充”颜色设为白色，“描边”颜色设为无。

按住Shift键的同时，在图像窗口中绘制一个圆形，效果如图2-170所示，在“图层”控制面板中生成新的形状图层并将其命名为“椭圆 1”。

图 2-168　　图 2-169　　图 2-170

（9）在“图层”控制面板中将“不透明度”设为70%，如图2-171所示。在“属性”控制面板中，单击“蒙版”选项，切换到相应的面板中进行设置，如图2-172所示，效果如图2-173所示。

图 2-171　　图 2-172　　图 2-173

（10）按住Shift键的同时，单击“矩形 1”图层，同时选取需要的图层，按Ctrl+G组合键，群组图层并将其命名为“背景”。使用上述的方法置入其他图像，在图层控制面板中生成新的图层并分别对其命名，如图2-174所示，效果如图2-175所示。

（11）单击“石头”图层，选择“矩形”工具□，在属性栏中将“填充”设为渐变，设置两个位置点的颜色分别为0（55、20、6）、100（0、0、0），将“不透明度色标”设为0（100%）、100（0%），如图2-176所示，单击“确定”按钮。将“描边”颜色设为无，在图像窗口中适当的位置绘制一个矩形，在“图层”控制面板中生成新的形状图层并将其命名为“投影”。

图 2-174　　图 2-175　　图 2-176

（12）选择“直接选择”工具，按住Shift键的同时，分别单击需要的锚点，将其向左移动到适当的位置，效果如图2-177所示。选择“矩形”工具□，按住Shift键的同时，再次绘制一个矩形，选择“直接选择”工具，按住Shift键的同时，分别单击需要的锚点，将其向左移动到适当的位置，效果如图2-178所示。使用上述的方法绘制其他形状，效果如图2-179所示。

图 2-177　　图 2-178　　图 2-179

（13）选择“茶壶”图层，单击“图层”控制面板下方的“创建新的填充或调整图层”按钮，在弹出的菜单中选择“色彩平衡”命令，在“图层”控制面板中生成“色彩平衡1”图层，在弹出的“色彩平衡”面板中进行设置，如图2-180所示。按Enter键确定操作，效果如图2-181所示。

（14）选择“礼盒”图层，按住Shift键的同时，单击“石头”图层，将需要的图层同时选取，如图2-182所示。按Ctrl+G组合键，设置群组图层并将其命名为“商品”，如图2-183所示。

图 2-180　　图 2-181　　图 2-182　　图 2-183

（15）使用步骤（4）的方法置入“10”图片并调整大小，在“图层”控制面板中生成新的图层并将其命名为“叶子”。单击“图层”控制面板下方的“创建新的填充或调整图层”按钮，在弹出的菜单中选择“色彩平衡”命令，在“图层”控制面板中生成“色彩平衡 2”图层，在弹出的“色彩平衡”面板中进行设置，如图2-184所示，效果如图2-185所示。

（16）再次单击“图层”控制面板下方的“创建新的填充或调整图层”按钮，在弹出的菜单中选择“曲线”命令，在“图层”控制面板中生成“曲线1”图层，在弹出的“曲线”面板中单击左下角的控制点，将“输入”选项设为20，“输出”选项设为0，如图2-186所示，按Enter键确定操作。在“图层”控制面板中将图层的混合模式设为“正片叠底”，效果如图2-187所示。

（17）按住Shift键的同时，单击“叶子”图层，将需要的图层同时选取，按Ctrl+J组合键，复制图层，并将其拖曳到“叶子”图层的下方。按Ctrl+T组合键，在图像周围出现变换框，拖曳图像到适当的位置，按Enter键确定操作，效果如图2-188所示。

（18）选择“曲线 1”图层，使用步骤（4）的方法复制并置入图像，效果如图2-189所示。按住Shift键的同时，单击“叶子 拷贝”图层，将需要的图层同时选取，按Ctrl+G组合键，设置群组图层并将其命名为“前景”，如图2-190所示。

图 2-184　图 2-185　图 2-186　图 2-187

图 2-188　图 2-189　图 2-190

（19）选择“背景”图层组，使用步骤（4）的方法置入“茶叶”图像。选择“滤镜 > 模糊 > 高斯模糊”命令，在弹出的“高斯模糊”对话框中进行设置，如图2-191所示，设置完成后单击“确定”按钮。使用步骤（13）的方法制作“色彩平衡 3”调整图层，如图2-192所示，效果如图2-193所示。

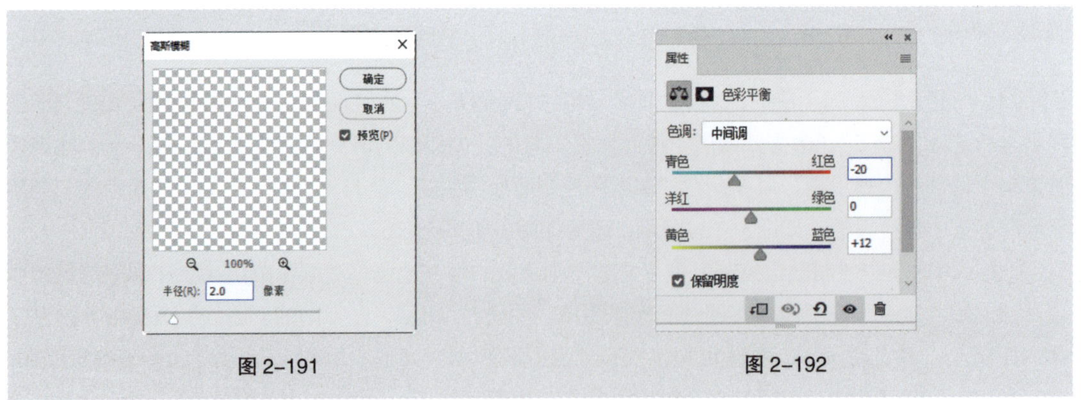

图 2-191　图 2-192

（20）按住Shift键的同时，单击“茶叶”图层，将需要的图层同时选取，按Ctrl+J组合键，复制图层，并将其拖曳到“茶叶”图层的下方。按Ctrl+T组合键，在图像周围出现变换框，拖曳图像到适当的位置，单击鼠标右键，在弹出的快捷菜单中选择“水平翻转”选项，按Enter键确定操作，效果如图2-194所示。

图 2-193

图 2-194

（21）选择“色彩平衡 3”调整图层，单击“茶叶 拷贝”图层，将需要的图层同时选取，按Ctrl+G组合键，设置群组图层并命名为“组1”，如图2-195所示。

（22）选择“前景”图层组后选择“横排文字”工具T，在图像窗口中输入需要的文字并选取文字。选择“窗口 > 字符”命令，打开“字符”面板，在“字符”面板中，将“颜色”设为苍绿色（44、91、77），其他选项的设置如图2-196所示。按Enter键确定操作，效果如图2-197所示，在“图层”控制面板中生成新的文字图层。

图 2-195　　图 2-196　　图 2-197

（23）使用步骤（22）的方法输入其他文字并为文字添加渐变叠加效果，如图2-198所示，效果如图2-199所示。选择“圆角矩形”工具，在属性栏中将“填充”颜色设为枣红色（184、49、27），“描边”颜色设为无，“半径”选项设为12像素。在图像窗口中适当的位置绘制一个圆角矩形，效果如图2-200所示，在“图层”控制面板中生成新的形状图层并将其命名为“圆角矩形1”。

图 2-198　　图 2-199　　图 2-200

（24）选择“横排文字”工具T，在图像窗口中输入需要的文字并选取文字。在“字符”面板中，将“颜色”设为白色，其他选项的设置如图2-201所示。按Enter键确定操作，效果如图2-202所示，在“图层”控制面板中生成新的文字图层并将其命名为“5折尝鲜”。

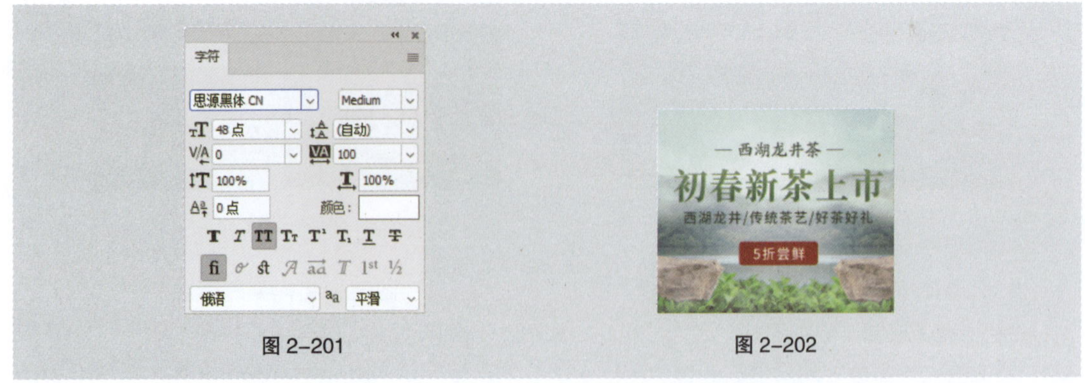

图 2-201

图 2-202

（25）按住Shift键的同时，单击文字图层，将需要的图层同时选取，如图2-203所示，按Ctrl+G组合键，设置群组图层并将其命名为“文字”。使用步骤（4）的方法置入“14”图片，在“图层”控制面板中生成新的图层并将其命名为“茶叶”，效果如图2-204所示。茶叶网站首页Banner制作完成。

图 2-203

图 2-204

2.6.2 课堂案例——制作饰品类公众号封面首图

【案例学习目标】学习使用混合模式和图层蒙版命令调整图像。

【案例知识要点】使用图层的混合模式进行图片融合，使用变换命令和图层蒙版制作倒影。饰品类公众号封面首图效果如图2-205所示。

【效果所在位置】Ch02/效果/制作饰品类公众号封面首图.psd。

图 2-205

（1）启动Photoshop软件，按Ctrl＋O组合键，打开云盘中的“Ch02 > 素材 > 制作饰品公众号封面首图 > 01、02”文件。选择“移动”工具，将02图像拖曳到01图像窗口中适当的位置，效果如图2-206所示，在“图层”控制面板中生成新图层并将其命名为“齿轮”。

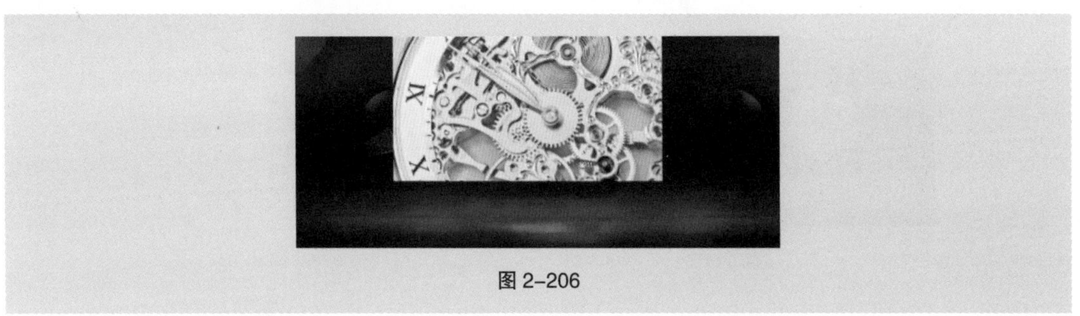

图 2-206

（2）在“图层”控制面板上方，将“齿轮”图层的混合模式选项设为“正片叠底”，如图2-207所示，效果如图2-208所示。

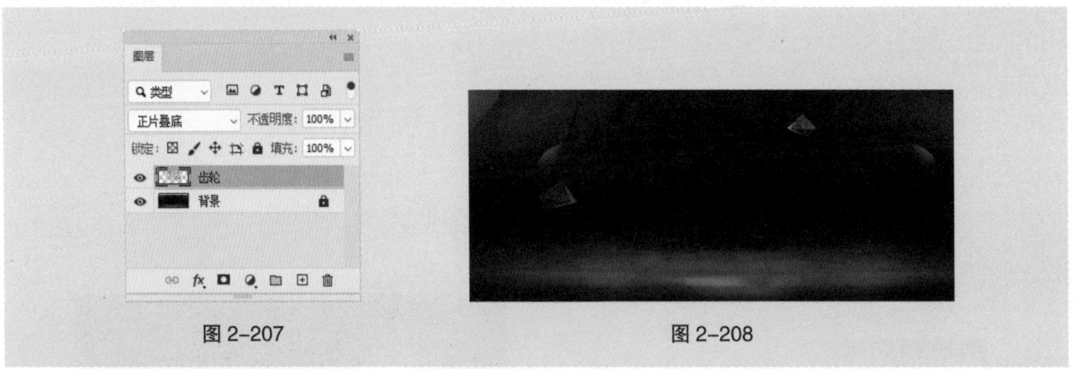

图 2-207　　图 2-208

（3）按Ctrl＋O组合键，打开云盘中的“Ch02 > 素材 > 制作饰品公众号封面首图 > 03”文件。选择“移动”工具，将03图像拖曳到01图像窗口中适当的位置，效果如图2-209所示，在“图层”控制面板中生成新图层并将其命名为“手表1”。

（4）按Ctrl+J组合键，复制图层，在“图层”控制面板中生成新的图层“手表1 拷贝”，将其拖曳到“手表1”图层的下方，如图2-210所示。

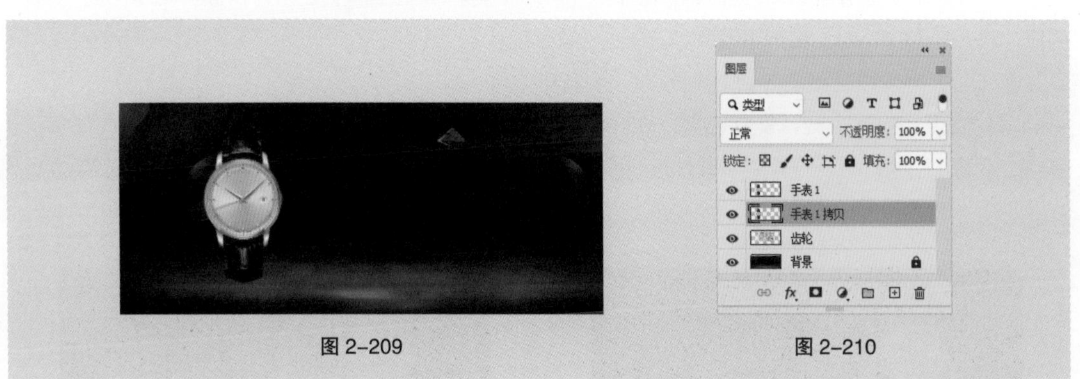

图 2-209　　图 2-210

（5）按Ctrl+T组合键，在图像周围出现变换框。在变换框中单击鼠标右键，在弹出的快捷菜单中选择“垂直翻转”命令，垂直翻转图像，并将其拖曳到适当的位置，按Enter键确定操作，效果如图2-211所示。单击“图层”控制面板下方的“添加图层蒙版”按钮，为图层添加蒙版，如

图2-212所示。

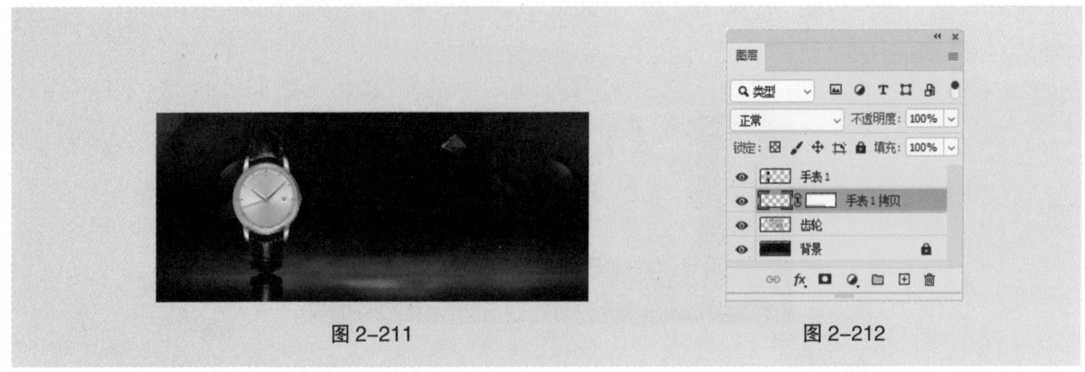

图 2-211　　图 2-212

（6）选择“渐变”工具，单击属性栏中的“点按可编辑渐变”按钮，弹出“渐变编辑器”对话框。将渐变色设为从黑色到白色，如图2-213所示，单击“确定”按钮。在图像下方从下向上拖曳填充渐变色，效果如图2-214所示。

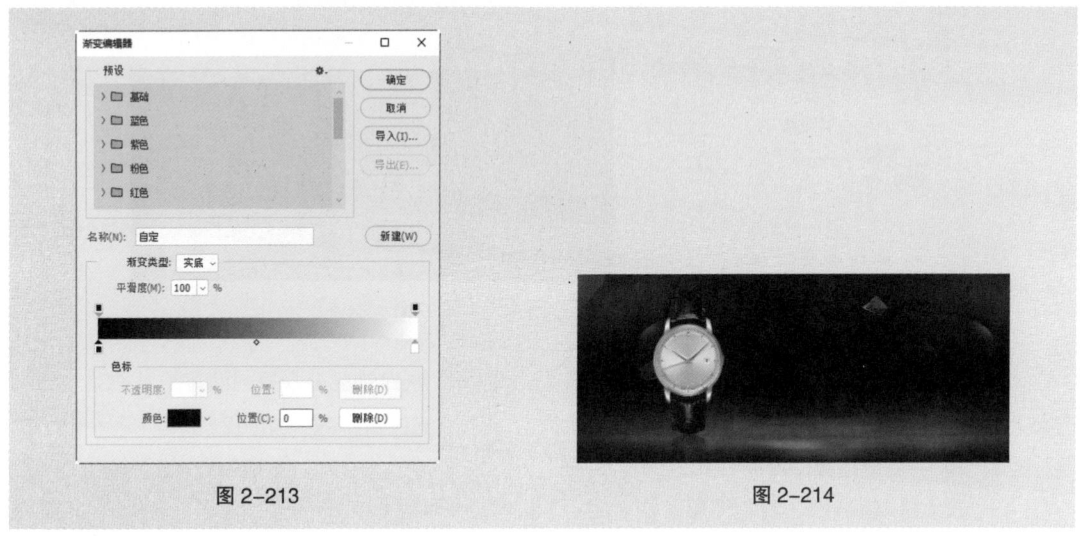

图 2-213　　图 2-214

（7）按Ctrl＋O组合键，打开云盘中的“Ch02 > 素材 > 制作饰品公众号封面首图 > 04”文件。选择“移动”工具，将04图像拖曳到01图像窗口中适当的位置，效果如图2-215所示，在“图层”控制面板中生成新图层并将其命名为“手表2”。

（8）按Ctrl+J组合键，复制图层，在“图层”控制面板中生成新的图层“手表2 拷贝”，将其拖曳到“手表2”图层的下方。用步骤（5）的方法垂直翻转图像，添加图层蒙版，并拖曳填充渐变色，效果如图2-216所示。

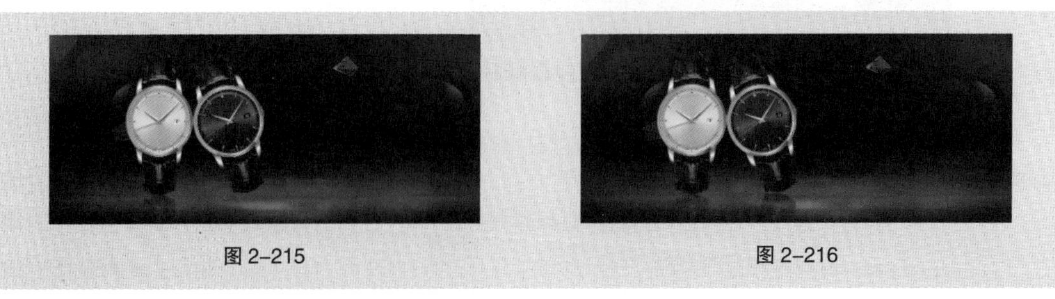

图 2-215　　图 2-216

（9）按Ctrl+O组合键，打开云盘中的“Ch02 > 素材 > 制作饰品公众号封面首图 > 05”文件。选择“移动”工具，将05图像拖曳到01图像窗口中适当的位置，效果如图2-217所示，在“图层”控制面板中生成新图层并将其命名为“文字”。饰品类公众号封面首图制作完成。

图 2-217

2.7 制作特殊图像效果

特殊图像效果是指根据创意设计的需求，使用Photoshop强大的特效工具和命令，对图像、文字、色彩等进行特殊效果的制作，实现令人惊叹的特殊效果，从而为作品增添魅力。

2.7.1 课堂案例——制作文化传媒类公众号封面首图

【案例学习目标】学习使用“通道”控制面板制作出公众号封面首图。

【案例知识要点】使用“分离通道”命令和“合并通道”命令处理图片，使用“彩色半调”命令为通道添加滤镜效果，使用“曝光度”命令调整各通道颜色。文化传媒类公众号封面首图效果如图2-218所示。

【效果所在位置】Ch02/效果/制作文化传媒类公众号封面首图.psd。

图 2-218

（1）启动Photoshop软件，按Ctrl+O组合键，打开云盘中的“Ch02 > 素材 > 制作文化传媒类公众号封面首图 > 01”文件，如图2-219所示。选择“窗口 > 通道”命令，弹出“通道”控制面板，如图2-220所示。

（2）单击“通道”控制面板右上方的≡图标，在弹出的菜单中选择“分离通道”命令，将图像分离成“红”“绿”“蓝”3个通道文件，如图2-221所示。选择通道文件“蓝”，如图2-222所示。

图 2-219　　图 2-220

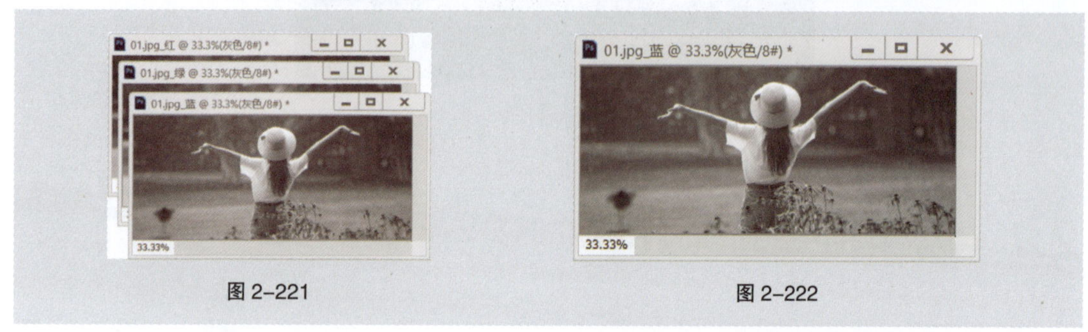

图 2-221　　图 2-222

（3）选择“滤镜 > 像素化 > 彩色半调”命令，在弹出的“彩色半调”对话框中进行设置，如图2-223所示。单击“确定”按钮，效果如图2-224所示。

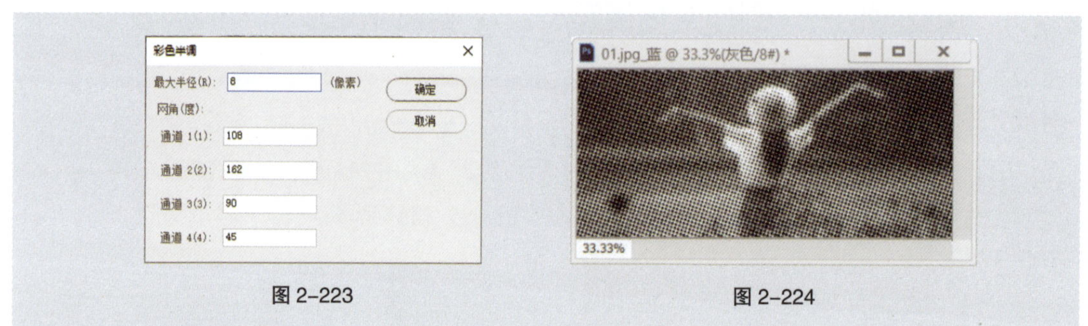

图 2-223　　图 2-224

（4）选择通道文件“绿”。按Ctrl+L组合键，弹出“色阶”对话框，选项的设置如图2-225所示。单击“确定”按钮，效果如图2-226所示。

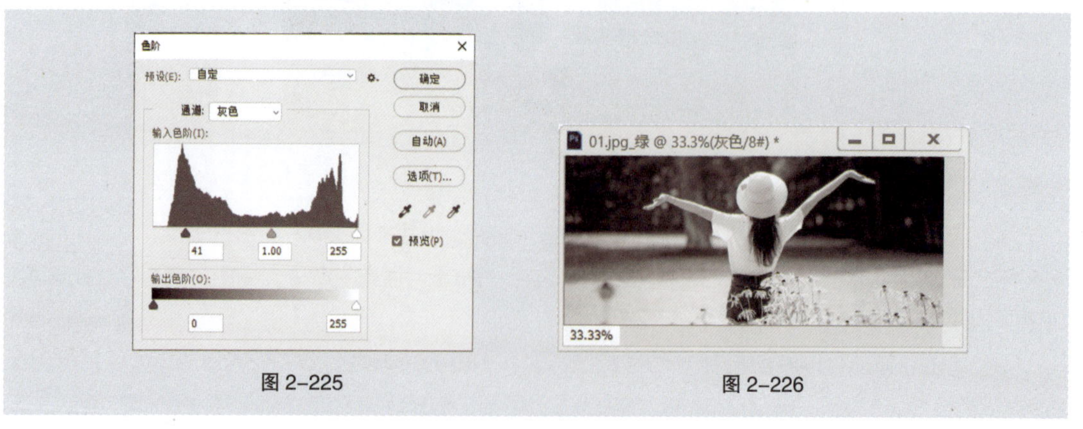

图 2-225　　图 2-226

（5）选择通道文件“红”。选择“图像 > 调整 > 曝光度”命令，在弹出的“曝光度”对话框中进行设置，如图2-227所示。单击“确定”按钮，效果如图2-228所示。

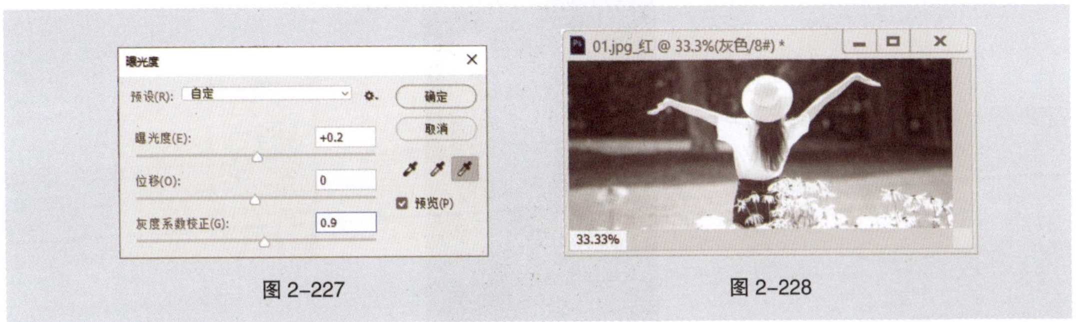

图 2-227　　图 2-228

（6）单击“通道”控制面板右上方的≡图标，在弹出的菜单中选择“合并通道”命令，在弹出的“合并通道”对话框中进行设置，如图2-229所示。单击“确定”按钮，弹出“合并RGB通道”对话框，如图2-230所示。单击“确定”按钮，合并通道，效果如图2-231所示。

图 2-229　　图 2-230

（7）将前景色设为白色。选择“横排文字”工具 T，在适当的位置输入需要的文字并选取文字，在属性栏中选择合适的字体并设置文字大小，效果如图2-232所示，在“图层”控制面板中生成新的文字图层。文化传媒类公众号封面首图制作完成。

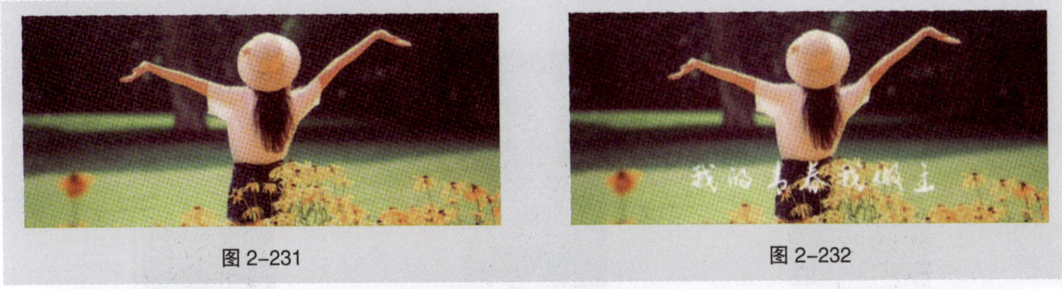

图 2-231　　图 2-232

2.7.2 课堂案例——制作夏至节气宣传海报

【案例学习目标】学习使用滤镜库完成长虹玻璃效果的制作。

【案例知识要点】使用“矩形选框”工具和“渐变”工具制作基础形状，使用“模糊”命令和“滤镜库”命令调整图像效果。夏至节气宣传海报效果如图2-233所示。

【效果所在位置】Ch02/效果/制作夏至节气宣传海报.psd。

图 2-233

（1）启动Photoshop软件，按Ctrl + N组合键，设置文件宽度为1242像素，高度为2208像素，分辨率为72像素/英寸，颜色模式为RGB颜色，背景内容为白色，单击“创建”按钮。

（2）按Ctrl+O组合键，打开云盘中的“Ch02 > 制作夏至节气宣传海报 > 素材 > 01”文件，选择“移动”工具，将01图片拖曳到新建图像窗口中适当的位置，并调整其大小，效果如图2-234所示，在“图层”控制面板中生成新图层并将其命名为“底图”。

（3）单击“图层”控制面板下方的“创建新图层”按钮，创建一个空白图层并将其命名为“长虹玻璃”。选择“矩形选框”工具，在图像窗口中拖曳鼠标指针绘制选区，如图2-235所示。选择“渐变”工具，在属性栏中单击“点按可编辑渐变”按钮，弹出“渐变编辑器”对话框，设置3个位置点的颜色分别为0（0、0、0）、50（255、255、255）、100（0、0、0），按住Shift键的同时，从左向右拖曳鼠标指针填充选区，效果如图2-236所示。

图 2-234

图 2-235

图 2-236

（4）选择“移动”工具，按住Alt+Shift组合键的同时，水平向右拖曳鼠标指针复制选区，如图2-237所示。用相同的方法复制多个图形，按Ctrl + D组合键取消选区，效果如图2-238所示。按住Alt键的同时，在“图层”控制面板中单击“长虹玻璃”图层左侧的眼睛图标，关闭其他图层的视图显示。

（5）在“图层”控制面板中，关闭“长虹玻璃”图层的视图显示，并打开其他图层的视图显示，选择“底图”图层，如图2-239所示。选择“滤镜 > 模糊 > 高斯模糊”命令，在弹出的“高斯模糊”对话框中进行设置，如图2-240所示，效果如图2-241所示。

图 2-237

图 2-238

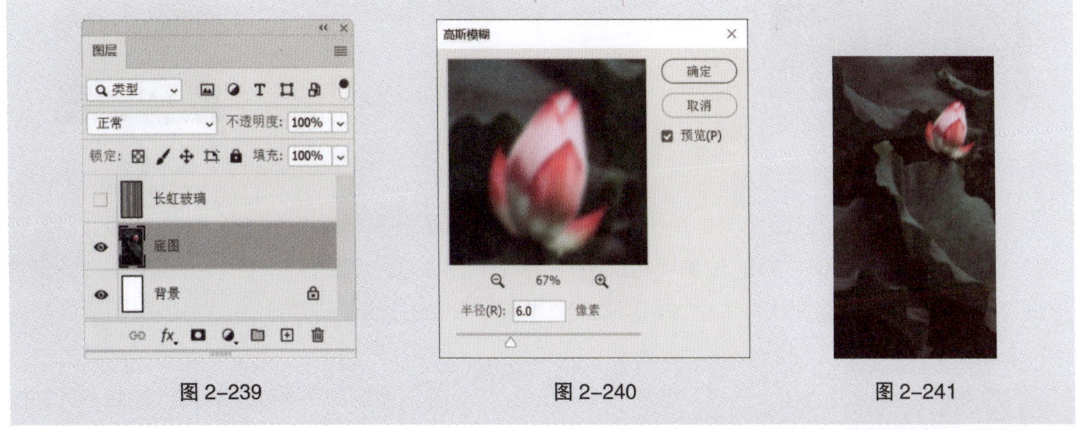

图 2-239　　图 2-240　　图 2-241

（6）选择“矩形选框”工具，在图像窗口中拖曳鼠标指针绘制选区，如图2-242所示。选择“滤镜 > 滤镜库 ”命令，在弹出的面板中进行设置，如图2-243所示。单击“纹理”选项组右侧的“菜单”按钮，在弹出的菜单中选择“载入纹理”，在弹出的面板中选择“长虹玻璃”文件，单击“打开”按钮，载入纹理，如图2-244所示。单击“确定”按钮，按Ctrl+D组合键取消选区，效果如图2-245所示。

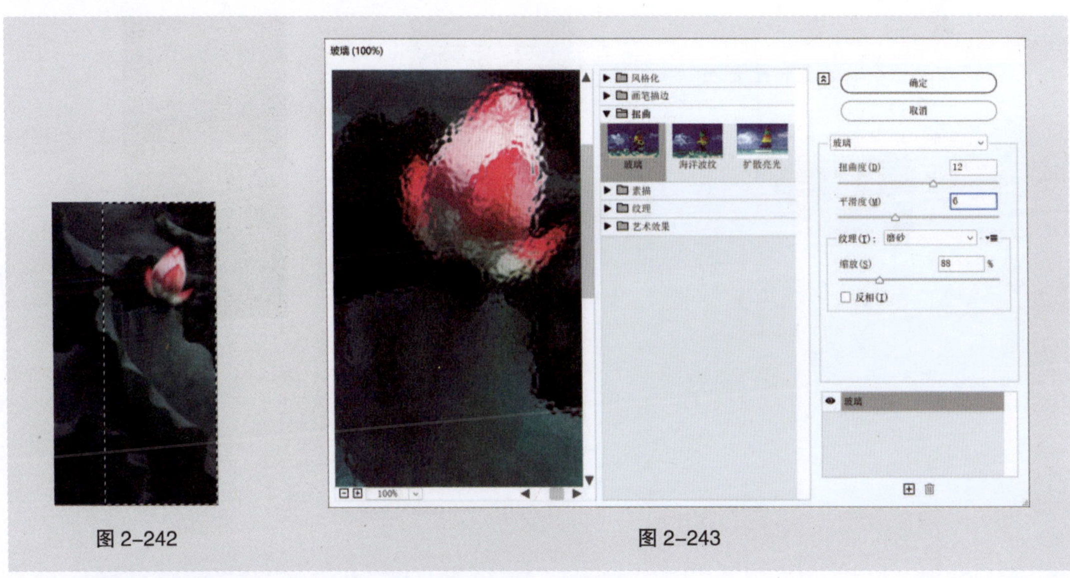

图 2-242　　图 2-243

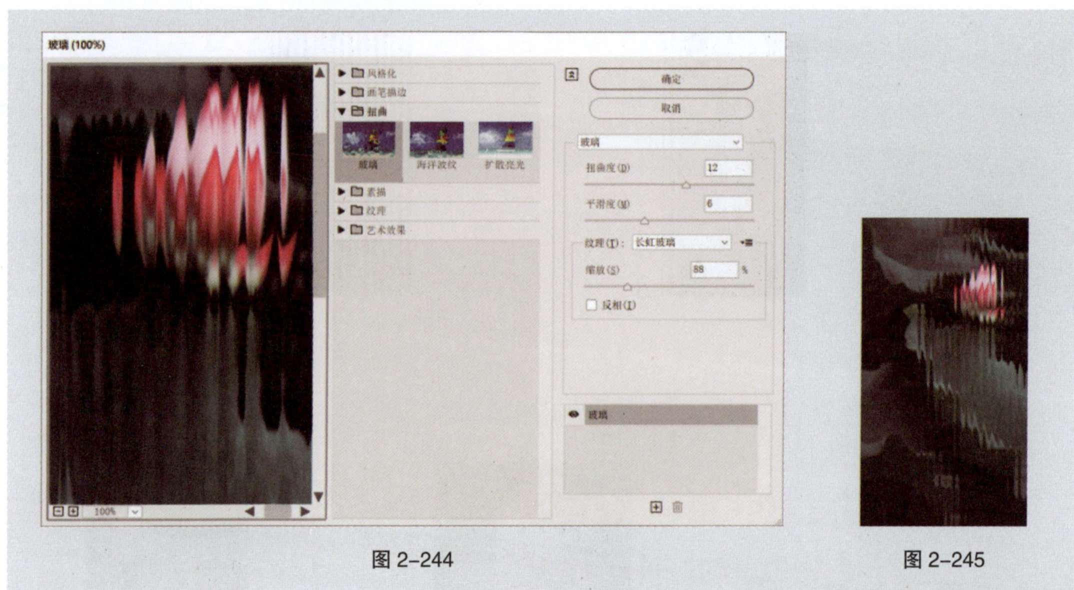

图 2-244　　图 2-245

（7）在“图层”控制面板中，单击“长虹玻璃”图层左侧的眼睛图标，打开视图显示。在“图层”控制面板中，将“长虹玻璃”图层的混合模式设为“正片叠底”，“不透明度”设为20%。单击“图层”控制面板下方的“添加图层蒙版”按钮，为“长虹玻璃”图层添加图层蒙版，如图2-246所示。

（8）将前景色设为黑色。选择“矩形选框”工具，在图像窗口中拖曳鼠标指针绘制选区，按Ctrl+Delete组合键填充颜色，效果如图2-247所示。

（9）选择“文件 > 置入嵌入对象”命令，弹出“置入嵌入的对象”对话框，选择云盘中的“Ch02 > 制作夏至节气宣传海报 > 素材 > 02”文件，单击“置入”按钮，将图片置入图像窗口中，并将图像拖曳到适当的位置。按Enter键确定操作，效果如图2-248所示，在“图层”控制面板中生成新的图层并将其命名为“文案”。夏至节气宣传海报制作完成。

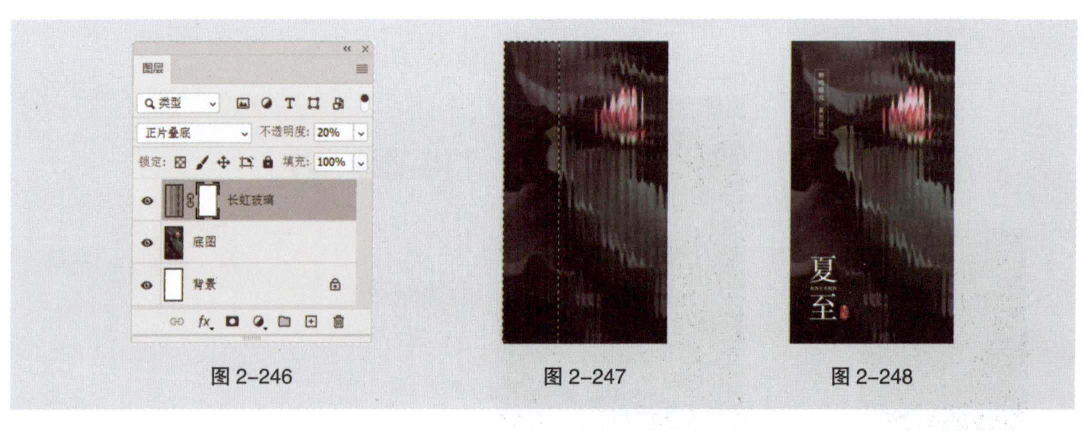

图 2-246　　图 2-247　　图 2-248

2.8 课堂练习——制作嘉兴肉粽主图

【练习知识要点】使用“矩形”工具、“添加锚点”工具、“转换点”工具和“直接选择”工具制作会话框，使用“横排文字”工具和“字符”控制面板添加公司名称、职务信息和联系方式。嘉兴肉粽主图效果如图2-249所示。

【效果所在位置】Ch02/效果/制作嘉兴肉粽主图.psd。

图 2-249

2.9 课后习题——制作实木双人床 Banner

【习题知识要点】使用“矩形选框”工具、“变换选区”命令、“扭曲”命令和“羽化”命令制作沙发投影，使用“移动”工具添加装饰图片和文字。实木双人床Banner效果如图2-250所示。

【效果所在位置】Ch02/效果/制作实木双人床Banner.psd。

图 2-250

第 3 章

03 视频的编辑与制作

本章介绍

本章主要介绍视频编辑的基础知识和Premiere Pro的基本操作方法，如剪辑、转场、制作特效、调色与抠像、制作字幕。通过本章的学习，学生可以了解视频编辑的相关知识，提高Premiere Pro操作技能。

学习目标

- 了解视频编辑的基础知识。
- 熟练掌握Premiere Pro的基本操作。
- 掌握不同的剪辑方法及技巧。
- 熟练掌握不同的转场方法和特效的运用技巧。
- 熟练掌握不同的调色与抠像方法。
- 掌握字幕的添加与编辑技巧。

素养目标

- 培养团队协作能力。
- 培养综合处理问题的能力。

技能目标

- 掌握风光宣传片的制作方法。
- 掌握宣传片彩条的制作方法。
- 掌握电子相册的制作方法。
- 掌握短视频卷帘转场和翻页转场效果的制作方法。
- 掌握短视频的制作方法。
- 掌握节目片头的制作方法。
- 掌握纪录片的制作方法。

3.1 视频编辑的基础知识

新媒体视频编辑是指运用新媒体技术对摄录的影像进行分析、剪辑及合成等处理。如今，人们常通过抖音、快手等平台分享自己编辑处理的视频。

3.1.1 线性编辑与非线性编辑

1. 线性编辑

线性编辑就是需要按时间顺序从头至尾进行编辑的节目制作方式。这种编辑方式要求编辑人员首先编辑素材的第一个镜头，最后编辑结尾的镜头。编辑人员必须对一系列镜头的组接做出确切的判断，事先做好构思，因为一旦编辑完成，就不能轻易改变这些镜头的组接顺序。对编辑带的任何改动，都会直接影响记录在编辑带上的信号，从改动点以后直至结尾的所有部分都将受到影响，需要重新编辑一次或者进行复制。新闻片制作、现场直播和现场直录等宜选用线性编辑。

（1）线性编辑的优点

- 可以很好地保护原来的素材，使其能多次使用；
- 不损伤磁带，能发挥磁带随意录、随意抹去的特点，能降低制作成本；
- 能保持同步与控制信号的连续性，组接平稳，不会出现不连续、图像跳闪的情况；
- 可以迅速而准确地找到最适当的编辑点，正式编辑前可预先检查，编辑后可立刻观看编辑效果，发现不妥时可马上修改；
- 声音与图像可以做到完全吻合，还可对其分别进行修改。

（2）线性编辑的缺点

- 素材不能做到随机存取，素材的选择浪费时间，影响编辑效率；
- 模拟信号经多次复制，衰减严重，声音与图像质量降低；
- 难以对半成品完成随意插入或删除等操作；
- 所需设备较多，安装调试较为复杂；
- 较为生硬的人机界面限制了制作人员创造性的发挥。

2. 非线性编辑

非线性编辑是指把输入的各种视频、音频信号进行模数转换，采用数字压缩技术将其存入计算机硬盘中；也就是指使用硬盘作为存储介质，记录数字化的视频、音频信号，在1/25s内完成任意一幅画面的随机读取和存储，实现视频、音频编辑的非线性。复杂的制作宜选用非线性编辑。

（1）非线性编辑的优点

- 无论如何处理或者编辑，信号质量将是始终如一的；
- 素材的搜索极其容易，可自由组合特技，提高制作水平；
- 后期制作所需的设备降至最少，可有效地节约资源，大大延长录像机的寿命；
- 易于升级，支持许多第三方的硬件、软件；
- 可充分利用网络传输数码视频，实现资源共享。

（2）非线性编辑的缺点

- 系统的操作与传统不同，专业性强；

- 受硬盘容量限制，记录内容有限；
- 实时制作受到技术制约，特技等内容不能太复杂；
- 图像信号压缩有损失；
- 需预先把素材导入非线性编辑系统中。

3.1.2 非线性编辑的基本工作流程

任何非线性编辑的工作流程，都可以简单地看成输入、编辑、输出这3个步骤。当然由于不同软件功能的差异，其使用流程还可以进一步细化。以Premiere Pro为例，其使用流程主要分成以下5个步骤。

（1）素材采集与输入

采集就是指利用Premiere Pro将模拟视频、音频信号转换成数字信号存储到计算机中，或者将外部的数字视频存储到计算机中，使其成为可处理的素材。输入主要是把其他软件处理过的图像、声音等文件导入Premiere Pro中。

（2）素材编辑

素材编辑就是设置素材的入点与出点，以选择最合适的部分，然后按时间顺序组接不同素材的过程。

（3）字幕制作

字幕是节目中非常重要的部分，它包括文字和图形两个方面。在Premiere Pro中制作字幕很方便，几乎没有无法实现的效果，并且还有大量的模板可以选择。

（4）特技处理

对于视频素材，特技处理包括转场、特效、合成叠加等。对于音频素材，特技处理包括转场、特效等。令人震撼的画面效果就是在特技处理的过程中产生的，而非线性编辑软件功能的强弱，往往也体现在这方面。配合某些硬件，Premiere Pro还能够实现特技播放。

（5）输出和生成

素材编辑完成后，既可以输出回录到录像带上，也可以生成视频文件，发布到网上、刻录数字通用光碟（Digital Versatile Disc，DVD）等。

3.2 Premiere Pro 的基本操作

Premiere Pro是由Adobe公司基于macOS和Windows平台开发的一款视频编辑软件，本节将对Premiere Pro的用户操作界面、功能面板、项目文件操作和撤销与恢复操作进行讲解。

3.2.1 认识用户操作界面

Premiere Pro的用户操作界面如图3-1所示。从图中可以看出，Premiere Pro的用户操作界面由标题栏、菜单栏、“源”监视器/“效果控件”/“Lumetri”面板组、“效果”面板、“时间轴”面板、“工具”面板等组成。

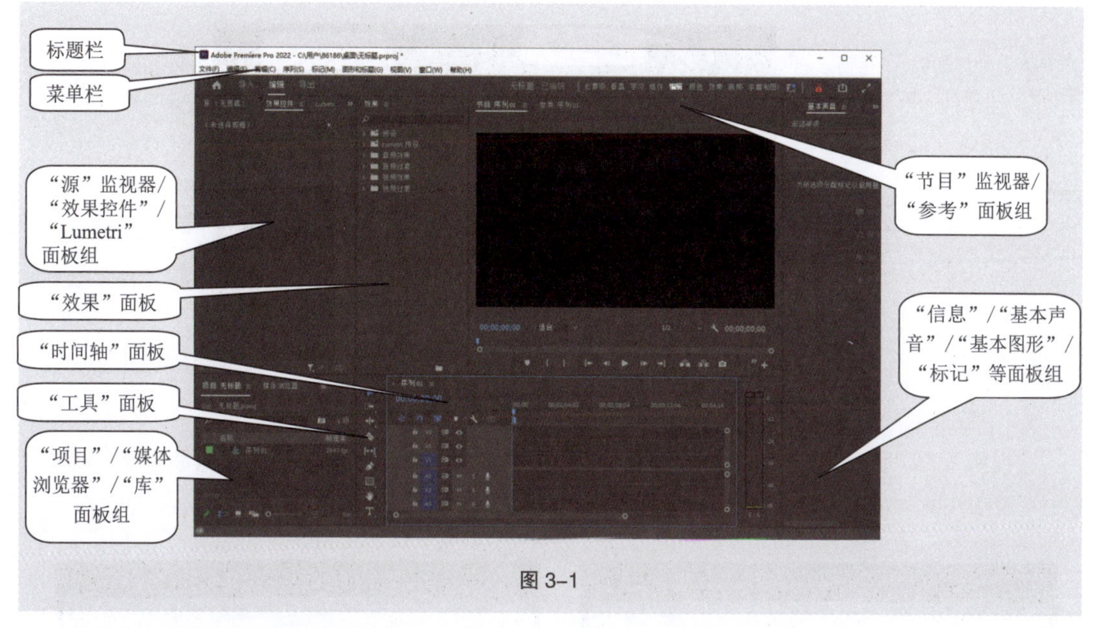

图 3-1

3.2.2 常用面板的介绍

1. “项目”面板

“项目”面板主要用于导入、组织和存放供“时间轴”面板编辑合成的原始素材，如图3-2所示。按Ctrl+Page Up快捷键，可切换到列表状态，如图3-3所示。单击“项目”面板上方的☰按钮，在弹出的菜单中可以设置面板及相关功能显示方式，如图3-4所示。

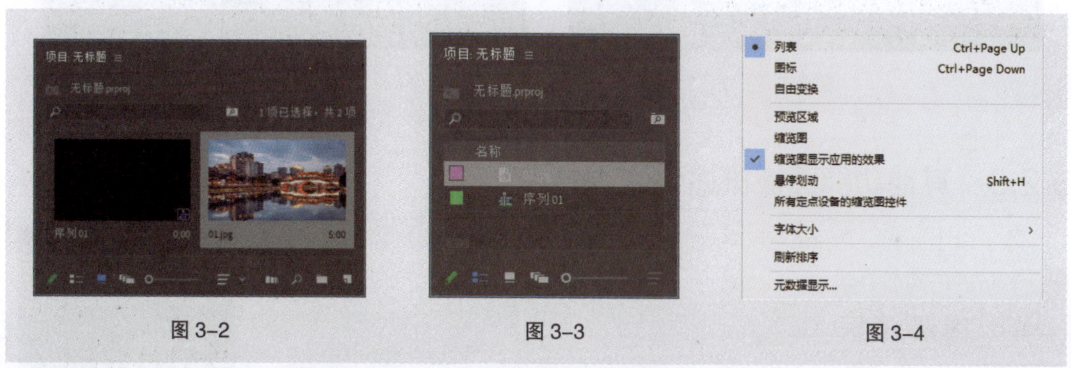

图 3-2　　图 3-3　　图 3-4

在图标显示状态下，将鼠标指针置于视频图标上，左右移动鼠标指针，可以查看不同时间点的视频内容。

在列表显示状态下，可以查看素材的基本属性，包括素材的名称、媒体格式、视/音频信息和数据量等。

2. “时间轴”面板

“时间轴”面板是Premiere Pro用户操作界面的核心区域，如图3-5所示。在编辑素材的过程中，大部分操作是在“时间轴”面板中完成的。通过“时间轴”面板，可以轻松地实现对素材的剪辑、插入、复制、粘贴和修整等操作。

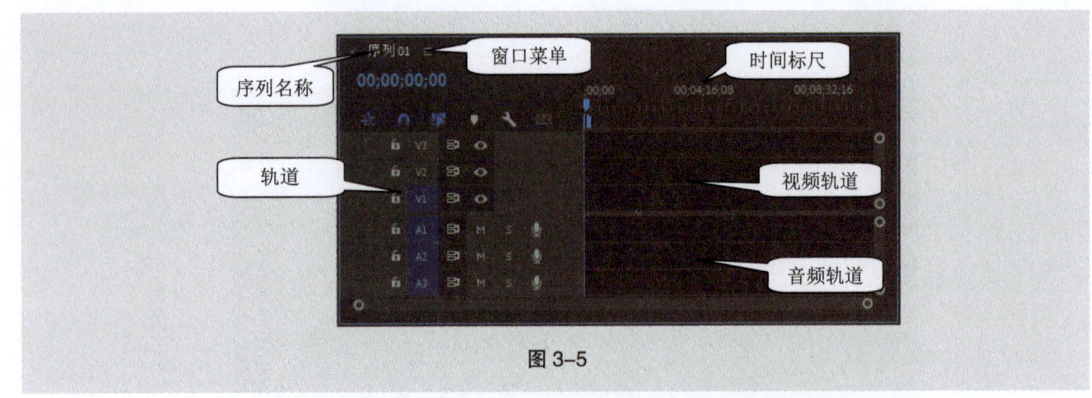

图 3-5

3. “监视器”面板

监视器分为“源”监视器和“节目”监视器，分别如图3-6和图3-7所示，所有编辑或未编辑的素材片段都在此显示效果。

图 3-6　　　　图 3-7

3.2.3 其他功能面板概述

除了以上面板，Premiere Pro还提供了其他一些方便编辑操作的功能面板，下面进行简要介绍。

1. “效果”面板

“效果”面板存放着Premiere Pro自带的各种预设、视频和音频的特效。这些特效按照功能分为六大类，包括预设、Lumetri预设、音频效果、音频过渡、视频效果及视频过渡，如图3-8所示，每个大类又包含同类型的几个不同效果。用户安装的第三方效果插件也将显示在该面板的相应类别中。

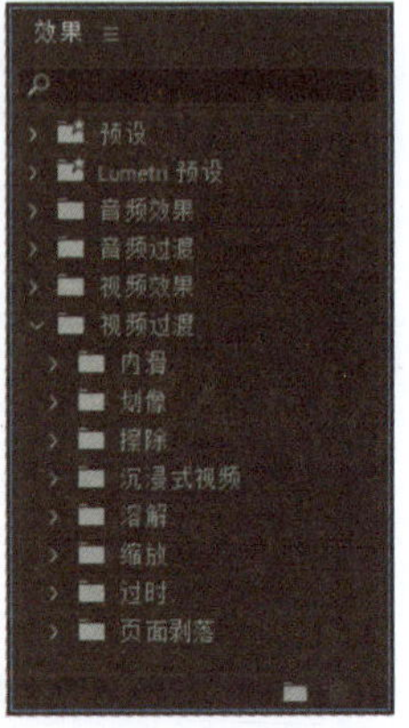

图 3-8

2. “效果控件”面板

“效果控件”面板主要用于控制对象的运动、不透明度、过渡及效果等，如图3-9所示。

3. “工具”面板

“工具”面板主要用于对时间轴中的音频、视频等内容进行编辑，如图3-10所示。

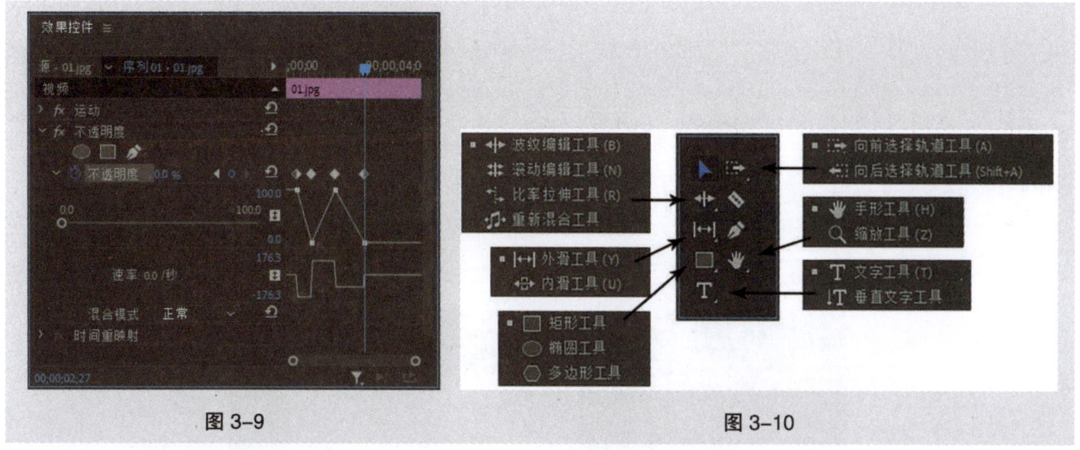

图 3-9

图 3-10

3.2.4 项目文件操作

在启动Premiere Pro软件进行影视制作时，首先必须创建新的项目文件或打开已存在的项目文件，这是Premiere Pro最基本的操作之一。

1. 新建项目文件

（1）选择“开始 > 所有程序 > Adobe Premiere Pro 2022”命令，或双击桌面上的Premiere Pro快捷图标，打开软件。

（2）选择“文件 > 新建 > 项目”命令，或按Ctrl+Alt+N快捷键，会弹出“导入”界面，如图3-11所示。在“项目名”文本框中可以设置项目名称。单击“项目位置”选项右侧的按钮，在弹出的下拉列表框中可以选择项目文件保存的路径。单击“创建”按钮，即可创建一个新的项目文件。

图 3-11

（3）选择“文件 > 新建 > 序列”命令，或按Ctrl+N快捷键，会弹出“新建序列”对话框，如图3-12所示。在“序列预设”选项卡中可以选择项目文件格式，如选择“DV-PAL”制式下的“标准48kHz”，右侧的“预设描述”区域将列出相应的项目信息。在“设置”选项卡中可以设置编辑模式、时基、视频帧大小、像素长宽比和音频采样率等信息。在“轨道”选项卡中可以设置视音频轨道的相关信息。在“VR视频”选项卡中可以设置VR属性。单击“确定”按钮，即可创建一个新的序列。

图 3-12

2. 打开项目文件

选择“文件 > 打开项目”命令，或按Ctrl+O组合键，在弹出的“打开项目”对话框中可以选择需要打开的项目文件，如图3-13所示。单击“打开”按钮，即可打开已选择的项目文件。

选择“文件 > 打开最近使用的内容”命令，在其子菜单中选择需要打开的项目文件，如图3-14所示，即可打开所选的项目文件。

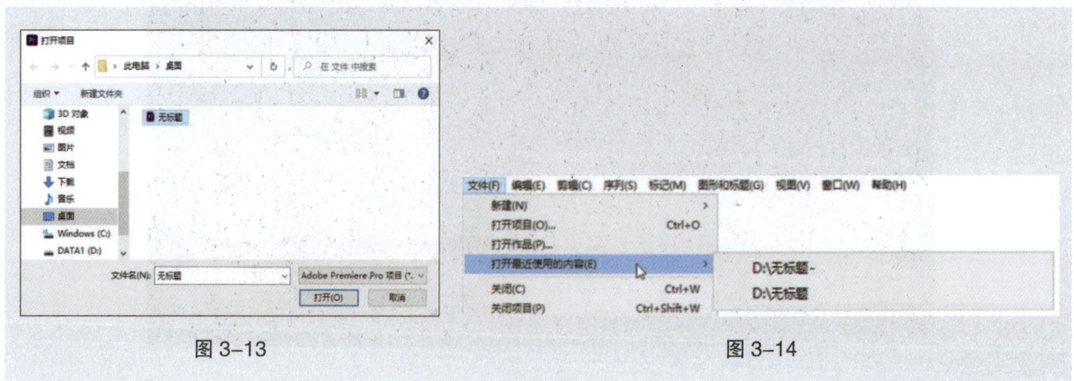

图 3-13　　图 3-14

3. 保存项目文件

刚启动Premiere Pro时，系统会提示用户先保存一个设置好参数的项目，因此，对于编辑过的项目，直接选择“文件 > 保存”命令或按Ctrl+S快捷键，即可直接保存。另外，系统会隔一段时间对项目自动保存一次。

选择“文件 > 另存为”命令，或按Ctrl+Shift+S快捷键，可以以其他名称或在其他位置保存项目。选择“文件 > 保存副本”命令，或按Ctrl+Alt+S快捷键，在弹出的对话框中完成设置后，单击“保存”按钮，可以保存项目文件的副本。

4. 关闭项目文件

选择“文件 > 关闭项目”命令，即可关闭当前项目文件。如果对当前文件做了修改却尚未保存，则系统会弹出图3-15所示的提示对话框，询问是否保存对项目文件所做的修改。单击“是”按钮，保存项目文件；单击“否”按钮，不保存项目文件并直接退出项目文件。

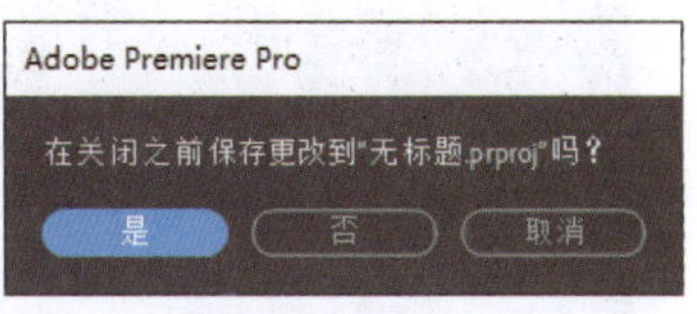

图 3-15

3.2.5 撤销与恢复操作

通常情况下，完整的项目需要经过反复的调整、修改与比较才能完成，因此，Premiere Pro为用户提供了“撤销”与“重做”命令。

在编辑视频或音频时，如果用户上一步操作是错误的，或对操作后得到的效果不满意，那么可以选择“编辑 > 撤销”命令，撤销该操作。如果连续选择此命令，则可连续撤销前面的多步操作。

如果要取消撤销操作，则可以选择“编辑 > 重做”命令。例如，删除一个素材，通过“撤销”命令来撤销该操作，如果还想将素材片段删除，则只要选择“编辑 > 重做”命令即可。

3.3 剪辑

Premiere Pro中剪辑素材的操作包括导入、裁剪、切割和插入素材，以及创建新元素等。

3.3.1 课堂案例——制作壮丽黄河宣传片

【案例学习目标】学习使用“导入”命令和“插入”按钮编辑视频素材。

【案例知识要点】使用“导入”命令导入视频文件，使用“效果控件”面板调整素材位置和缩放，使用编辑点剪辑素材，使用“插入”命令插入素材文件。壮丽黄河宣传片效果如图3-16所示。

【效果所在位置】Ch03/效果/制作壮丽黄河宣传片. prproj。

图 3-16

（1）启动Premiere Pro软件，选择“文件 > 新建 > 项目”命令，弹出“导入”界面，如图3-17所示，单击“创建”按钮，新建项目。选择“文件 > 新建 > 序列”命令，弹出“新建序列”对话框，打开“设置”选项卡，具体设置如图3-18所示。单击“确定”按钮，新建序列。

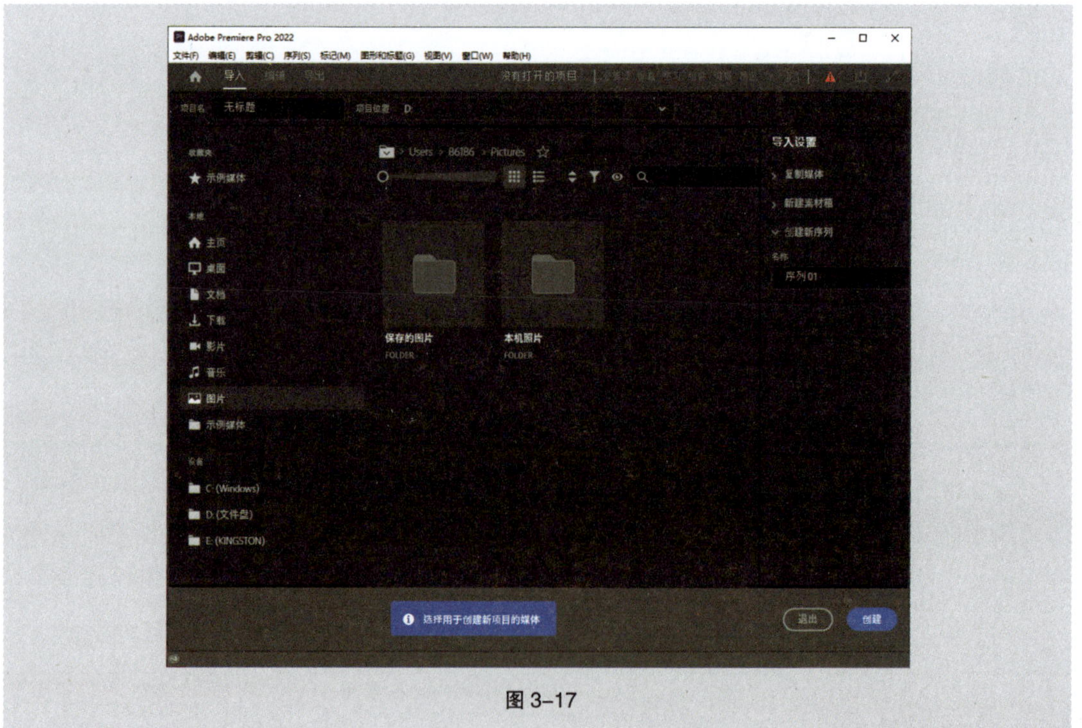

图 3-17

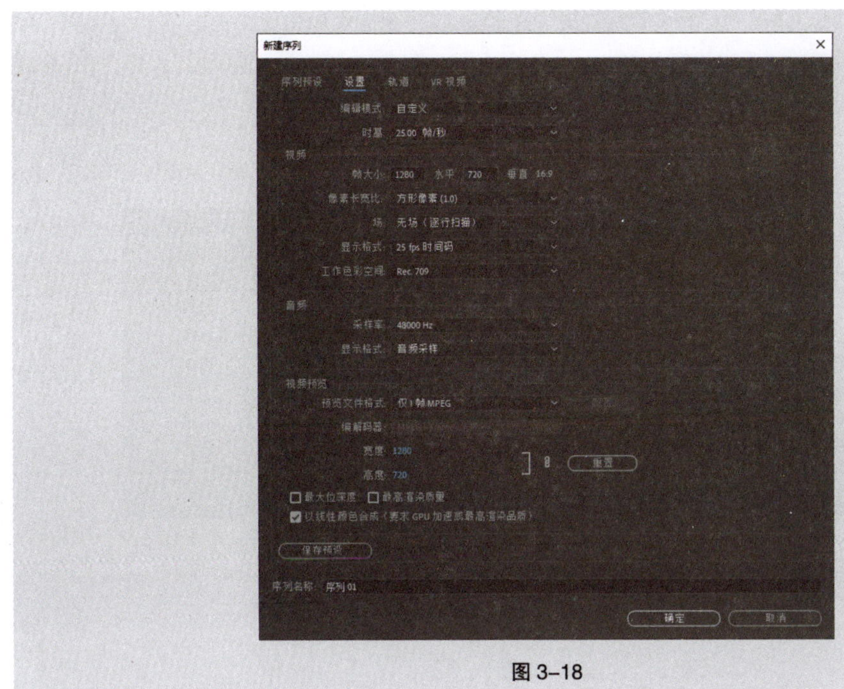

图 3–18

（2）选择“文件 > 导入”命令，弹出“导入”对话框，选择云盘中的“Ch03/制作壮丽黄河宣传片/素材/01～03”文件，如图3–19所示，单击“打开”按钮，将素材文件导入“项目”面板中，如图3–20所示。

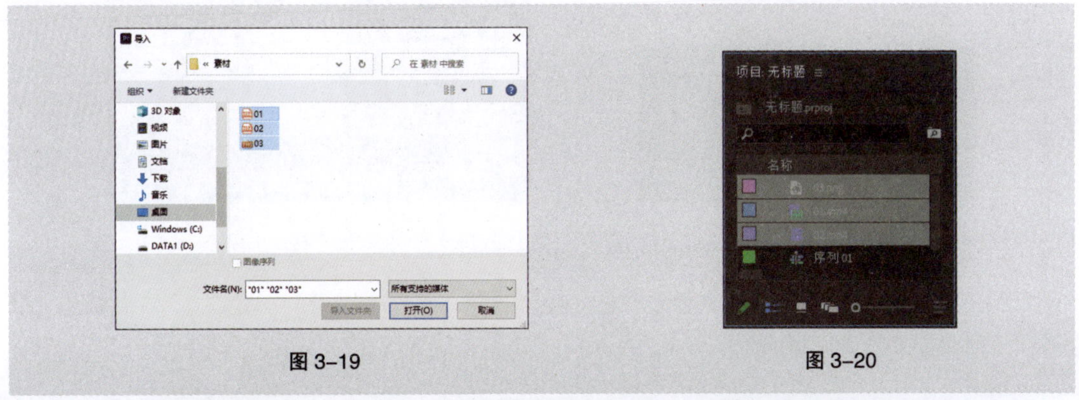

图 3–19　　图 3–20

（3）在“项目”面板中，选中“01”文件并将其拖曳到“时间轴”面板中的“V1”（视频1）轨道中，弹出“剪辑不匹配警告”对话框，如图3–21所示，单击“保持现有设置”按钮。在保持现有序列设置的情况下将“01”文件放置在“V1”轨道中，如图3–22所示。

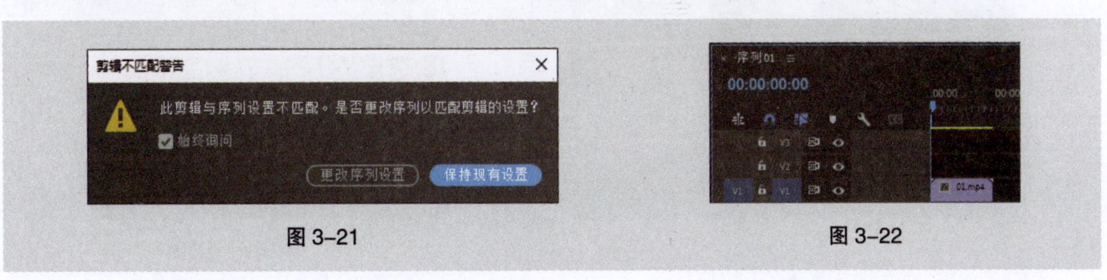

图 3–21　　图 3–22

（4）将时间标签放置在00:00:20:00的位置。在“01”文件的结束位置单击，显示编辑点，当鼠标指针呈状时，将鼠标指针向左拖曳到00:00:20:00的位置上，如图3-23所示。

（5）选择“时间轴”面板中的“01”文件。选择“效果控件”面板，展开“运动”选项，将“缩放”选项设置为70.0，如图3-24所示。

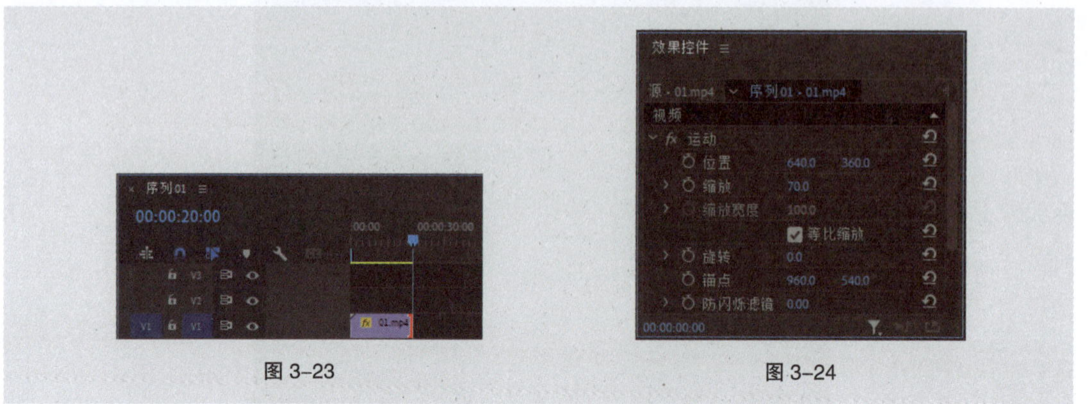

图 3-23　　图 3-24

（6）将时间标签放置在00:00:10:00的位置，如图3-25所示。双击“项目”面板中的“02”文件，在“源”监视器面板中打开“02”文件，如图3-26所示。

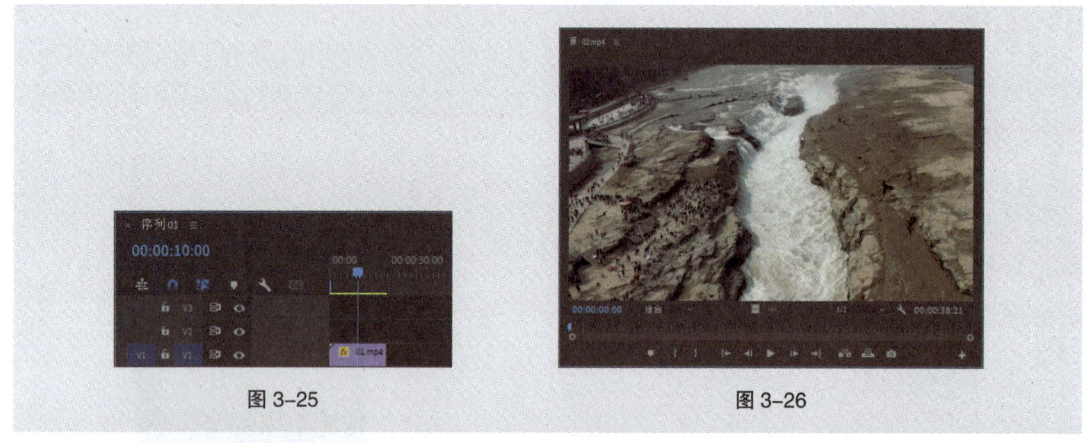

图 3-25　　图 3-26

（7）单击“源”监视器面板下方的“插入”按钮，如图3-27所示，将“02”文件插入“时间轴”面板中，如图3-28所示。

图 3-27

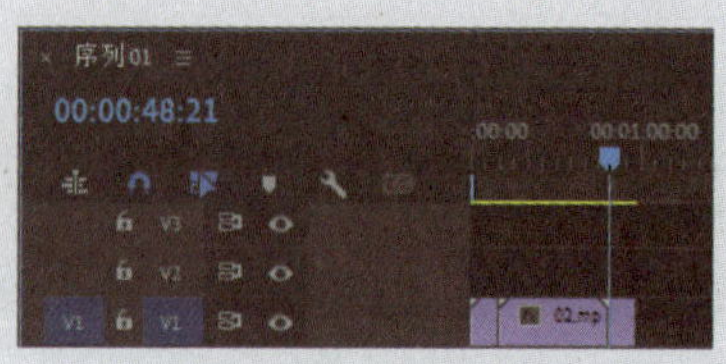

图 3-28

（8）将时间标签放置在00:00:20:00的位置。在“V1”轨道上选中“02”文件，选择“波纹编辑”工具，将鼠标指针放在“02”文件的结束位置，当鼠标指针呈状时，将其向左拖曳到00:00:20:00的位置上，如图3-29所示。

（9）选择“选择”工具，选择“时间轴”面板中的“02”文件。选择“效果控件”面板，展开“运动”选项，将“缩放”选项设置为70.0，如图3-30所示。

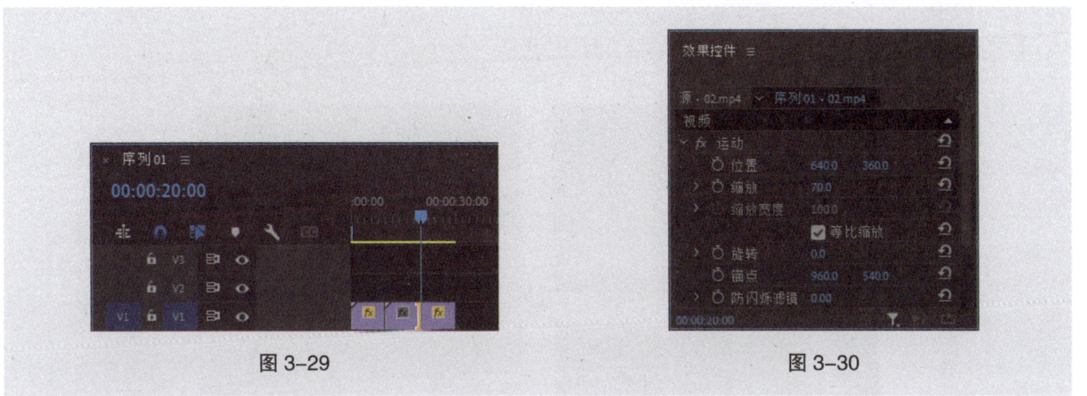

图 3-29　　图 3-30

（10）将时间标签放置在00:00:00:00的位置。在“项目”面板中，选中“03”文件并将其拖曳到“时间轴”面板中的“V2”（视频2）轨道中，如图3-31所示。将鼠标指针放置在“03”文件的结束位置，当鼠标指针呈状时，将其向右拖曳到第2个“01”文件的结束位置上，如图3-32所示。

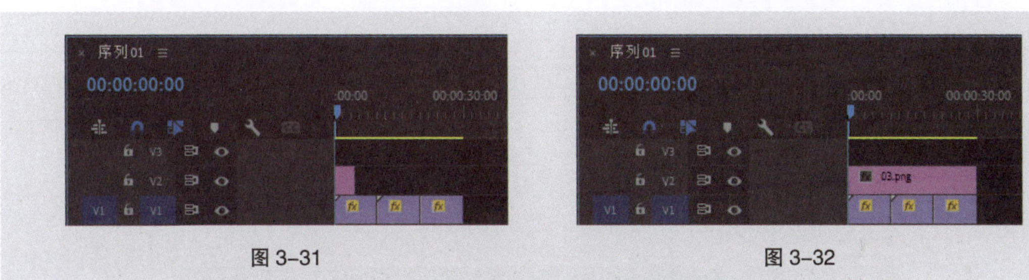

图 3-31　　图 3-32

（11）选择“时间轴”面板中的“03”文件。选择“效果控件”面板，展开“运动”选项，将“位置”选项设置为1149.0和655.0，如图3-33所示。壮丽黄河宣传片制作完成。

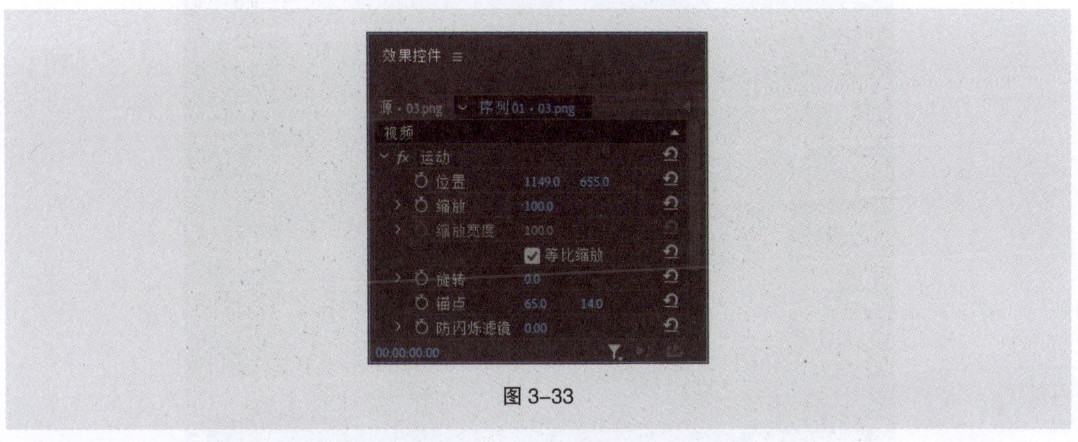

图 3-33

3.3.2　课堂案例——制作汤圆宣传片彩条

【案例学习目标】学习使用“彩条”命令添加彩条。

【案例知识要点】使用“导入”命令导入视频文件，使用“剃刀”工具切割素材，使用“彩条”命令为素材添加彩条文件。汤圆宣传片彩条效果如图3-34所示。

【效果所在位置】Ch03/效果/制作汤圆宣传片彩条. prproj。

图 3-34

（1）启动Premiere Pro软件，选择“文件 > 新建 > 项目”命令，弹出“导入”界面，如图3-35所示，单击“创建”按钮，新建项目。选择“文件 > 新建 > 序列”命令，弹出“新建序列”对话框，打开“设置”选项卡，具体设置如图3-36所示。单击“确定”按钮，新建序列。

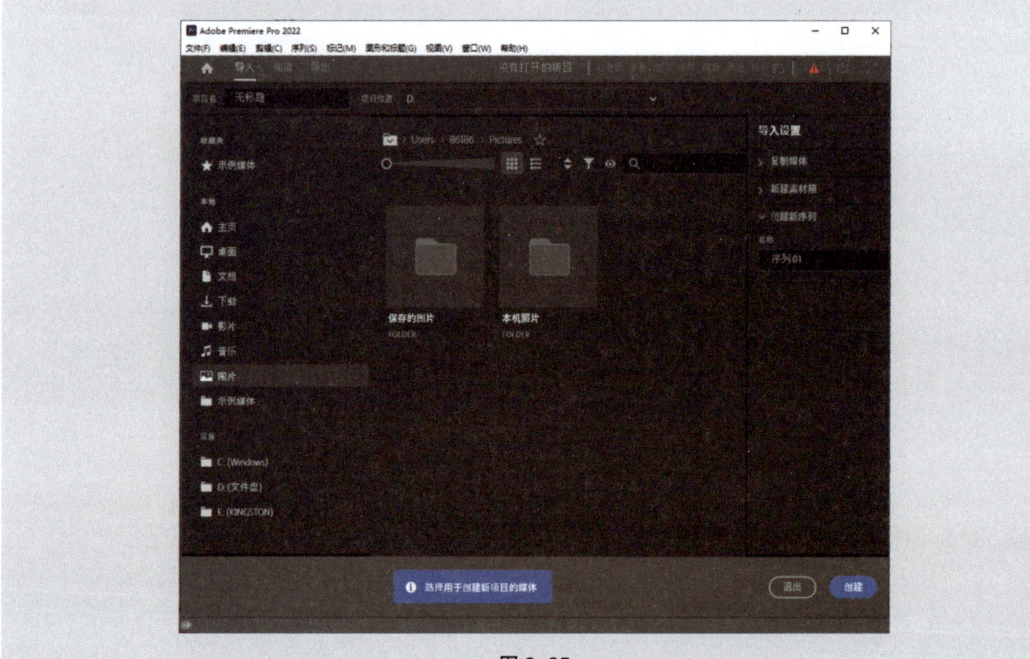

图 3-35

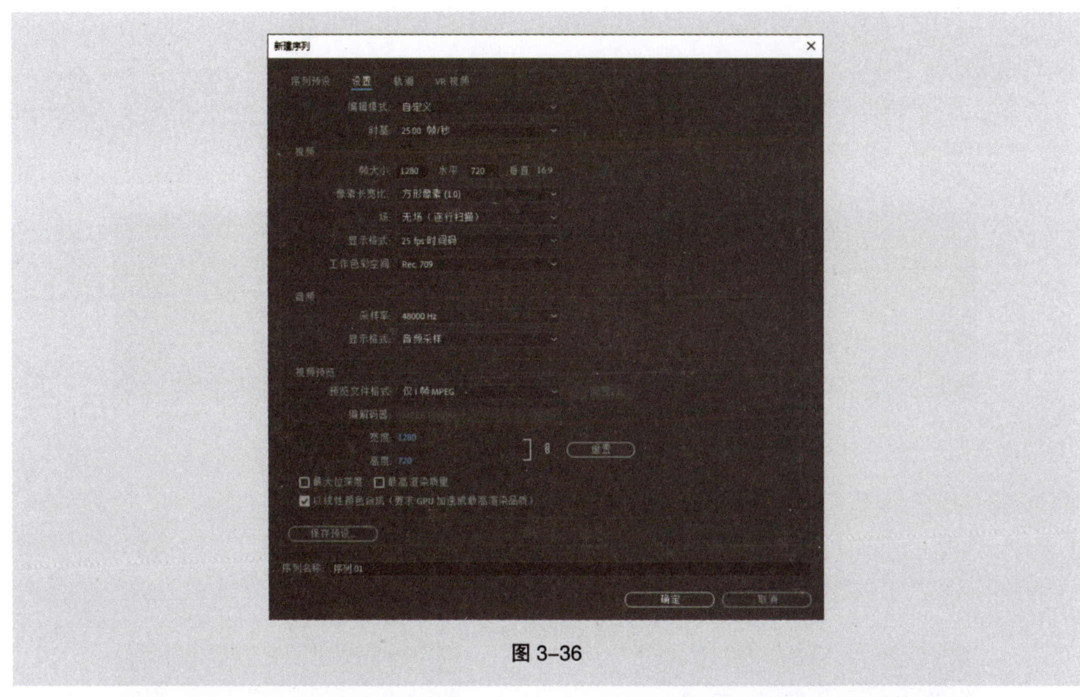

图 3-36

（2）选择“文件 > 导入”命令，弹出“导入”对话框，选择云盘中的“Ch03/制作汤圆宣传片彩条/素材/01”文件，如图3-37所示，单击“打开”按钮，将素材文件导入“项目”面板中，如图3-38所示。

图 3-37　　图 3-38

（3）在“项目”面板中，选中“01”文件并将其拖曳到“时间轴”面板中的“V1”轨道中，弹出“剪辑不匹配警告”对话框，如图3-39所示，单击“保持现有设置”按钮。在保持现有序列设置的情况下将“01”文件放置在“V1”轨道中，如图3-40所示。

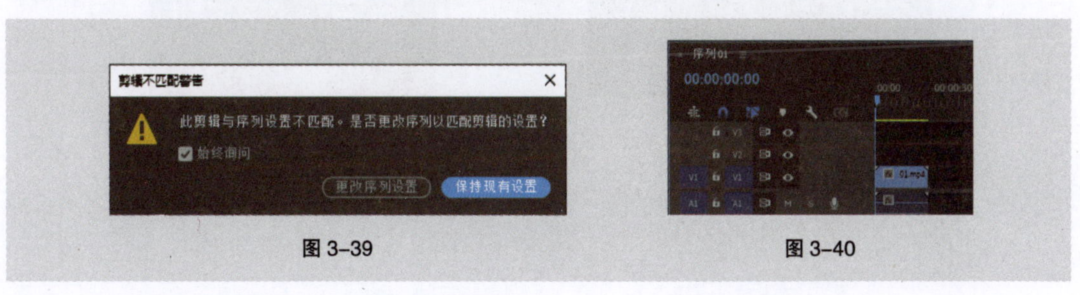

图 3-39　　图 3-40

（4）将时间标签放置在00:00:07:16的位置。选择“剃刀”工具，将鼠标指针移到“时间轴”面板中的“01”文件上，在时间标签处单击切割素材，如图3-41所示。将时间标签放置在00:00:09:03的位置。将鼠标指针移到“时间轴”面板中的“01”文件上，在时间标签处再次单击切割素材，如图3-42所示。

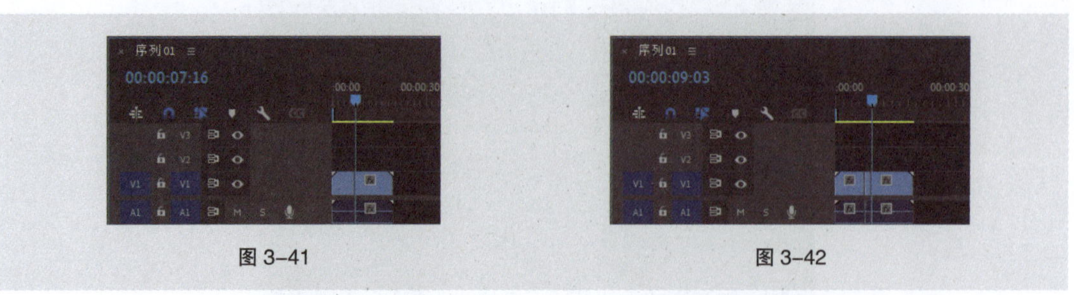

图 3-41　　图 3-42

（5）选择“选择”工具，选择切割后左侧的文件。选择“编辑 > 波纹删除”命令，删除选中的文件，如图3-43所示。将时间标签放置在00:00:10:10的位置，选择“剃刀”工具，在时间标签处单击切割文件，如图3-44所示。

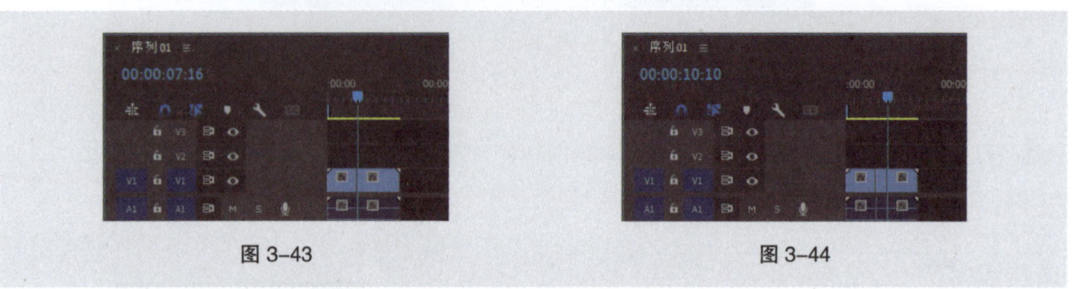

图 3-43　　图 3-44

（6）选择“选择”工具，选择切割后右侧的文件。按Delete键，删除文件，效果如图3-45所示。

（7）选择“文件 > 新建 > 彩条”命令，弹出“新建色条和色调”对话框，如图3-46所示，单击“确定”按钮，在“项目”面板中生成“色条和色调”文件。

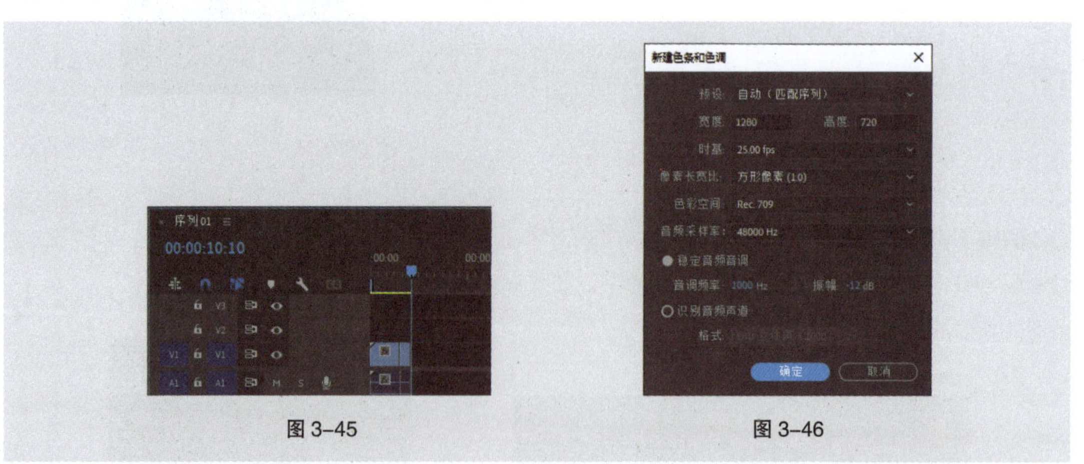

图 3-45　　图 3-46

（8）将时间标签放置在00:00:04:13的位置。选中“项目”面板中的“色条和色调”文件，将其拖曳到“时间轴”面板中的“V2”轨道中，如图3-47所示。

（9）将时间标签放置在00:00:04:18的位置。将鼠标指针放在“色条和色调”文件的结束位置，当鼠标指针呈◀状时，将其向左拖曳到00:00:04:18的位置上，如图3-48所示。汤圆宣传片彩条制作完成。

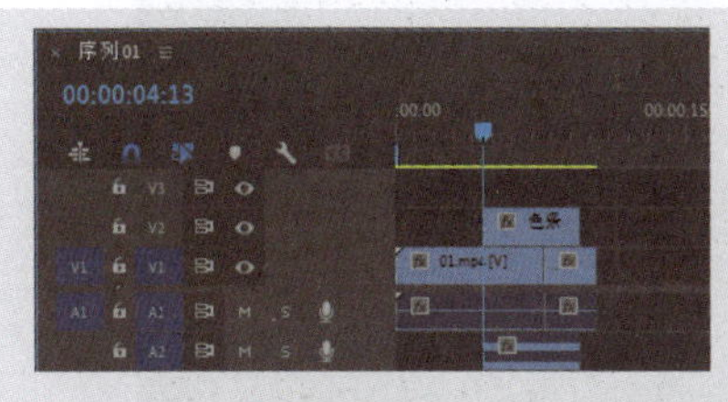

图 3-47

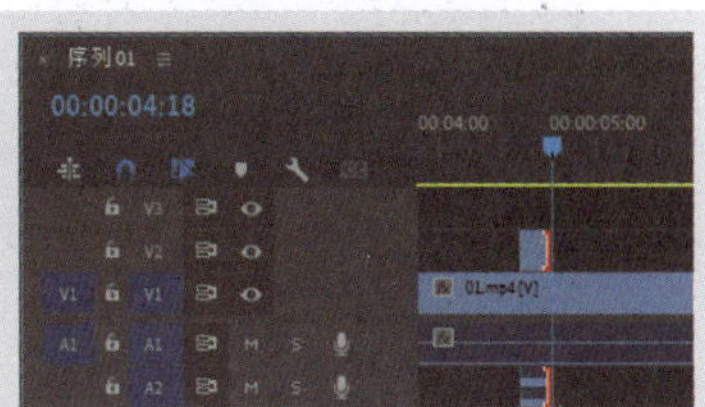

图 3-48

3.4 转场

使用Premiere Pro可以在素材之间制作丰富多彩的切换特效。

3.4.1 课堂案例——制作京城韵味电子相册

【案例学习目标】 学习使用不同的过渡效果添加电子相册中的过渡。

【案例知识要点】 使用“导入”命令导入素材文件，使用“立方体旋转”效果、“圆划像”效果、“楔形擦除”效果、“百叶窗”效果、“风车”效果和“插入”效果制作素材之间的过渡效果，使用“效果控件”面板调整视频文件的缩放。京城韵味电子相册效果如图3-49所示。

【效果所在位置】 Ch03/效果/制作京城韵味电子相册. prproj。

图 3-49

（1）启动Premiere Pro软件，选择“文件 > 新建 > 项目”命令，弹出“导入”界面，如图3-50所示，单击“创建”按钮，新建项目。选择“文件 > 新建 > 序列”命令，弹出“新建序列”对话框，打开“设置”选项卡，具体设置如图3-51所示。单击“确定”按钮，新建序列。

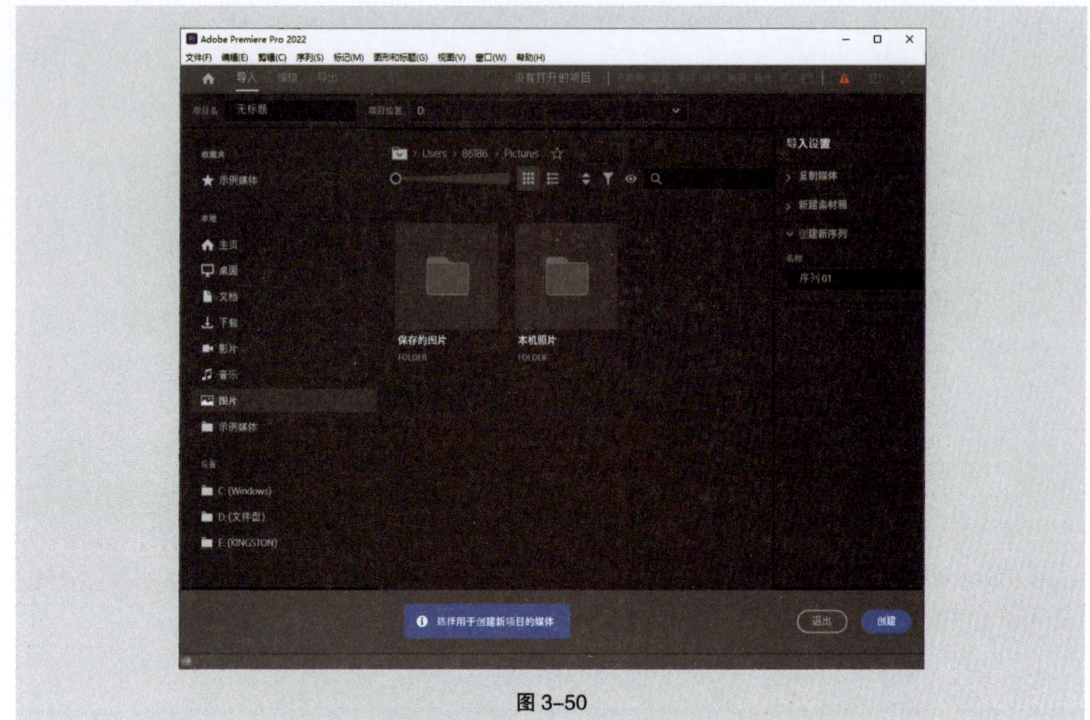

图 3-50

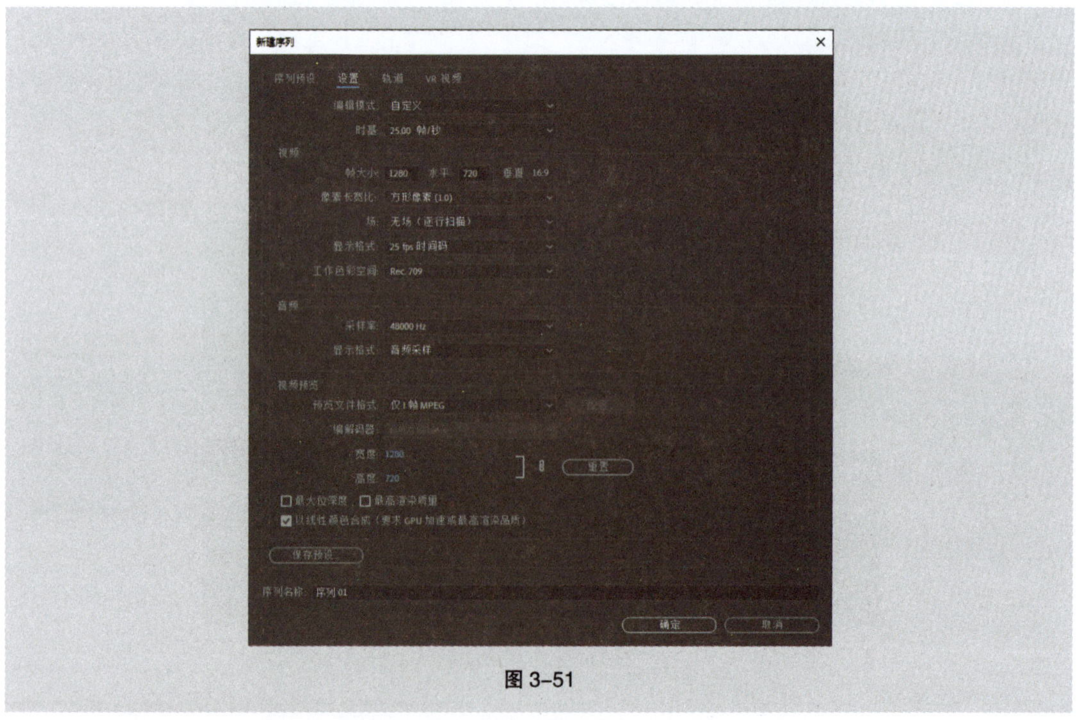

图 3-51

（2）选择“文件 > 导入”命令，弹出“导入”对话框，选择云盘中的“Ch03/制作京城韵味电子相册/素材/01～05”文件，如图3-52所示，单击“打开”按钮，将素材文件导入“项目”面板中，如图3-53所示。

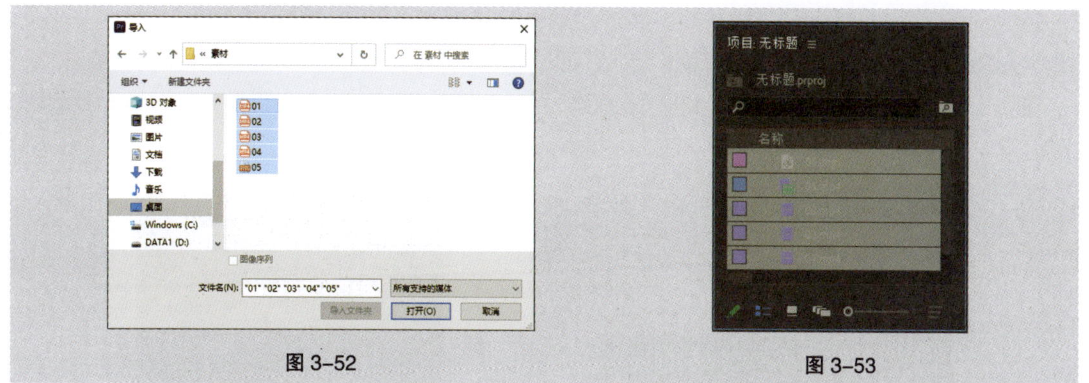

图 3-52　　图 3-53

（3）在“项目”面板中，选中“01”文件并将其拖曳到“时间轴”面板中的“V1”轨道中，弹出“剪辑不匹配警告”对话框，如图3-54所示，单击“保持现有设置”按钮。在保持现有序列设置的情况下将“01”文件放置在“V1”轨道中，如图3-55所示。

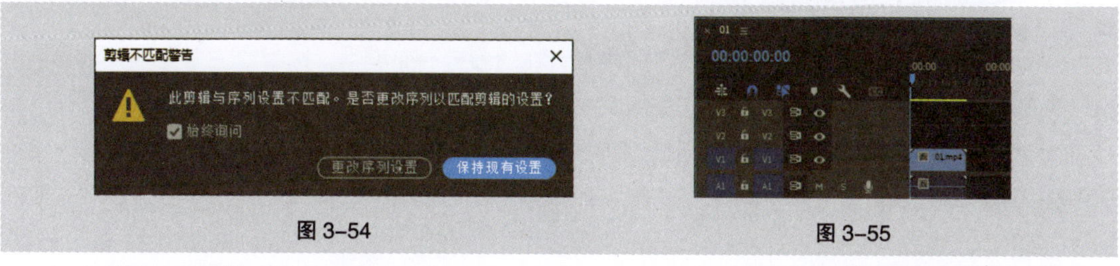

图 3-54　　图 3-55

（4）按住Alt键的同时，选择下方的音频，如图3-56所示。按Delete键，删除音频，如图3-57所示。

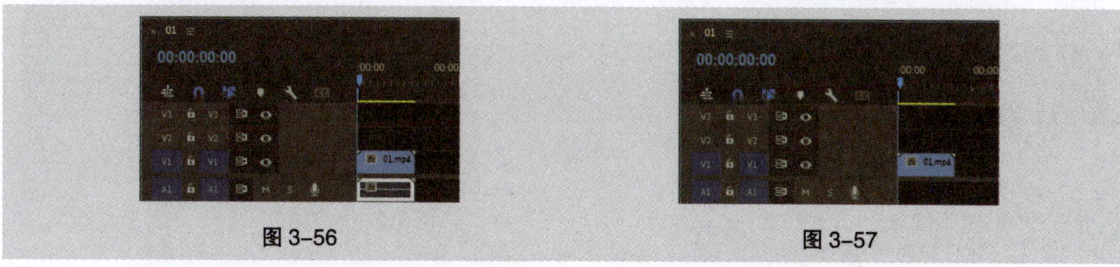

图 3-56　　图 3-57

（5）将时间标签放置在00:00:05:00的位置。在“01”文件的结束位置单击，显示编辑点，当鼠标指针呈◀状时，将鼠标指针向左拖曳到00:00:05:00的位置上，如图3-58所示。

（6）选择“时间轴”面板中的“01”文件。选择“效果控件”面板，展开“运动”选项，将“缩放”选项设置为200.0，如图3-59所示。

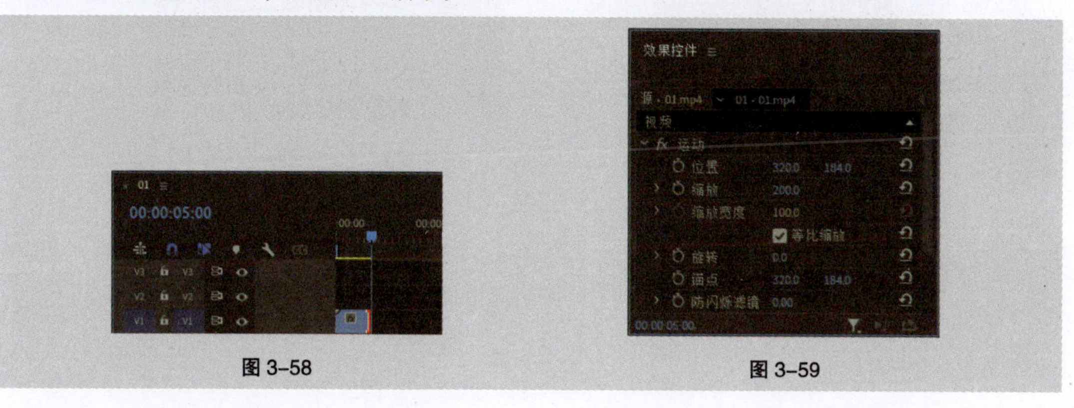

图 3-58　　图 3-59

（7）在“项目”面板中，依次选中“02～04”文件，将其拖曳到“时间轴”面板中的“V1”轨道中，如图3-60所示。选择“时间轴”面板中的“02”文件。选择“效果控件”面板，展开“运动”选项，将“缩放”选项设置为200.0，如图3-61所示。用相同的方法调整其他文件的“缩放”效果。

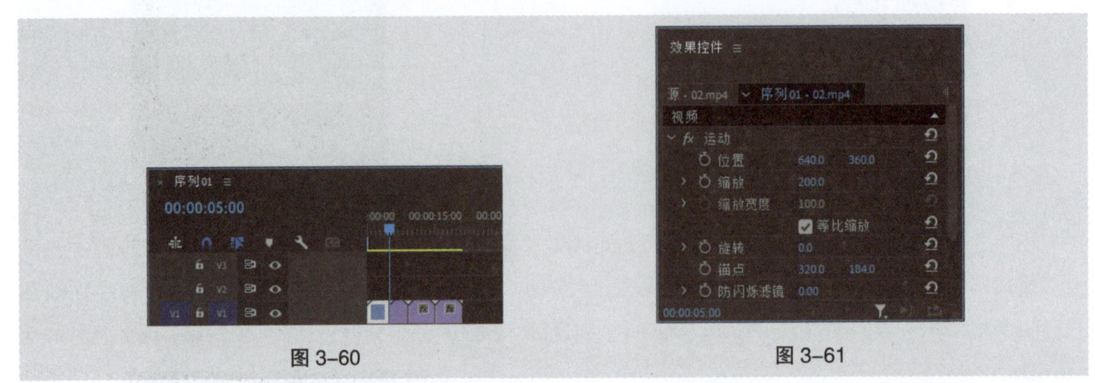

图 3-60　　图 3-61

（8）将时间标签放置在00:00:16:11的位置。在“项目”面板中，选中“05”文件并将其拖曳到“时间轴”面板中的“V2”轨道中，如图3-62所示。

（9）选择“效果”面板，展开“视频过渡”特效分类选项，单击“过时”文件夹前面的三角形按钮▶将其展开，选中“立方体旋转”特效，如图3-63所示。将“立方体旋转”特效拖曳到“时间轴”面板中的V1”轨道中“01”文件的开始位置，如图3-64所示。

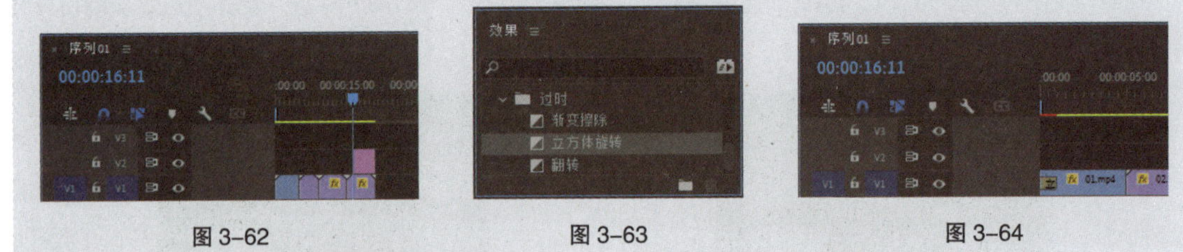

图 3-62　　图 3-63　　图 3-64

（10）选择“效果”面板，单击“划像”文件夹前面的三角形按钮▶将其展开，选中“圆划像”特效，如图3-65所示。将“圆划像”特效拖曳到“时间轴”面板中的“V1”轨道中“02”文件的开始位置，如图3-66所示。

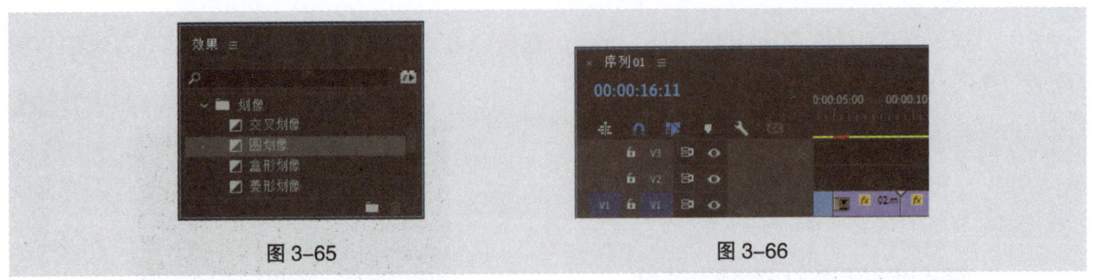

图 3-65　　图 3-66

（11）选择“时间轴”面板中的“圆划像”效果。选择“效果控件”面板，将“对齐”选项设置为“中心切入”，如图3-67所示。用相同的方法为其他文件添加过渡效果，如图3-68所示。京城韵味电子相册制作完成。

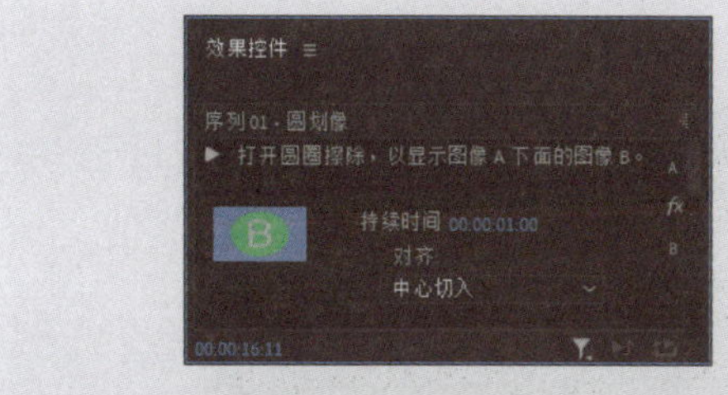

图 3-67

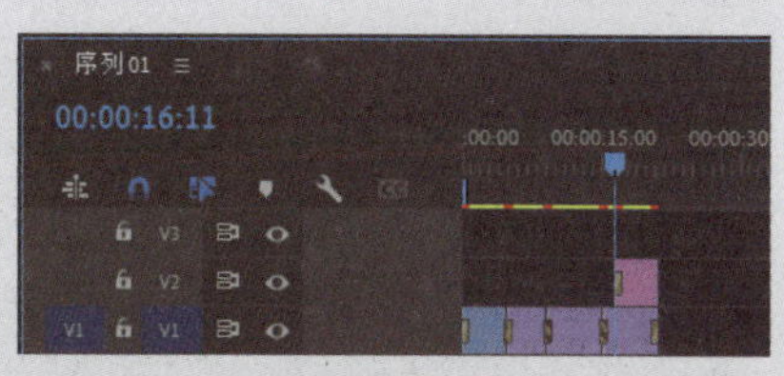

图 3-68

3.4.2 课堂案例——制作中秋纪念电子相册

【案例学习目标】学习使用不同的过渡效果添加电子相册中的过渡。

【案例知识要点】使用“导入”命令导入素材文件，使用“速度/持续时间”命令调整素材文件，使用“内滑”效果、“拆分”效果、“翻页”效果和“交叉缩放”效果制作素材之间的过渡。中秋纪念电子相册效果如图3-69所示。

【效果所在位置】Ch03/效果/制作中秋纪念电子相册.prproj。

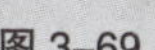
图 3-69

（1）启动Premiere Pro软件，选择“文件 > 新建 > 项目”命令，弹出“导入”界面，如图3-70所示，单击“创建”按钮，新建项目。选择“文件 > 新建 > 序列”命令，弹出“新建序列”对话框，打开“设置”选项卡，具体设置如图3-71所示。单击“确定”按钮，新建序列。

（2）选择“文件 > 导入”命令，弹出“导入”对话框，选择本书云盘中的“Ch03/制作中秋纪念电子相册/素材/01 ~ 06”文件，如图3-72所示，单击“打开”按钮，将素材文件导入“项目”面板中，如图3-73所示。

（3）在“项目”面板中，选中“01”文件并将其拖曳到“时间轴”面板中的“V1”轨道中，弹出“剪辑不匹配警告”对话框，单击“保持现有设置”按钮，在保持现有序列设置的情况下将文件放置在“V1”轨道中，如图3-74所示。

（4）选择“剪辑 > 速度/持续时间”命令，在弹出的“剪辑速度/持续时间”对话框中进行设置，如图3-75所示。单击“确定”按钮，调整素材文件。

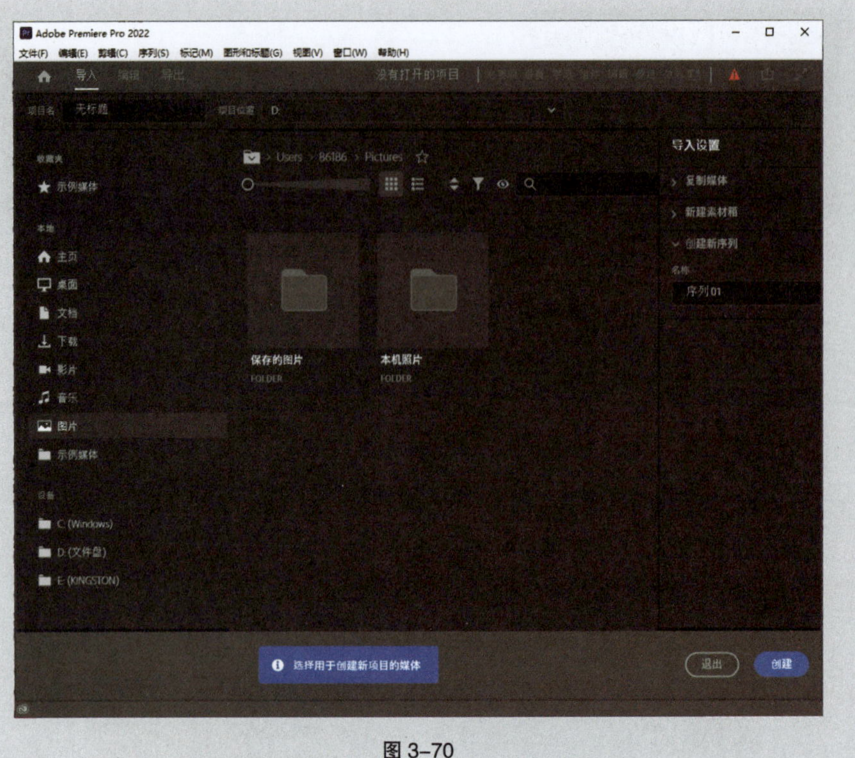

Adobe Premiere Pro 2022
文件(F) 编辑(E) 剪辑(C) 序列(S) 标记(M) 图形和标题(G) 视图(V) 窗口(W) 帮助(H)
导入 编辑 导出
没有打开的项目
Users > 86186 > Pictures
导入设置
复制媒体
新建素材箱
创建新序列
序列 01
示例媒体
主页
桌面
文档
下载
影片
音乐
图片
示例媒体
C:(Windows)
D:(文件盘)
E:(KINGSTON)
保存的图片
FOLDER
本机照片
FOLDER
选择用于创建新项目的媒体
退出
创建

图 3–70

新建序列
序列预设 设置 轨道 VR 视频
编辑模式: 自定义
时基: 25.00 帧/秒
视频
帧大小: 1280 水平 720 垂直 16:9
像素长宽比: 方形像素 (1.0)
场: 无场（逐行扫描）
显示格式: 25 fps 时间码
工作色彩空间: Rec. 709
音频
采样率: 48000 Hz
显示格式: 音频采样
视频预览
预览文件格式: 仅 I 帧 MPEG
编解码器:
宽度: 1280
高度: 720
重置
最大位深度
最高渲染质量
以线性颜色合成（要求 GPU 加速或最高渲染品质）
保存预设...
序列名称: 序列 01
确定
取消

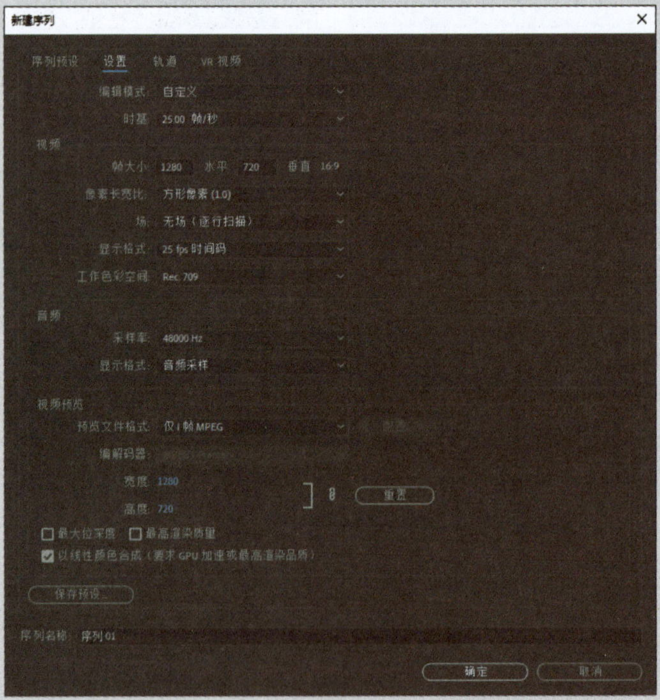

图 3–71

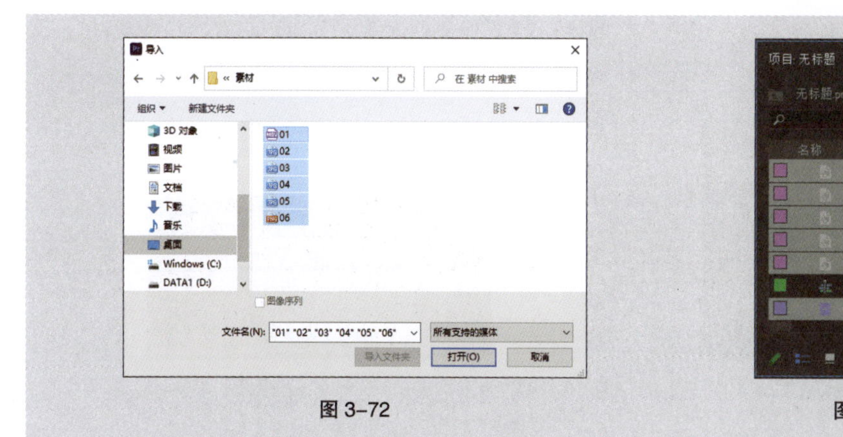

图 3-72

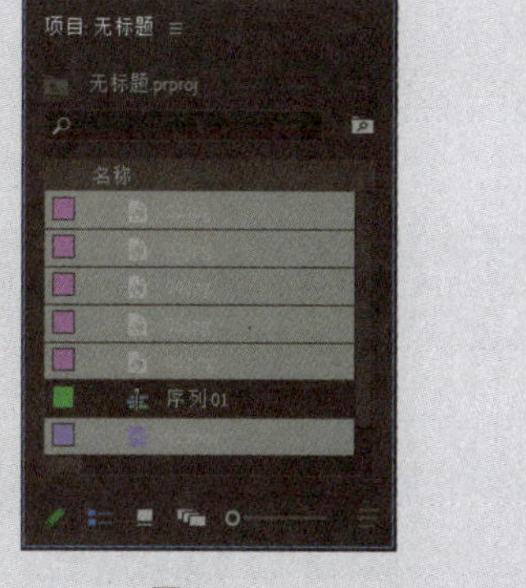

图 3-73

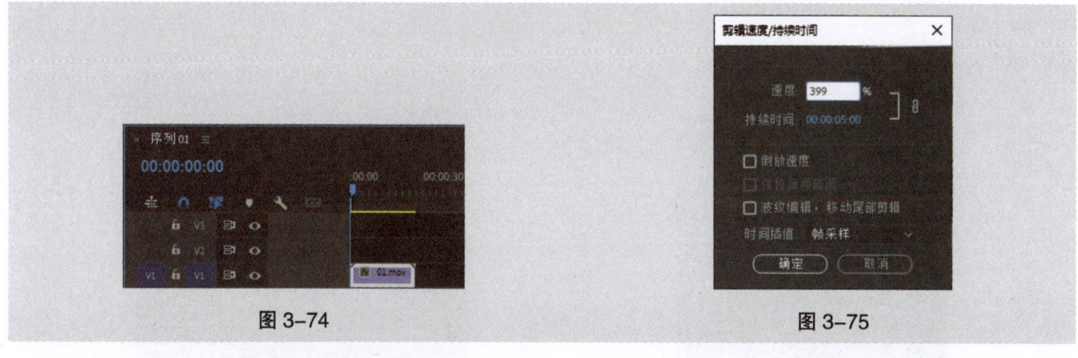

图 3-74

图 3-75

（5）在“项目”面板中，依次选中“02～05”文件，将其拖曳到“时间轴”面板中的“V1”轨道中，如图3-76所示。在“项目”面板中，选中“06”文件并将其拖曳到“时间轴”面板中的“V2”轨道中，如图3-77所示。

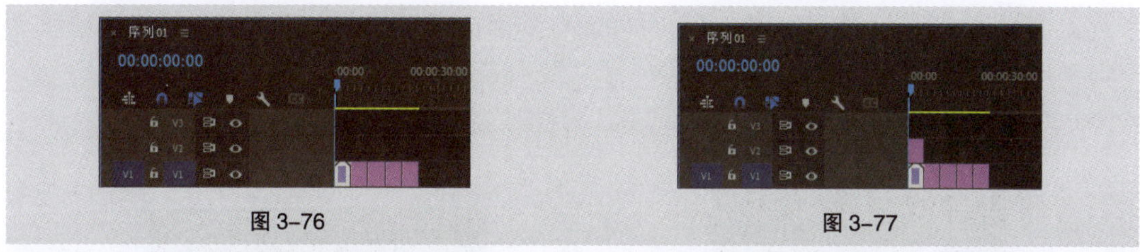

图 3-76

图 3-77

（6）在“效果”面板中，展开“视频过渡”效果分类选项，单击“内滑”文件夹前面的三角形按钮▶将其展开，选中“内滑”效果，如图3-78所示。将“内滑”效果拖曳到“时间轴”面板中的“02”文件的结束位置和“03”文件的开始位置，如图3-79所示。

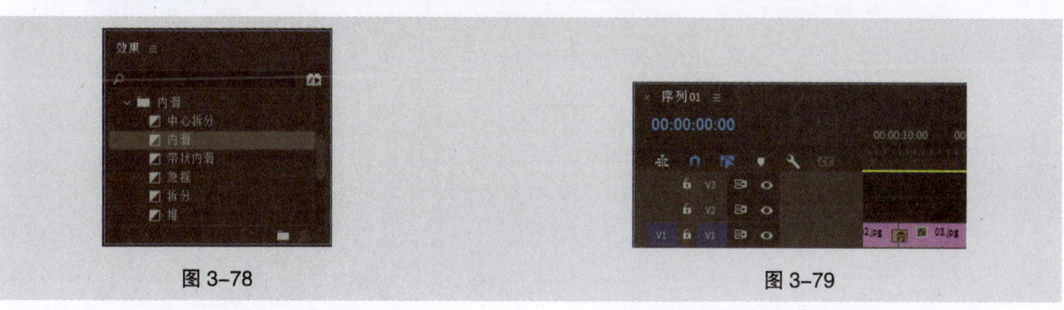

图 3-78

图 3-79

（7）在“效果”面板中，选中“拆分”效果，如图3-80所示。将“拆分”效果拖曳到“时间轴”面板中的“03”文件的结束位置和“04”文件的开始位置，如图3-81所示。

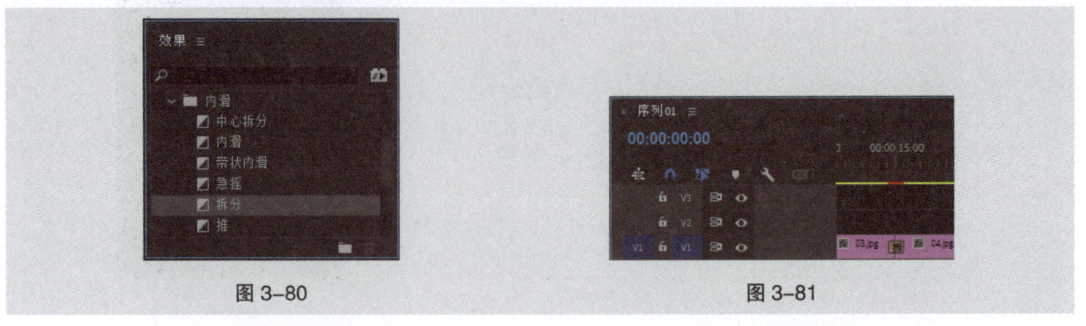

图 3-80　　图 3-81

（8）在“效果”面板中，单击“页面剥落”文件夹前面的三角形按钮▶将其展开，选中“翻页”效果，如图3-82所示。将“翻页”效果拖曳到“时间轴”面板中的“04”文件的结束位置和“05”文件的开始位置，如图3-83所示。

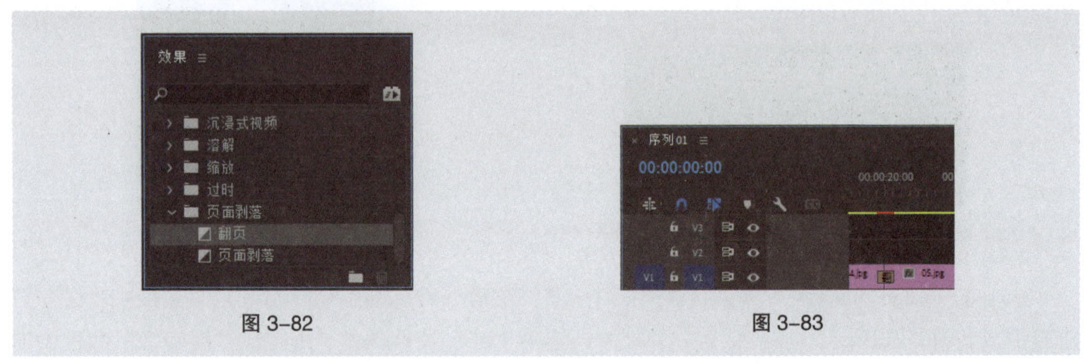

图 3-82　　图 3-83

（9）在“效果”面板中，单击“缩放”文件夹前面的三角形按钮▶将其展开，选中“交叉缩放”效果，如图3-84所示。将“交叉缩放”效果拖曳到“时间轴”面板中的“06”文件的开始位置，如图3-85所示。中秋纪念电子相册制作完成。

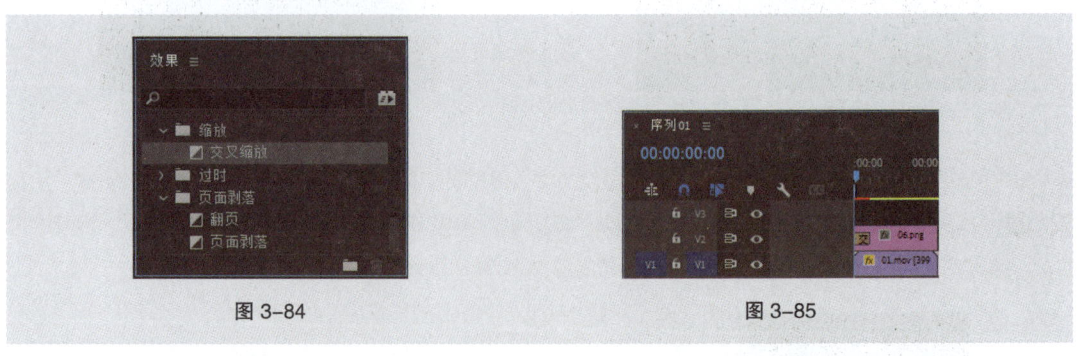

图 3-84　　图 3-85

3.5 特效

使用Premiere Pro可以在视频、图片和文字上应用视频特效。

3.5.1 课堂案例——制作都市生活短视频的卷帘转场效果

【案例学习目标】 学习使用“偏移”和“方向模糊”效果制作卷帘转场效果。

【案例知识要点】 使用“导入”命令导入素材文件，使用入点和出点调整素材文件，使用“偏移”特效、“方向模糊”特效和“效果控件”面板制作卷帘转场效果。都市生活短视频的卷帘转场效果如图3-86所示。

【效果所在位置】 Ch03/效果/制作都市生活短视频的卷帘转场效果. prproj。

图 3-86

1. 添加并调整素材

（1）启动Premiere Pro软件，选择“文件 > 新建 > 项目”命令，弹出“导入”界面，如图3-87所示，单击“创建”按钮，新建项目。

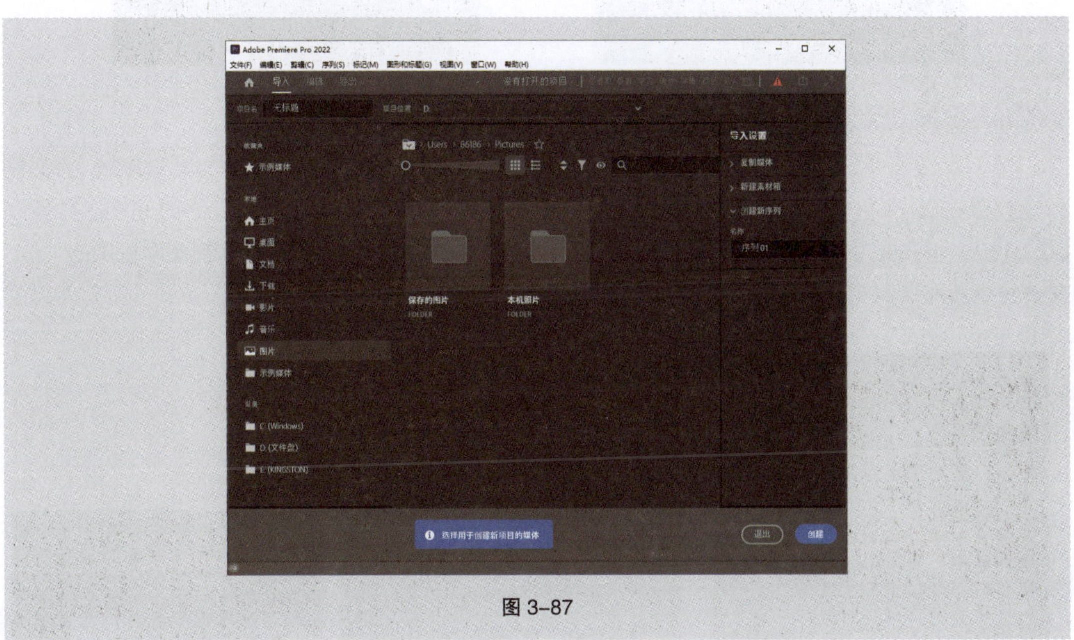

图 3-87

（2）选择“文件 > 导入”命令，弹出“导入”对话框，选择本书云盘中的“Ch03/制作都市生活短视频的卷帘转场效果/素材/01～03”文件，如图3-88所示，单击“打开”按钮，将素材文件导入“项目”面板中，如图3-89所示。双击“项目”面板中的“01”文件，在“源”监视器面板中打开“01”文件。将时间标签放置在00:00:02:00的位置。按I键，创建标记入点，如图3-90所示。

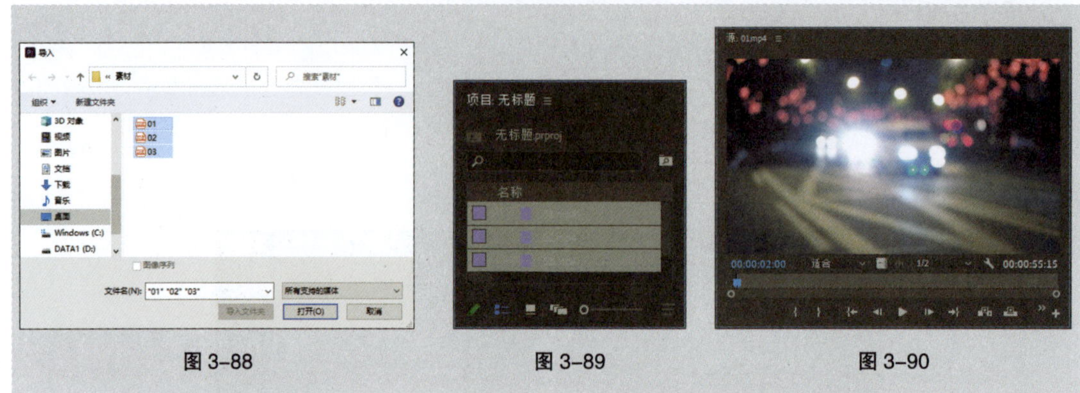

图 3-88　　图 3-89　　图 3-90

（3）将时间标签放置在00:00:07:00的位置。按O键，创建标记出点，如图3-91所示。选中“源”监视器面板中的“01”文件并将其拖曳到“时间轴”面板中，生成“01”序列，且将“01”文件放置到“V1”轨道中，如图3-92所示。

图 3-91　　图 3-92

（4）双击“项目”面板中的“02”文件，在“源”监视器面板中打开“02”文件。将时间标签放置在00:01:00:00的位置。按I键，创建标记入点，如图3-93所示。将时间标签放置在00:01:05:00的位置，按O键，创建标记出点，如图3-94所示。选中“源”监视器面板中的“02”文件并将其拖曳到“时间轴”面板的“V1”轨道中，如图3-95所示。

图 3-93　　图 3-94　　图 3-95

（5）双击“项目”面板中的“03”文件，在“源”监视器面板中打开“03”文件。将时间标签放置在00:00:30:05的位置，按I键，创建标记入点，如图3-96所示。将时间标签放置在00:00:35:05的位置，按O键，创建标记出点，如图3-97所示。选中“源”监视器面板中的“03”文件并将其拖曳到“时间轴”面板的“V1”轨道中，如图3-98所示。

图 3-96　　图 3-97　　图 3-98

2. 制作卷帘转场效果

（1）选择“项目”面板，选择“文件 > 新建 > 调整图层”命令，弹出“调整图层”对话框，如图3-99所示，单击“确定”按钮，在“项目”面板中新建“调整图层”文件。

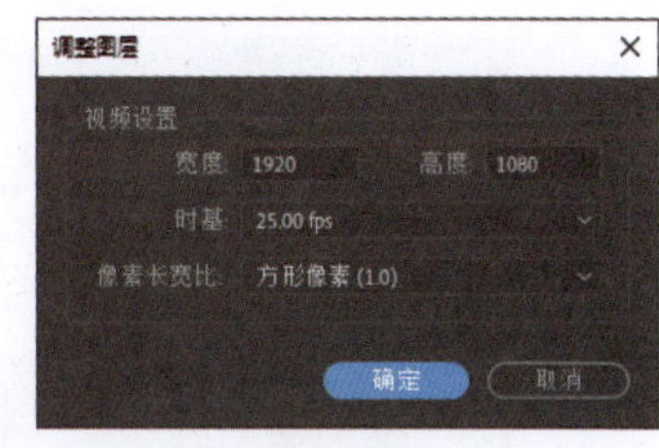

图 3-99

（2）将时间标签放置在00:00:04:16的位置。选择“项目”面板中的“调整图层”文件，将其拖曳到“时间轴”面板中的“V2”轨道中，如图3-100所示。将时间标签放置在00:00:05:10的位置，在“调整图层”文件的结束位置单击，显示编辑点。当鼠标指针呈![]状时，将其向左拖曳到00:00:05:10的位置上，如图3-101所示。

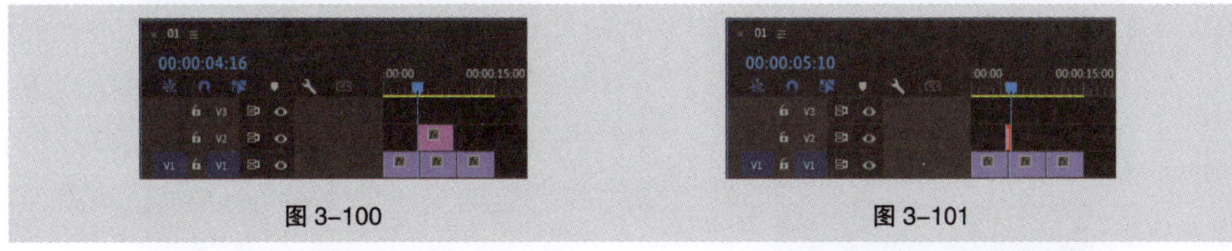

图 3-100　　图 3-101

（3）选择“效果”面板，展开“视频效果”分类选项，单击“扭曲”文件夹前面的三角形按钮将其展开，选中“偏移”特效，如图3-102所示。将“偏移”特效拖曳到“时间轴”面板“V2”轨道中的“调整图层”文件上，如图3-103所示。

图 3-102　　图 3-103

（4）将时间标签放置在00:00:04:16的位置，选中“时间轴”面板中的“调整图层”文件。选择“效果控件”面板，展开“偏移”选项，单击“将中心移位至”选项左侧的“切换动画”按钮，如图3-104所示，记录第1个动画关键帧。将时间标签放置在00:00:05:08的位置，“将中心移位至”选项设置为960.0和2880.0，如图3-105所示，记录第2个动画关键帧。

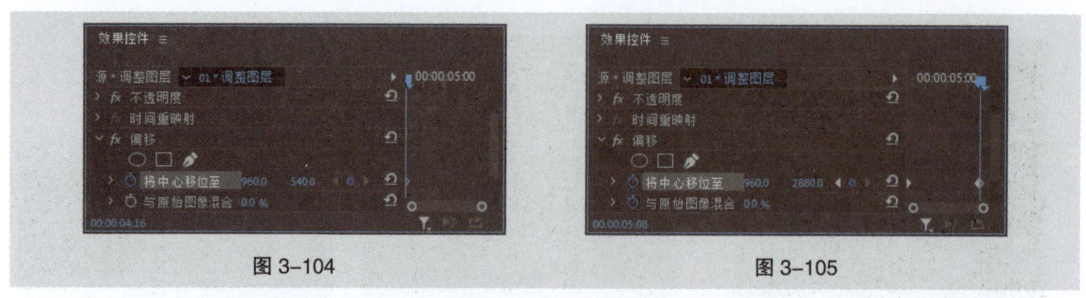

图 3-104　　图 3-105

（5）单击“与原始图像混合”选项左侧的“切换动画”按钮，如图3-106所示，记录第1个动画关键帧。将时间标签放置在00:00:05:09的位置，将“与原始图像混合”选项设置为100.0%，如图3-107所示，记录第2个动画关键帧。

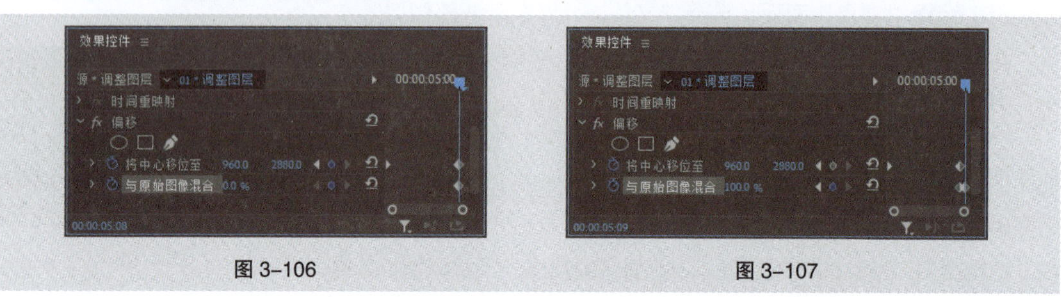

图 3-106　　图 3-107

（6）选择“效果”面板，单击“模糊与锐化”文件夹前面的三角形按钮将其展开，选中“方向模糊”特效，如图3-108所示。将“方向模糊”特效拖曳到“时间轴”面板“V2”轨道中的“调整图层”文件上。选择“效果控件”面板，展开“方向模糊”选项，将“模糊长度”选项设置为50.0，如图3-109所示。

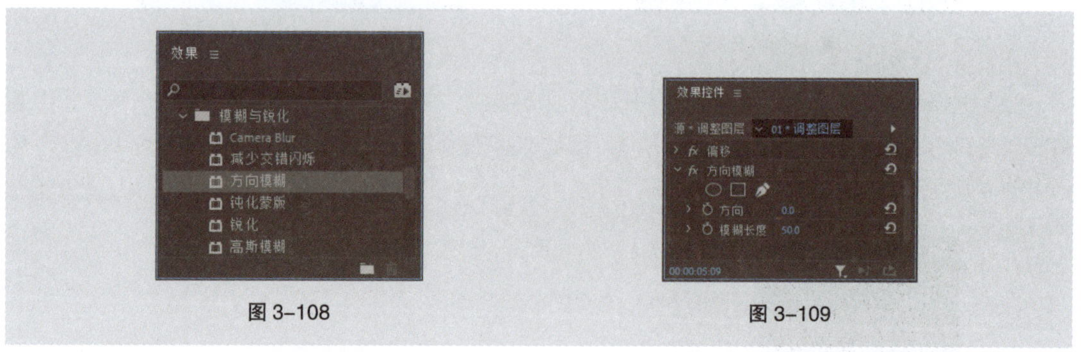

图 3-108　　图 3-109

（7）选择“时间轴”面板，按Ctrl+C组合键，复制“调整图层”文件，如图3-110所示。单击“V2”轨道左侧图标，将其设置为目标轨道。再次单击“V1”轨道左侧图标，取消轨道的选择，如图3-111所示。将时间标签放置在00:00:09:18的位置，按Ctrl+V组合键，粘贴复制的文件，如图3-112所示。都市生活短视频的卷帘转场效果制作完成。

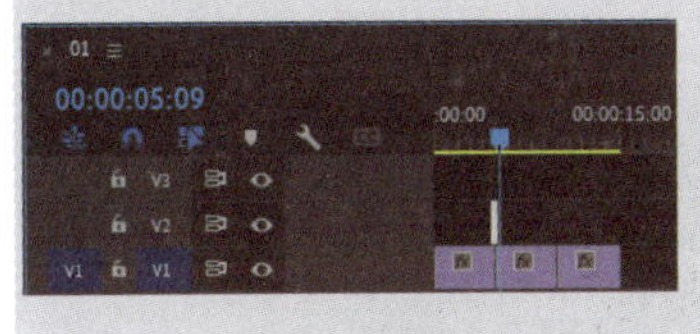

图 3-110

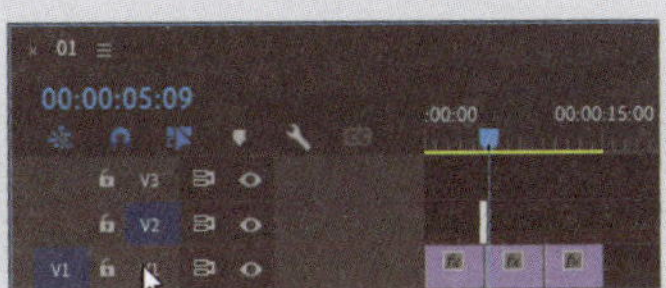

图 3-111

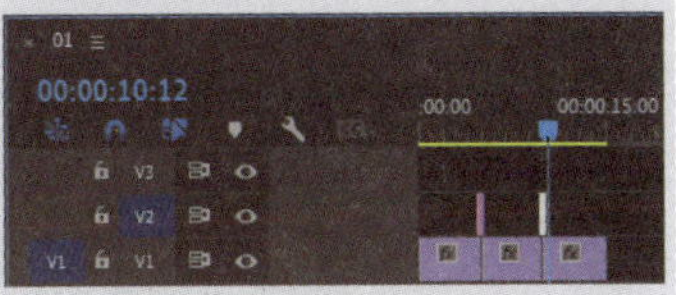

图 3-112

3.5.2 课堂案例——制作青春生活短视频的翻页转场效果

【案例学习目标】 学习使用“变换”“残影”“径向阴影”特效制作翻页转场效果。

【案例知识要点】 使用“导入”命令导入素材文件，使用入点和出点调整素材文件，使用“变换”特效和“嵌套”命令制作嵌套文件，使用“残影”“径向阴影”特效和“效果控件”面板制作翻页转场效果。青春生活短视频的翻页转场效果如图3-113所示。

【效果所在位置】 Ch03/效果/制作青春生活短视频的翻页转场效果. prproj。

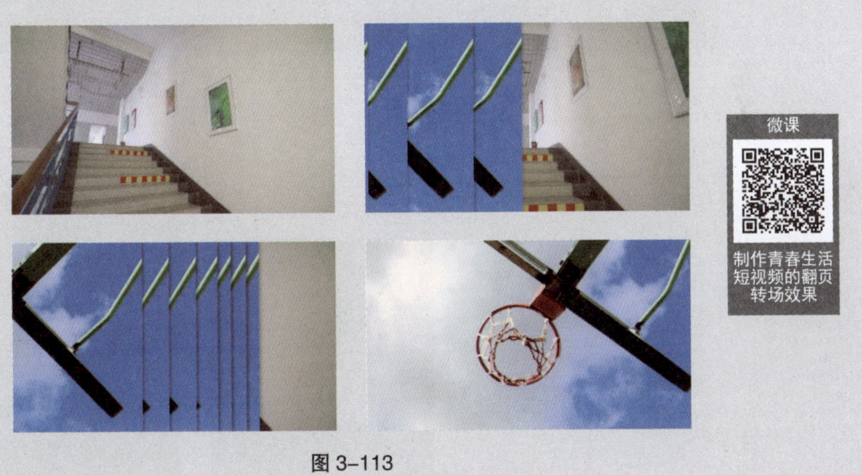

图 3-113

微课

制作青春生活短视频的翻页转场效果

1. 添加并调整素材

（1）启动Premiere Pro软件，选择“文件 > 新建 > 项目”命令，弹出“导入”界面，如图3-114所示，单击“创建”按钮，新建项目。

（2）选择“文件 > 导入”命令，弹出“导入”对话框，选择本书云盘中的“Ch03/制作青春生活短视频的翻页转场效果/素材/01 ~ 03”文件，如图3-115所示，单击“打开”按钮，将素材文件导入“项目”面板中，如图3-116所示。双击“项目”面板中的“01”文件，在“源”监视器面板中打开“01”文件。将时间标签放置在00:00:04:00的位置，按I键，创建标记入点，如图3-117所示。

（3）将时间标签放置在00:00:09:00的位置，按O键，创建标记出点，如图3-118所示。选中“源”监视器面板中的“01”文件并将其拖曳到“时间轴”面板中，生成“01”序列，且将“01”文件放置到“V1”轨道中，如图3-119所示。

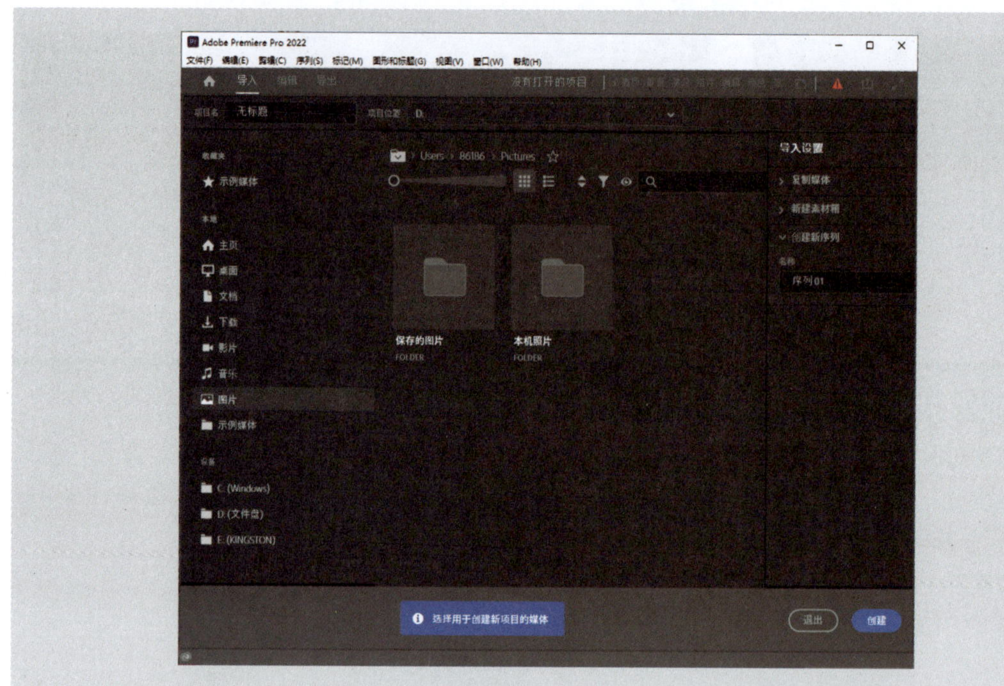

图 3–114

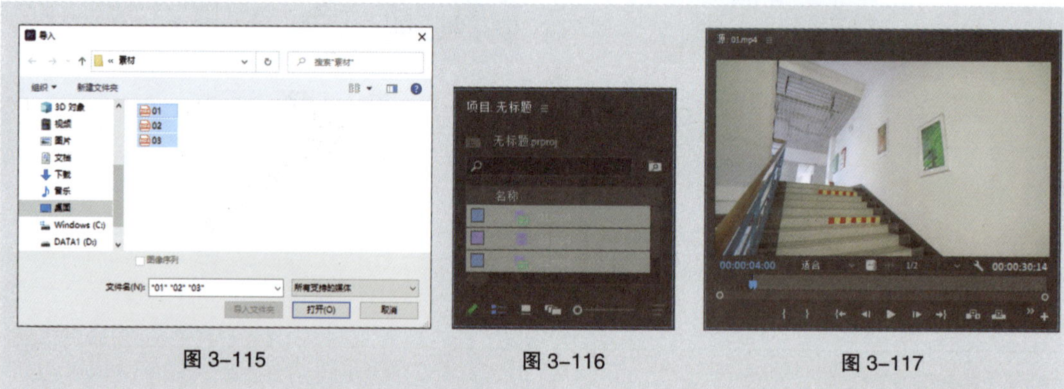

图 3–115

图 3–116

图 3–117

图 3–118

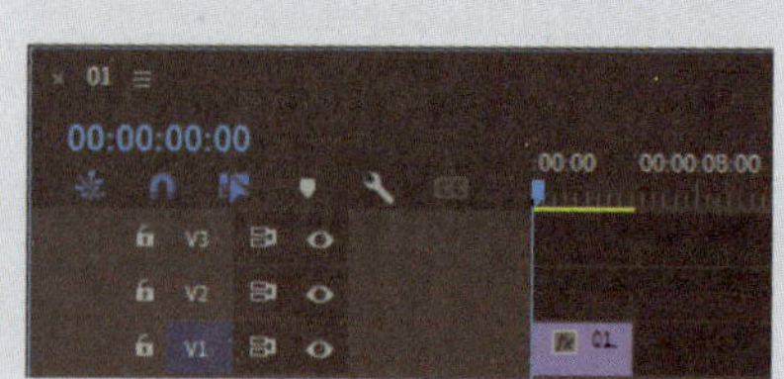

图 3–119

（4）双击“项目”面板中的“02”文件，在“源”监视器面板中打开“02”文件。将时间标签放置在00:00:10:00的位置，按I键，创建标记入点，如图3-120所示。将时间标签放置在00:00:18:00的位置，按O键，创建标记出点，如图3-121所示。

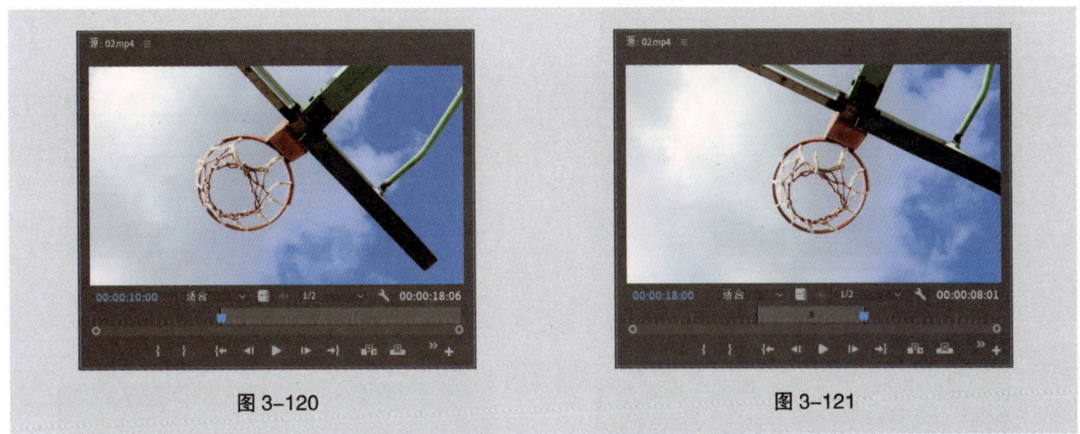

图 3-120　　图 3-121

（5）将时间标签放置在00:00:02:00的位置。选中“源”监视器面板中的“02”文件并将其拖曳到“时间轴”面板的“V2”轨道中，如图3-122所示。选择“剃刀”工具，将鼠标指针移到“时间轴”面板中的“02”文件上，在“01”文件的结束位置单击，切割素材，如图3-123所示。

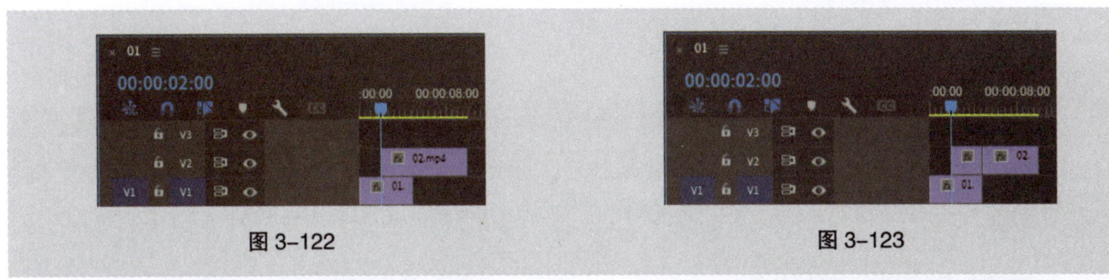

图 3-122　　图 3-123

（6）选择“选择”工具，选择切割后右侧的“02”文件，如图3-124所示。将其拖曳到“V1”轨道中，如图3-125所示。

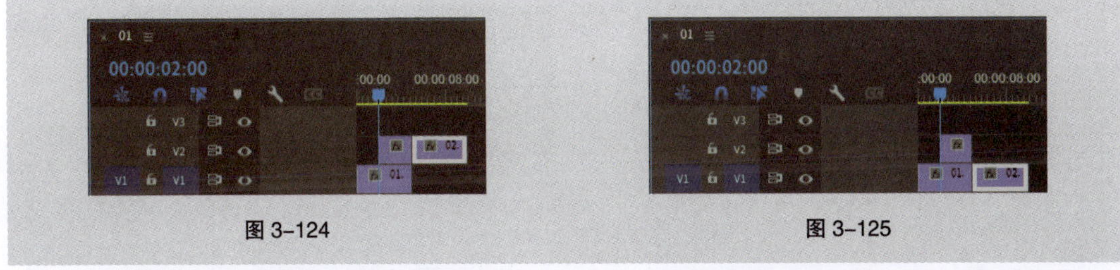

图 3-124　　图 3-125

（7）双击“项目”面板中的“03”文件，在“源”监视器面板中打开“03”文件。将时间标签放置在00:00:08:00的位置，按O键，创建标记出点，如图3-126所示。将时间标签放置在00:00:07:00的位置，选中“源”监视器面板中的“03”文件并将其拖曳到“时间轴”面板的“V2”轨道中，如图3-127所示。

（8）选择“剃刀”工具，将鼠标指针移到“时间轴”面板中的“03”文件上，在“02”文件的结束位置单击，切割素材，如图3-128所示。选择“选择”工具，选择切割后右侧的“03”文件，将其拖曳到“V1”轨道中，如图3-129所示。

图 3-126

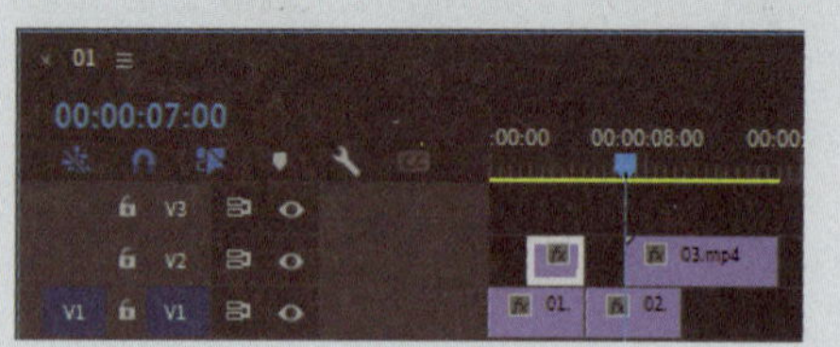

图 3-127

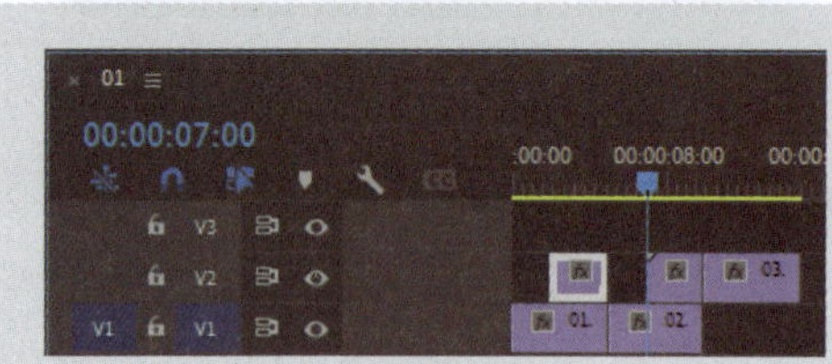

图 3-128

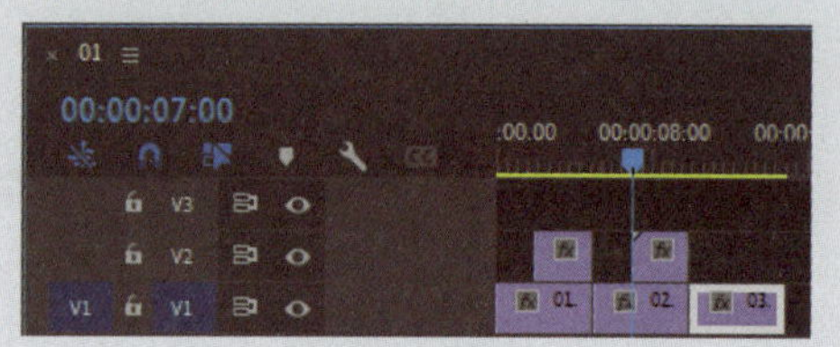

图 3-129

2. 制作翻页转场效果

（1）将时间标签放置在00:00:02:00的位置。选择“效果”面板，展开“视频效果”分类选项，单击“扭曲”文件夹前面的三角形按钮▶将其展开，选中“变换”特效，如图3-130所示。将“变换”特效拖曳到“时间轴”面板“V2”轨道中的“02”文件上，如图3-131所示。

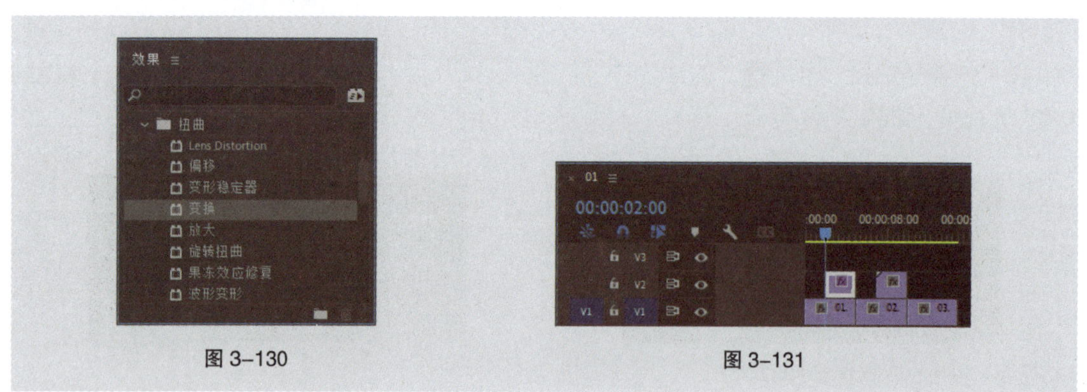

图 3-130

图 3-131

（2）选中“时间轴”面板中的“02”文件。选择“效果控件”面板，展开“变换”选项，将“位置”选项设置为-960.0和540.0，单击“位置”选项左侧的“切换动画”按钮⏱，如图3-132所示，记录第1个动画关键帧。将时间标签放置在00:00:05:00的位置，将“位置”选项设置为960.0和540.0，如图3-133所示，记录第2个动画关键帧。

（3）选择右侧的关键帧，在关键帧上单击鼠标右键，在弹出的快捷菜单中选择“缓入”命令，效果如图3-134所示。单击“位置”选项左侧的▶按钮，展开选项，向左拖曳右侧的控制点，如图3-135所示。

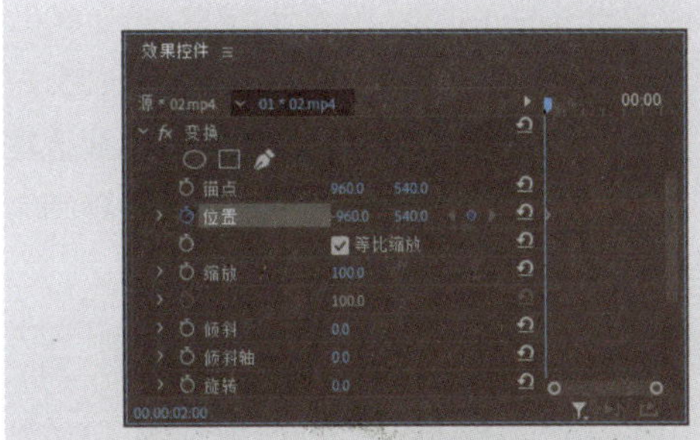

图 3-132

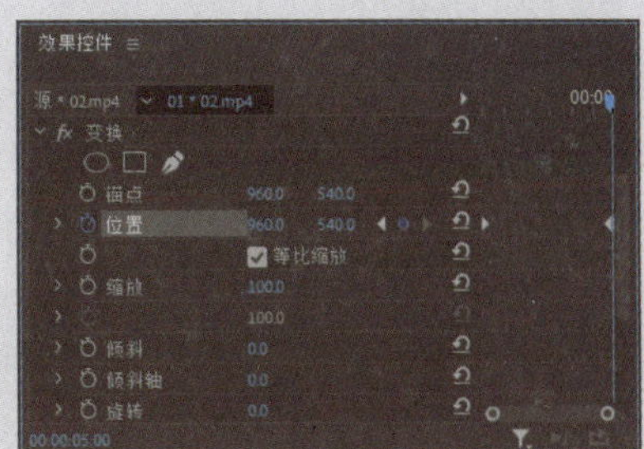

图 3-133

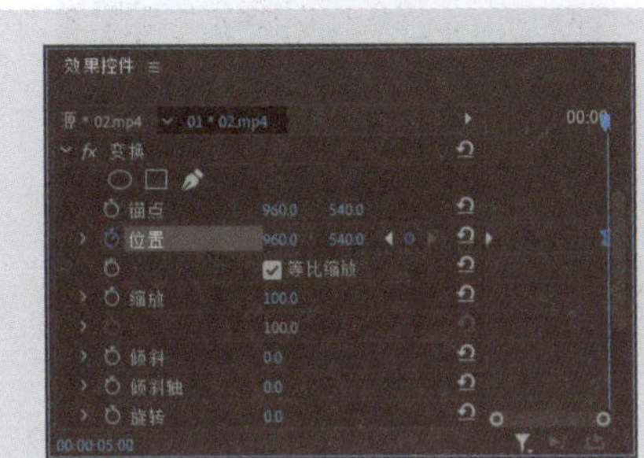

图 3-134

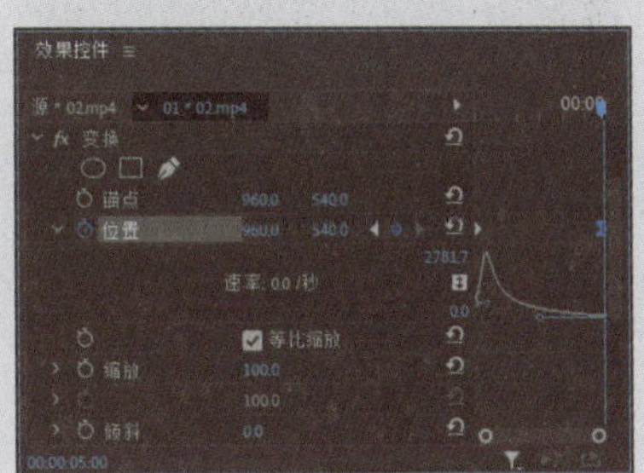

图 3-135

（4）在“时间轴”面板中的“02”文件单击鼠标右键，在弹出的快捷菜单中选择“嵌套”命令，弹出“嵌套序列名称”对话框，如图3-136所示，单击“确定”按钮，“时间轴”面板如图3-137所示。

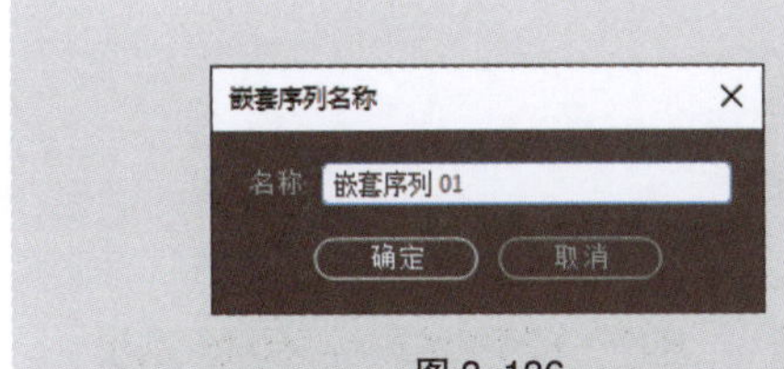

图 3-136

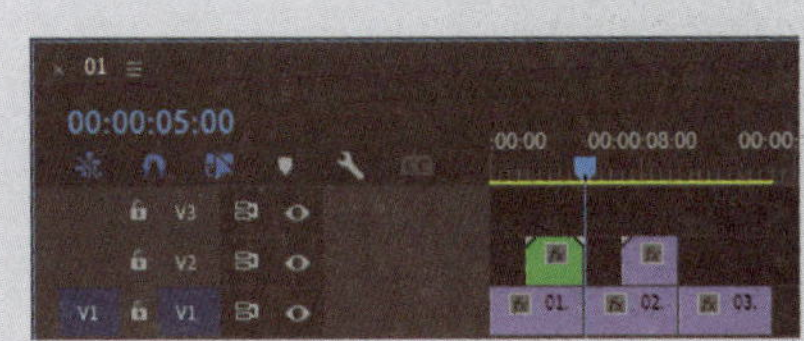

图 3-137

（5）将时间标签放置在00:00:02:00的位置。选择“效果”面板，单击“时间”文件夹前面的三角形按钮▶将其展开，选中“残影”特效，如图3-138所示。将“残影”特效拖曳到“时间轴”面板“V2”轨道中的“嵌套序列01”文件上，如图3-139所示。

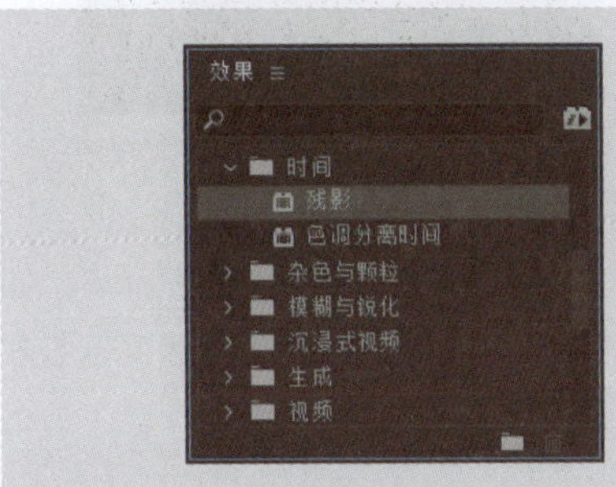

图 3-138

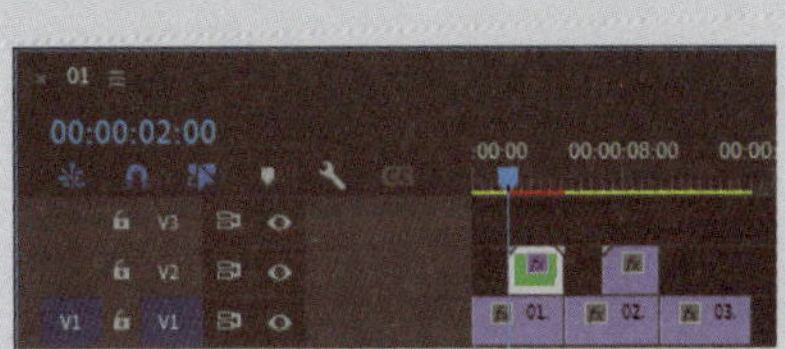

图 3-139

（6）选择“效果控件”面板，展开“残影”选项，将“残影时间（秒）”选项设置为-0.200，“残影数量”选项设置为6，“残影运算符”选项设置为“从后至前组合”，单击“残影时间（秒）”选项左侧的“切换动画”按钮，如图3-140所示，记录第1个动画关键帧。将时间标签放置在00:00:05:00的位置，将“残影时间（秒）”选项设置为0，如图3-141所示，记录第2个动画关键帧。

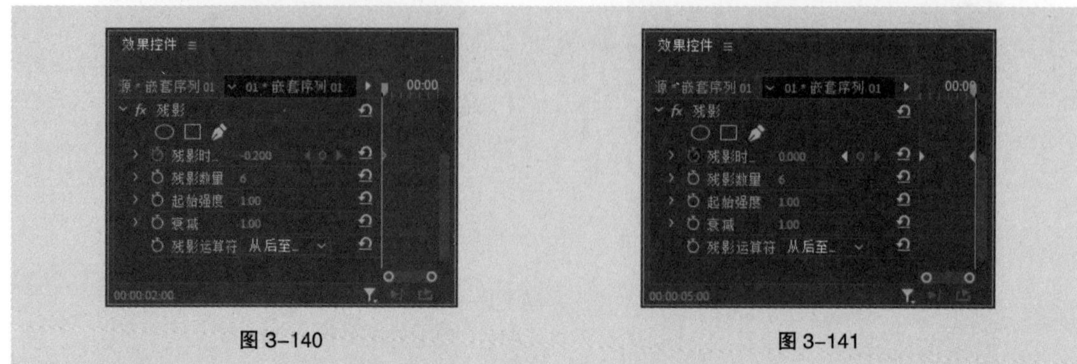

图 3-140　　图 3-141

（7）选择“效果”面板，单击“过时”文件夹前面的三角形按钮将其展开，选中“径向阴影”特效，如图3-142所示。将“径向阴影”特效拖曳到“时间轴”面板“V2”轨道中的“嵌套序列01”文件上。选择“效果控件”面板，如图3-143所示，将“径向阴影”特效拖曳到“残影”特效的上方，如图3-144所示。

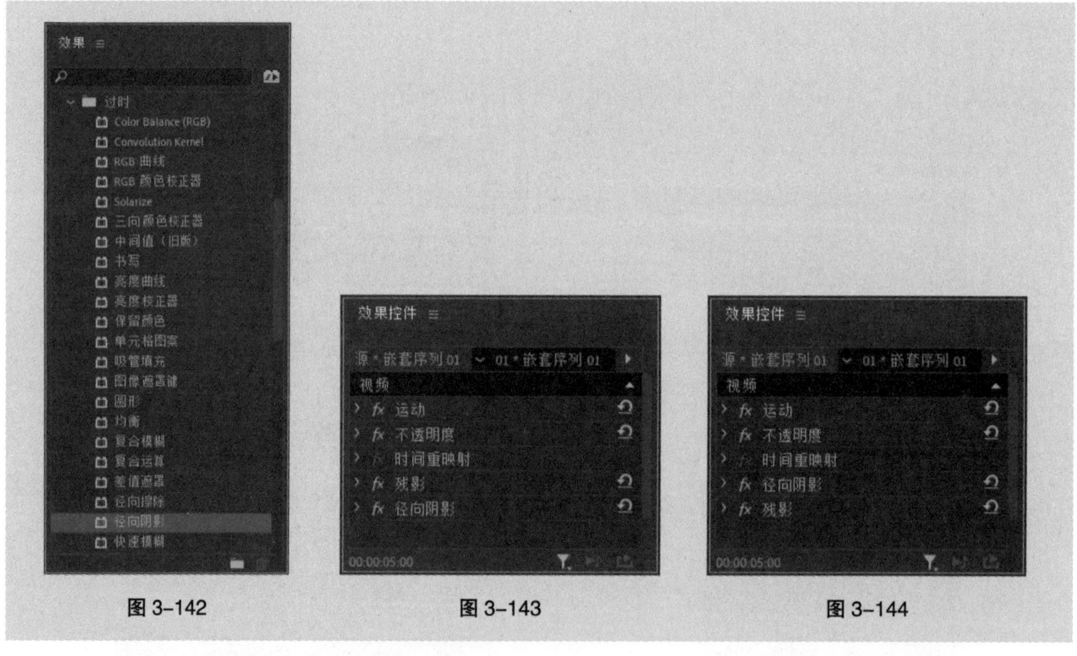

图 3-142　　图 3-143　　图 3-144

（8）展开“径向阴影”选项，将“投影距离”选项设置为1.0，“柔和度”选项设置为50.0，如图3-145所示。用相同的方法设置“嵌套序列02”，如图3-146所示。青春生活短视频的翻页转场效果制作完成。

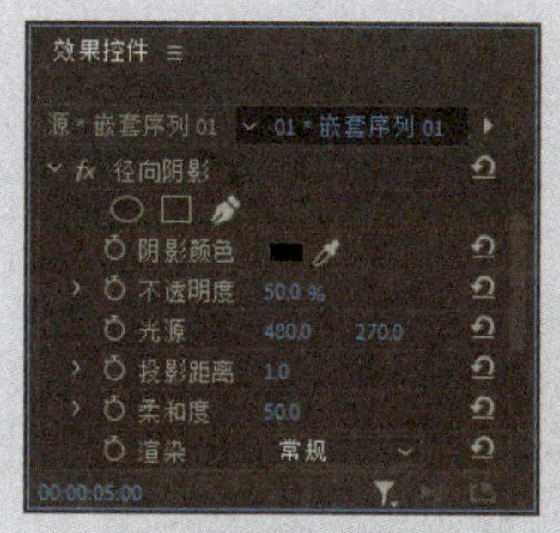

图 3-145

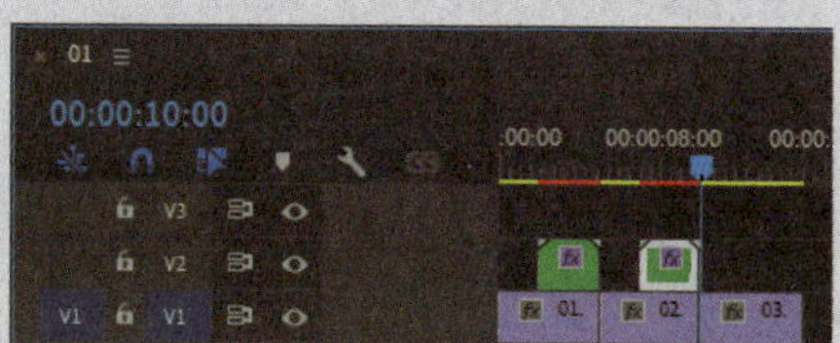

图 3-146

3.6 调色与抠像

调色与抠像属于Premiere Pro中较高级的技术，可以使影片产生完美的画面合成效果。

3.6.1 课堂案例——制作旅游短视频

【案例学习目标】 学习使用多个调色特效制作绘画效果。

【案例知识要点】 使用“导入”命令导入视频文件，使用“查找边缘”效果、“Levels”效果、“自动颜色”效果和“色彩”效果制作绘画效果，使用“效果控件”面板和“高斯模糊”效果制作文字特效。旅游短视频效果如图3-147所示。

【效果所在位置】 Ch03/效果/制作旅游短视频. prproj。

图 3-147

微课
制作旅游短视频

（1）启动Premiere Pro软件，选择“文件 > 新建 > 项目”命令，弹出“导入”界面，如图3-148所示，单击“创建”按钮，新建项目。选择“文件 > 新建 > 序列”命令，弹出“新建序列”对话框，打开“设置”选项卡，具体设置如图3-149所示。单击“确定”按钮，新建序列。

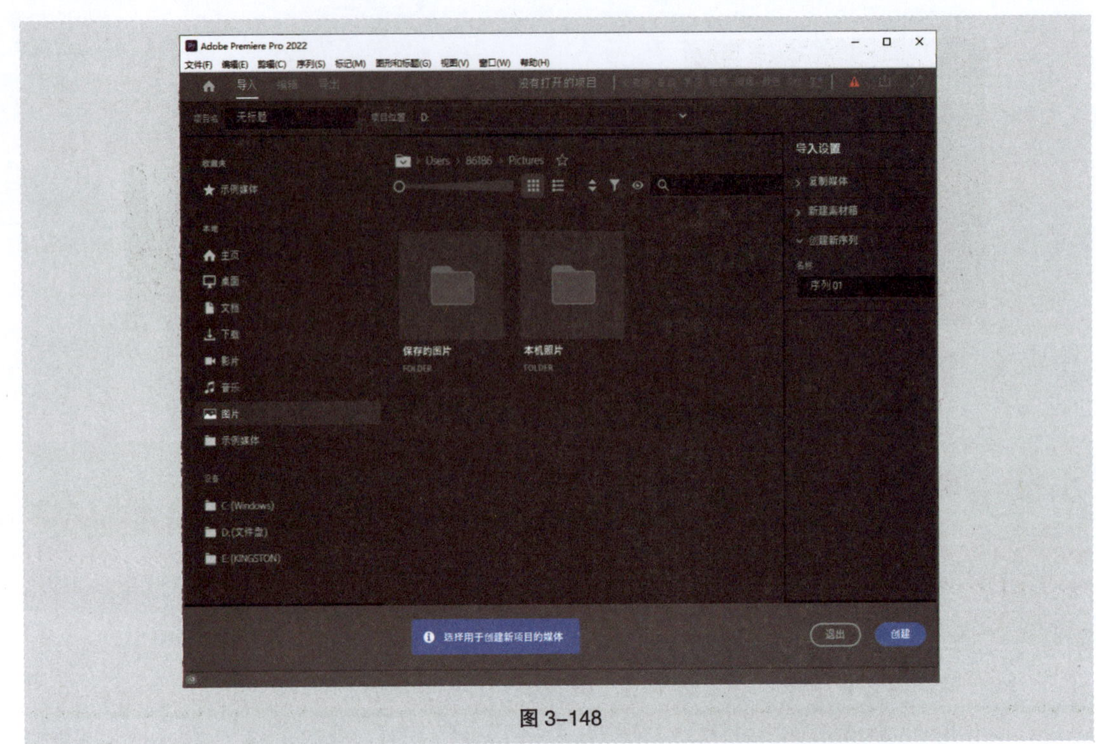

图 3-148

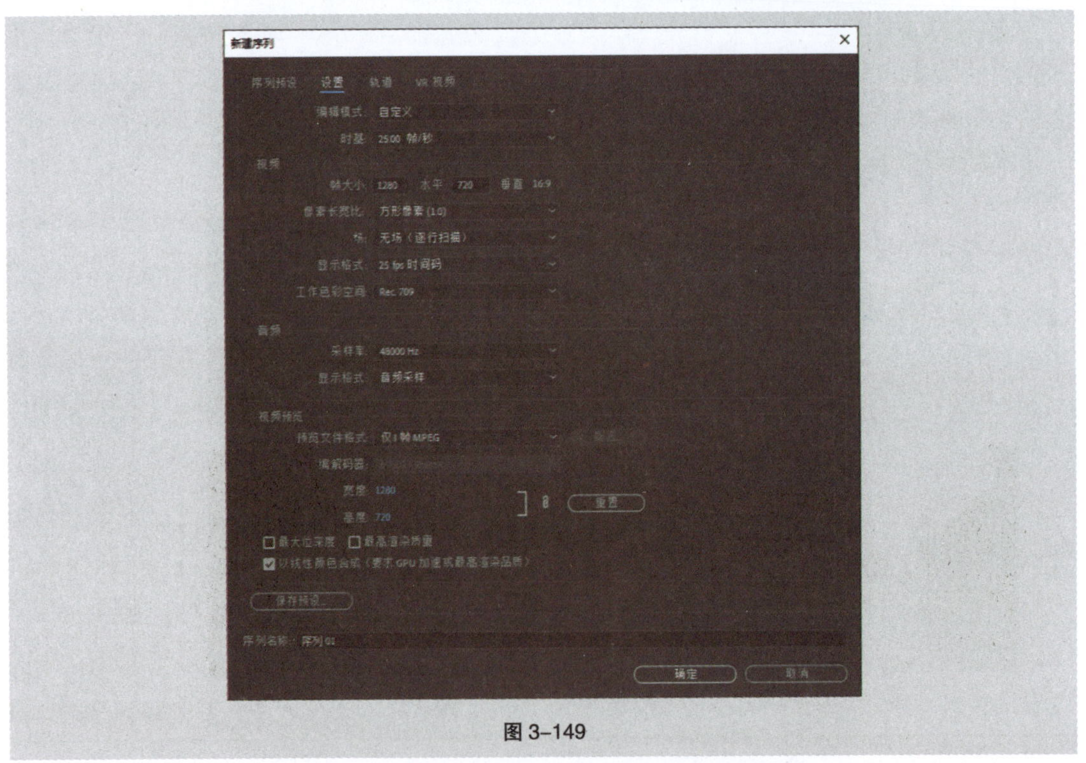

图 3-149

（2）选择“文件 > 导入”命令，弹出“导入”对话框，选择本书云盘中的“Ch03/制作旅游短视频/素材/01和02”文件，如图3-150所示。单击“打开”按钮，将素材文件导入“项目”面板中，如图3-151所示。

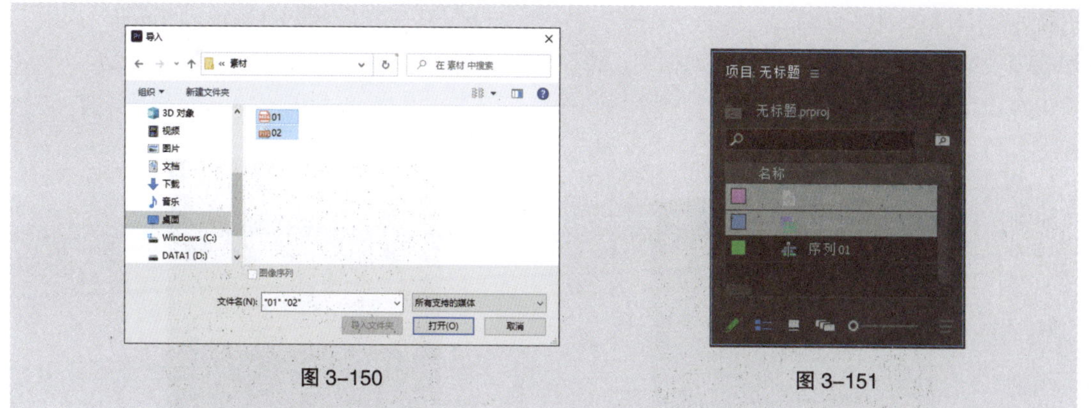

图 3-150　　图 3-151

（3）在“项目”面板中，选中“01”文件并将其拖曳到“时间轴”面板中的“V1”轨道中，弹出“剪辑不匹配警告”对话框，单击“保持现有设置”按钮，在保持现有序列设置的情况下将“01”文件放置在“V1”轨道中，如图3-152所示。

（4）在“V1”轨道中的“01”文件上单击鼠标右键，在弹出的快捷菜单中选择“取消链接”命令，取消视音频链接。选中“A1”（音频1）轨道中的文件，按Delete键删除，如图3-153所示。

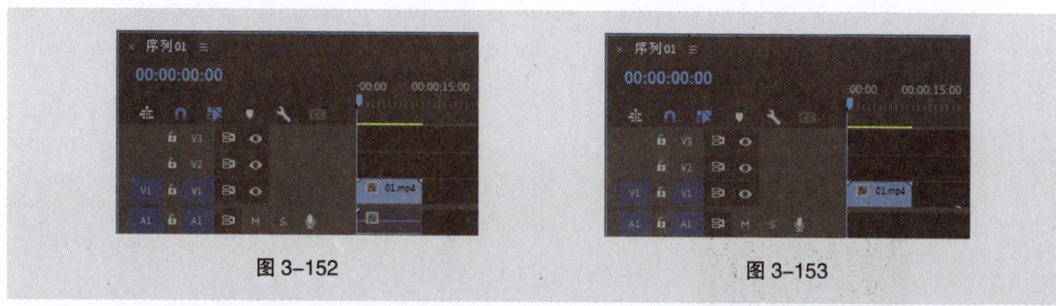

图 3-152　　图 3-153

（5）选择“效果”面板，展开“视频效果”分类选项，单击“风格化”文件夹前面的三角形按钮将其展开，选中“查找边缘”效果，如图3-154所示。将“查找边缘”效果拖曳到“时间轴”面板中的“01”文件上。

（6）选择“效果控件”面板，展开“查找边缘”选项，单击“与原始图像混合”选项左侧的“切换动画”按钮，如图3-155所示，记录第1个动画关键帧。将时间标签放置在00:00:01:00的位置。将“与原始图像混合”选项设置为100%，如图3-156所示，记录第2个动画关键帧。

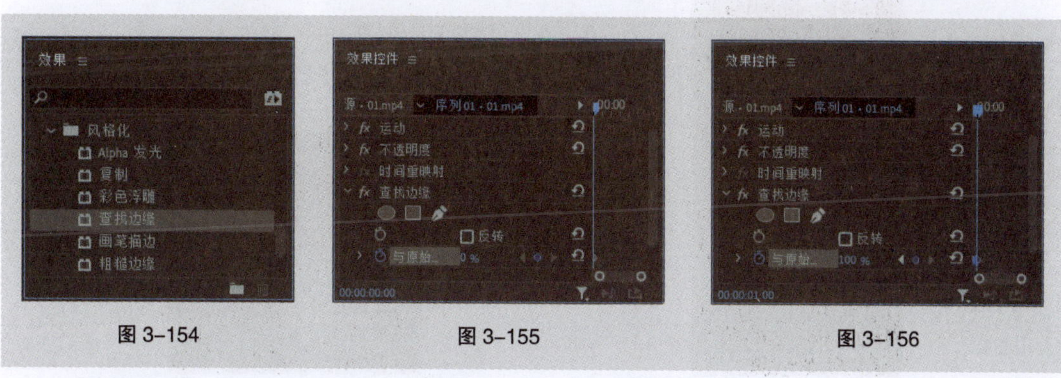

图 3-154　　图 3-155　　图 3-156

（7）选择“效果”面板，展开“视频效果”分类选项，单击“调整”文件夹前面的三角形按钮将其展开，选中“Levels”效果，如图3-157所示。将“Levels”效果拖曳到“时间轴”面板中的“01”文件上。在“效果控件”面板中，展开“Levels”效果，将“（RGB）输入黑色阶”选项设置为15，其他选项的设置如图3-158所示。

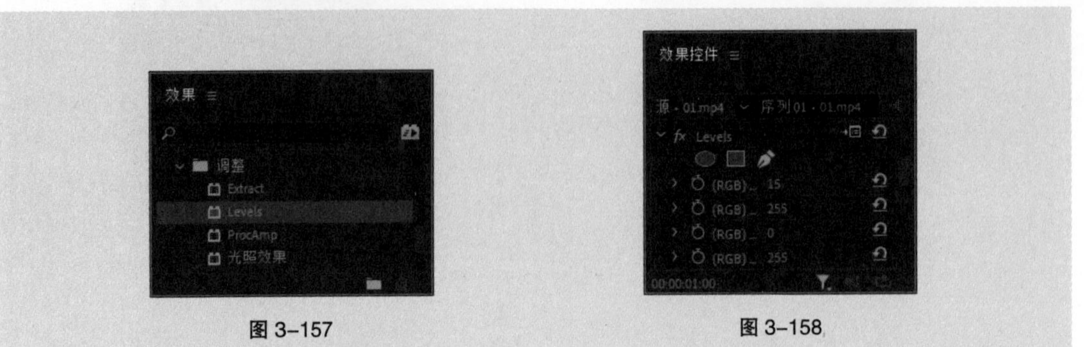

图 3-157　　图 3-158

（8）选择“效果”面板，展开“视频效果”分类选项，单击“过时”文件夹前面的三角形按钮将其展开，选中“自动颜色”效果，如图3-159所示。将“自动颜色”效果拖曳到“时间轴”面板中的“01”文件上。

（9）将时间标签放置在0s的位置。选择“效果”面板，展开“视频效果”分类选项，单击“颜色校正”文件夹前面的三角形按钮将其展开，选中“色彩”效果，如图3-160所示。将“色彩”效果拖曳到“时间轴”面板中的“01”文件上。

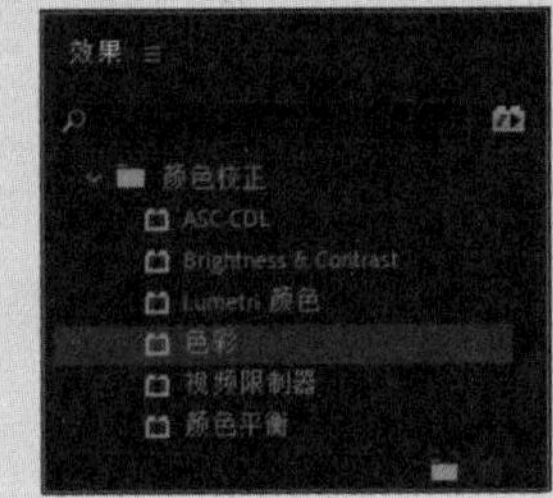

图 3-159　　图 3-160

（10）选择“效果控件”面板，展开“色彩”选项，单击“着色量”选项左侧的“切换动画”按钮，如图3-161所示，记录第1个动画关键帧。将时间标签放置在00:00:01:00的位置。将“着色量”选项设置为0.0%，如图3-162所示，记录第2个动画关键帧。

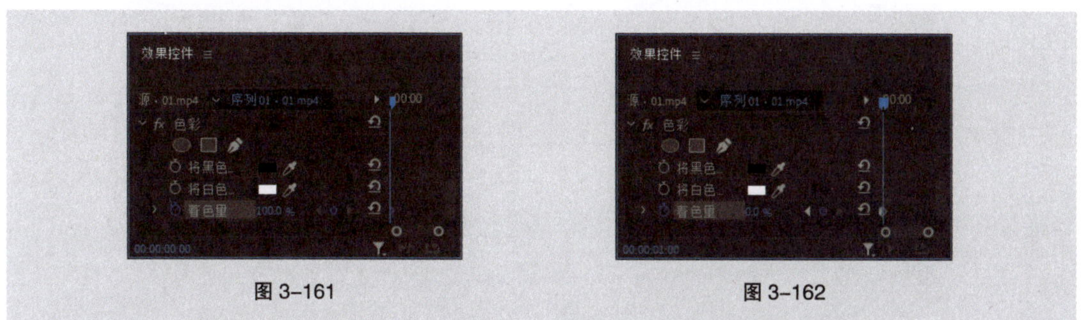

图 3-161　　图 3-162

（11）在“项目”面板中，选中“02”文件并将其拖曳到“时间轴”面板中的“V2”轨道中，如图3-163所示。选择“时间轴”面板中的“02”文件。选择“效果控件”面板，展开“运动”选项，将“位置”选项设置为933.0和360.0，如图3-164所示。

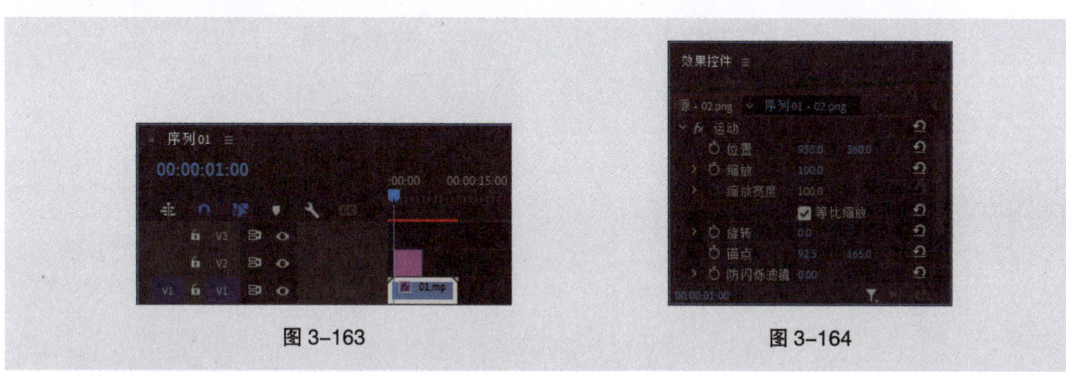

图 3-163　　图 3-164

（12）选择“效果”面板，展开“视频效果”分类选项，单击“模糊与锐化”文件夹前面的三角形按钮将其展开，选中“高斯模糊”效果，如图3-165所示。将“高斯模糊”效果拖曳到“时间轴”面板中的“02”文件上。

（13）选择“效果控件”面板，展开“高斯模糊”选项，将“模糊度”选项设置为300.0，单击“模糊度”选项左侧的“切换动画”按钮，如图3-166所示，记录第1个动画关键帧。将时间标签放置在00:00:01:10的位置。将“模糊度”选项设置为0.0，如图3-167所示，记录第2个动画关键帧。旅游短视频制作完成。

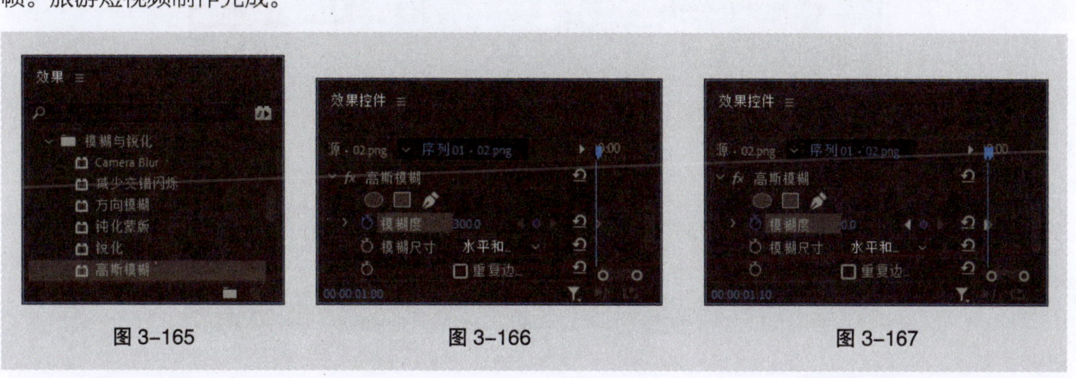

图 3-165　　图 3-166　　图 3-167

3.6.2 课堂案例——制作折纸世界栏目片头

【案例学习目标】 学习使用键控效果抠出视频文件中的折纸。

【案例知识要点】 使用“导入”命令导入视频文件，使用“颜色键”效果抠出折纸视频，使用“效果控件”面板制作文字动画。折纸世界栏目片头效果如图3-168所示。

【效果所在位置】 Ch03/效果/制作折纸世界栏目片头.prproj。

图 3-168

（1）启动Premiere Pro软件，选择“文件 > 新建 > 项目”命令，弹出“导入”界面，如图3-169所示，单击“创建”按钮，新建项目。选择“文件 > 新建 > 序列”命令，弹出“新建序列”对话框，打开“设置”选项卡，具体设置如图3-170所示。单击“确定”按钮，新建序列。

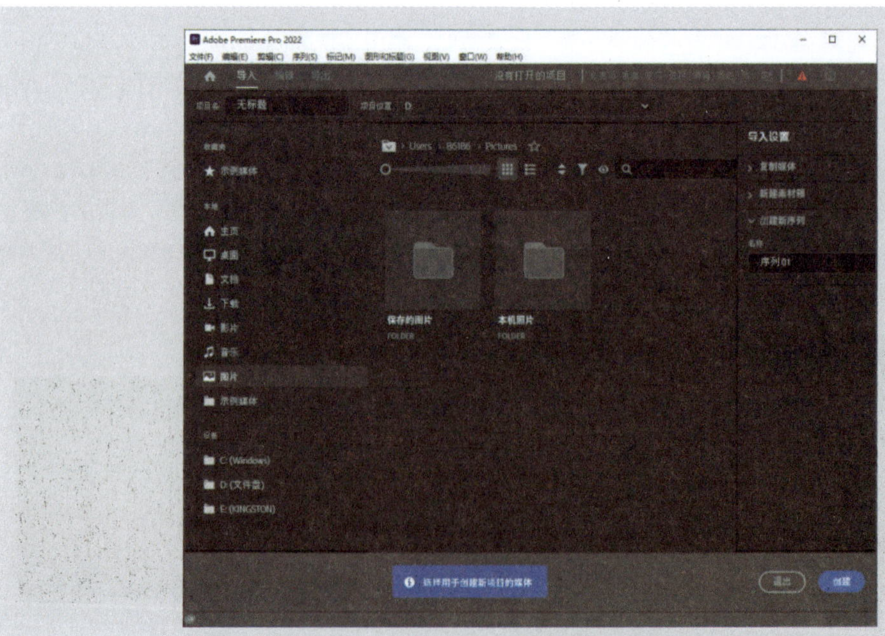

图 3-169

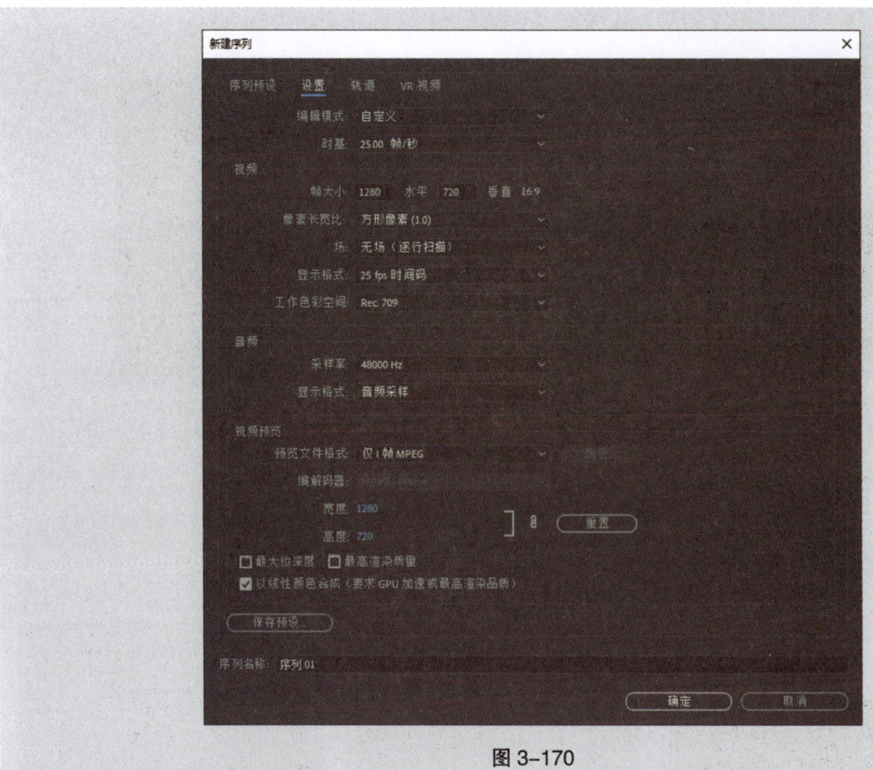

图 3-170

（2）选择“文件 > 导入”命令，弹出“导入”对话框，选择本书云盘中的“Ch03\折纸世界栏目片头\素材\01～03”文件，如图3-171所示。单击“打开”按钮，将素材文件导入“项目”面板中，如图3-172所示。

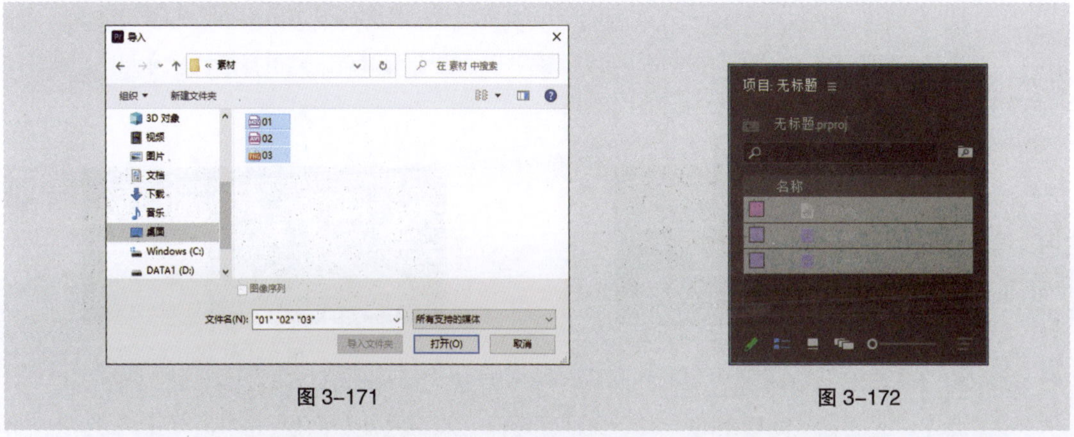

图 3-171

图 3-172

（3）在“项目”面板中，选中“01”文件并将其拖曳到“时间轴”面板中的“V1”轨道中，弹出“剪辑不匹配警告”对话框，单击“保持现有设置”按钮，在保持现有序列设置的情况下将“01”文件放置在“V1”轨道中，如图3-173所示。选择“时间轴”面板中的“01”文件。选择“效果控件”面板，展开“运动”选项，将“缩放”选项设置为67.0，如图3-174所示。

（4）在“项目”面板中，选中“02”文件并将其拖曳到“时间轴”面板中的“V2”轨道中，如图3-175所示。选择“效果”面板，展开“视频效果”分类选项，单击“键控”文件夹前面的三角形按钮将其展开，选中“颜色键”效果，如图3-176所示。

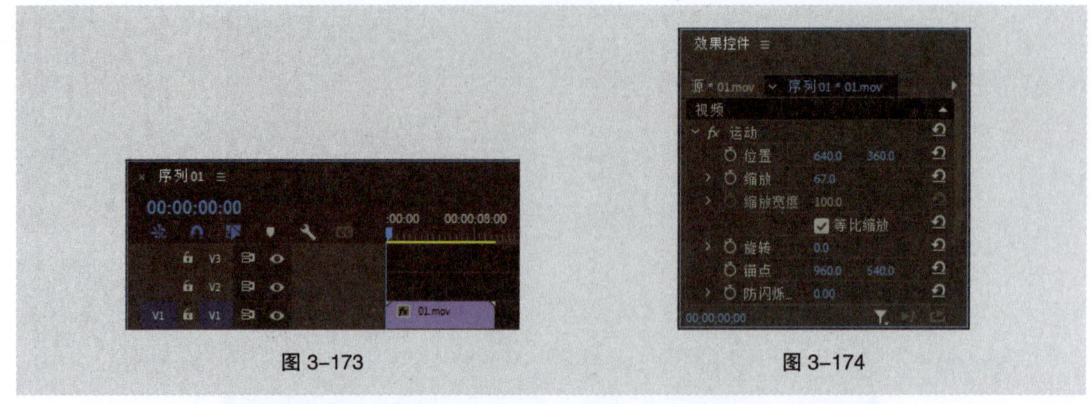

图 3-173　　图 3-174

（5）将“颜色键”效果拖曳到“时间轴”面板“V2”轨道中的“02”文件上。选择“效果控件”面板，展开“颜色键”选项，将“主要颜色”选项设置为蓝色（4、1、167），“颜色容差”选项设置为32，“边缘细化”选项设置为3，如图3-177所示。

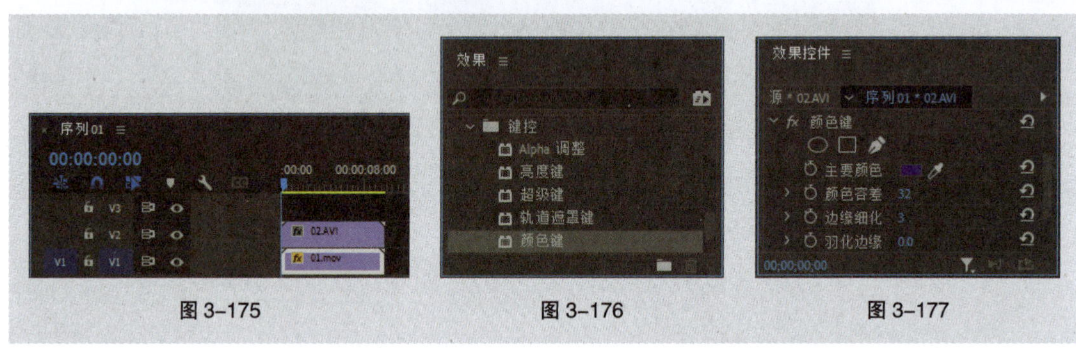

图 3-175　　图 3-176　　图 3-177

（6）在“项目”面板中，选中“03”文件并将其拖曳到“时间轴”面板中的“V3”（视频3）轨道中，如图3-178所示。在“03”文件的结束位置单击，显示编辑点。当鼠标指针呈状时，将其向右拖曳到“02”文件的结束位置，如图3-179所示。

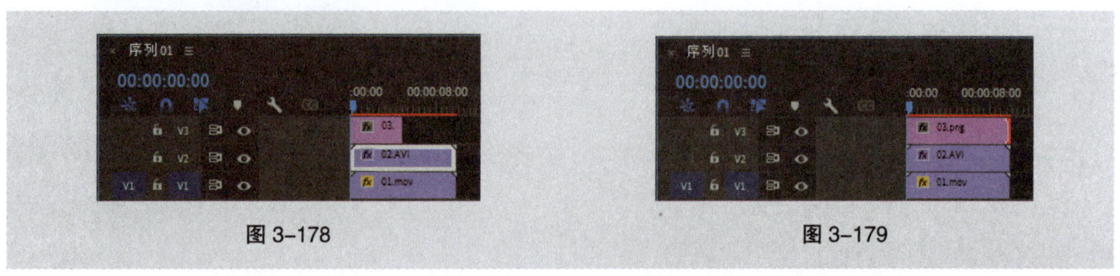

图 3-178　　图 3-179

（7）选中“时间轴”面板中的“03”文件。选择“效果控件”面板，展开“运动”选项，将“缩放”选项设置为0.0，单击“缩放”选项左侧的“切换动画”按钮，如图3-180所示，记录第1个动画关键帧。将时间标签放置在00:00:02:07的位置。将“缩放”选项设置为170.0，如图3-181所示，记录第2个动画关键帧。折纸世界栏目片头制作完成。

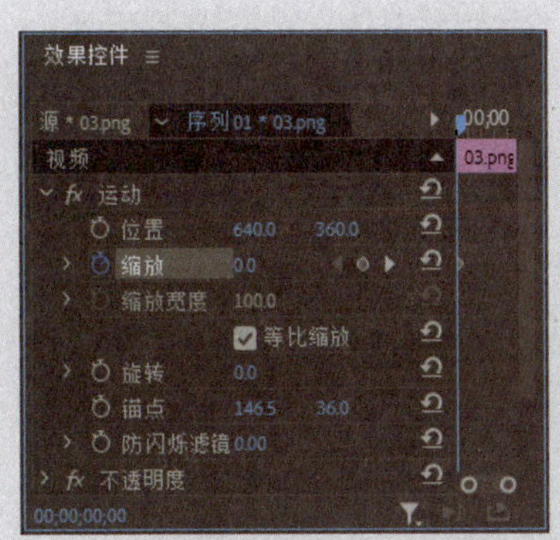

图 3-180

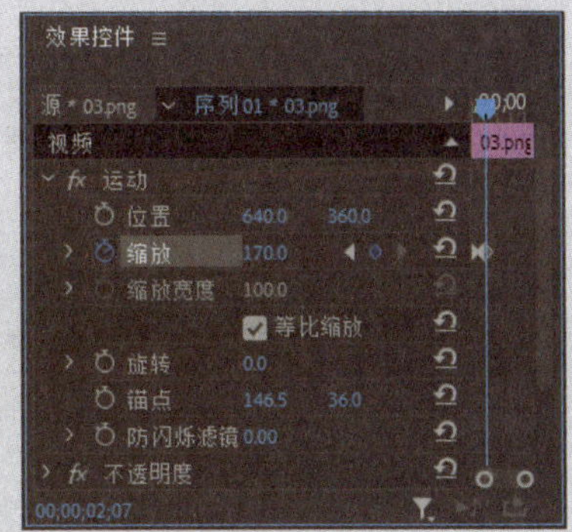

图 3-181

3.7 字幕

使用Premiere Pro可以为素材影片添加并编辑字幕，使剪辑的画面信息更加直观且易于理解。

3.7.1 课堂案例——制作旅行节目片头

【案例学习目标】学习创建并编辑文字。

【案例知识要点】使用“导入”命令导入素材文件，使用“旧版标题”命令创建字幕，使用“字幕”编辑面板添加并编辑文字，使用“旧版标题属性”面板编辑字幕，使用“自动色阶”特效调整素材颜色，使用“快速模糊入点”特效、“快速模糊出点”特效和“效果控件”面板制作模糊文字。旅行节目片头效果如图3-182所示。

【效果所在位置】Ch03/效果/制作旅行节目片头.prproj。

图 3-182

（1）启动Premiere Pro软件，选择“文件 > 新建 > 项目”命令，弹出“导入”界面，如图3-183所示，单击“创建”按钮，新建项目。

图 3-183

（2）选择“文件 > 导入”命令，弹出“导入”对话框，选择本书云盘中的“Ch03/制作旅行节目片头/素材/01”文件，如图3-184所示，单击“打开”按钮，将素材文件导入“项目”面板中，如图3-185所示。将“项目”面板中的“01”文件拖曳到“时间轴”面板中，生成“01”序列，且将“01”文件放置到“V1”轨道中，如图3-186所示。

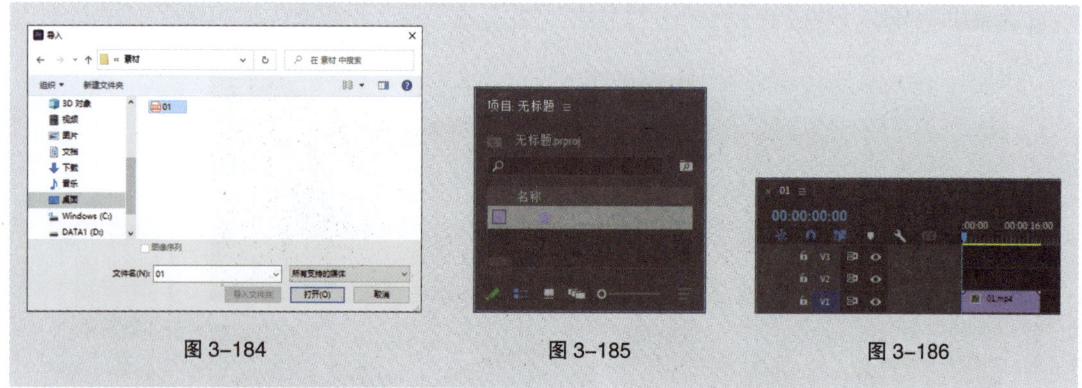

图 3-184　　图 3-185　　图 3-186

（3）将时间标签放置在00:00:10:00的位置。在“01”文件的结束位置单击，显示编辑点，如图3-187所示。当鼠标指针呈状时，将其向左拖曳到00:00:10:00的位置上，如图3-188所示。

（4）选择“文件 > 新建 > 旧版标题”命令，弹出“新建字幕”对话框，如图3-189所示，单击“确定”按钮，弹出“字幕”编辑面板。选择“旧版标题工具”中的“矩形”工具，在“字幕”编辑面板中绘制矩形，如图3-190所示。在“旧版标题属性”面板中，展开“填充”栏，将“颜色”选项设置为红色（225、0、0），如图3-191所示，“字幕”编辑面板中的效果如图3-192所示。

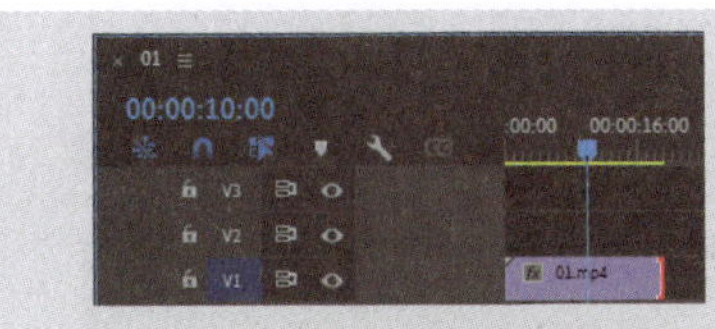

图 3-187

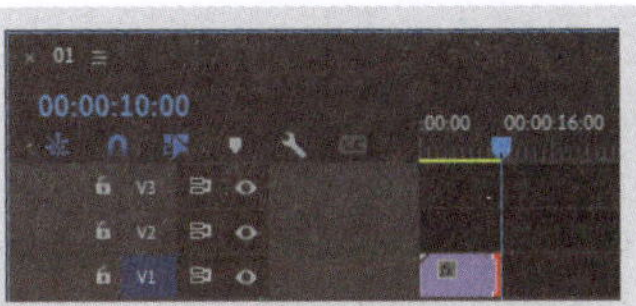

图 3-188

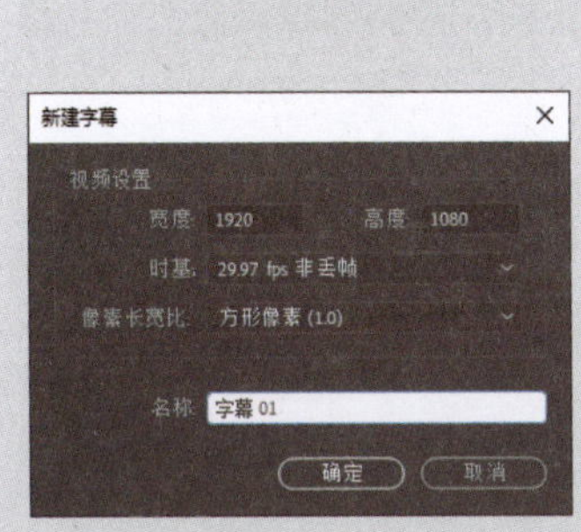

图 3-189

图 3-190

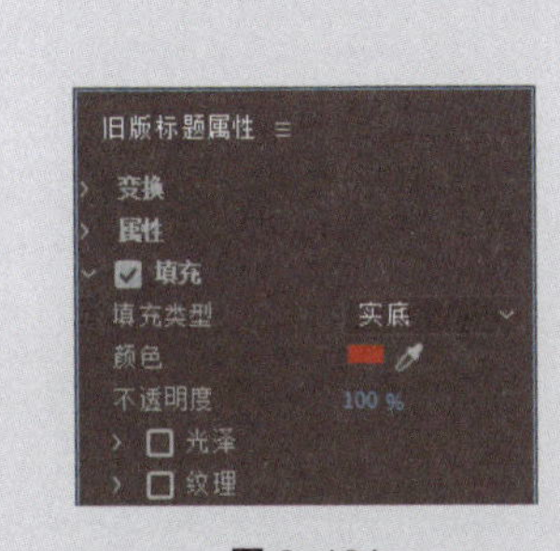

图 3-191

图 3-192

（5）选择“旧版标题工具”中的“文字”工具T，在“字幕”编辑面板中分别单击并输入需要的文字，如图3-193所示。分别选择文字，在“字幕”编辑面板上方设置适当的字体、文字大小和位置。在“旧版标题属性”面板中，展开“填充”栏，将“颜色”选项设置为白色，最终“字幕”编辑面板中的效果如图3-194所示。在“项目”面板中生成“字幕01”文件。

图 3-193

图 3-194

（6）将时间标签放置在00:00:01:00的位置。将“项目”面板中的“字幕01”文件拖曳到“时间轴”面板中的“V2”轨道中，如图3-195所示。将时间标签放置在00:00:08:00的位置。在“01”

文件的结束位置单击，显示编辑点。当鼠标指针呈![]状时，将其向右拖曳到00:00:08:00的位置上，如图3-196所示。

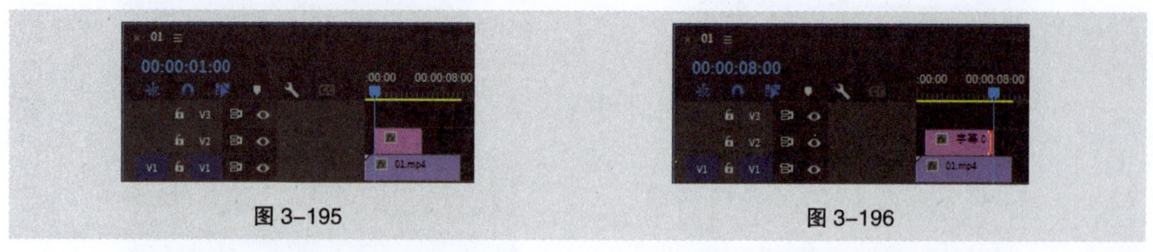

图 3-195

图 3-196

（7）选择“效果”面板，展开“视频效果”分类选项，单击“过时”文件夹前面的三角形按钮将其展开，选中“自动色阶”特效，如图3-197所示。将“自动色阶”特效拖曳到“时间轴”面板中的“01”文件上，如图3-198所示。

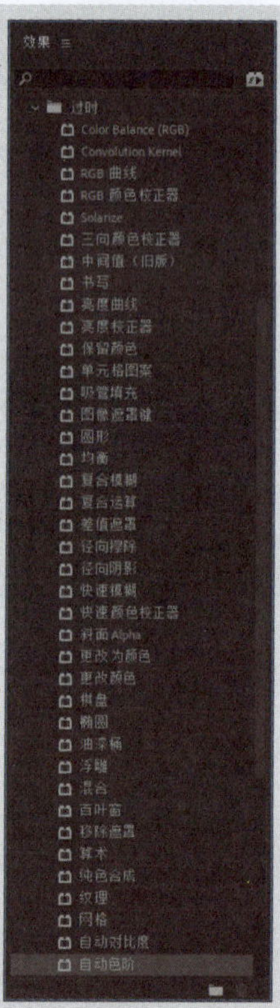

图 3-197

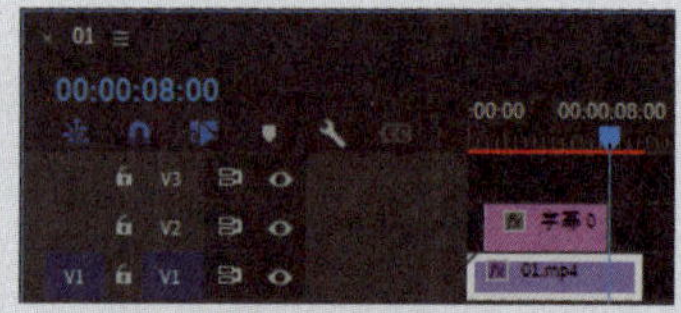

图 3-198

（8）选择“效果”面板，展开“预设”分类选项，单击“模糊”文件夹前面的三角形按钮将其展开，选中“快速模糊入点”特效，如图3-199所示。将“快速模糊入点”特效拖曳到“时间轴”面板中的“字幕01”文件上。

（9）将时间标签放置在00:00:03:00的位置。在“效果控件”面板中，展开“快速模糊”特效，选择第2个的关键帧，将其拖曳到时间标签的位置，如图3-200所示。

（10）选择“效果”面板，选中“快速模糊出点”特效，如图3-201所示。将“快速模糊出点”特效拖曳到“时间轴”面板中的“字幕01”文件上。

（11）将时间标签放置在00:00:06:00的位置。在“效果控件”面板中，展开“快速模糊”特效，选择第1个的关键帧，将其拖曳到时间标签的位置，如图3-202所示。旅行节目片头制作完成。

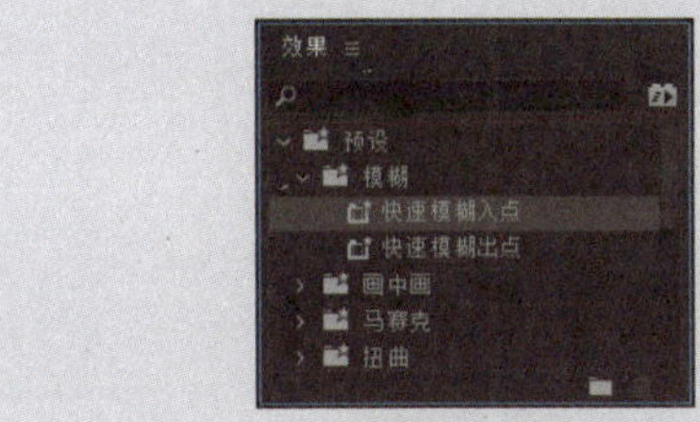

图 3-199

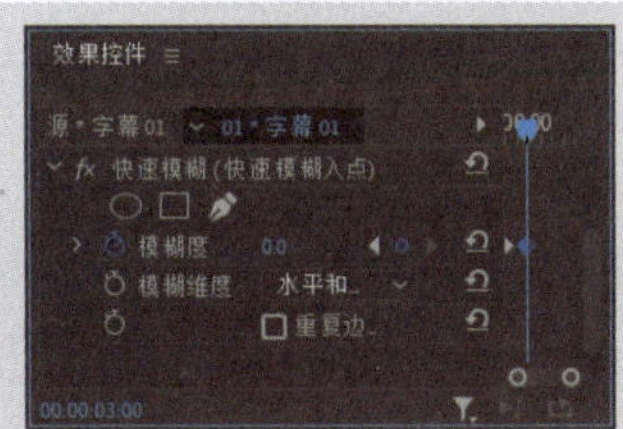

图 3-200

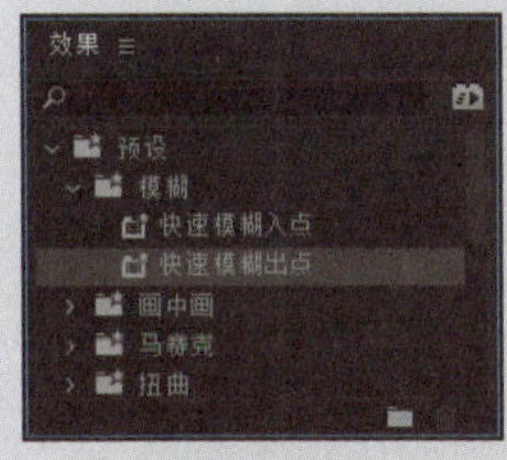

图 3-201

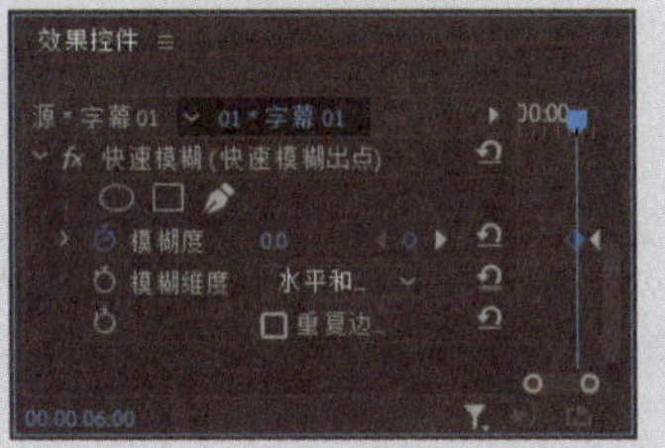

图 3-202

3.7.2 课堂案例——制作动物世界纪录片

【案例学习目标】学习输入并编辑水平文字，创建运动字幕。

【案例知识要点】使用“导入”命令导入素材文件，使用“基本图形”面板制作滚动条，使用“旧版标题”命令创建文字，使用“滚动/游动选项”按钮制作滚动文字。动物世界纪录片效果如图3-203所示。

【效果所在位置】Ch03/效果/制作动物世界纪录片. prproj。

微课

制作动物世界纪录片

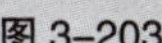
图 3-203

（1）启动Premiere Pro软件，选择“文件 > 新建 > 项目”命令，弹出“导入”界面，如图3-204所示，单击“创建”按钮，新建项目。

（2）选择“文件 > 导入”命令，弹出“导入”对话框，选择本书云盘中的“Ch03/制作动物世界纪录片/素材/01”文件，如图3-205所示，单击“打开”按钮，将素材文件导入“项目”面板中，如图3-206所示。将“项目”面板中的“01”文件拖曳到“时间轴”面板中，生成“01”序列，且将“01”文件放置到“V1”轨道中，如图3-207所示。

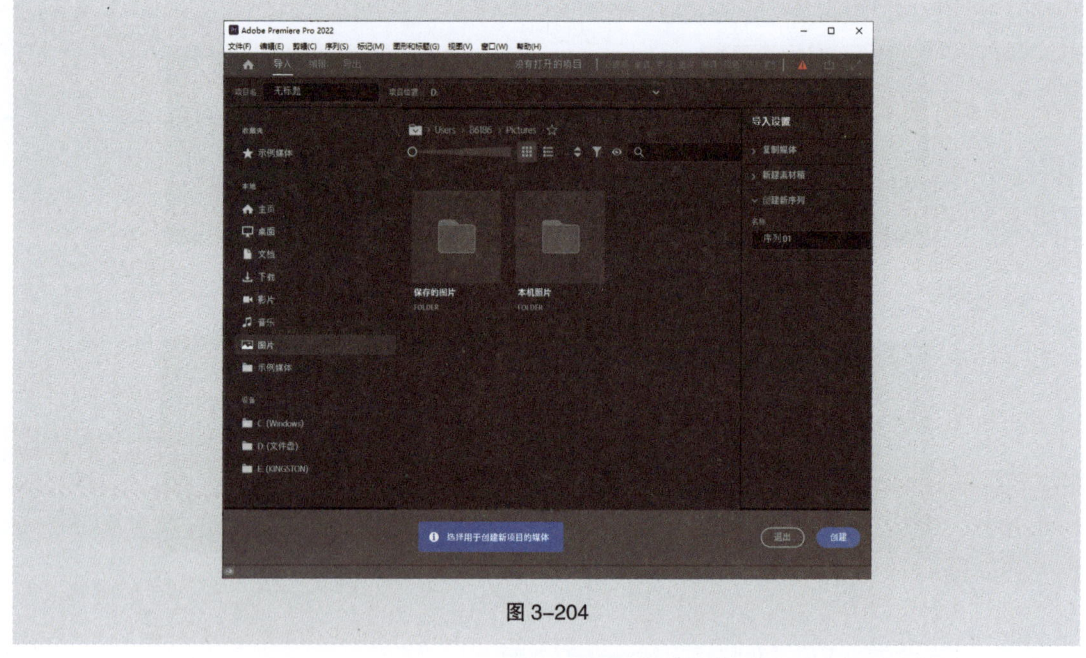

图 3-204

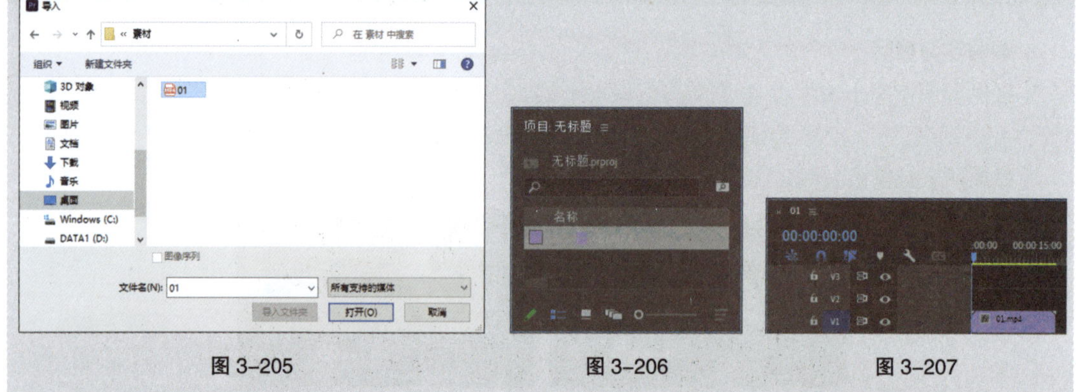

图 3-205　　图 3-206　　图 3-207

（3）选择“剪辑 > 速度/持续时间”命令，弹出“剪辑速度/持续时间”对话框，将“速度”选项设置为150%，如图3-208所示。单击“确定”按钮，“时间轴”面板如图3-209所示。

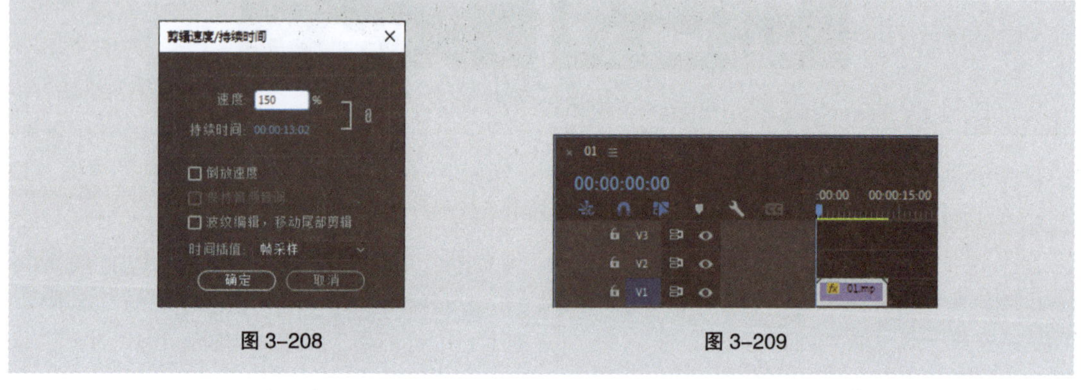

图 3-208　　图 3-209

（4）选择“基本图形”面板，打开“编辑”选项卡，单击“新建图层”按钮，在弹出的菜单中选择“矩形”命令，在“节目”监视器面板中生成矩形，如图3-210所示。在“时间轴”面板中的“V2”轨道中生成图形文件，如图3-211所示。

图 3-210　　图 3-211

（5）在“基本图形”面板中选择“形状01”图层，在“外观”栏中将“填充”选项设置为黑色，“对齐并变换”栏中的设置如图3-212所示，“节目”监视器面板中的矩形如图3-213所示。

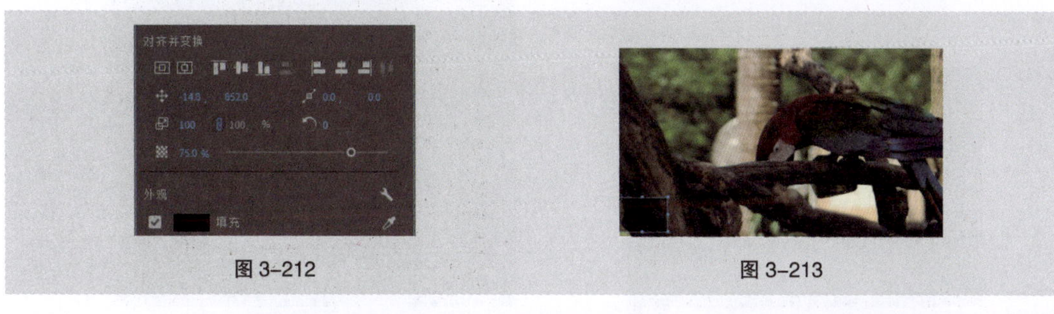

图 3-212　　图 3-213

（6）在“节目”监视器面板中调整矩形的长宽比，如图3-214所示。将鼠标指针放在“图形”文件的结束位置，当鼠标指针呈状时，将其向右拖曳到“01”文件的结束位置上，如图3-215所示。

图 3-214　　图 3-215

（7）选择“文件 > 新建 > 旧版标题”命令，弹出“新建字幕”对话框，如图3-216所示，单击“确定”按钮，弹出“字幕”编辑面板。选择“旧版标题工具”面板中的“文字”工具，在“字幕”编辑面板中单击并输入需要的文字，设置适当的字体和文字大小，如图3-217所示。在“项目”面板中生成“字幕01”文件。

（8）在“字幕”编辑面板中单击“滚动/游动选项”按钮，在弹出的“滚动/游动选项”对话框中选中“向左游动”单选项，在“定时（帧）”栏中勾选“开始于屏幕外”和“结束于屏幕外”复选框，如图3-218所示。单击“确定”按钮，“字幕”编辑面板如图3-219所示。

（9）在“项目”面板中，选中“字幕01”文件并将其拖曳到“时间轴”面板中的“V3”轨道中，如图3-220所示。将鼠标指针放在“字幕01”文件的结束位置，当鼠标指针呈状时，将其向右拖曳到“图形”文件的结束位置上，如图3-221所示。动物世界纪录片制作完成。

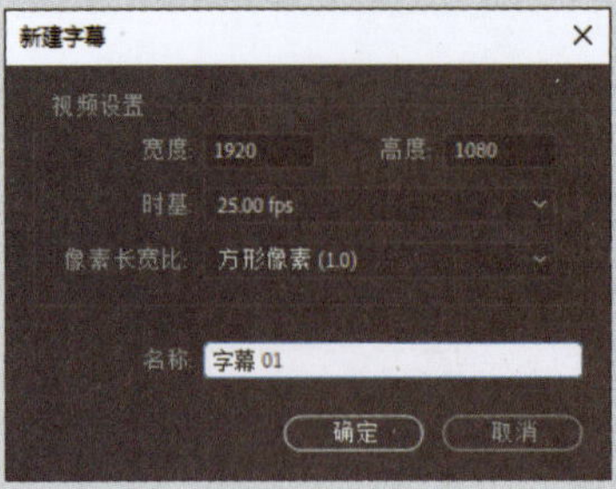

图 3-216

图 3-217

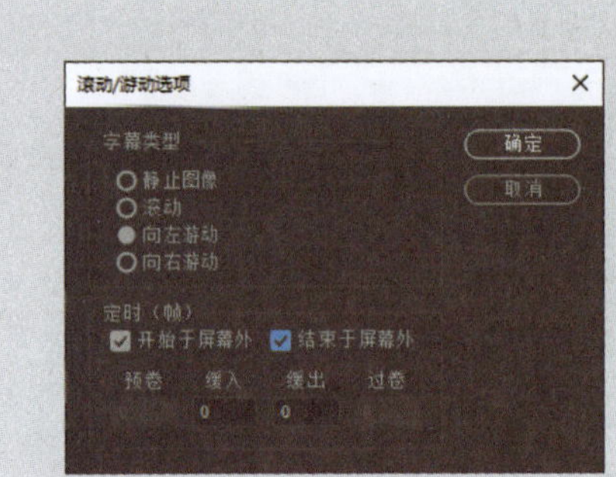

图 3-218

图 3-219

图 3-220

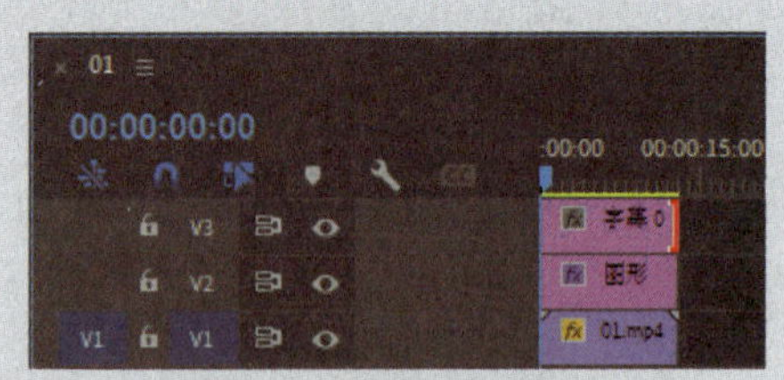

图 3-221

3.8 课堂练习——制作武汉城市形象宣传片

【练习知识要点】使用“导入”命令导入素材文件，使用编辑点调整素材文件，使用“效果控件”面板编辑素材文件的大小，使用“速度/持续时间”命令调整视频速度，使用“效果”面板添加过渡和特效，使用“文字”工具和“基本图形”面板添加介绍文字和图形。武汉城市形象宣传片效果如图3-222所示。

【效果所在位置】Ch03\效果\制作武汉城市形象宣传片.prproj。

微课

制作武汉城市形象宣传片

图 3-222

3.9 课后习题——制作中华美食栏目

【习题知识要点】 使用“导入”命令导入素材文件，使用编辑点调整素材文件，使用“速度/持续时间”命令调整视频速度，使用“效果”面板添加过渡和特效，使用“文字”工具和“基本图形”面板添加介绍文字和图形。中华美食栏目效果如图3-223所示。

【效果所在位置】 Ch03\效果\制作中华美食栏目.prproj。

微课

制作中华美食栏目

图 3-223

第 4 章

04 音频的编辑与制作

本章介绍

在新媒体时代，人们对音频的需求不断提升，如教育领域，娱乐领域等。本章将对新媒体中的音频信息、Audition的基础知识、音频编辑、音频处理、添加效果、录制声音及混音与输出进行系统讲解。通过本章的学习，学生可以了解音频的基础知识，掌握编辑与制作常用音频的方法。

学习目标

- 了解新媒体中的音频信息。
- 掌握Audition的基础知识。
- 掌握音频的不同编辑方法。
- 掌握音频的不同处理技巧。
- 掌握为音频添加效果的方法。
- 掌握录制声音的技巧。
- 掌握添加混音与输出音频的方法。

素养目标

- 培养细致、严谨的工作作风。
- 培养善始善终的工作习惯。

技能目标

- 掌握杂音波段的删除方法。
- 掌握网络音频格式的转换方法。
- 掌握音乐淡化效果的制作方法。
- 掌握将古诗文字录制成声音的方法。
- 掌握为散文添加背景音乐的方法。

4.1 新媒体中的音频信息

通常音频是指正常人耳能听到的，相应于正弦声波的任何频率。为了便于计算机存储、处理或在网络上进行传输，经过编辑后的音频，还必须按照某种要求与格式进行编码和压缩，生成所谓的数字音频。新媒体音频处理是指运用新媒体技术对数字音频进行分析、剪辑、添加特效等处理。本章介绍的音频都指数字音频。

4.1.1 数字音频的编码与压缩

1. 编码

数字音频编码多采用脉冲编码调制（Pulse Code Modulation，PCM），它是一种把模拟信号转换成数字信号最基本的编码方式之一，用独特的数码记号（通常采用二进制格式）来编码。

但是PCM后产生的数据量是巨大的，如一张650MB的CD通常只能存储10～14首时长为5min左右的歌曲，如果是采用5.1声道的，则时长为1h的音乐需要1.62GB的存储空间，这远远超出了CD的容量。这么大的数据量对于音频的存储和传输都造成了困难，因此需要对采样量化后的数字音频信号进行压缩。

2. 压缩

压缩的目的是减小数据量，提高传输速率。压缩编码的基本指标之一是压缩比，它是指同一段时间间隔内的音频数据量在压缩前后的大小之比。压缩比越大，丢失的信息越多，信号还原时失真也越大。因此，在压缩编码时，既希望最大限度地减小数据量，又希望尽可能不对信号造成损伤，达到较好的听觉效果，但两者是相互矛盾的，只能根据不同信号特点和不同的需要折中选择合适的数字音频格式。

压缩编码的方式包括无损压缩和有损压缩。

无损压缩主要去除声音信号中的“冗余”部分，将相同或相似的数据根据特征归类，用较小的数据量描述原始数据，达到减小数据量的目的。无损压缩没有信号的损失，音质好、转化方便，但是压缩比不大，占用空间大，需要硬件支持。无损压缩格式有APE、FLAC、LPAC、WavPack、WMALossless、AppleLossless等。

有损压缩指利用人耳的听觉特性，有针对性地简化不重要的数据，达到减小数据量的目的。这样压缩后的数据不能完全复原，会丢失一部分信息。有损压缩虽然在音质上略逊于无损压缩，但压缩比大，能节省存储空间，也便于传输。有损压缩格式有MP3、OGG、WMA、ACC、VQF、ASF等。

4.1.2 数字音频的常见格式

1. WAV

WAV是Windows本身提供的一种音频格式，由于Windows本身的影响力，这种格式已经成为通用音频格式。这种格式常用来保存一些没有被压缩的音频，目前所有的音频播放软件和编辑软件都支持这一格式，并将该格式作为默认文件保存格式之一。

标准格式的WAV文件和CD格式的文件一样，都有44.1kHz的采样率，16位量化位数。

WAV文件的特点为：声音再现容易，占用存储空间大，可用Windows播放器播放。

2. MP3

MPEG Audio Layer指的是MPEG标准音频层，共3层（即MPEG Audio Layer 1/2/3），分别对应MP1、MP2和MP3。MP3的压缩原理是把声音中人耳听不见或无法感知的信号滤除，并大幅减小声音数字化后所需的储存空间，而使用破坏性压缩的结果是，还原音效时难免会造成少许失真，但这些失真在人耳可接受的范围内，也因为如此，才能达到高压缩比的目的。不过相对的，取样率减小，压缩比过于高时，造成的失真将会更多。

MP3文件的特点为：文件占用空间小，音质却无明显下降。

3. M4A

M4A是用于压缩MPEG-4编码文件的格式。M4A被苹果公司运用为iTunes及iPod歌曲收录格式后，才逐渐被广泛使用。M4A文件通常音质较好，适用于手机铃声、在线试听以及数字电台架设等。

4. WMA

WMA（Windows Media Audio）格式的音质要强于MP3格式。它以减少数据流量但保持音质的方法来达到比MP3压缩比更大的目的，适合在线播放。

4.2 Audition 的基础知识

Audition原名为Cool Edit Pro，在被Adobe公司收购后进行了更名。它是一款专业的音频编辑软件。

4.2.1 Audition 简介

Audition专为从事照相、广播和后期制作方面工作的音频和视频专业人员设计，可提供先进的音频混合、编辑、控制和效果处理功能。其最多支持混合128个声道，可编辑单个音频文件，创建回路并可使用45种以上的数字信号处理效果。

4.2.2 Audition 的工作界面

Audition的工作界面根据不同的任务可以分为3类，分别是波形编辑界面、多轨界面及CD布局界面。

1. Audition 的波形编辑界面

在Audition的波形编辑界面中可以对单个素材（包括单声道、立体声素材）进行一定的编辑操作。它操作简单方便，对于针对一首歌曲或声音素材的编辑操作来说，这个界面直观、易行。对于普通计算机使用者来说，即便对调音台等专业录音器材一无所知，也能够在波形编辑界面完成简单的音频处理操作。Audition的波形编辑界面由菜单栏、工具栏、常用面板、状态栏及“编辑器”面板组成，如图4-1所示。

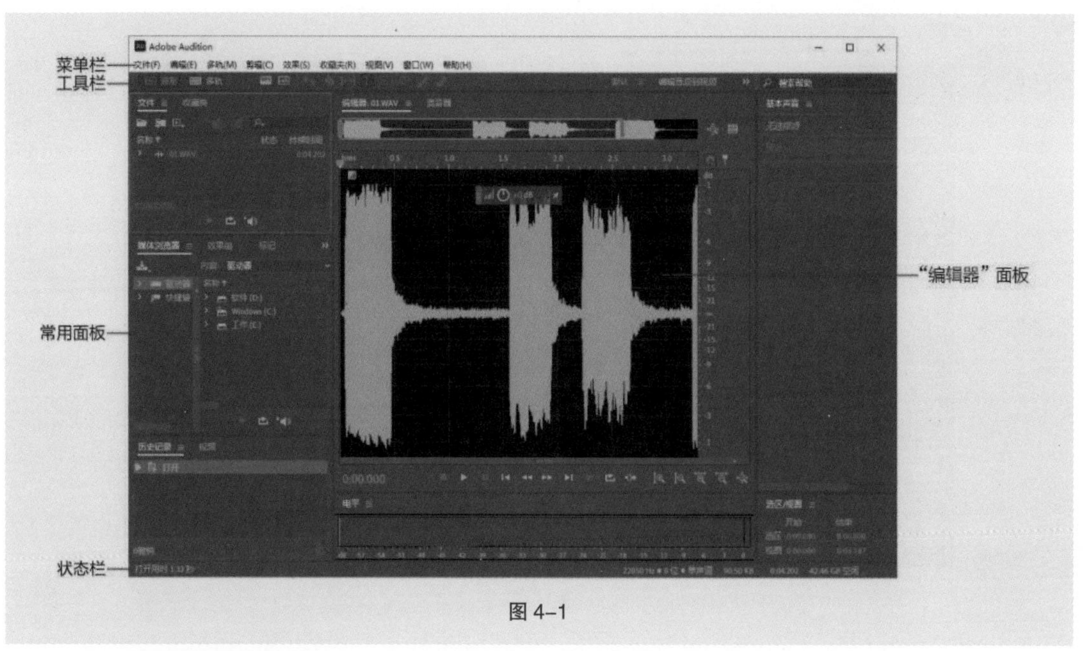

图 4-1

2. Audition 的多轨界面

在Audition的多轨界面中可以对单个素材进行裁剪、组合等操作，同时也可以对两个或两个以上的素材进行后期混音等操作。Audition的多轨界面由菜单栏、工具栏、常用面板、状态栏及"编辑器"面板组成，如图4-2所示。

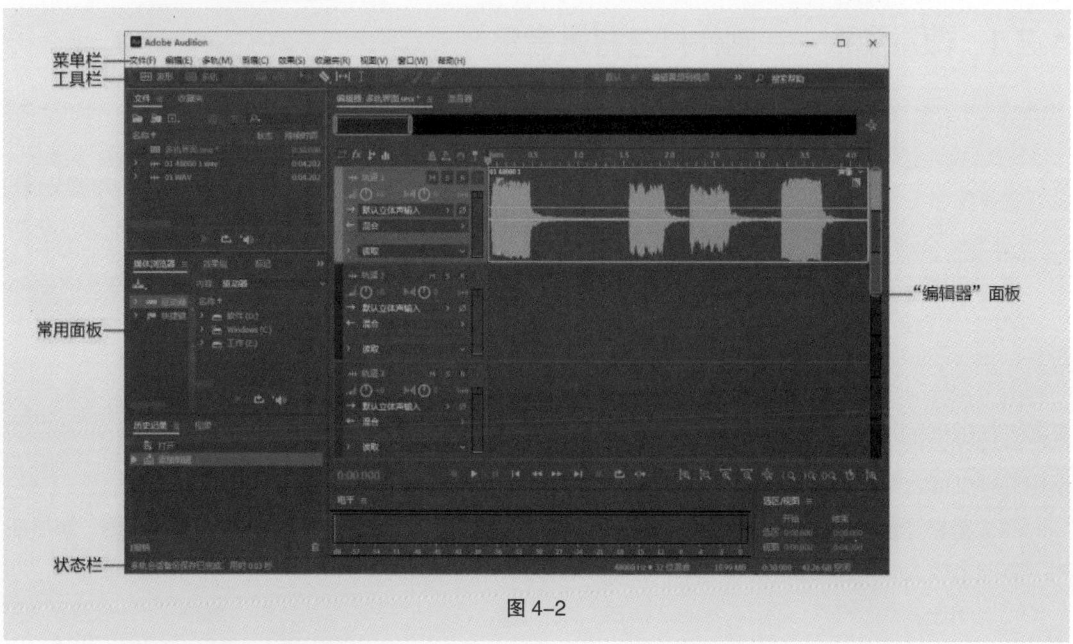

图 4-2

3. Audition 的 CD 布局界面

Audition的CD布局界面主要用于将多个音频文件按照需要进行排列，并按照排列的顺序进行刻盘。Audition的CD布局界面由菜单栏、工具栏、常用面板、状态栏及"编辑器"面板组成，如图4-3所示。

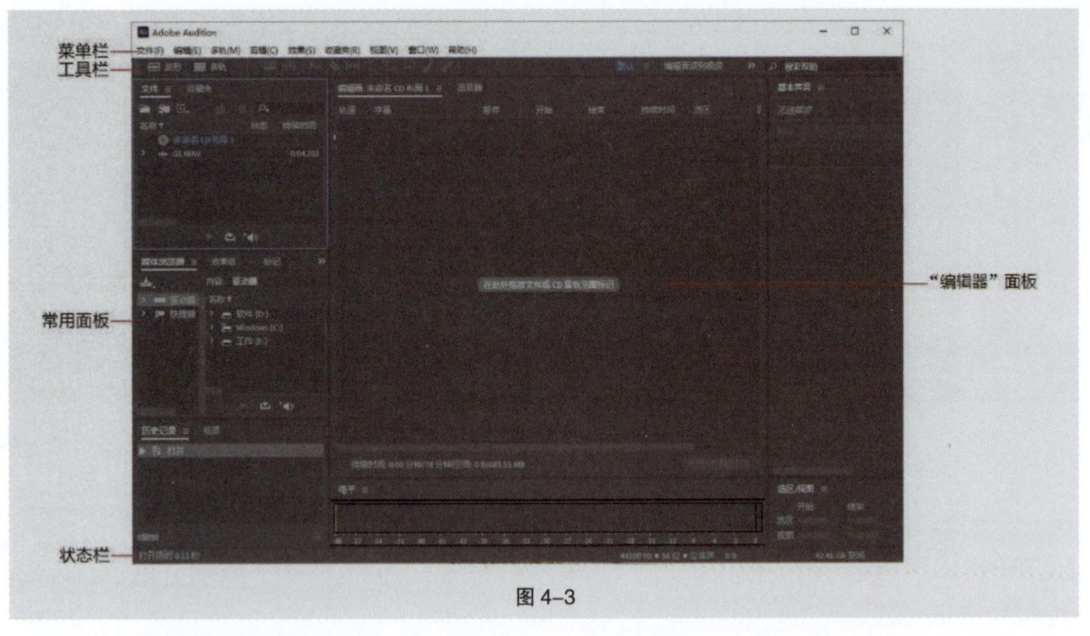

图 4-3

4.3 音频编辑

运用Audition可以对音频进行基本的编辑工作。

4.3.1 课堂案例——制作抖音背景音乐

【案例学习目标】学习使用“时间选择”工具和“复制到新文件”命令制作抖音背景音乐。

【案例知识要点】使用“打开”命令打开素材文件，使用“时间选择”工具选取波形，使用“复制到新文件”命令将波形复制到新的音频文件中。

【效果所在位置】Ch04\效果\制作抖音背景音乐.mp3。

（1）启动Audition软件，选择“文件 > 打开”命令，或按Ctrl+O组合键，弹出“打开文件”对话框，选择云盘中的“Ch04 > 素材 > 制作抖音背景音乐 > 01”文件，如图4-4所示，单击“打开”按钮打开文件，“编辑器”面板如图4-5所示。

（2）选择“窗口 > 缩放”命令，弹出“缩放”面板，单击5次“放大（时间）”按钮，波形在水平方向上放大，如图4-6所示。

（3）单击“编辑器”面板下方的“播放”按钮，监听打开的音频文件。选择“时间选择”工具，在“编辑器”面板中拖曳鼠标指针，将0 ~ 0:27.000的波形选中，如图4-7所示。

（4）选择“编辑 > 复制到新文件”命令，将选中的波形复制为新文件，如图4-8所示。

（5）选择“文件 > 另存为”命令，在弹出的“另存为”对话框中进行设置，如图4-9所示。抖音背景音乐制作完成，单击“编辑器”面板下方的“播放”按钮，监听最终声音。

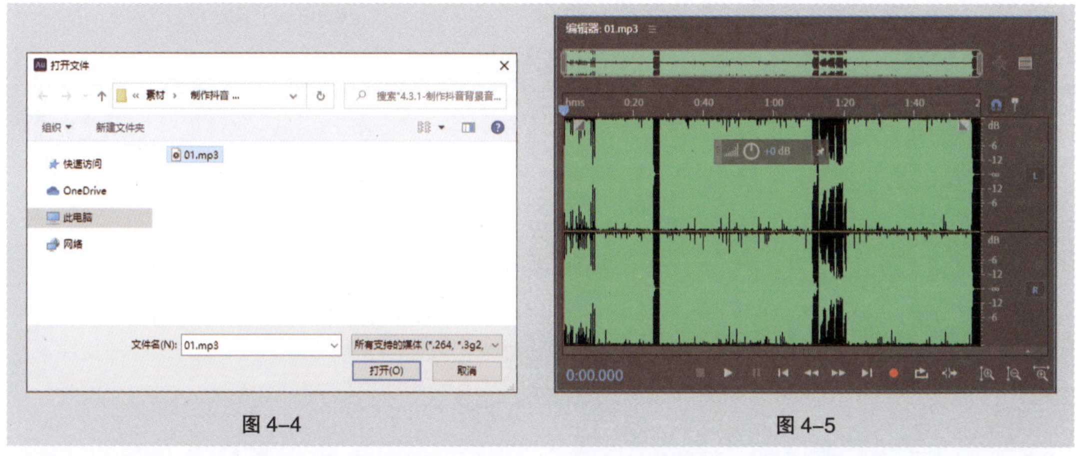

图 4–4　　图 4–5

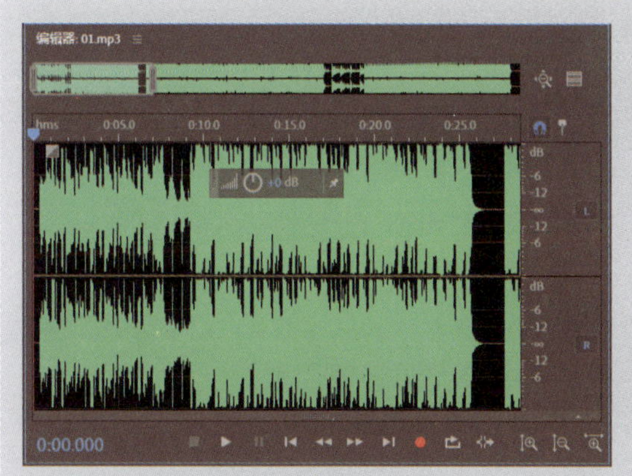

图 4–6

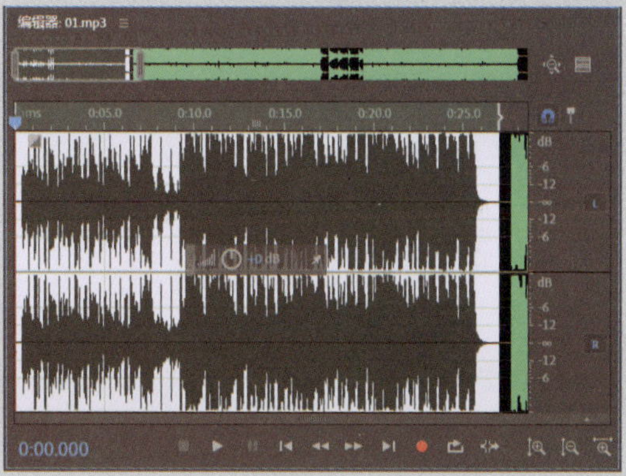

编辑器: 01.mp3

0:00.000

图 4–7

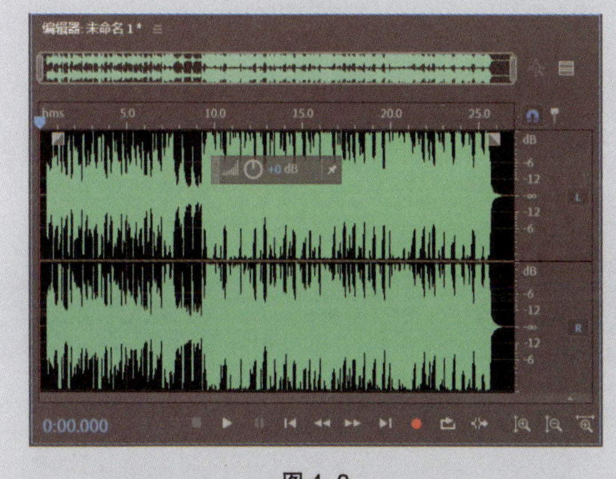

图 4–8

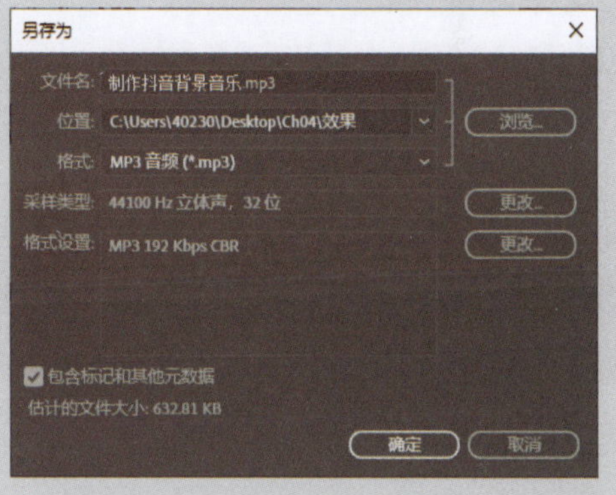

图 4–9

4.3.2 课堂案例——删除杂音波段

【案例学习目标】学习使用“时间选择”工具和“删除”命令删除杂音波段。

【案例知识要点】使用“打开”命令打开素材文件，使用“时间选择”工具选取波形，使用“删除”命令删除波形。

【效果所在位置】Ch04\效果\删除杂音波段.mp3。

微课

删除杂音波段

（1）启动Audition软件，选择“文件 > 打开”命令，或按Ctrl+O组合键，弹出“打开文件”对话框，选择云盘中的“Ch04 > 素材 > 删除杂音波段 > 01”文件，如图4-10所示，单击“打开”按钮打开文件，“编辑器”面板如图4-11所示。

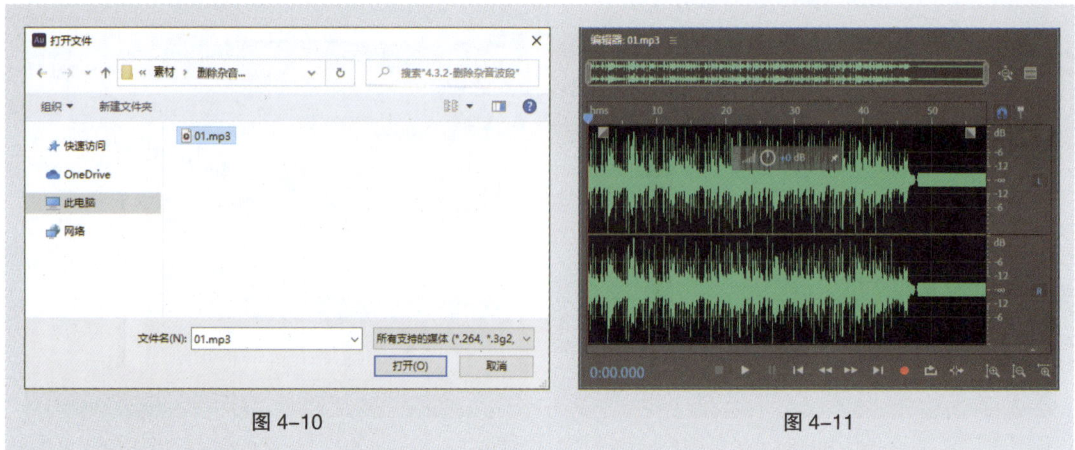

图 4-10　　图 4-11

（2）选择“时间选择”工具，在“编辑器”面板中拖曳鼠标指针，将0:48.000至结尾之间的波形选中，如图4-12所示。按Delete键，将选中的波形删除，如图4-13所示。

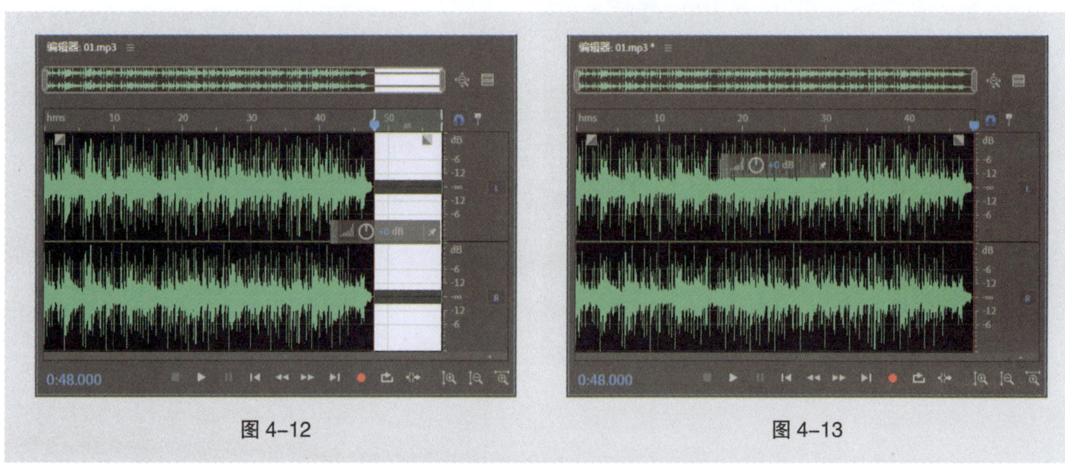

图 4-12　　图 4-13

（3）选择“文件 > 另存为”命令，在弹出的“另存为”对话框中进行设置，如图4-14所示。杂音波段删除完成，单击“编辑器”面板下方的“播放”按钮，监听最终声音。

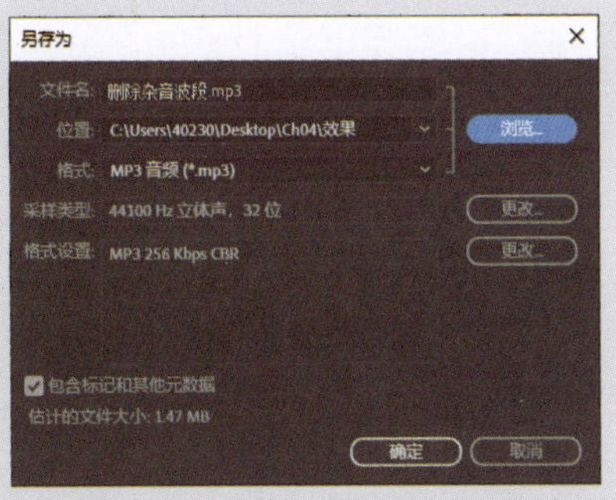

图 4-14

4.3.3 课堂案例——重新编排语句

【案例学习目标】学习使用“移动”工具、“切断所选剪辑”工具重新编排语句。

【案例知识要点】使用“导入”命令导入素材文件，使用“切断所选剪辑”工具裁剪音频块，使用“移动”工具移动音频的位置。

【效果所在位置】Ch04\效果\重新编排语句.mp3。

（1）启动Audition软件，选择“文件 > 新建 > 多轨会话”命令，或按Ctrl+N组合键，弹出“新建多轨会话”对话框，在“会话名称”文本框中输入“重新编排语句”，其他选项的设置如图4-15所示。单击“确定”按钮，新建一个多轨混音项目，“编辑器”面板如图4-16所示。

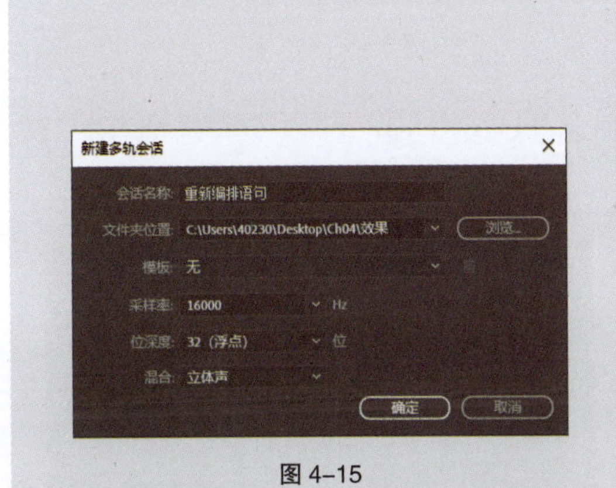

图 4-15

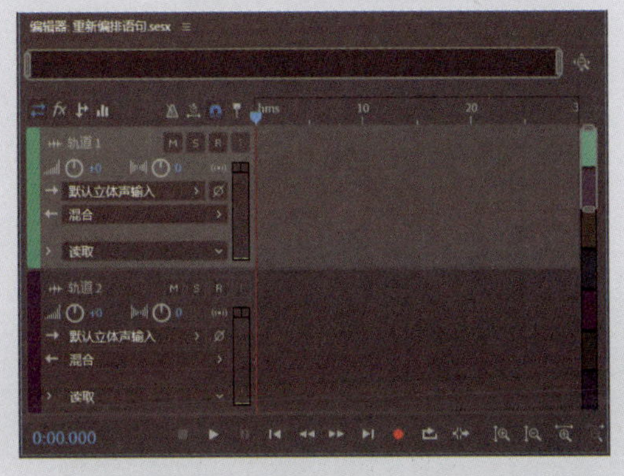

图 4-16

（2）选择“文件 > 导入 > 文件”命令，或按Ctrl+I组合键，弹出“导入文件”对话框，选择云盘中的“Ch04 > 素材 > 重新编排语句 > 01”文件，如图4-17所示，单击“打开”按钮导入文件，“文件”面板如图4-18所示。

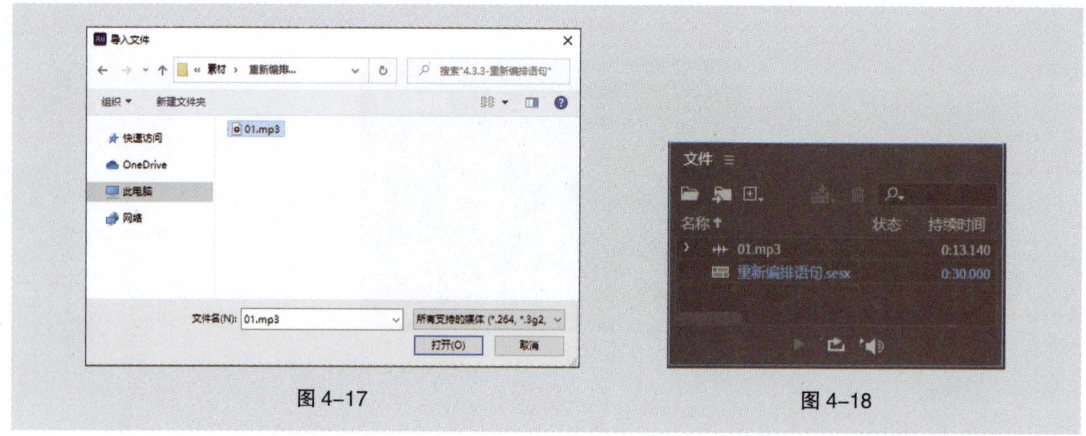

图 4-17　　图 4-18

（3）在“文件”面板中选中“01.mp3”文件，如图4-19所示，将其拖曳到“轨道1”中，如图4-20所示。

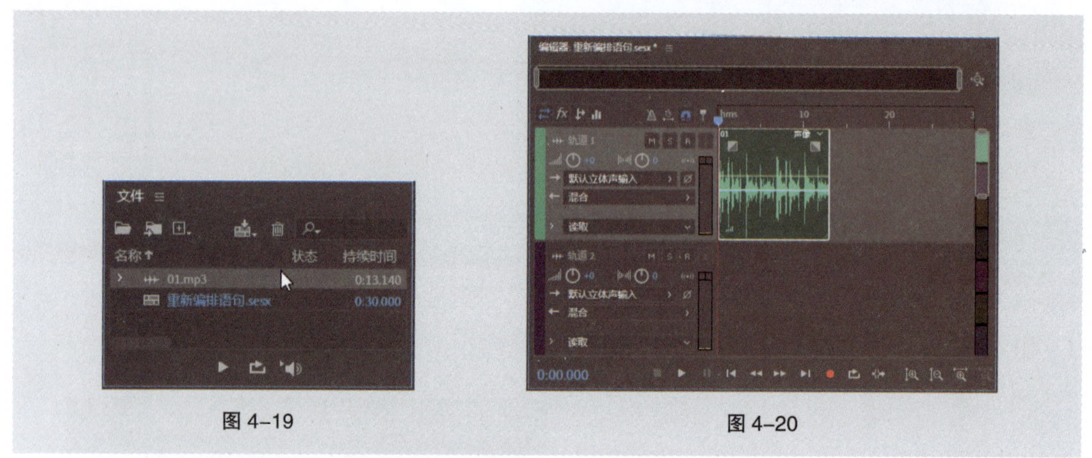

图 4-19　　图 4-20

（4）将鼠标指针放置在图4-21所示的位置，指针变为🔍，按住鼠标左键向左拖曳到适当的位置，水平缩放波形，如图4-22所示。

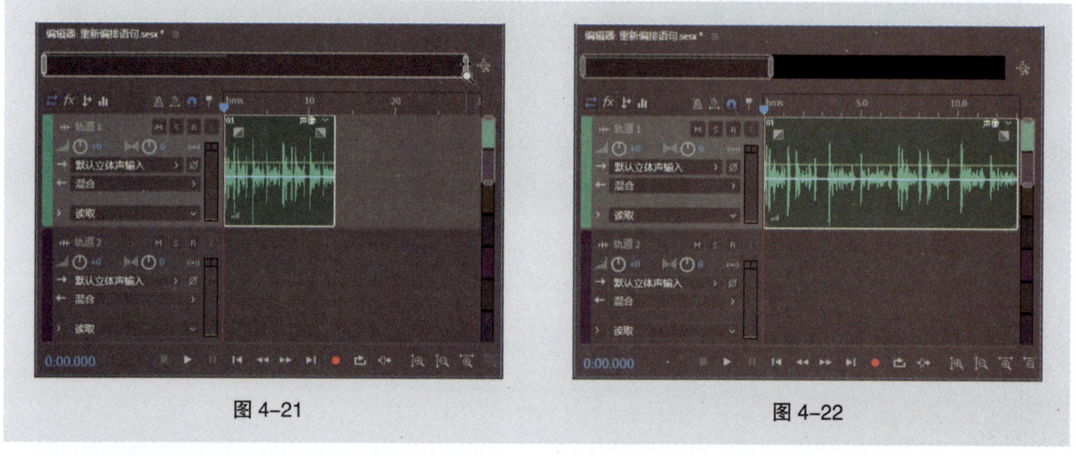

图 4-21　　图 4-22

（5）将播放指示器放置在0:01.520的位置，如图4-23所示。选择“切断所选剪辑”工具，在播放指示器所在的位置单击，将音频块分割为两个部分，效果如图4-24所示。

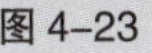
图 4-23

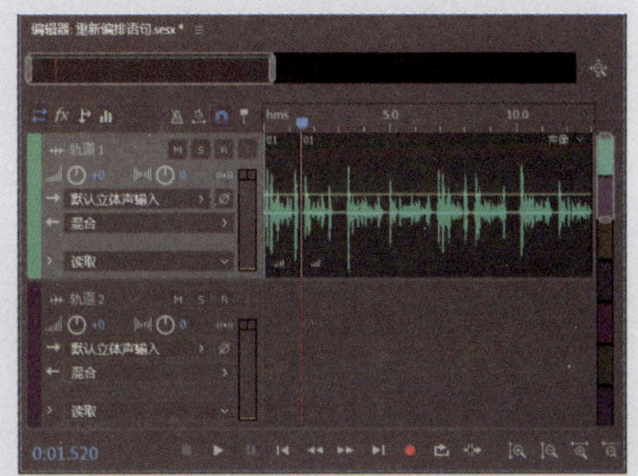

图 4-24

（6）将播放指示器放置在0:02.950的位置，选择“移动”工具，在“编辑器”面板中单击右侧的音频块，将其选中，如图4-25所示。按Ctrl+K组合键，将选中的音频块拆分为两个部分，效果如图4-26所示。

图 4-25

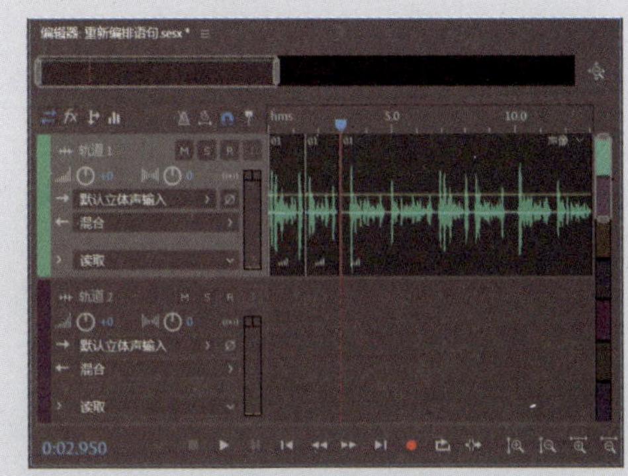

图 4-26

（7）将播放指示器放置在0:08.260的位置，选择“移动”工具，在“编辑器”面板中单击右侧的音频块，将其选中，如图4-27所示。按Ctrl+K组合键，将选中的音频块拆分为两个部分，效果如图4-28所示。

图 4-27

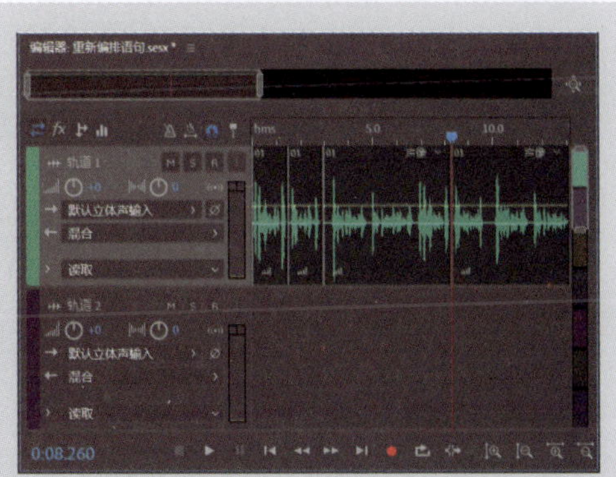

图 4-28

（8）将播放指示器放置在0:09.820的位置，如图4-29所示。选择“移动”工具，在“编辑器”面板中单击右边的音频块，将其选中。按Ctrl+K组合键，将选中的音频块拆分为两个部分，效果如图4-30所示。

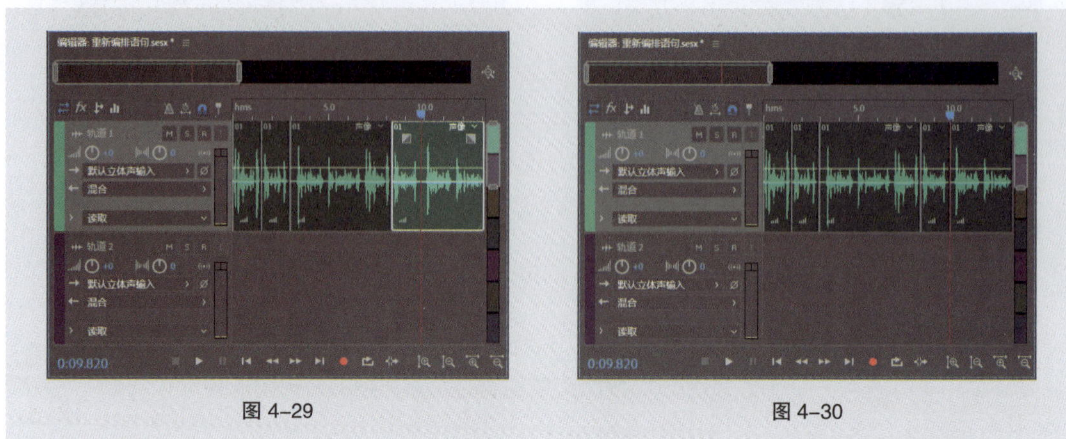
图 4-29　　图 4-30

（9）选中图4-31所示的音频块，按住鼠标左键将其拖曳到“轨道2”中，如图4-32所示。

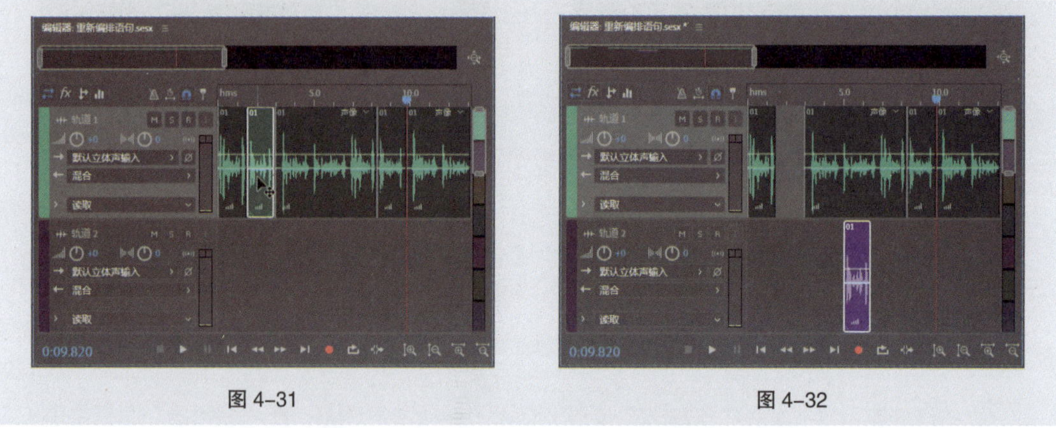
图 4-31　　图 4-32

（10）选中图4-33所示的音频块，按住鼠标左键将其拖曳到“轨道2”中，放置到第1个音频块的结尾处，如图4-34所示。

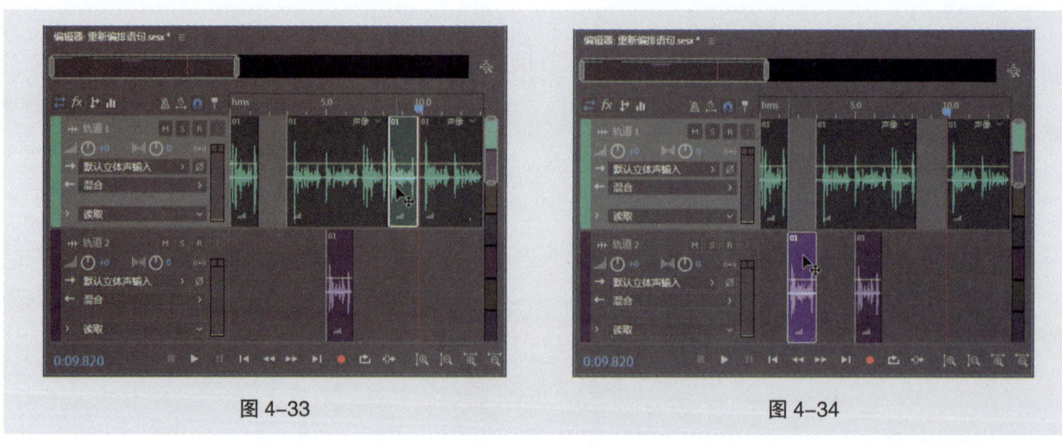
图 4-33　　图 4-34

（11）选中图4-35所示的音频块，按住鼠标左键将其向右拖曳到第2个音频块的结尾处，如

图4-36所示。

图 4-35　　图 4-36

（12）选中图4-37所示的音频块，按住鼠标左键将其向右拖曳到第3个音频块的结尾处，如图4-38所示。

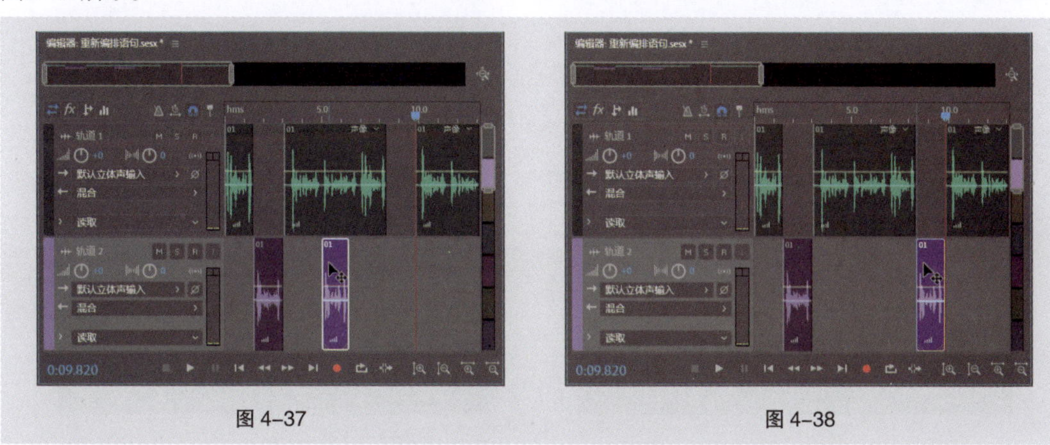

图 4-37　　图 4-38

（13）按Ctrl+S组合键，将设置保存。选择“文件 > 导出 > 多轨混音 > 整个会话”命令，在弹出的“导出多轨混音”对话框中进行设置，如图4-39所示，单击“确定”按钮，即可保存文件。语句重新编排完成，单击“编辑器”面板下方的“播放”按钮▶，监听最终声音。

图 4-39

4.4 音频处理

运用Audition可以对音频进行不同的处理以符合使用要求。

4.4.1 课堂案例——制作闹钟铃声

【案例学习目标】学习使用“属性”面板和“音量”属性调整音频。

【案例知识要点】使用“导入”命令导入素材文件，使用“属性”面板调整音频的播放速度，使用“音量”属性调整音频的音量。

【效果所在位置】Ch04\效果\制作闹钟铃声.mp3。

微课
制作闹钟铃声

（1）启动Audition软件，选择“文件 > 新建 > 多轨会话”命令，或按Ctrl+N组合键，弹出“新建多轨会话”对话框，在“会话名称”文本框中输入“制作闹钟铃声”，其他选项的设置如图4–40所示。单击“确定”按钮，新建一个多轨混音项目，“编辑器”面板如图4–41所示。

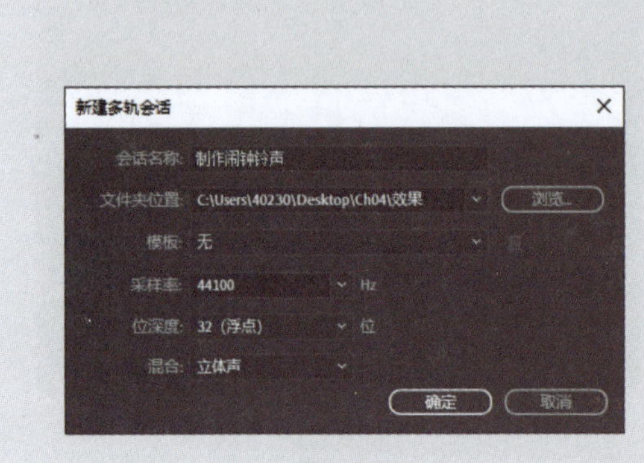

图 4–40

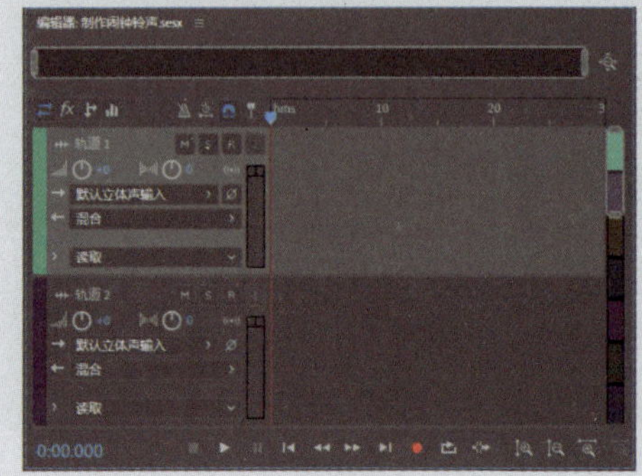

图 4–41

（2）选择“文件 > 导入 > 文件”命令，或按Ctrl+I组合键，弹出“导入文件”对话框，选择云盘中的“Ch04 > 素材 > 制作闹钟铃声 > 01”文件，如图4–42所示，单击“打开”按钮导入文件，“文件”面板如图4–43所示。

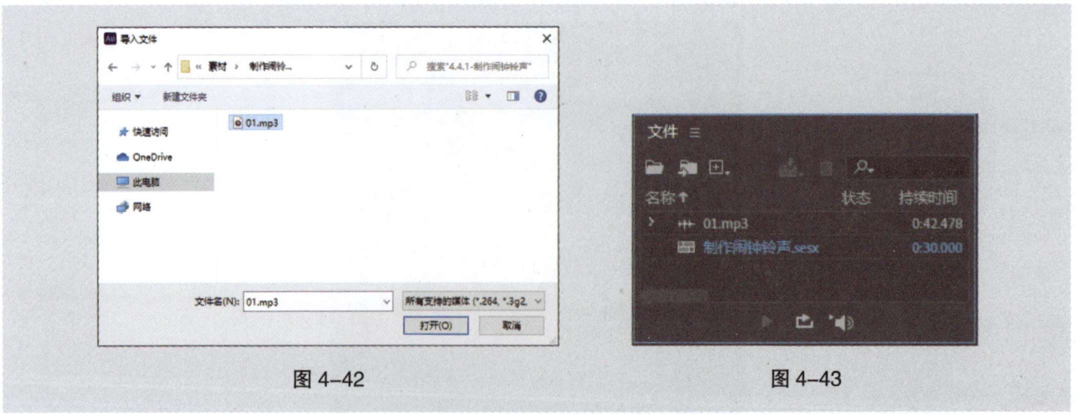

图 4–42

图 4–43

（3）在“文件”面板中选中“01.mp3”文件并将其拖曳到“轨道1”中，如图4–44所示。选择

“窗口 > 属性”命令，弹出“属性”面板，如图4-45所示。

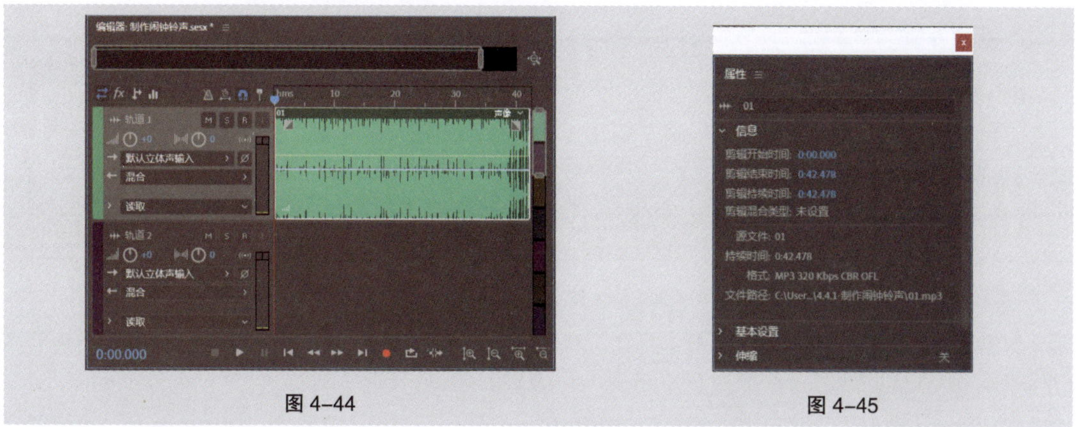

图 4-44

图 4-45

（4）在“属性”面板中单击“伸缩”选项左侧的图标，展开“伸缩”选项，如图4-46所示。在“模式”下拉列表中选择“已渲染（高品质）”选项，“伸缩”选项设为70.6%，如图4-47所示。

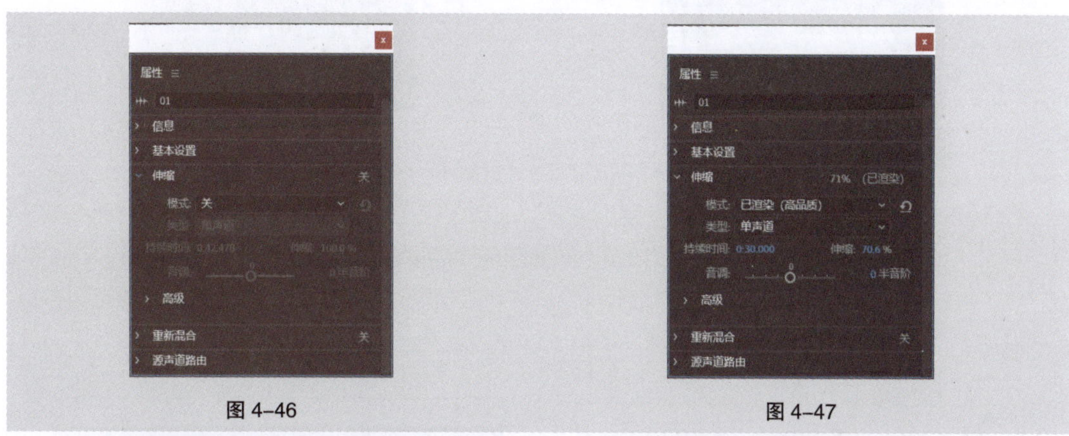

图 4-46

图 4-47

（5）在“轨道1”面板中，将“音量”选项设为-6，如图4-48所示。按Ctrl+S组合键，将设置保存。选择“文件 > 导出 > 多轨混音 > 整个会话”命令，在弹出的“导出多轨混音”对话框中进行设置，如图4-49所示，单击“确定”按钮，即可保存文件。闹钟铃声制作完成，单击“编辑器”面板下方的“播放”按钮，监听最终声音。

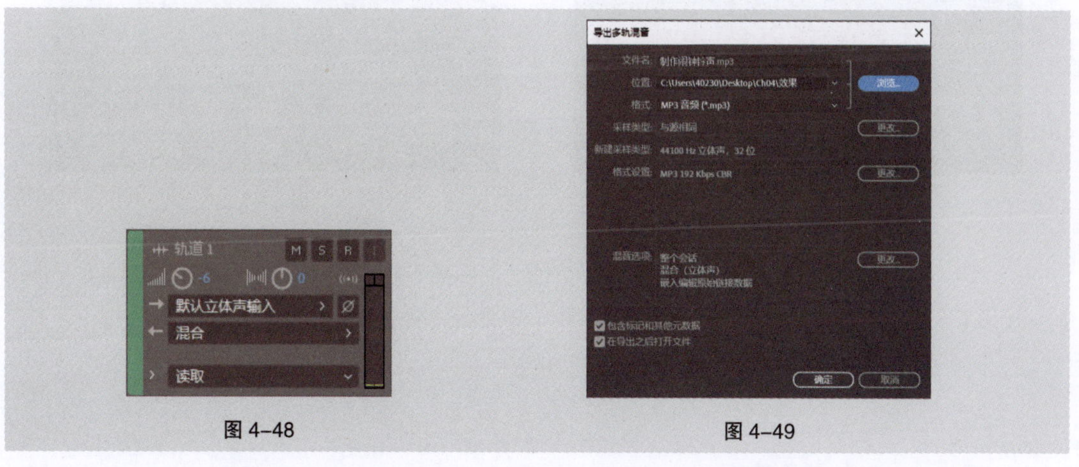

图 4-48

图 4-49

4.4.2 课堂案例——网络音频格式的转换

【案例学习目标】学习使用“批处理”面板转换文件格式。

【案例知识要点】使用“导出设置”按钮和“运行”按钮导出素材文件并进行文件格式的转换。

【效果所在位置】Ch04\效果\网络音频格式的转换.mp3。

（1）启动Audition软件，选择“窗口 > 批处理”命令，弹出“批处理”面板，如图4-50所示。在“批处理”面板中双击，弹出“导入文件”对话框，选择云盘中的“Ch04 > 素材 > 网络音频格式的转换 > 01、02”文件，单击“打开”按钮导入文件，如图4-51所示。

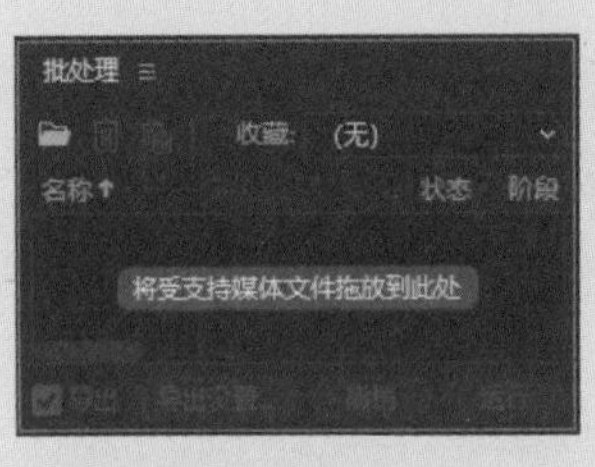

图 4-50

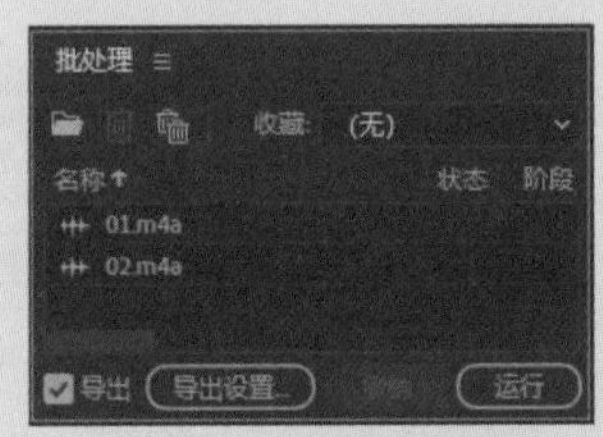

图 4-51

（2）单击“批处理”面板下方的“导出设置”按钮，弹出“导出设置”对话框，如图4-52所示。单击“位置”选项右侧的“浏览”按钮，在弹出的“选取位置”对话框中选择要保存文件的位置，在“格式”下拉列表中选择“MP3音频（*.mp3）”选项，如图4-53所示，单击“确定”按钮，完成设置。

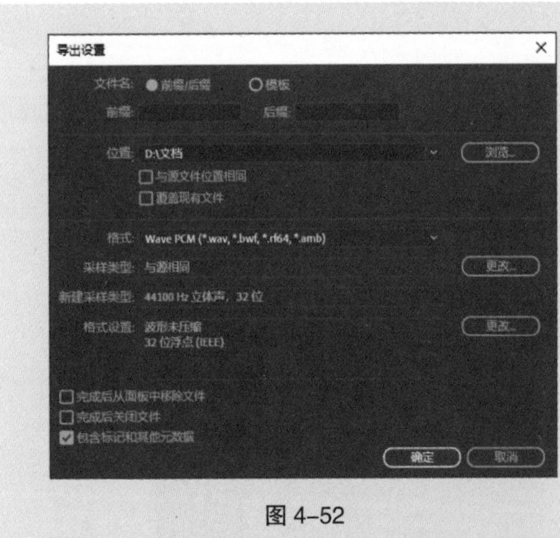

图 4-52

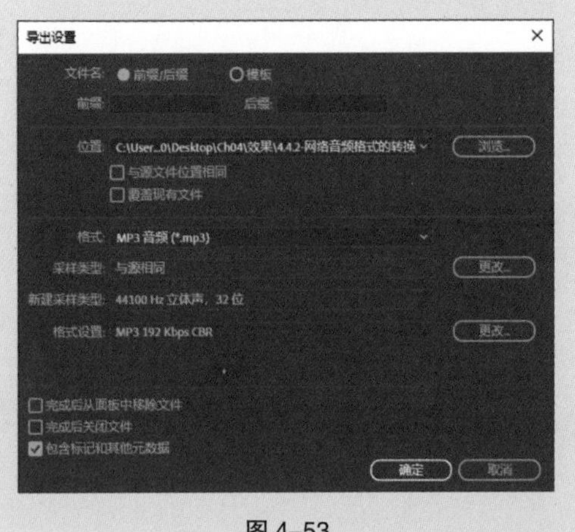

图 4-53

（3）单击“批处理”面板下方的“运行”按钮，如图4-54所示，将“批处理”面板中的文件按照导出设置的格式进行转换，导出后的文件如图4-55所示。网络音频格式转换完成。

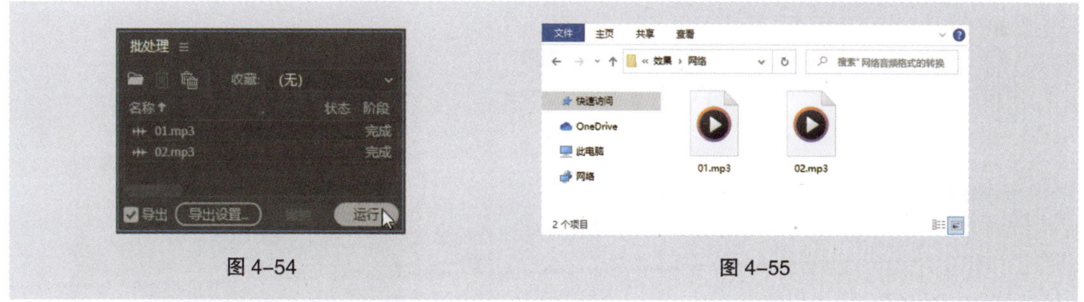

图 4-54　　图 4-55

4.4.3　课堂案例——制作音乐淡化效果

【案例学习目标】学习使用“编辑器”面板进行淡入和淡出处理。

【案例知识要点】使用“时间选择”工具选取需要的波形，使用“修剪到时间选区”命令裁剪波形，使用“编辑器”面板对波形进行淡入和淡出处理。

【效果所在位置】Ch04\效果\制作音乐淡化效果.mp3。

（1）启动Audition软件，选择“文件 > 新建 > 多轨会话”命令，或按Ctrl+N组合键，弹出“新建多轨会话”对话框，在“会话名称”文本框中输入“音乐淡化效果”，其他选项的设置如图4-56所示。单击“确定”按钮，新建一个多轨混音项目，“编辑器”面板如图4-57所示。

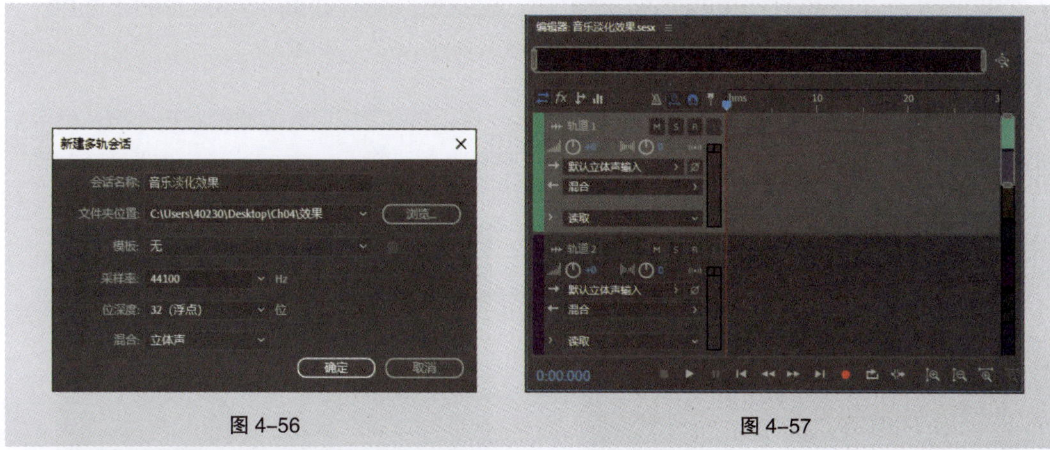

图 4-56　　图 4-57

（2）选择“文件 > 导入 > 文件”命令，或按Ctrl+I组合键，弹出“导入文件”对话框，选择云盘中的“Ch04 > 素材 > 制作音乐淡化效果 > 01”文件，如图4-58所示，单击“打开”按钮导入文件，“文件”面板如图4-59所示。

（3）在“文件”面板中选中“01.mp3”文件并将其拖曳到“轨道1”中，如图4-60所示。选择“时间选择”工具，在“编辑器”面板中拖曳鼠标指针，将0:27.700～1:11.300的波形选中，如图4-61所示。

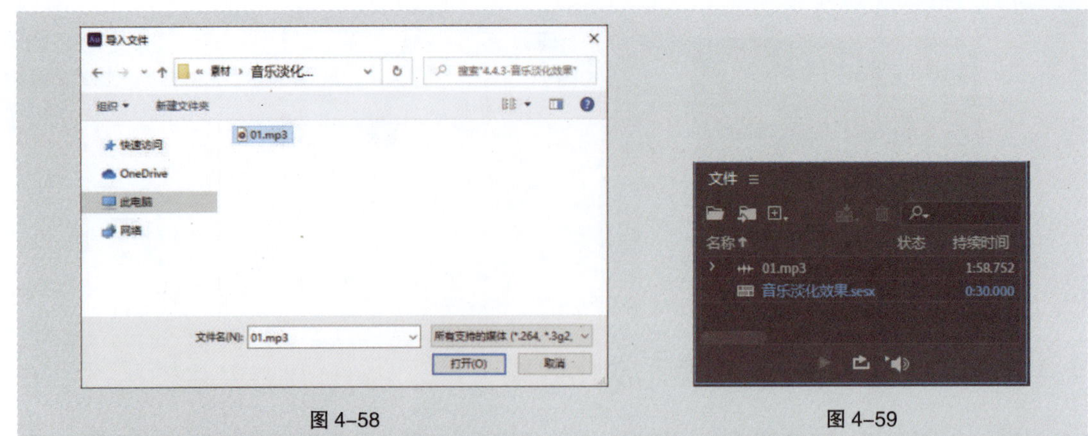

图 4-58　　图 4-59

图 4-60　　图 4-61

（4）选择“剪辑 > 修剪 > 修剪到时间选区”命令，选取范围以外的波形将被裁剪，效果如图4-62所示。选择“移动”工具，拖曳“轨道1”中的音频块到0:00.000的位置，如图4-63所示。

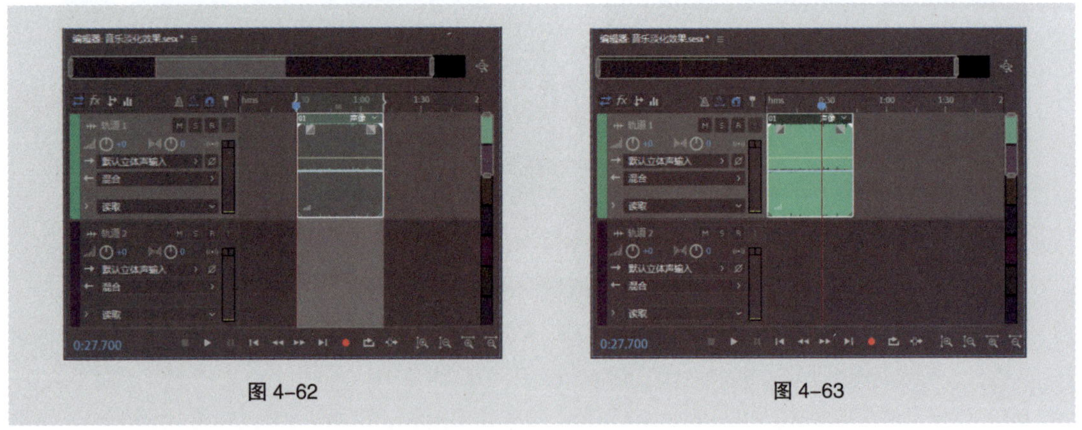

图 4-62　　图 4-63

（5）将播放指示器放置在0:06.000的位置。在“编辑器”面板中，将鼠标指针放置在“淡入”图标上，如图4-64所示。按住鼠标左键并拖曳鼠标指针将淡入线的上端与播放指示器相重叠，其淡入线性值为-20，如图4-65所示。

（6）将播放指示器放置在0:36.780的位置。在“编辑器”面板中，将鼠标指针放置在“淡出”图标上，如图4-66所示。单击并拖曳鼠标指针将淡出线的上端与播放指示器相重叠，其淡出线性值为-20，如图4-67所示。

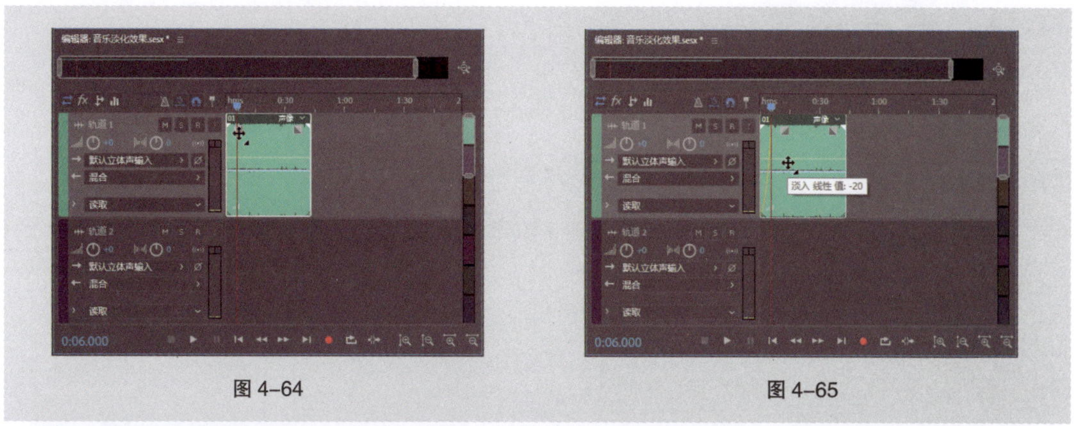

图 4-64　　图 4-65

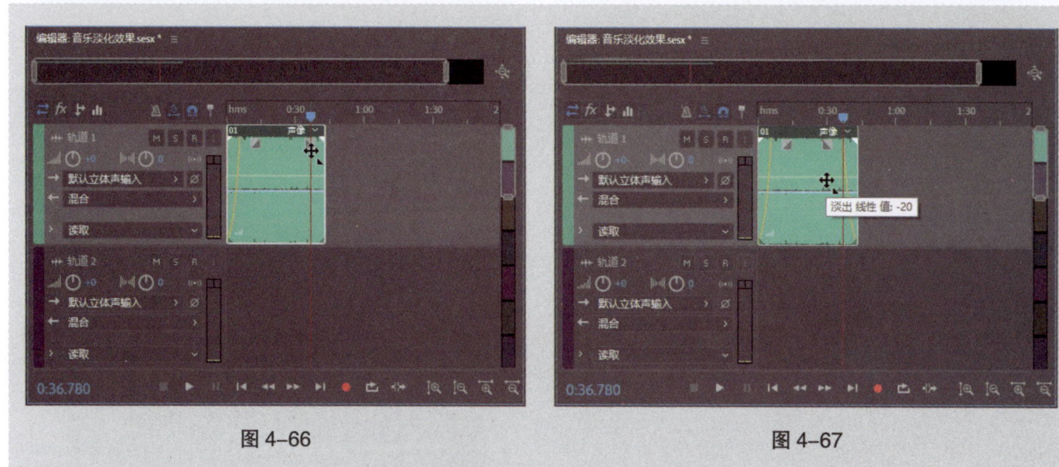

图 4-66　　图 4-67

（7）按Ctrl+S组合键，将设置保存。选择“文件 > 导出 > 多轨混音 > 整个会话”命令，在弹出的“导出多轨混音”对话框中进行设置，如图4-68所示，单击“确定”按钮，即可保存文件。音乐淡化效果制作完成，单击“编辑器”面板下方的“播放”按钮▶，监听最终声音。

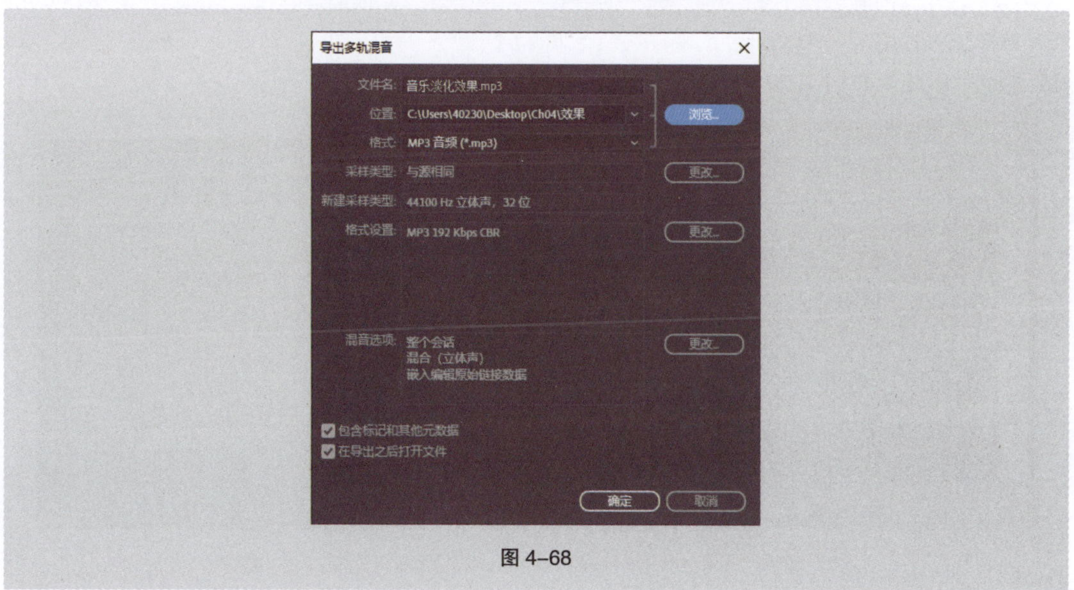

图 4-68

4.5 添加效果

运用Audition可以为音频添加不同的效果，使音频更加丰富有趣。

4.5.1 课堂案例——消除声音中的噪声

【案例学习目标】学习使用“效果”菜单中的“降噪/恢复”命令对声音进行降噪。

【案例知识要点】使用“打开”命令打开素材文件，使用“时间选择”工具选取噪声波形，使用“降噪（处理）”命令对音频文件进行降噪处理。

【效果所在位置】Ch04\效果\消除声音中的噪声.mp3。

微课
消除声音中的噪声

（1）启动Audition软件，选择“文件＞打开”命令，或按Ctrl+O组合键，弹出“打开文件”对话框，选择云盘中的“Ch04＞素材＞消除声音中的噪声＞01”文件，如图4-69所示，单击“打开”按钮打开文件，“编辑器”面板如图4-70所示。

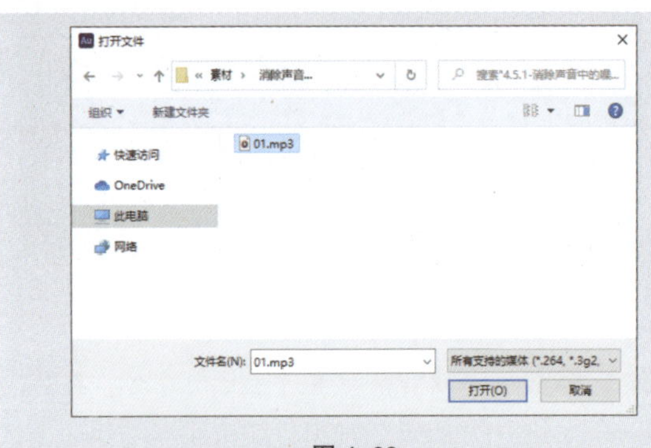

图 4-69

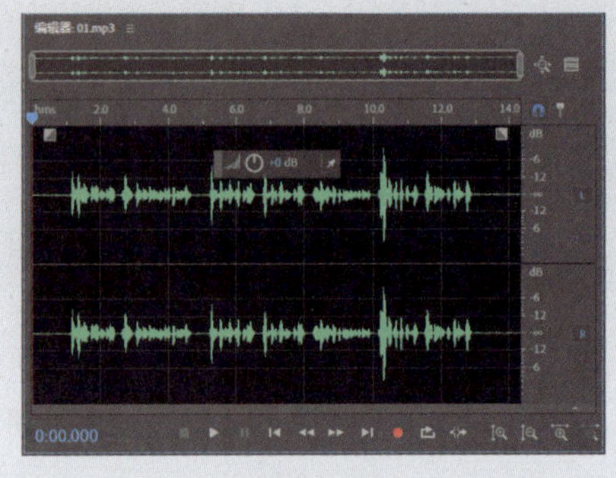

图 4-70

（2）选择“时间选择”工具，在“编辑器”面板中拖曳鼠标指针，将0:00.000～0:01.000的噪声波形选中，如图4-71所示。选择“效果＞降噪/恢复＞降噪（处理）”命令，弹出“效果－降噪”对话框，如图4-72所示。

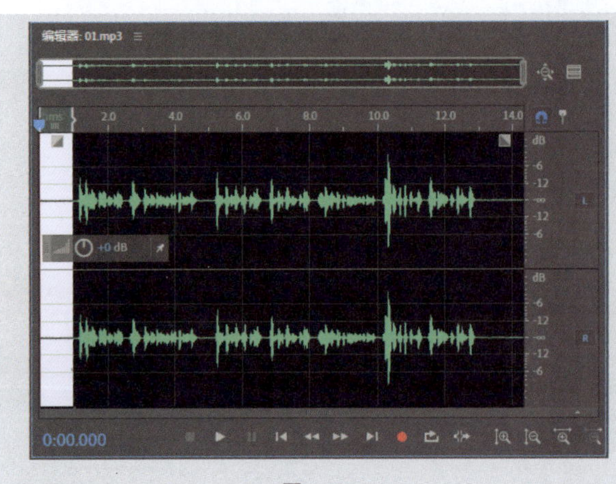

图 4-71

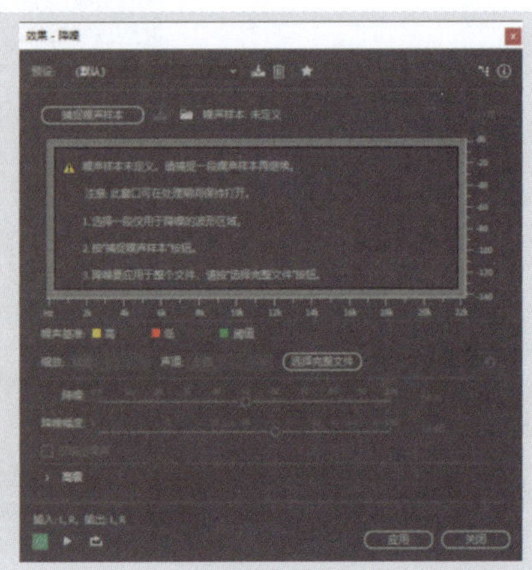

图 4-72

（3）在“效果–降噪”对话框中单击“捕捉噪声样本”按钮，捕捉选取波形中的噪声，如图4–73所示，单击“选择完整文件”按钮，将整个波形文件选中，如图4–74所示，单击“应用”按钮，效果如图4–75所示。单击“编辑器”面板下方的“播放”按钮▶，监听声音，如果还有噪声，可以使用上述的方法选取相关波形进行处理，如图4–76所示。

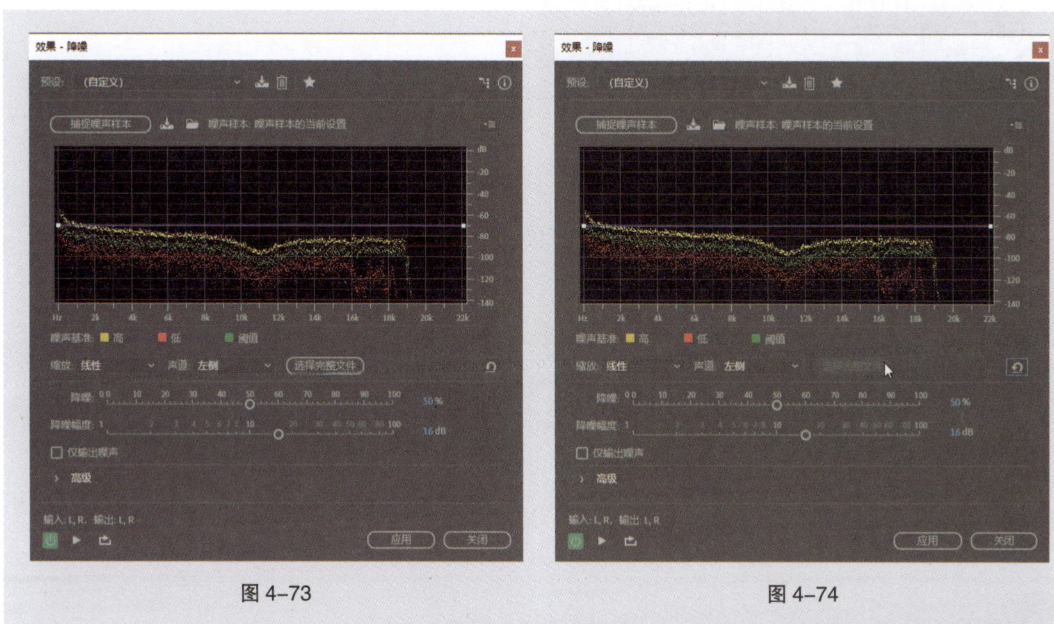

图 4–73　　图 4–74

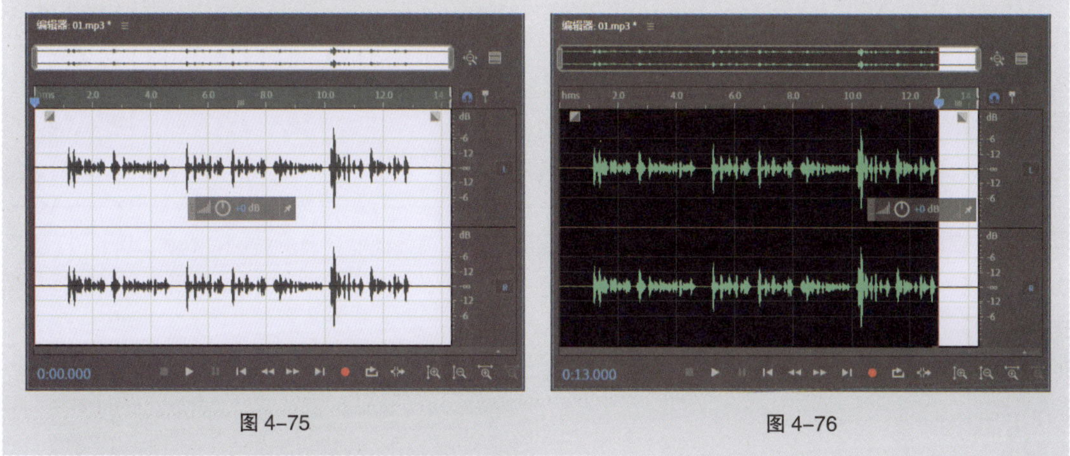

图 4–75　　图 4–76

（4）选择“效果 > 降噪/恢复 > 降噪（处理）”命令，弹出“效果 – 降噪”对话框，单击“捕捉噪声样本”按钮，捕捉选取波形中的噪声，如图4–77所示。单击“选择完整文件”按钮，将整个波形文件选中，单击“应用”按钮，应用降噪效果。

（5）选择“文件 > 另存为”命令，在弹出的“另存为”对话框中进行设置，如图4–78所示。声音中的噪声消除完成，单击“编辑器”面板下方的“播放”按钮▶，监听最终声音。

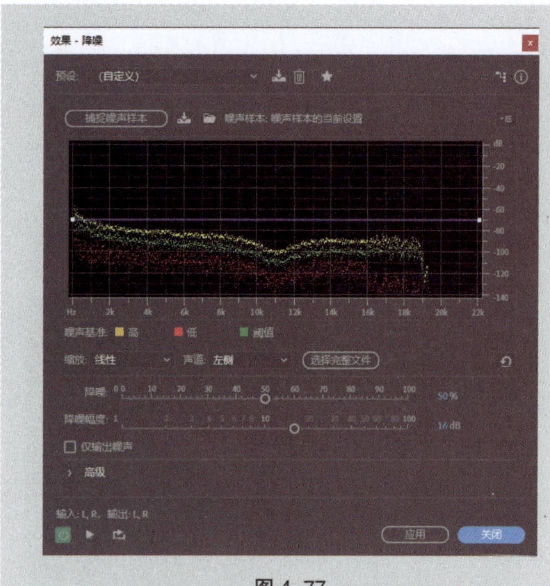

图 4-77

另存为
文件名: 消除声音中的噪音.mp3
位置: C:\Users\40230\Desktop\Ch04\效果
格式: MP3 音频 (*.mp3)
采样类型: 44100 Hz 立体声, 32 位
格式设置: MP3 192 Kbps CBR
包含标记和其他元数据
估计的文件大小: 341.91 KB
浏览...
更改...
更改...
确定
取消

图 4-78

4.5.2 课堂案例——制作电话访谈效果

【案例学习目标】学习使用“效果”菜单中的“滤波与均衡”命令、“振幅与压限”命令处理音频文件。

【案例知识要点】使用“打开”命令打开素材文件，使用“时间选择”工具选取噪声波形，使用“FFT滤波器”命令对音频文件进行处理，使用“标准化（处理）”命令对音频文件的音量进行处理。

【效果所在位置】Ch04\效果\制作电话访谈效果.mp3。

（1）启动Audition软件，选择“文件 > 打开”命令，或按Ctrl+O组合键，在弹出的“打开文件”对话框中，选择云盘中的“Ch04 > 素材 > 制作电话访谈效果 > 01”文件，如图4-79所示，单击“打开”按钮打开文件，“编辑器”面板如图4-80所示。

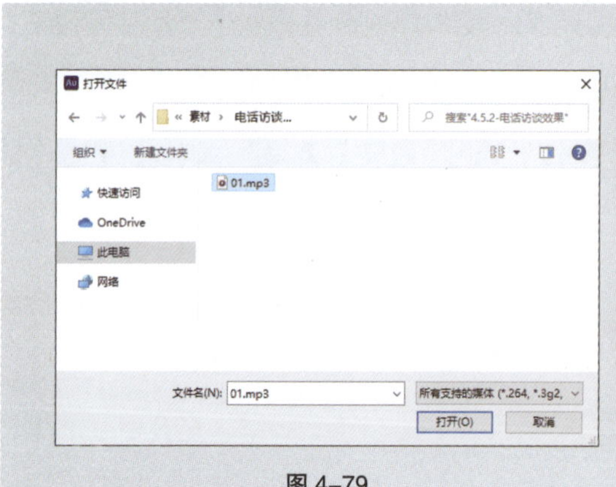

图 4-79

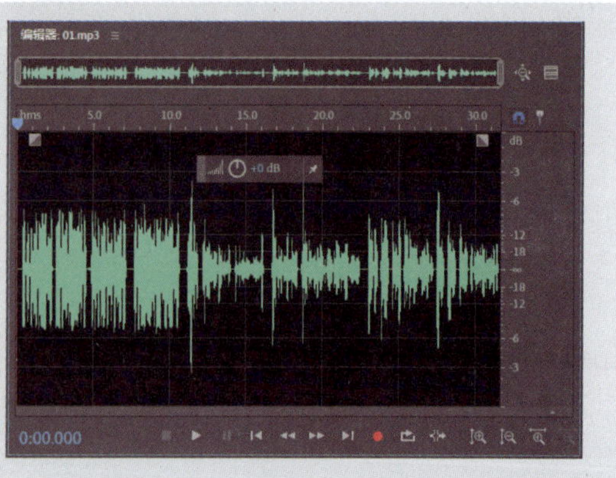

图 4-80

（2）选择“时间选择”工具▮，在“编辑器”面板中拖曳鼠标指针，将0:11.000至结尾处的波形选中，如图4-81所示。选择“效果 > 滤波与均衡 > FFT滤波器”命令，弹出“效果 - FFT滤波器”对话框，在“预设”下拉列表中选择“电话 - 听筒”选项，其他选项的设置如图4-82所示。

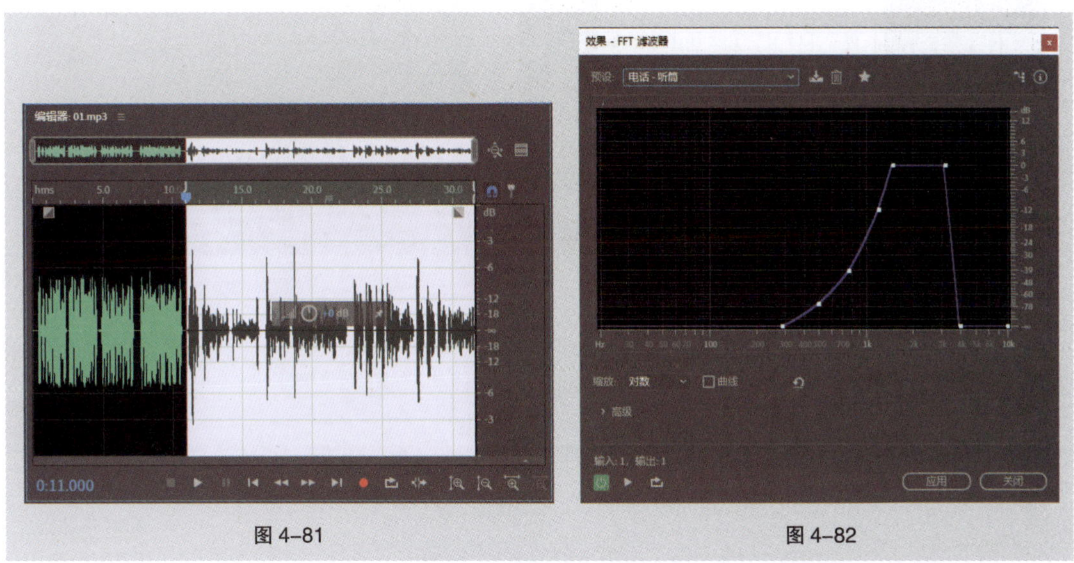

图 4-81　　图 4-82

（3）单击“应用”按钮，应用FFT滤波效果，效果如图4-83所示。选择“效果 > 振幅与压限 > 标准化（处理）”命令，在弹出的“标准化”对话框中进行设置，如图4-84所示。

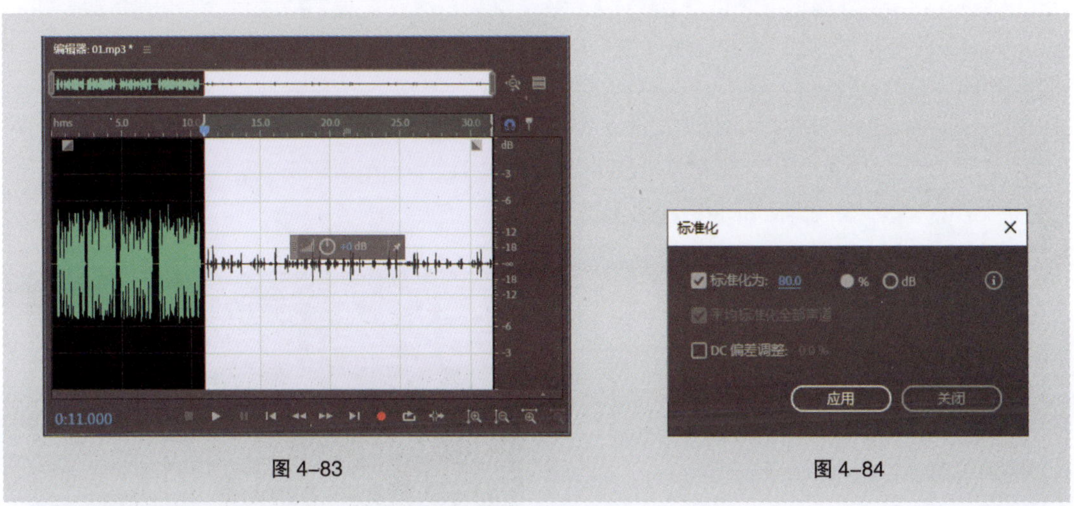

图 4-83　　图 4-84

（4）单击“应用”按钮，应用标准化效果，效果如图4-85所示。选择“文件 > 另存为”命令，在弹出的“另存为”对话框中进行设置，如图4-86所示。电话访谈效果制作完成，单击“编辑器”面板下方的“播放”按钮▶，监听最终声音。

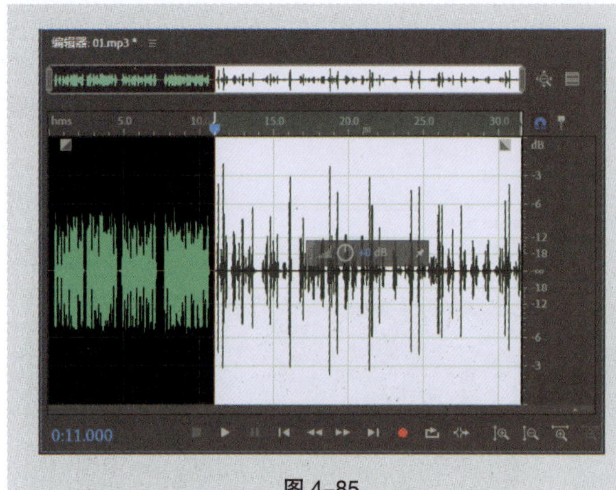

图 4-85

另存为

文件名：电话访谈效果.mp3

位置：C:\Users\40230\Desktop\Ch04\效果　浏览...

格式：MP3 音频 (*.mp3)

采样类型：16000 Hz 单声道，32 位　更改...

格式设置：MP3 32 Kbps CBR　更改...

包含标记和其他元数据

估计的文件大小：128.22 KB

确定　取消

图 4-86

4.5.3 课堂案例——改变声音音调

【案例学习目标】学习使用“效果”菜单中的“时间与变调”命令、“振幅与压限”命令改变声音音调。

【案例知识要点】使用“打开”命令打开素材文件，使用“全选”命令选取噪声波形，使用“伸缩与变调（处理）”命令对声音进行变调，使用“标准化（处理）”命令对声音的音量进行处理。

【效果所在位置】Ch04\效果\改变声音音调.mp3。

（1）启动Audition软件，选择“文件 > 打开”命令，或按Ctrl+O组合键，弹出“打开文件”对话框，选择云盘中的“Ch04 > 素材 > 改变声音音调 > 01”文件，如图4-87所示，单击“打开”按钮打开文件，“编辑器”面板如图4-88所示。

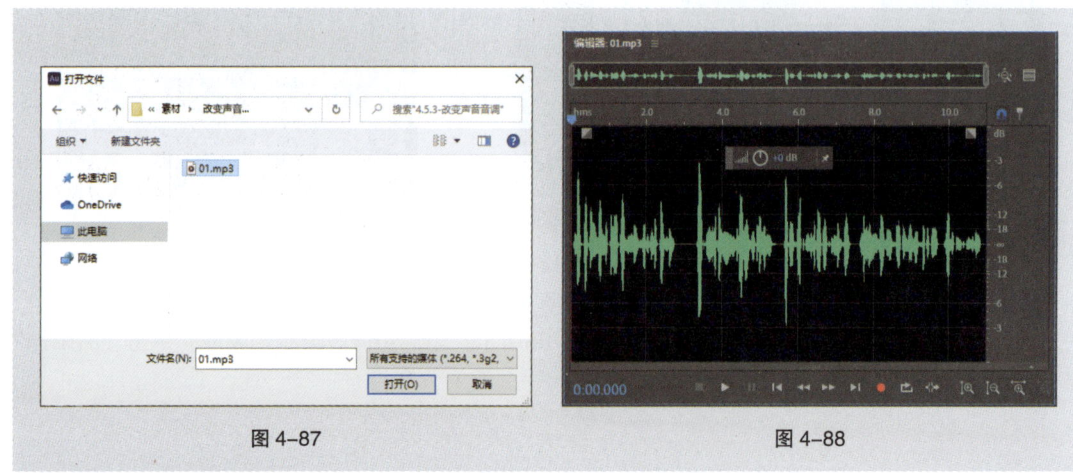

图 4-87　　图 4-88

（2）在“编辑器”面板中单击，按Ctrl+A组合键，将波形全部选中，如图4-89所示。选择“效果 > 时间与变调 > 伸缩与变调（处理）”命令，弹出“效果 – 伸缩与变调”对话框，将“变调”选项设为4，其他选项的设置如图4-90所示。单击“应用”按钮，应用效果。

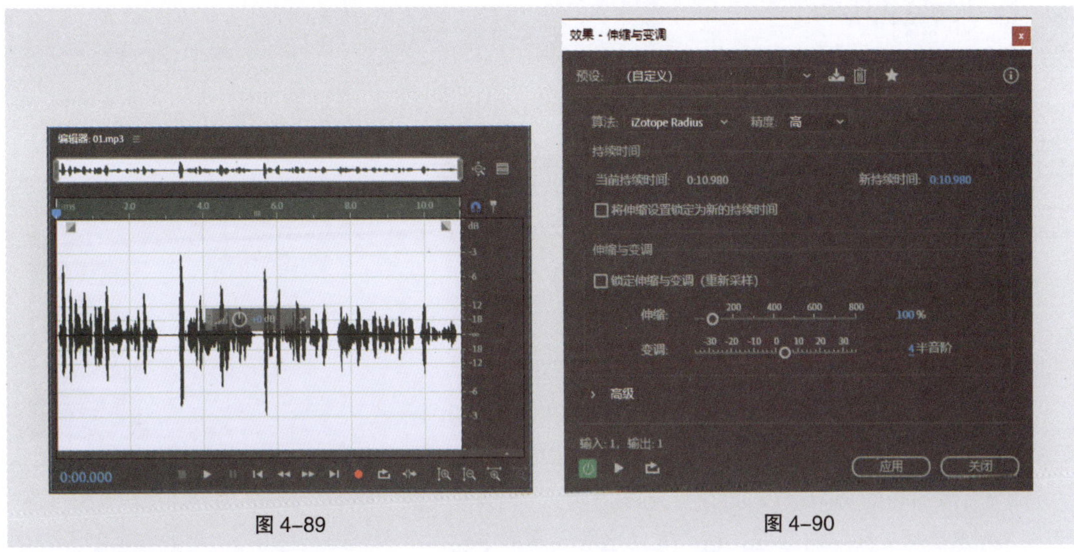

图 4-89 图 4-90

（3）选择“效果 > 振幅与压限 > 标准化（处理）”命令，在弹出的“标准化”对话框中进行设置，如图4-91所示，单击“应用”按钮，应用标准化效果，效果如图4-92所示。

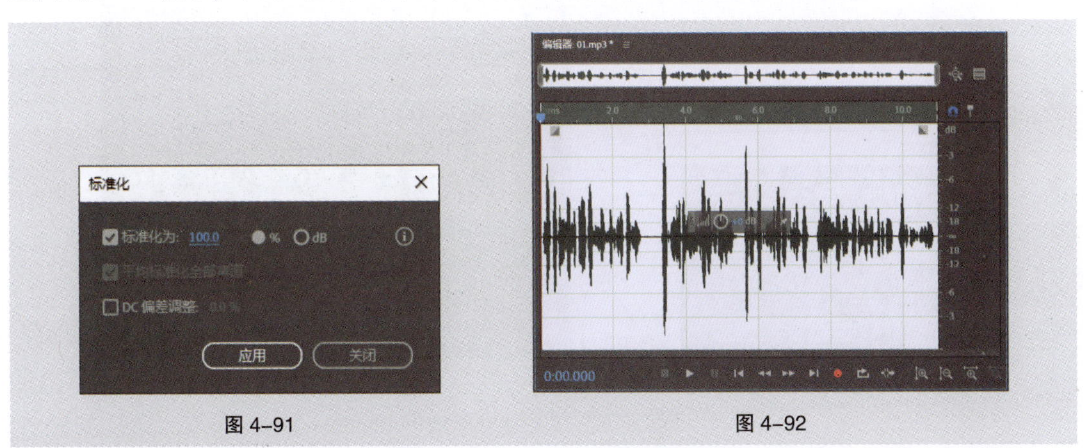

图 4-91 图 4-92

（4）选择“文件 > 另存为”命令，在弹出的“另存为”对话框中进行设置，如图4-93所示。声音音调改变完成，单击“编辑器”面板下方的“播放”按钮▶，监听最终声音。

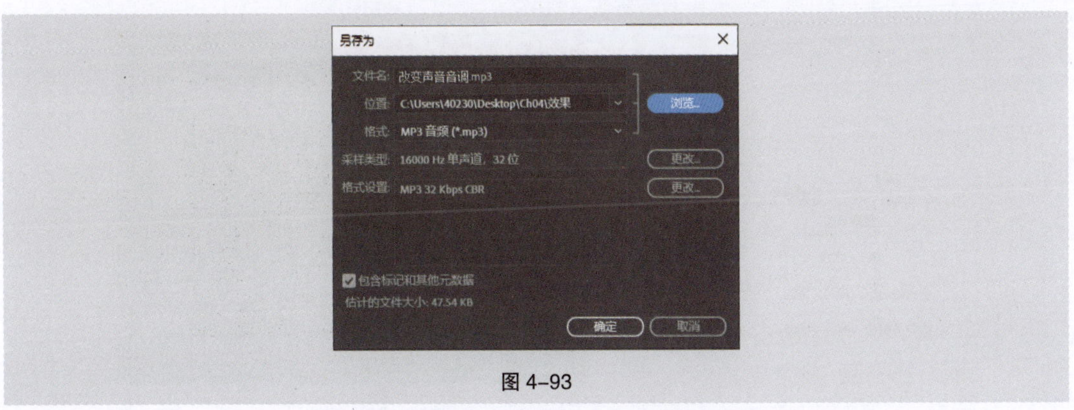

图 4-93

4.6 录制声音

运用Audition的录音功能可以进行声音的录制，以此进行相关的音频创作。

4.6.1 课堂案例——将古诗文字录制成声音

【案例学习目标】学习使用录音功能录制声音。

【案例知识要点】使用“新建”命令新建音频文件，使用“录音”按钮将文稿中的文字录制成声音，使用“停止”按钮完成声音的录制。

【效果所在位置】Ch04\效果\将古诗文字录制成声音.mp3。

（1）启动Audition软件，选择“文件 > 新建 > 音频文件”命令，或按Ctrl+Shift+N组合键，弹出“新建音频文件”对话框，在“文件名”文本框中输入“录制一首古诗”，其他选项的设置如图4-94所示。单击“确定”按钮，“编辑器”面板如图4-95所示。

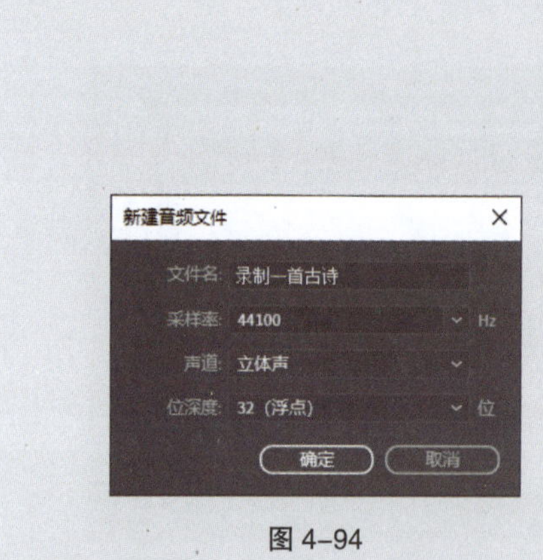

图 4-94

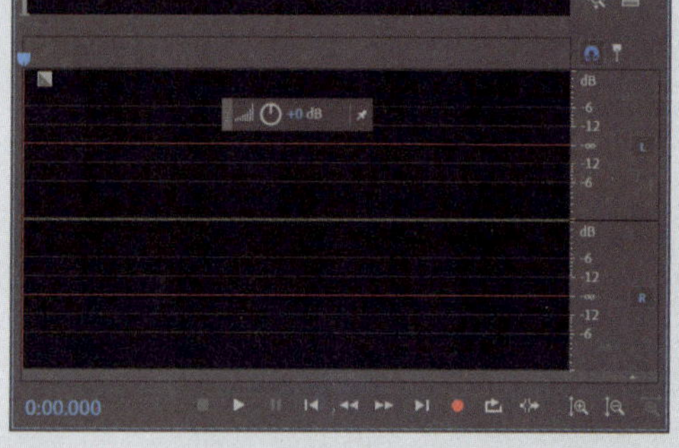

图 4-95

（2）双击打开云盘中的“Ch04 > 素材 > 将古诗文字录制成声音 > 01.txt”文件，如图4-96所示。返回到Audition操作界面中，单击“编辑器”面板下方的“录制”按钮，如图4-97所示。

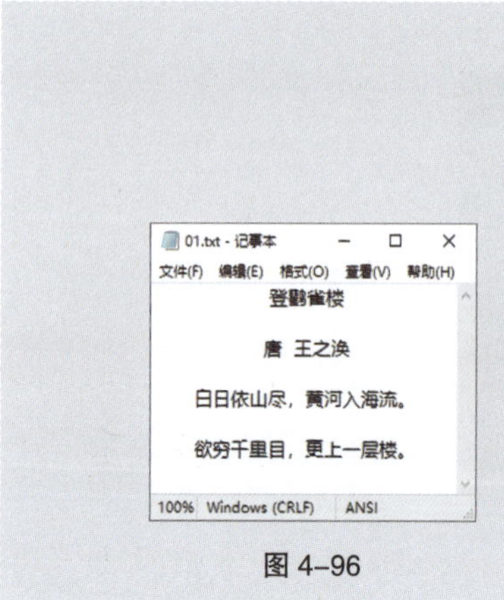

登鹳雀楼

唐 王之涣

白日依山尽，黄河入海流。

欲穷千里目，更上一层楼。

图 4-96

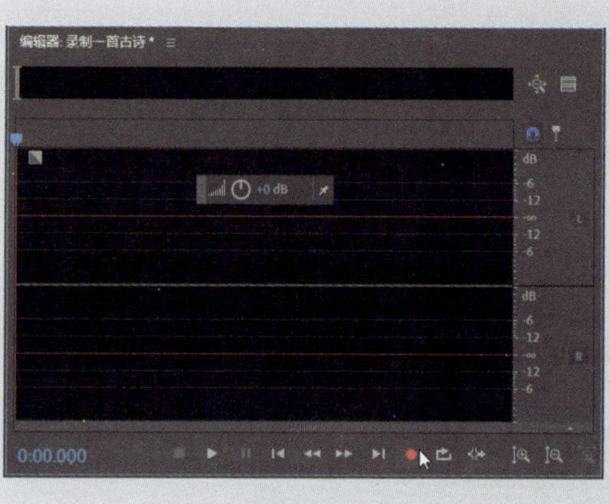

图 4-97

（3）松开鼠标，将记事本文档中的文字录入，录入完成后，单击“编辑器”面板下方的“停止”按钮■，如图4-98所示，松开鼠标，完成古诗的录入，效果如图4-99所示。

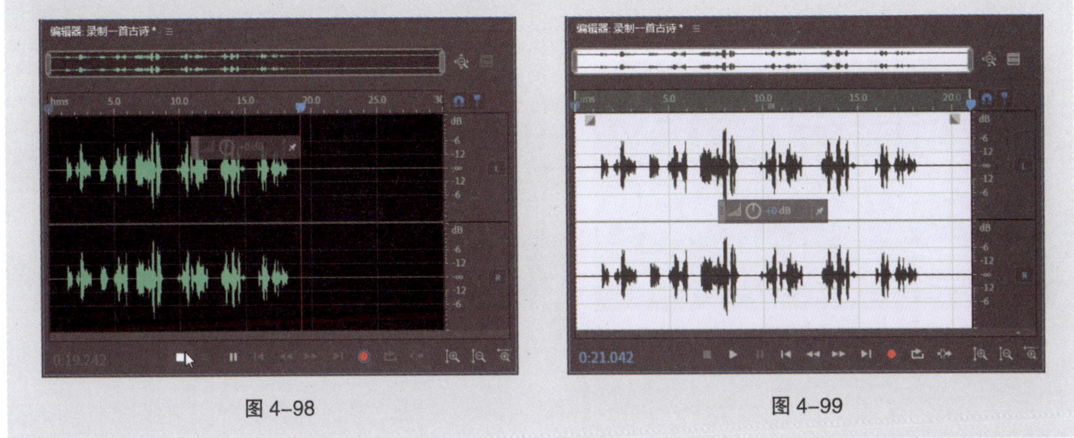

图 4-98　　　　图 4-99

（4）选择“文件 > 另存为”命令，在弹出的“另存为”对话框中进行设置，如图4-100所示。古诗的声音录制完成，单击“编辑器”面板下方的“播放”按钮▶，监听最终声音。

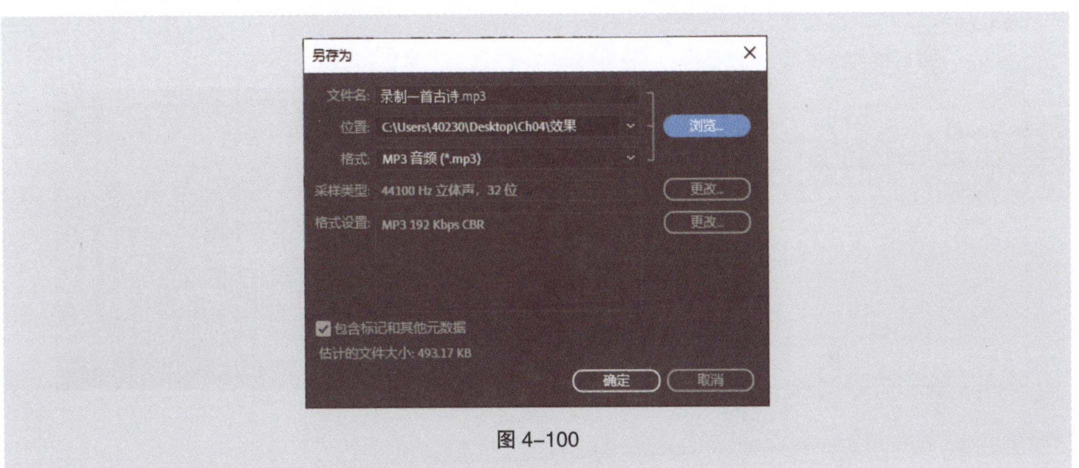

图 4-100

4.6.2 课堂案例——为古诗声音添加音效

【案例学习目标】学习使用多轨进行混音。

【案例知识要点】使用“新建”命令新建多轨会话音频文件，使用“导入”命令导入素材文件，使用“拆分”命令拆分音频块，使用“淡出”按钮进行淡出效果处理。

【效果所在位置】Ch04\效果\为古诗声音添加音效.mp3。

（1）启动Audition软件，选择“文件 > 新建 > 多轨会话”命令，或按Ctrl+N组合键，弹出“新建多轨会话”对话框，在“会话名称”文本框中输入“为古诗声音添加音效”，其他选项的设置如图4-101所示。单击“确定”按钮，新建一个多轨混音项目，“编辑器”面板如图4-102所示。

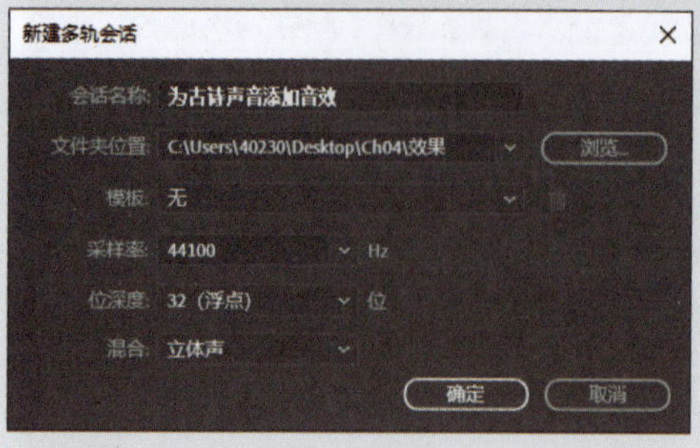

图 4-101

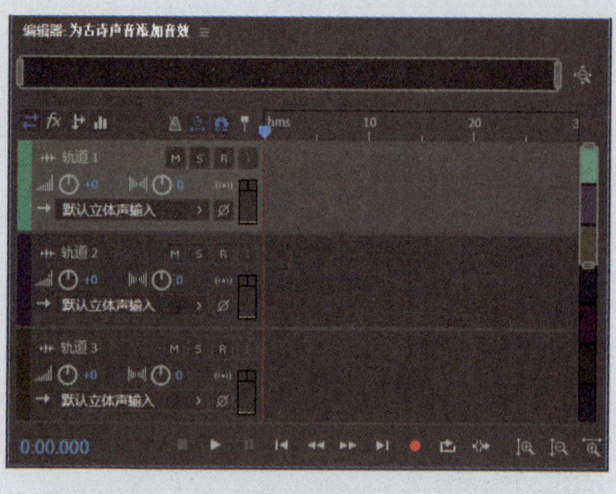

图 4-102

（2）选择“文件 > 导入 > 文件”命令，或按Ctrl+I组合键，弹出“导入文件”对话框，选择云盘中的“Ch04 > 素材 >为古诗声音添加音效 > 01 ~ 04”文件，如图4-103所示，单击“打开”按钮导入文件，“文件”面板如图4-104所示。

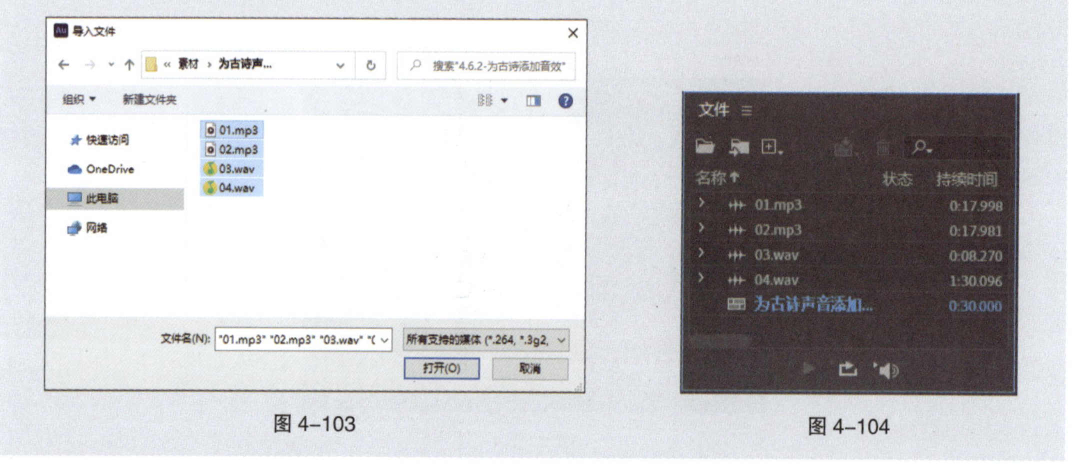

图 4-103

图 4-104

（3）在“文件”面板中选中“01.mp3”文件并将其拖曳到“轨道1”中，如图4-105所示。用相同的方法将“02.mp3”文件拖曳到“轨道2”中，如图4-106所示。

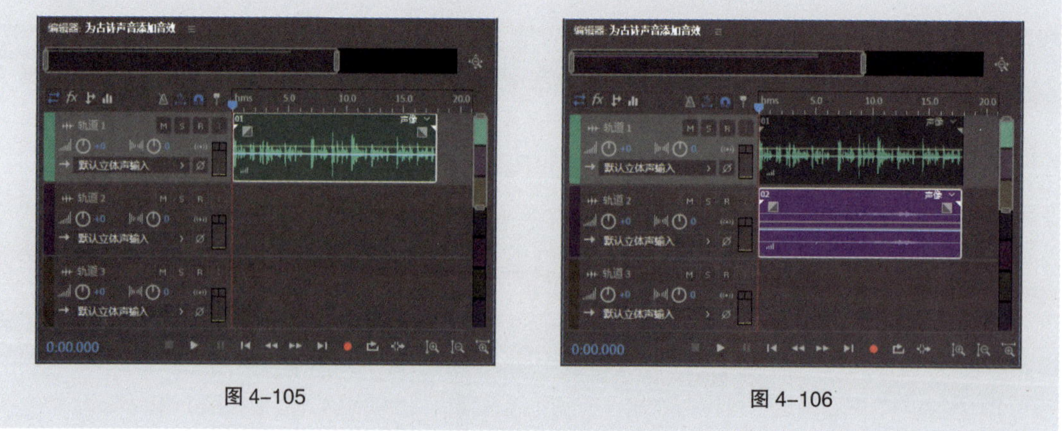

图 4-105

图 4-106

（4）将播放指示器放置在0:03.300的位置，在“文件”面板中选中“03.wav”文件，将其拖曳到“轨道3”中并放置在播放指示器所在的位置，如图4-107所示。在“轨道3”面板中，将“音量”选项设为-20，如图4-108所示。

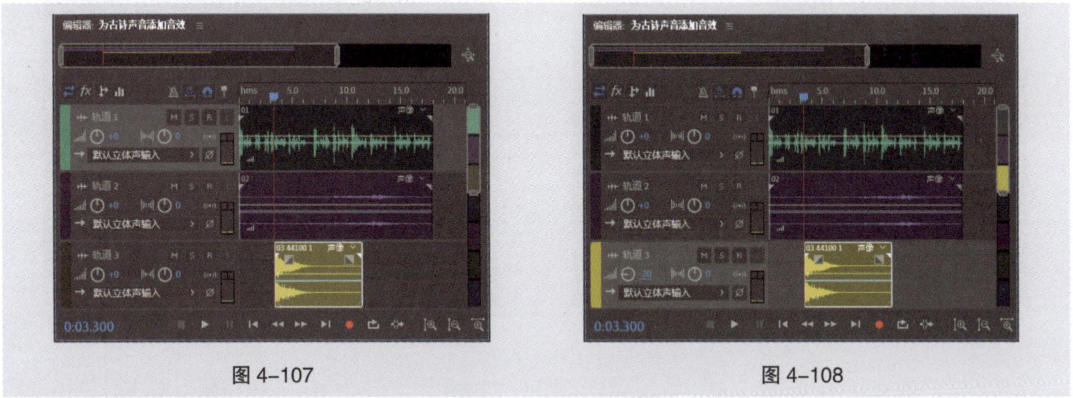

图 4-107　　图 4-108

（5）将播放指示器放置在0:10.170的位置，将鼠标指针放置在“轨道3”中“03”文件的结尾处，鼠标指针变为，如图4-109所示，按住鼠标左键并向左将其拖曳到播放指示器所在的位置，如图4-110所示。

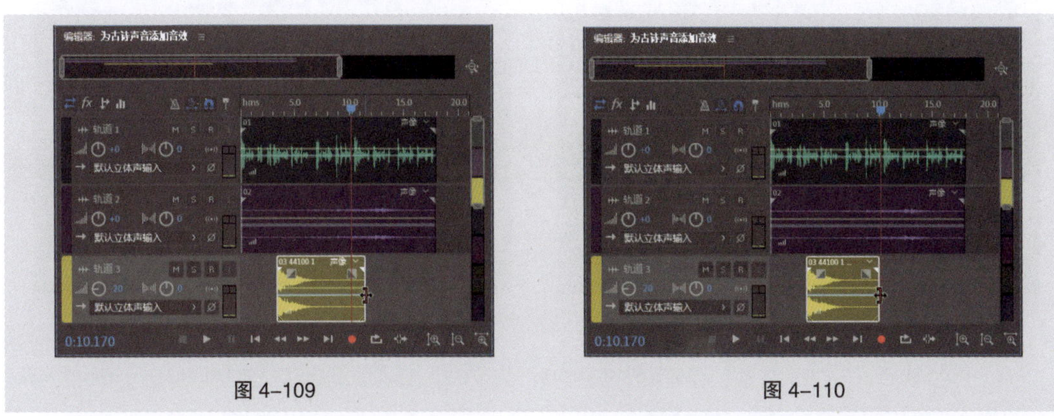

图 4-109　　图 4-110

（6）在“文件”面板中选中“04.wav”文件，将其拖曳到“轨道3”中并放置在“03”音频的结尾处，如图4-111所示。将播放指示器放置在0:18.458的位置，按Ctrl+K组合键，将“04”音频拆分为两个音频块，如图4-112所示。

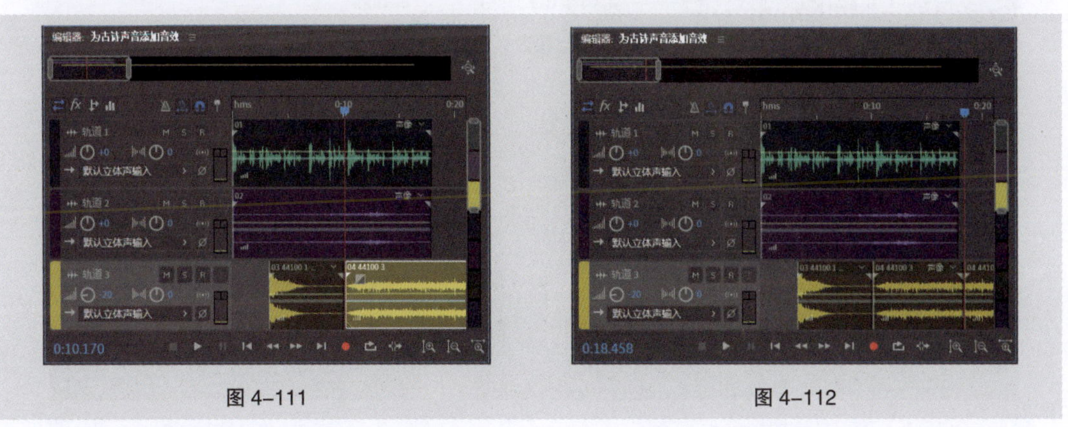

图 4-111　　图 4-112

（7）选择“移动”工具，在“轨道3”中选中最右侧的音频块，如图4-113所示，按Delete键，将选中的音频块删除，效果如图4-114所示。

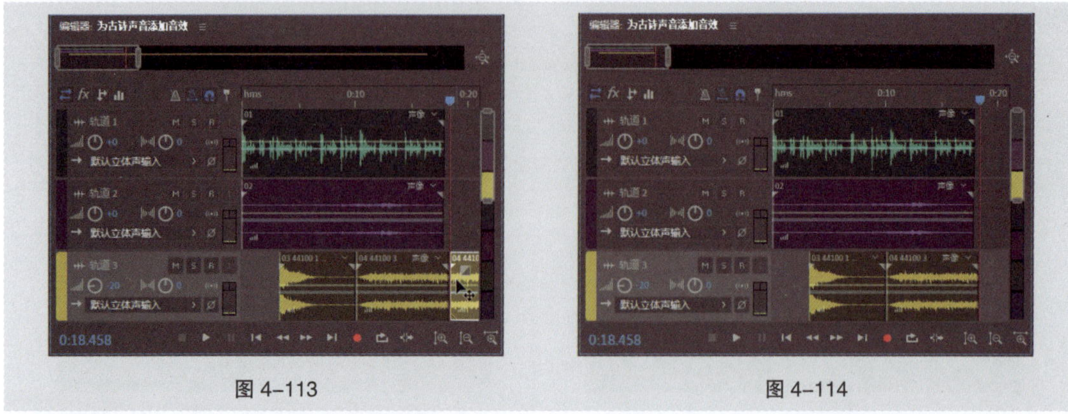

图 4-113　　图 4-114

（8）在“轨道3”中选中“04”音频块，如图4-115所示。在“淡出”按钮上单击并拖曳鼠标指针到适当的位置，其淡出线性值为19，如图4-116所示。

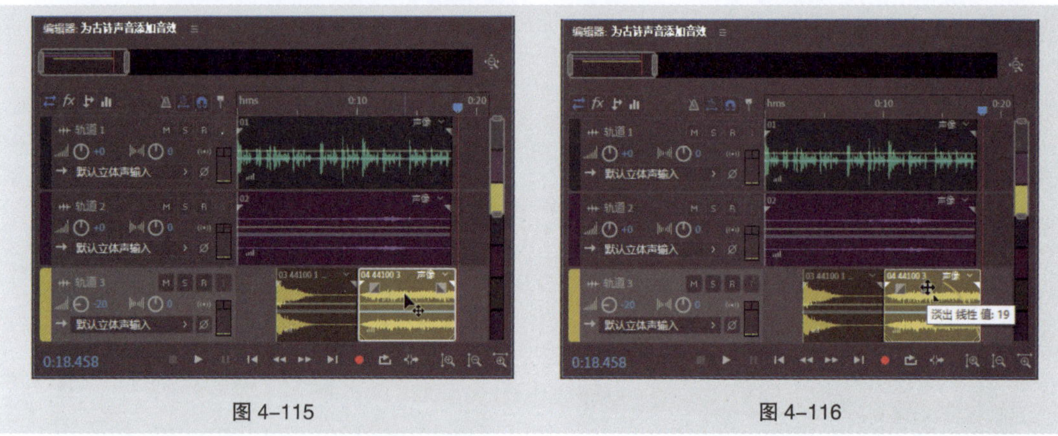

图 4-115　　图 4-116

（9）将“轨道3”中的“04”音频块向左拖曳，使“04”音频块的结尾与其他轨道音频块的结尾重合，如图4-117所示。按Ctrl+S组合键，将设置保存。选择“文件 > 导出 > 多轨混音 > 整个会话”命令，在弹出的“导出多轨混音”对话框中进行设置，如图4-118所示，单击“确定”按钮，即可保存文件。古诗声音的音效添加完成，单击“编辑器”面板下方的“播放”按钮，监听最终声音。

图 4-117

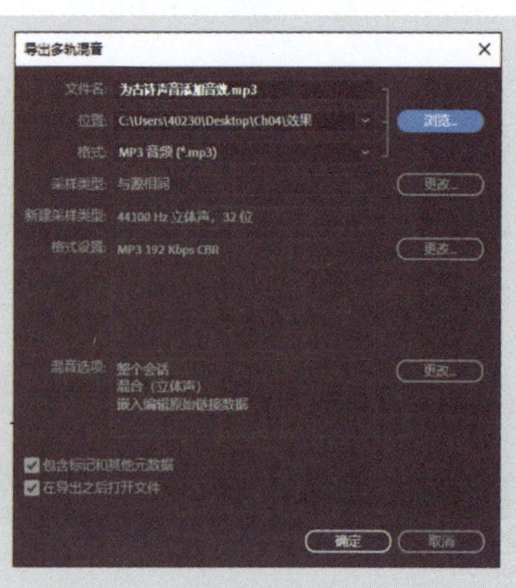

图 4-118

4.7 混音与输出

混音效果是指将不同的声音近乎完美地进行结合，令声音听起来更为舒适。运用Audition可以快速地进行混音并输出。

4.7.1 课堂案例——为散文添加背景音乐

【案例学习目标】学习使用“效果”菜单中的“混响”命令、“振幅与压限”命令调整声音。

【案例知识要点】使用“新建”命令新建音频文件，使用“轨道”面板裁剪音频块，使用“室内混响”命令添加混响效果，使用“多频段压缩器”命令将声音中的人声增强。

【效果所在位置】Ch04\效果\为散文添加背景音乐.mp3。

（1）启动Audition软件，选择“文件 > 新建 > 多轨会话”命令，或按Ctrl+N组合键，弹出“新建多轨会话”对话框，在“会话名称”文本框中输入“为散文添加背景音乐”，其他选项的设置如图4-119所示。单击“确定”按钮，新建一个多轨混音项目，“编辑器”面板如图4-120所示。

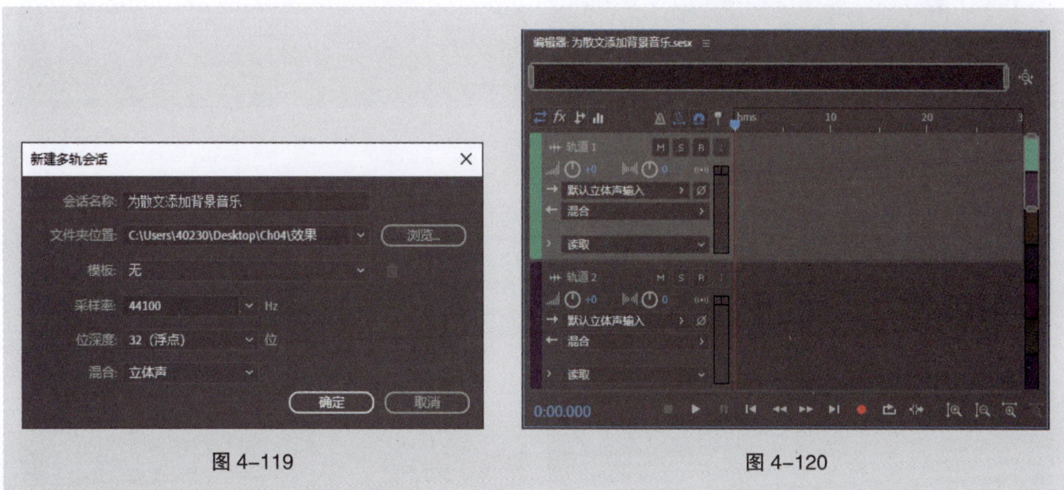

图 4-119　　图 4-120

（2）选择“文件 > 导入 > 文件”命令，或按Ctrl+I组合键，弹出“导入文件”对话框，选择云盘中的“Ch04 > 素材 >为散文添加背景音乐 > 01、02”文件，如图4-121所示。单击“打开”按钮导入文件，“文件”面板如图4-122所示。

（3）在“文件”面板中选中“01.mp3”文件并将其拖曳到“轨道1”中，如图4-123所示。用相同的方法将“02.mp3”文件拖曳到“轨道2”中，如图4-124所示。

（4）将鼠标指针放置在图4-125所示的位置，鼠标指针变为🔍，按住鼠标左键并进行拖曳，水平缩放波形，“编辑器”面板如图4-126所示。

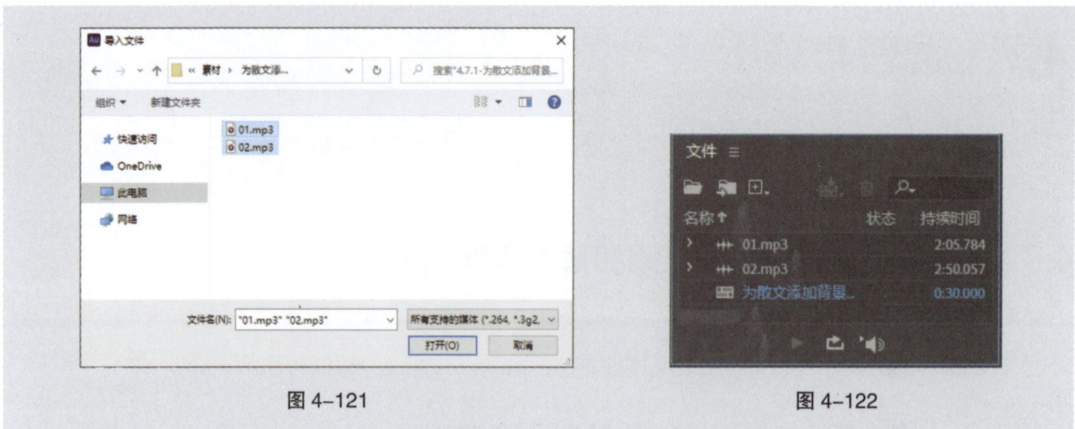

图 4-121　　　图 4-122

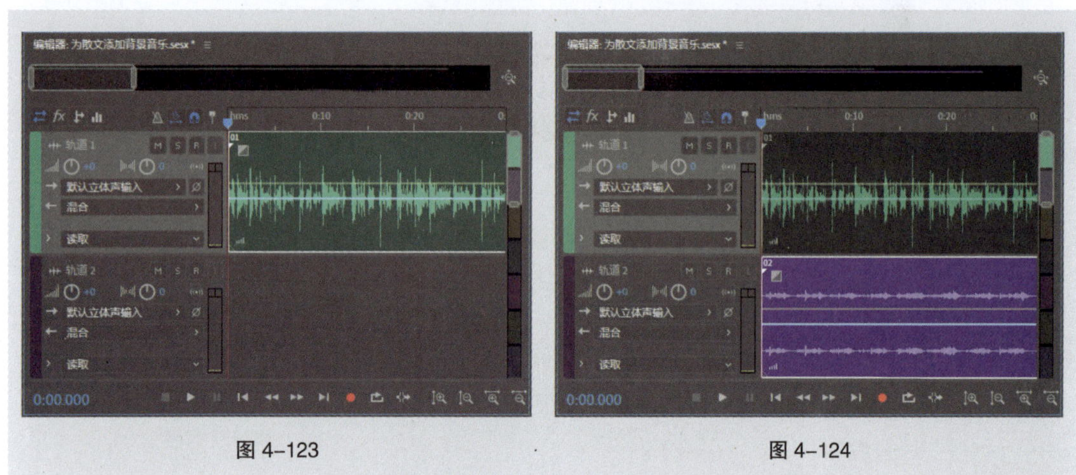

图 4-123　　　图 4-124

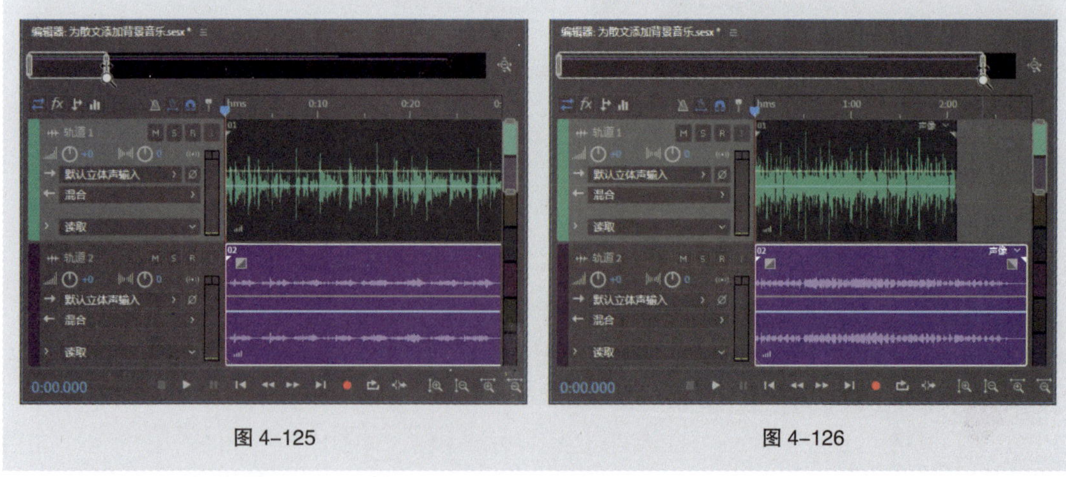

图 4-125　　　图 4-126

（5）将鼠标指针放置在“轨道2”中“02”文件的结尾处，鼠标指针变为，如图4-127所示，单击鼠标并向左拖曳至“01”文件的结尾处，如图4-128所示。

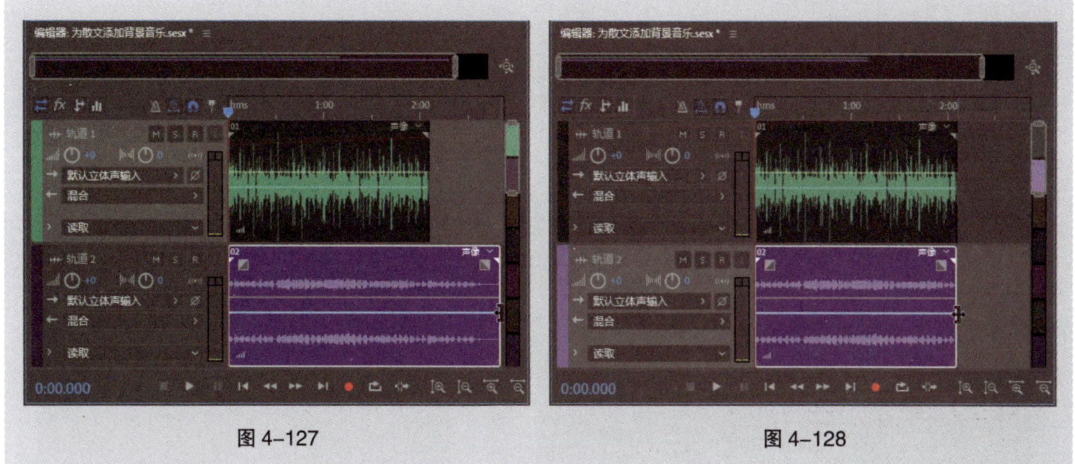

图 4-127　　图 4-128

（6）选择“移动”工具，选中“轨道1”中的“01”文件，如图4-129所示。选择“效果 > 混响 > 室内混响”命令，弹出“组合效果 – 室内混响”对话框，在“预设”下拉列表中选择“默认”选项，在“输出电平”选项组中，将“干”选项设为100，“湿”选项设为60，其他选项的设置如图4-130所示。单击“组合效果-室内混响”对话框右上方的关闭按钮，关闭对话框。

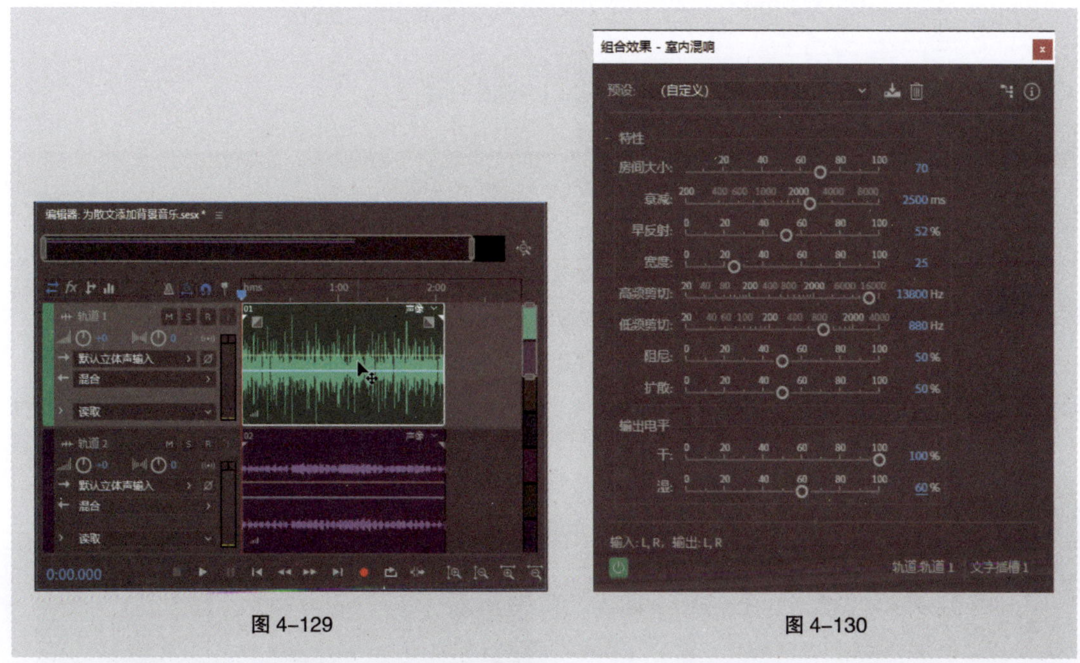

图 4-129　　图 4-130

（7）选择“效果 > 振幅与压限 > 多频段压缩器”命令，弹出“组合效果 – 多频段压缩器”对话框，在“预设”下拉列表中选择“提高人声”选项，如图4-131所示，单击“组合效果-多频段压缩器”对话框右上方的关闭按钮，关闭对话框。

（8）按Ctrl+S组合键，将设置保存。选择“文件 > 导出 > 多轨混音 > 整个会话”命令，在弹出的“导出多轨混音”对话框中进行设置，如图4-132所示，单击“确定”按钮，即可保存文件。散文背景音乐添加完成，单击“编辑器”面板下方的“播放”按钮，监听最终声音。

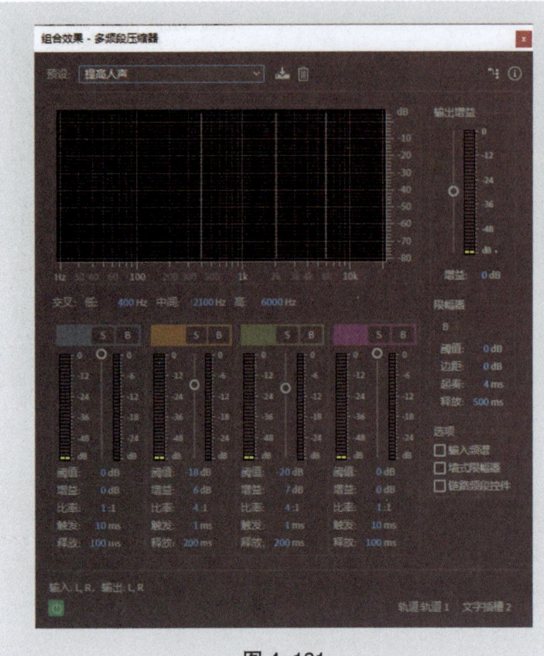

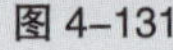
图 4-131

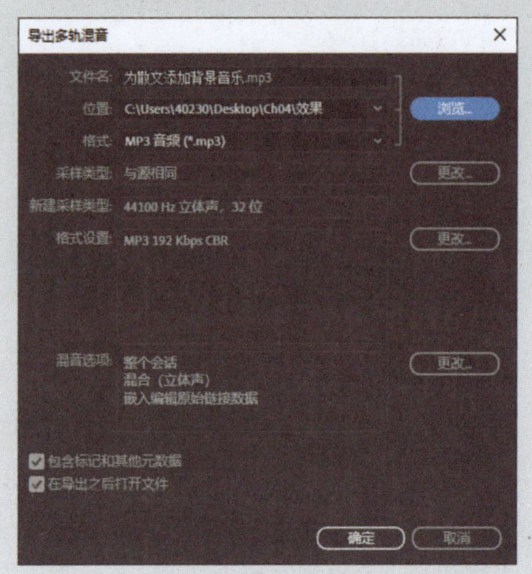

图 4-132

4.7.2 课堂案例——为脚步声添加混响效果

【案例学习目标】学习使用“效果”菜单中的“振幅与压限”命令、“混响”命令添加混响效果。

【案例知识要点】使用“打开”命令打开素材文件，使用“标准化（处理）”命令对声音的音量进行标准处理，使用“室内混响”命令添加混响效果。

【效果所在位置】Ch04\效果\为脚步声添加混响效果.mp3。

（1）启动Audition软件，选择“文件 > 打开”命令，或按Ctrl+O组合键，弹出“打开文件”对话框，选择云盘中的“Ch04 > 素材 > 为脚步声添加混响效果 > 01”文件，如图4-133所示。单击“打开”按钮打开文件，“编辑器”面板如图4-134所示。

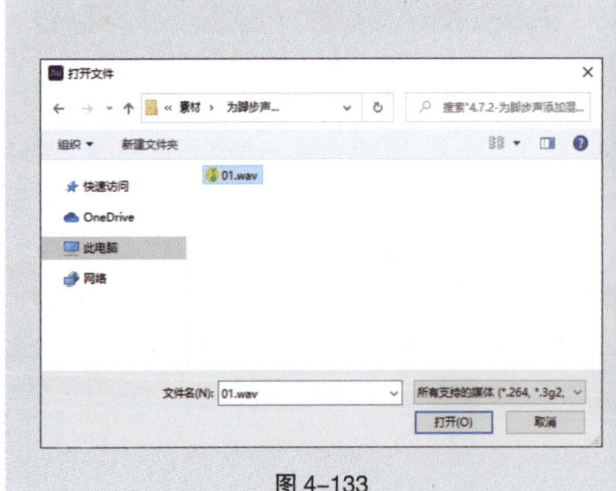

图 4-133

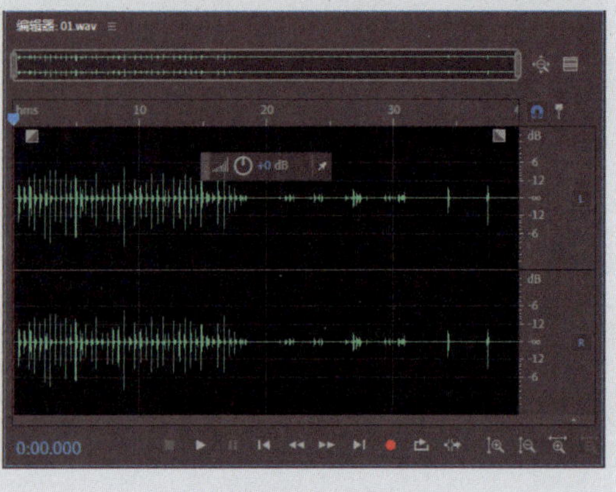

图 4-134

（2）选择“效果 > 振幅与压限 > 标准化（处理）”命令，在弹出的“标准化”对话框中进行设置，如图4-135所示。单击“应用”按钮，应用标准化效果，效果如图4-136所示。

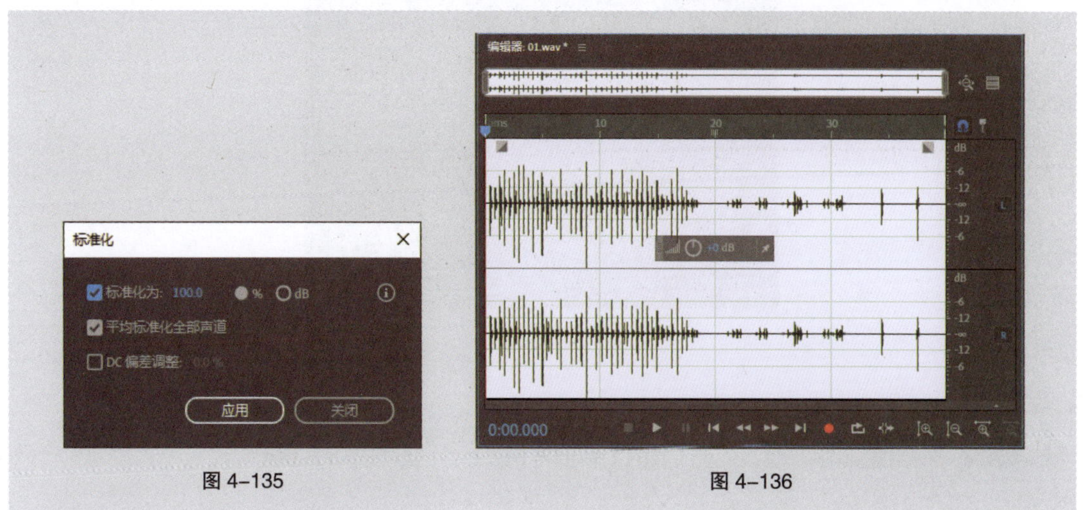

图 4-135　　图 4-136

（3）选择“效果 > 混响 > 室内混响”命令，弹出“效果 - 室内混响”对话框，如图4-137所示。在“预设”下拉列表中选择“大厅”选项，单击“应用”按钮，应用室内混响效果，效果如图4-138所示。

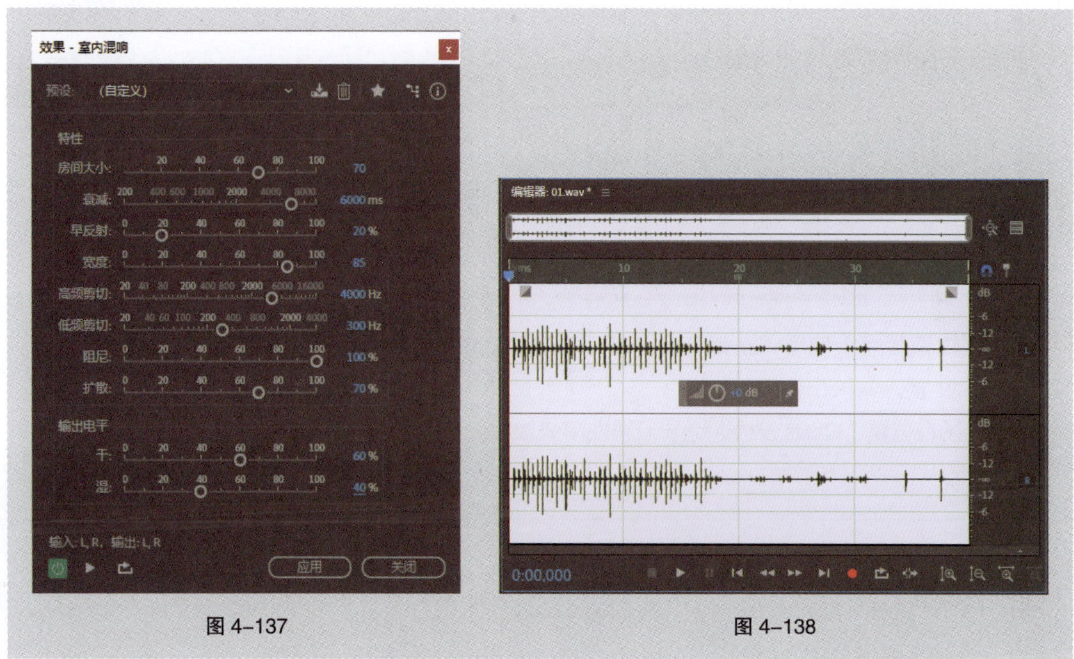

图 4-137　　图 4-138

（4）选择“文件 > 另存为”命令，在弹出的“另存为”对话框中进行设置，如图4-139所示。脚步声混响效果添加完成，单击“编辑器”面板下方的“播放”按钮▶，监听最终声音。

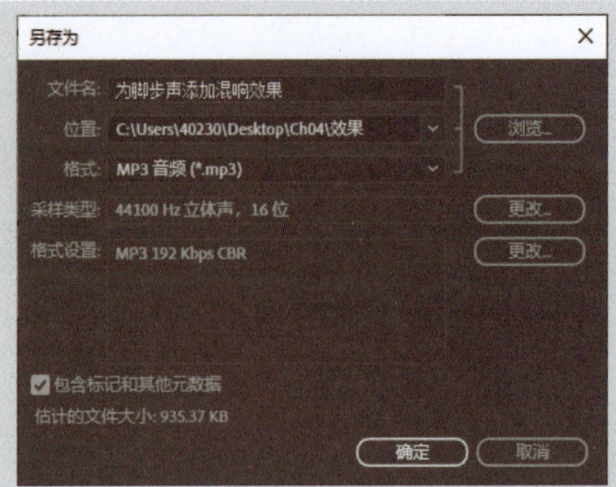

图 4-139

4.8 课堂练习——制作多角色配音效果

【练习知识要点】使用“打开”命令打开文件，使用“标准化（处理）”命令调整声音的大小，使用“捕捉噪声样本”命令降低噪声，使用“伸缩与变调（处理）”命令制作变调效果。

【效果所在位置】Ch04\效果\制作多角色配音效果.mp3。

4.9 课后习题——制作 DJ 舞曲串烧效果

【习题知识要点】使用“新建”命令新建多轨会话项目，使用音量“包络线”调整音频块的淡入与淡出效果。

【效果所在位置】Ch04\效果\制作DJ舞曲串烧效果.mp3。

05 第 5 章 动画的编辑与制作

本章介绍

在新媒体时代，新媒体动画的制作方式、信息载体、表现形式、传播渠道较传统媒体动画都发生了巨大的变化。本章将对动画的基础知识、Animate的基础知识、基本动画的制作、高级动画的制作及交互式动画的制作进行系统讲解。通过本章的学习，学生可以了解新媒体动画技术的基础知识，掌握制作新媒体常用动画的方法。

学习目标

- 了解动画的基础知识。
- 熟练掌握Animate的基础操作。
- 掌握基本动画的制作。
- 掌握高级动画的制作。
- 掌握交互式动画的制作。

素养目标

- 培养商业设计思维。
- 培养对新技术的钻研精神。

技能目标

- 掌握微信GIF表情包的制作方法。
- 掌握公众号文章配图的制作方法。
- 掌握公众号封面首图动画的制作方法。
- 掌握产品营销H5页面的制作方法。
- 掌握产品推广H5页面的制作方法。

5.1 动画的基础知识

新媒体动画的编辑与制作可以理解为运用新媒体技术对动画进行制作及处理。随着动画制作技术的发展，动画的表现形式更加丰富，受众也更加广泛。

5.1.1 新媒体动画的基本概念

新媒体动画（New Media Animation）是建立在以数字技术为制作核心，将新媒体作为信息载体，通过数字动画的表现形式以互联网、数字电视等渠道进行传播的动画，如图5-1所示。

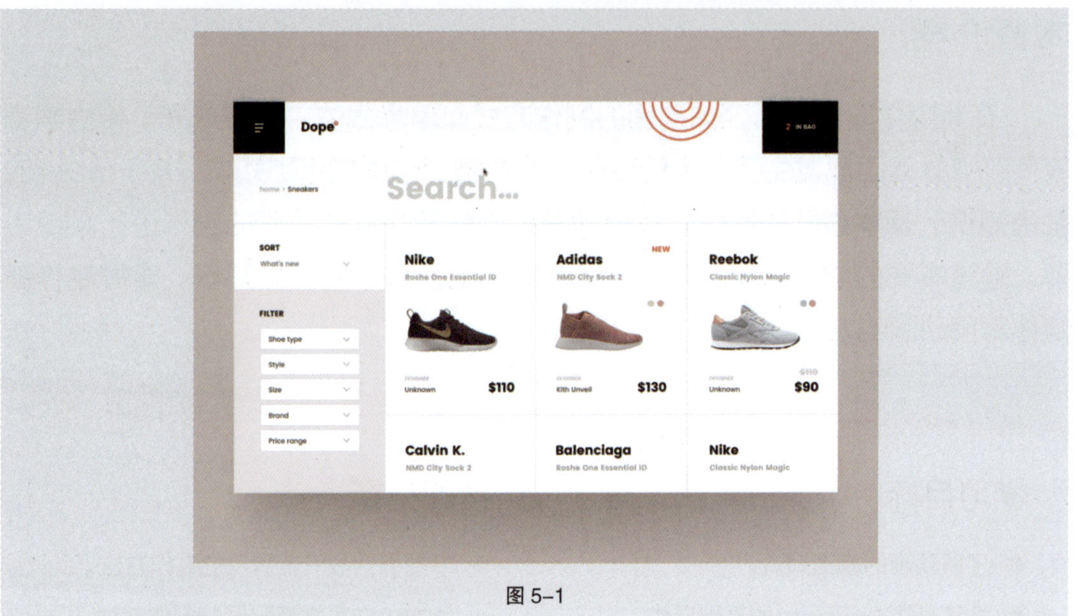

图 5-1

5.1.2 新媒体动画的基本特点

新媒体动画的基本特点可以分为多样化、先进化、互动化、碎片化、成人化5个方面，如图5-2所示。

图 5-2

5.1.3 新媒体动画的常见类型

新媒体动画根据内容主要可以分为剧情动画、展示动画、表情动画、游戏动画4种类型。

1. 剧情动画

剧情动画即具备故事情节的动画，这类动画通常表现形式丰富、内容紧凑，受多年龄层观众喜爱，如图5-3所示。

图 5-3

2. 展示动画

展示动画不具备故事情节，而是运用动画对需要进行传播的内容和信息进行展示。这类动画通常时长较短，主题鲜明，动画与内容巧妙结合。展示动画的应用非常广，常见于App产品、H5广告、微信公众号等页面，如图5-4所示。

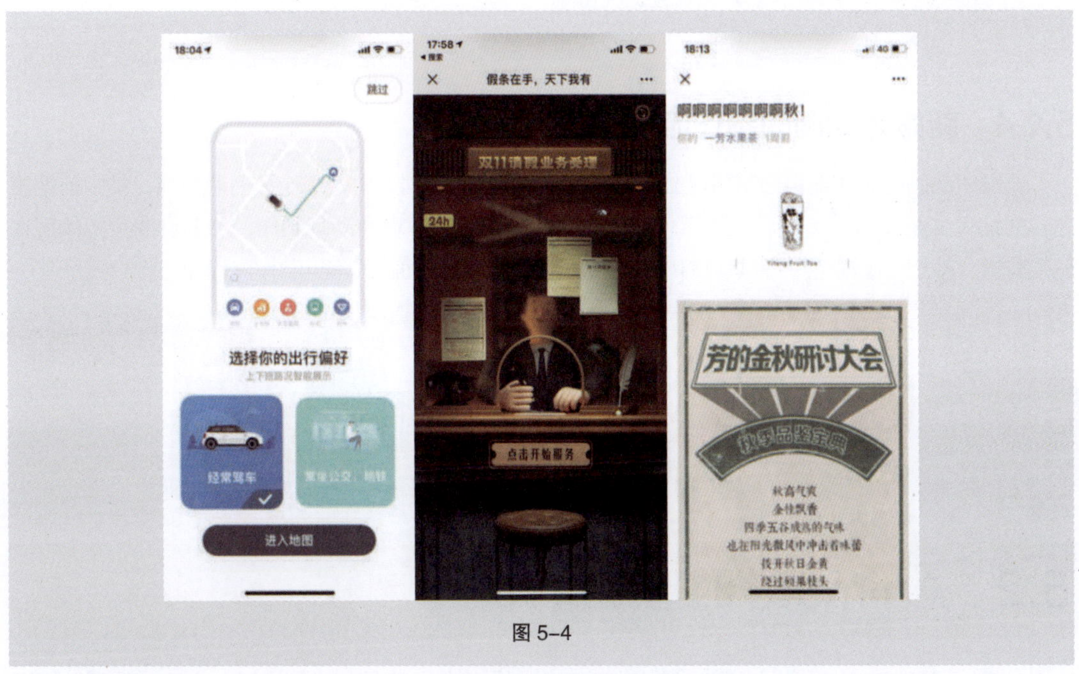

图 5-4

3. 表情动画

表情动画即用于表示感情的动态表情，一系列的表情动画即形成表情包。这类动画更具趣味性，构图夸张，广泛用于QQ、微信、微博等社交环境，如图5-5所示。

图 5-5

4. 游戏动画

游戏动画即新媒体游戏中的交互动画，这类动画通常镜头丰富、画面细腻，如图5-6所示。

图 5-6

5.1.4 新媒体动画的制作流程

新媒体动画的制作流程通常可以分成3个阶段，即前期策划、中期制作及后期合成。其中前期策划包括编写文案脚本、美术设定及原画分镜，中期制作主要体现在动画制作，后期合成主要体现在配音剪辑。部分动画还会进行试映宣传。图5-7所示为新媒体动画的常见制作流程图。

图 5-7

5.2 Animate 的基础知识

Animate是Adobe公司推出的一款专业的动画制作软件，本节将详细讲解Animate的基础知识和基本操作。

5.2.1 Animate 的操作界面

Animate的操作界面由菜单栏、工具箱、时间轴、场景和舞台、“属性”面板及“浮动”面板组成，如图5-8所示，下面将一一介绍。

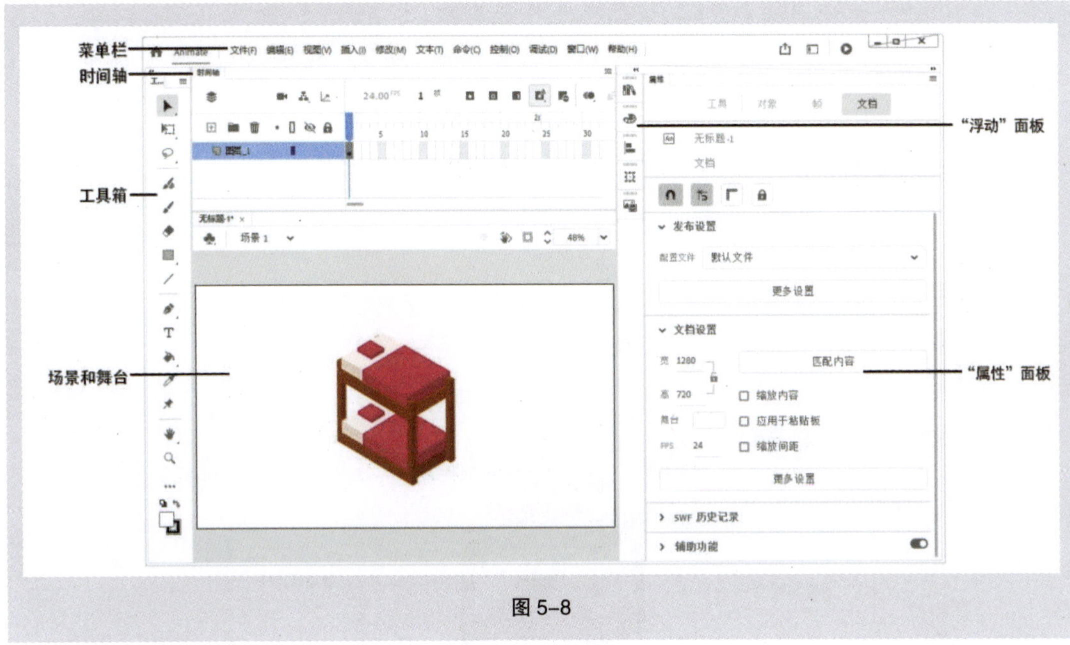

图 5-8

1. 菜单栏

Animate的菜单栏中依次为"文件"菜单、"编辑"菜单、"视图"菜单、"插入"菜单、"修改"菜单、"文本"菜单、"命令"菜单、"控制"菜单、"调试"菜单、"窗口"菜单及"帮助"菜单，如图5-9所示。

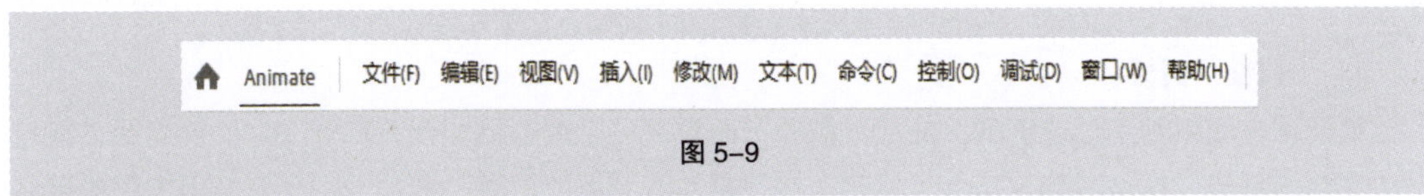

图 5-9

2. 工具箱

工具箱提供了图形绘制和编辑的各种工具，分为工具区、查看区、颜色区、属性区4个功能区，如图5-10所示。选择"窗口 > 工具"命令，或按Ctrl+F2组合键，可以调出工具箱。

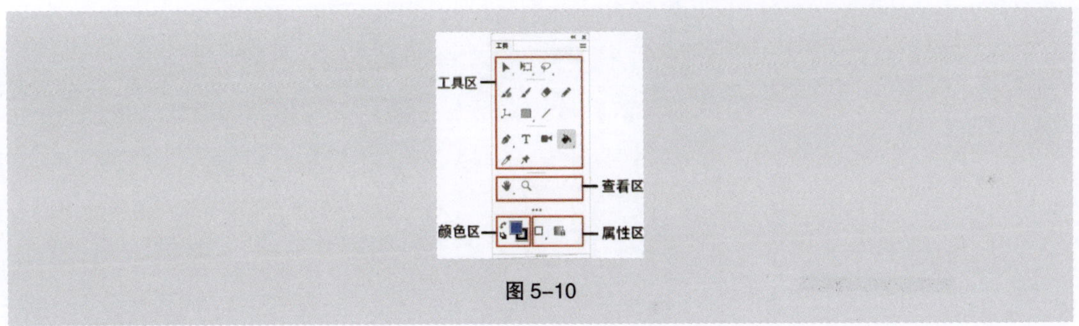

图 5-10

3. 时间轴

时间轴用于组织和控制文件内容在一定时间内的播放。按照功能的不同，时间轴窗口分为左右两部分，分别为图层控制区和时间线控制区，如图5-11所示。时间轴的主要组件是层、帧和播放头。

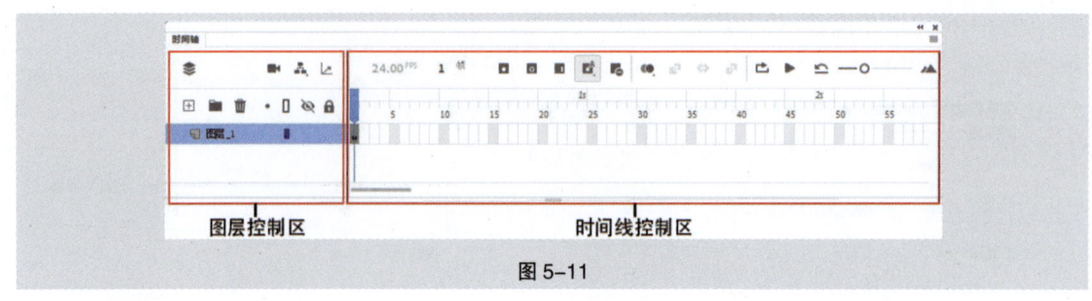

图 5-11

4. 场景

场景是所有动画元素的最大活动空间，如图5-12所示。像多幕剧一样，场景可以不止一个。要查看特定场景，可以选择“视图 > 转到”命令，再从其子菜单中选择场景的名称。

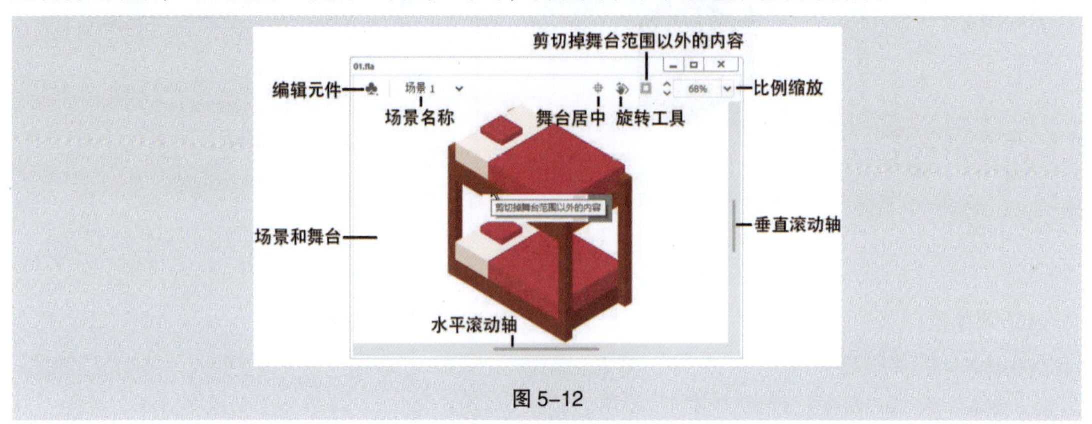

图 5-12

场景也就是常说的舞台，是编辑和播放动画的矩形区域。在舞台上可以放置、编辑矢量插图、文本框、按钮、导入的位图、视频剪辑等对象。舞台涉及大小、颜色等设置。

5. “属性”面板

对于正在使用的工具或资源，使用“属性”面板，可以很容易地查看和更改它们的属性，从而简化文档的创建过程。当选定某个工具时，在“属性”面板“工具”选项卡中会显示该工具的属性设置，如图5-13所示。选定文本、组件、形状、位图、视频、组等时，“属性”面板自动切换到“对象”选项卡，在选项组中会显示相应的信息和设置，如图5-14所示。选定某帧时，“属性”面板自动切换到“帧”选项卡，如图5-15所示。

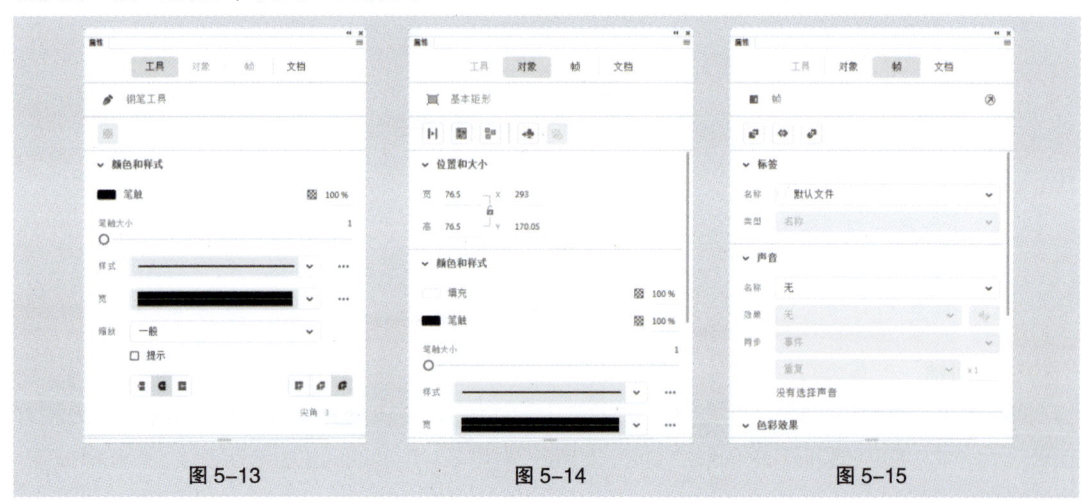
图 5-13　图 5-14　图 5-15

6. **“浮动”面板**

使用“浮动”面板可以查看、组合和更改资源。但屏幕的大小有限，为了尽量使工作区最大，Animate提供了许多种自定义工作区的方式，如可以通过“窗口”菜单显示、隐藏面板，还可以通过拖曳鼠标指针来调整面板的大小及重新组合面板，如图5-16和图5-17所示。

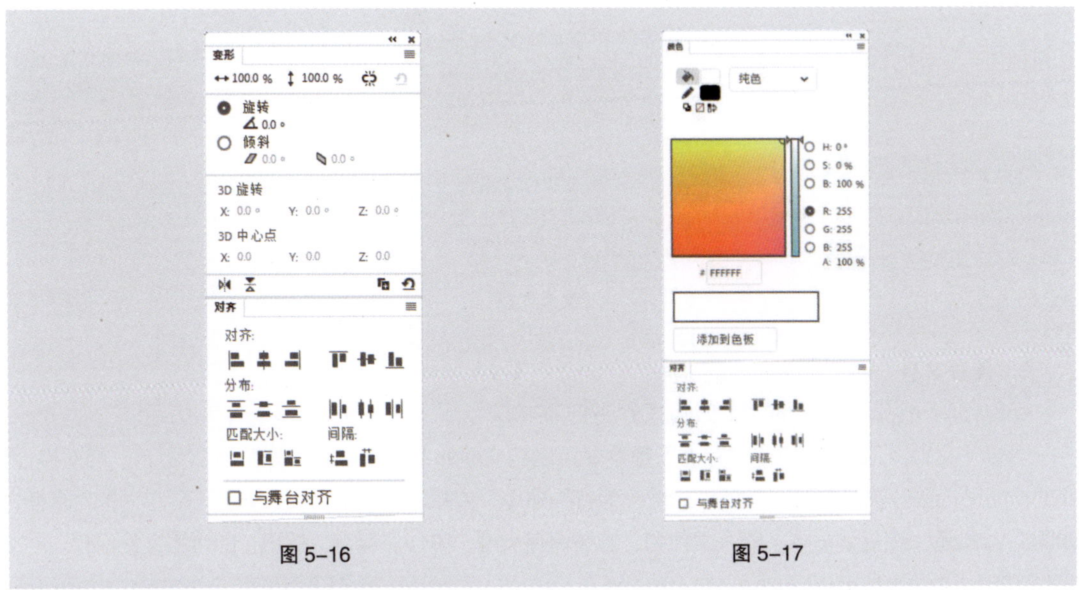

图 5-16　　图 5-17

5.2.2 Animate 的文件操作

在制作动画的过程中需要对文件进行新建、保存或打开等操作。

1. **新建文件**

新建文件是使用Animate进行设计的第一步。

选择“文件 > 新建”命令，或按Ctrl+N组合键，弹出“新建文档”对话框，如图5-18所示。在“新建文档”对话框的类型选择区域可以选择要创建文档的类型，在详细信息区域可以设置需要的尺寸、单位、帧速率和平台类型等，设置好之后单击“创建”按钮，即可新建文件，如图5-19所示。

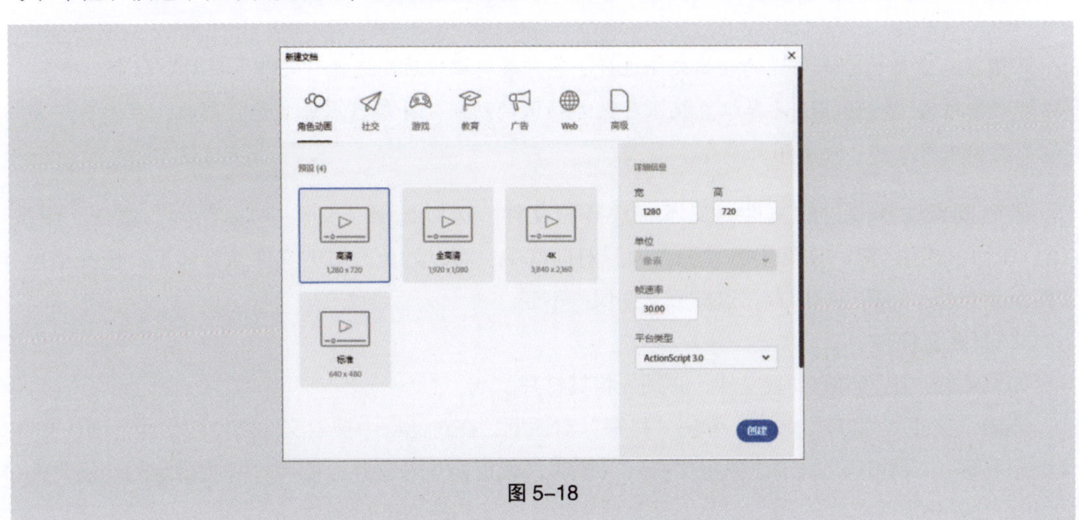

图 5-18

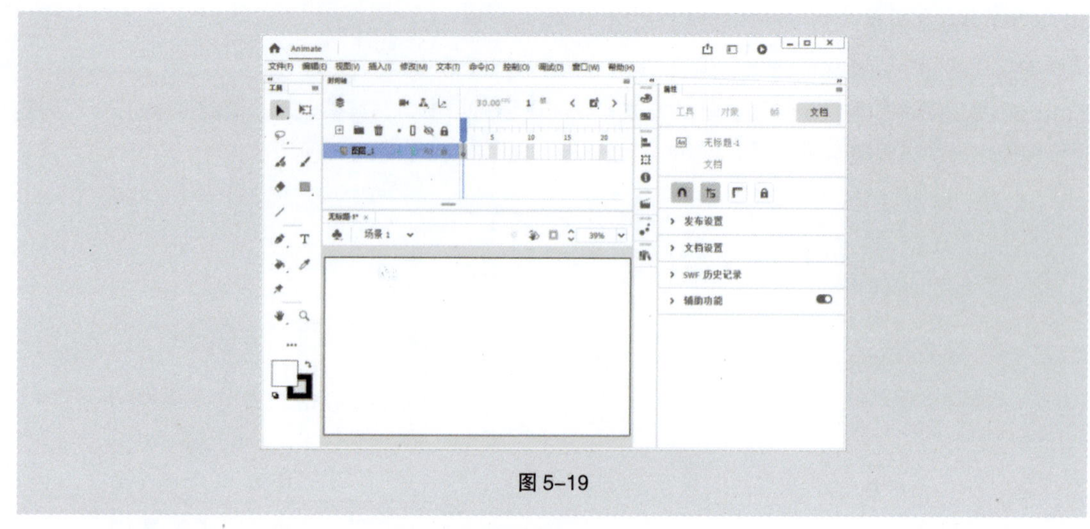

图 5-19

2．保存文件

编辑和制作完动画后，需要对动画文件进行保存。

通过“文件 > 保存”或“另存为”等命令可以将文件保存在磁盘上，如图5-20所示。当对设计好的作品进行第一次保存时，选择“文件 > 保存”命令，或按Ctrl+S组合键，弹出“另存为”对话框，如图5-21所示。在对话框中，输入文件名，选择保存类型，单击“保存”按钮，即可将文件保存。

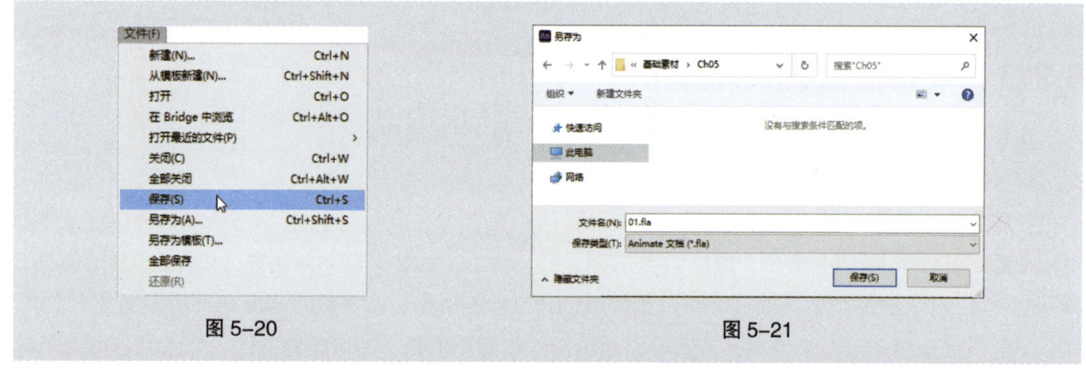

图 5-20　　图 5-21

提示： 当对已经保存过的动画文件进行了各种编辑操作后，选择“文件 > 保存”命令，将不弹出“另存为”对话框，计算机直接保存最终确认的结果，并覆盖原始文件。因此，在未确定要放弃原始文件之前，应慎用此命令。

若既要保留修改过的文件，又不想放弃原文件，可以选择“文件 > 另存为”命令，或按Ctrl+Shift+S组合键，在弹出的“另存为”对话框中，可以为更改过的文件重新命名、选择路径、设置保存类型，然后进行保存，这样原文件保持不变。

3．打开文件

如果要修改已完成的动画文件，必须先将其打开。

选择“文件 > 打开”命令，弹出“打开”对话框，在对话框中搜索文件路径和文件，确认文件类型和名称，如图5-22所示。单击“打开”按钮，或直接双击文件，即可打开所指定的动画文件，如图5-23所示。

提示：在“打开”对话框中，也可以一次打开多个文件，只要在文件列表中将所需的几个文件选中，并单击“打开”按钮，系统就会逐个打开这些文件，以免多次反复调用“打开”对话框。在“打开”对话框中，按住Ctrl键，通过单击可以选择不连续的文件；按住Shift键，通过单击可以选择连续的文件。

图 5-22　　　　图 5-23

5.3 基本动画的制作

基本动画主要运用Animate中的时间轴和帧等功能进行制作。

5.3.1 课堂案例——制作微信 GIF 表情包

【案例学习目标】学习使用“时间轴”面板制作动画效果。

【案例知识要点】使用“导入到库”命令导入素材文件，使用“创建元件”命令制作文字元件，使用“复制帧”与“粘贴帧”命令复制与粘贴帧，使用“变形”面板缩放实例的大小。微信GIF表情包效果如图5-24所示。

【效果所在位置】Ch05/效果/制作微信GIF表情包.fla。

微课

制作微信 GIF 表情包

图 5-24

1. 导入文件制作图形元件

（1）启动Animate软件，选择“文件 > 新建”命令，弹出“新建文档”对话框，在“常规”选项卡中选择“ActionScript 3.0”选项，将“宽”选项和“高”选项均设为240，“背景颜色”设为粉色（#F5AAFF），单击“确定”按钮，完成文档的创建。

（2）选择“文件 > 导入 > 导入到库”命令，在弹出的“导入到库”对话框中，选择云盘中的“Ch05 > 素材 > 制作微信GIF表情包 > 01～03”文件，单击“打开”按钮，将文件导入“库”面板中，如图5-25所示。

（3）按Ctrl+F8组合键，弹出“创建新元件”对话框，在“名称”文本框中输入“飞”，在“类型”下拉列表中选择“图形”选项，如图5-26所示。单击“确定”按钮，新建图形元件“飞”，如图5-27所示，舞台窗口也随之转换为图形元件的舞台窗口。

图 5-25　图 5-26　图 5-27

（4）将“图层_1”重命名为“文字”。选择“文本”工具T，在“属性”面板的“工具”选项卡中进行设置，在舞台窗口中适当的位置输入大小为37、字体为“汉仪萝卜体简”的蓝色（#1283F5）文字，文字效果如图5-28所示。

（5）选择“选择”工具，在舞台窗口中选中文字，如图5-29所示。按Ctrl+C组合键，复制选中的文字。单击“时间轴”面板上方的“新建图层”按钮，创建新图层并将其命名为“描边”。

（6）按Ctrl+Shift+V组合键，将复制的文字原位粘贴到“描边”图层中。保持文字的选中状态，按Ctrl+B组合键，将文字打散，效果如图5-30所示。

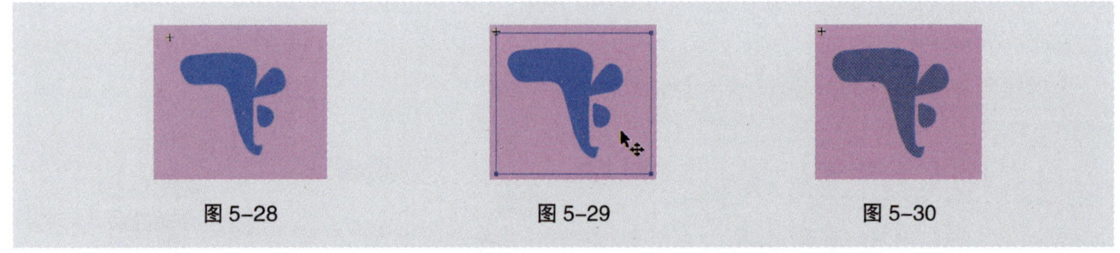
图 5-28　图 5-29　图 5-30

（7）选择“墨水瓶”工具，在墨水瓶工具“属性”面板中，将“笔触颜色”设为白色，“笔触”选项设为3，将鼠标指针放置在文字的边缘，如图5-31所示，单击为笔画添加描边，效果如图5-32所示。用相同的方法为其他笔画添加描边，效果如图5-33所示。在“时间轴”面板中将“描边”图层拖曳到“文字”图层的下方，效果如图5-34所示。用上述的方法制作图形元件“呀”，效果如图5-35所示。

2．制作场景动画

（1）在“属性”面板中，将“背景颜色”设为白色。单击舞台窗口左上方的←图标，进入“场景1”的舞台窗口。将“图层_1”重新命名为“云”，如图5-36所示。将“库”面板中的位图“03”

拖曳到舞台窗口中，并放置在适当的位置，如图5-37所示。

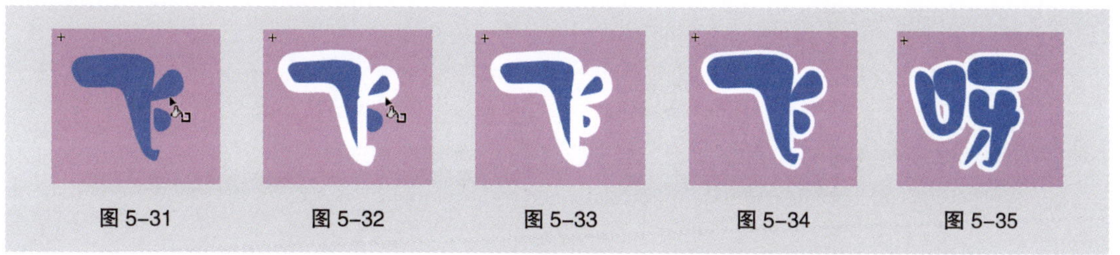
图 5-31　图 5-32　图 5-33　图 5-34　图 5-35

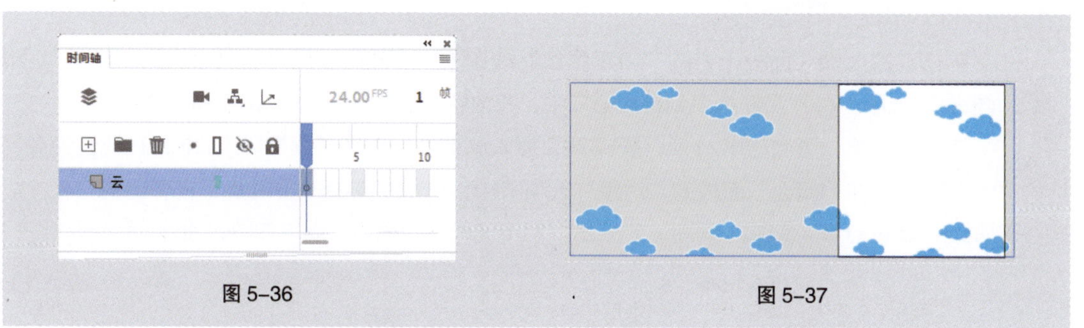

图 5-36　图 5-37

（2）保持“03”文件的选中状态，按F8键，弹出“转换为元件”对话框，在“名称”文本框中输入“云”，“类型”下拉列表中选择“图形”选项，其他选项的设置如图5-38所示。单击“确定”按钮，将“03”文件转换为图形元件，效果如图5-39所示。

图 5-38　图 5-39

（3）选中“云”图层的第20帧，按F6键，插入关键帧。在舞台窗口中将“云”实例水平向右拖曳到适当的位置，如图5-40所示。用鼠标右键单击“云”图层的第1帧，在弹出的快捷菜单中选择“创建传统补间”命令，生成传统补间动画，如图5-41所示。

图 5-40　图 5-41

（4）按住Shift键的同时，单击第20帧，将第1帧至第20帧之间的帧全部选中，如图5-42所示。

按Ctrl+Alt+C组合键，对选中的帧进行复制。选中第21帧，按Ctrl+Alt+V组合键，对复制的帧进行粘贴，效果如图5-43所示。

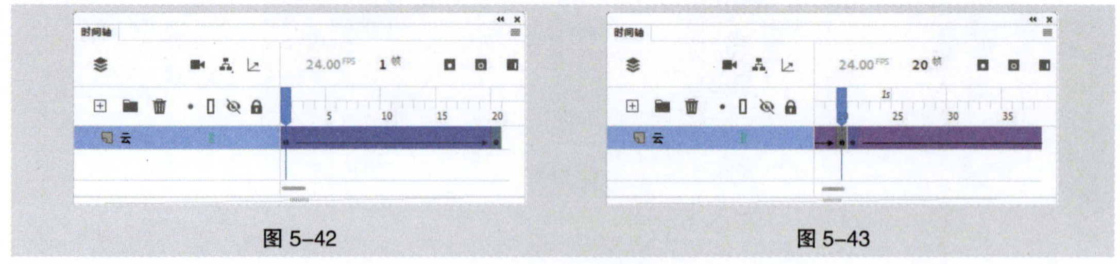

图 5-42　　图 5-43

（5）单击“时间轴”面板上方的“新建图层”按钮⊞，创建新图层并将其命名为“小羊”。将“库”面板中的位图“01”文件拖曳到舞台窗口中，并放置在适当的位置，如图5-44所示。

（6）选中“小羊”图层的第21帧，按F6键，插入关键帧。选择“选择”工具，在舞台窗口中选中“01”文件，在“属性”面板的“对象”选项卡中，单击“交换”按钮⇄，在弹出的“交换位图”对话框中选中“02”文件，如图5-45所示。单击“确定”按钮，效果如图5-46所示。

图 5-44　　图 5-45　　图 5-46

（7）单击“时间轴”面板上方的“新建图层”按钮⊞，创建新图层并将其命名为“文字”。选中“文字”图层的第1帧，分别将“库”面板中的图形元件“飞”和“呀”拖曳到舞台窗口中，并放置在适当的位置，如图5-47所示。

（8）选中“文字”图层的第11帧，按F6键，插入关键帧。选中“文字”图层的第1帧，在舞台窗口中选中“飞”实例，按Ctrl+T组合键，弹出“变形”面板，将“缩放宽度”选项和“缩放高度”选项均设为80.0%，如图5-48所示，效果如图5-49所示。

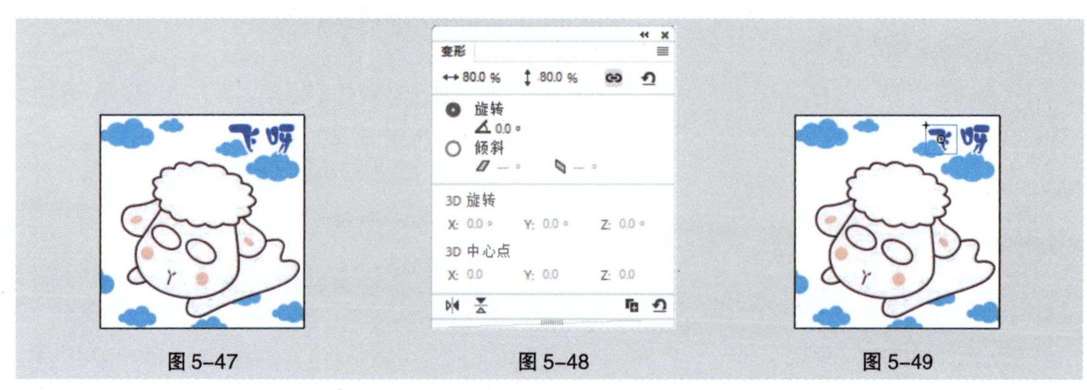

图 5-47　　图 5-48　　图 5-49

（9）选中“文字”图层的第11帧，在舞台窗口中选中“呀”实例，在“变形”面板中，将“缩放宽度”选项和“缩放高度”选项均设为80.0%，效果如图5-50所示。

（10）选中“文字”图层的第1帧，按Ctrl+Alt+C组合键，复制选中的帧。选中“文字”图层的第21帧，按Ctrl+Alt+V组合键，对复制的帧进行粘贴，如图5-51所示。选中“文字”图层的第11帧，按Ctrl+Alt+C组合键，复制选中的帧。选中“文字”图层的第31帧，按Ctrl+Alt+V组合键，对复制的帧进行粘贴，如图5-52所示。

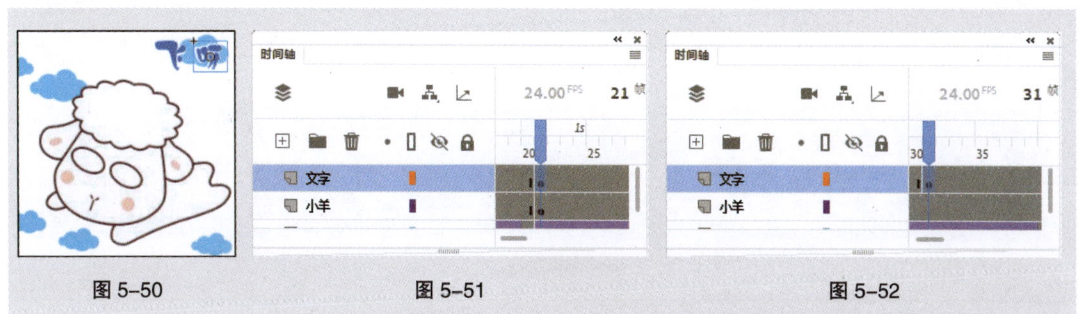

图 5-50　　图 5-51　　图 5-52

（11）微信GIF表情包制作完成，选择“文件 > 导出 > 导出动画GIF”命令，弹出“导出图像”对话框，在“名称”下拉列表中选择“原来”选项，其他选项的设置如图5-53所示。单击“保存”按钮，将制作的动画保存为GIF动画。

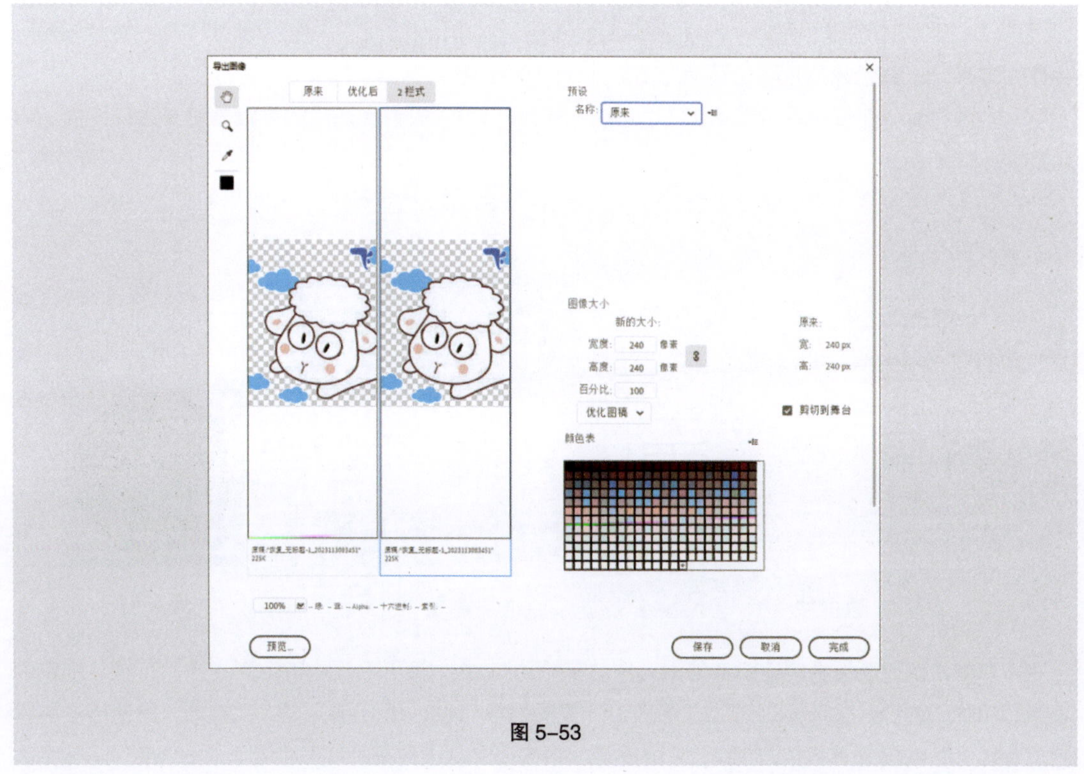

图 5-53

5.3.2 课堂案例——制作社交媒体类公众号动态引导关注

【案例学习目标】 学习使用时间轴面板制作动画效果。

【案例知识要点】 使用“打开”命令打开素材文件，使用“复制”与“粘贴”命令将波形复制、粘贴到新的音频文件中。社交媒体类公众号动态引导关注效果如图5-54所示。

【效果所在位置】 Ch05/效果/制作社交媒体类公众号动态引导关注.fla。

图 5-54

1. 打开文件并制作元件

（1）启动Animate软件，按Ctrl+O组合键，在弹出的“打开”对话框中，选择云盘中的“Ch05 > 素材 > 制作社交媒体类公众号动态引导关注 > 01”文件，单击“打开”按钮，将其打开。

（2）按Ctrl+F8组合键，弹出“创建新元件”对话框，在“名称”文本框中输入“车轮”，在“类型”下拉列表中选择“图形”选项，如图5-55所示。单击“确定”按钮，新建图形元件“车轮”，如图5-56所示，舞台窗口也随之转换为图形元件的舞台窗口。

（3）将“库”面板中的位图“03”拖曳到舞台窗口中，放置在适当的位置并对其进行缩放，效果如图5-57所示。

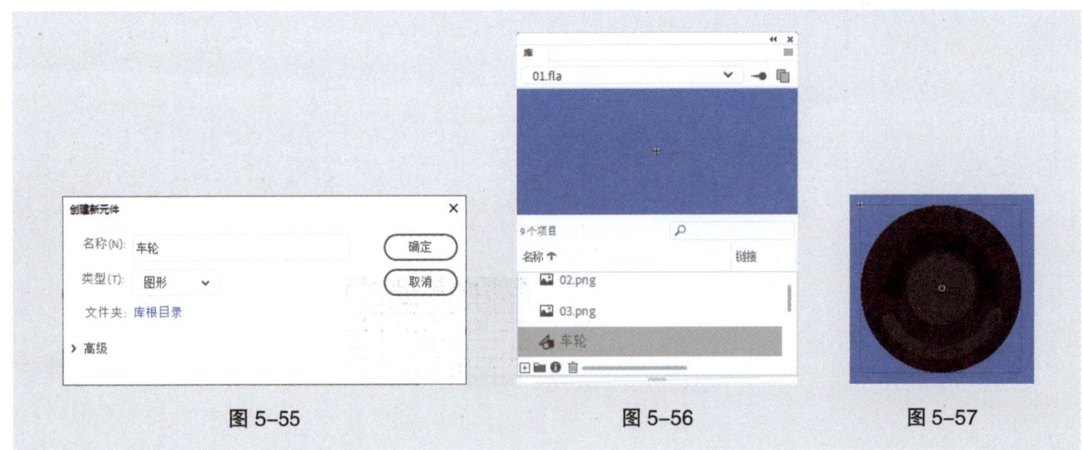

图 5-55　　图 5-56　　图 5-57

（4）在“库”面板中创建影片剪辑元件“车轮动”。将“库”面板中的图形元件“车轮”拖曳到舞台窗口中，如图5-58所示。选中“图层_1”图层的第15帧，按F6键，插入关键帧。用鼠标右键单击“图层_1”图层的第1帧，在弹出的快捷菜单中选择“创建传统补间”命令，生成传统补间动画，如图5-59所示。

（5）选中“图层_1”图层的第1帧，在“属性”面板的“帧”选项卡中，选择“补间”选项组，在“旋转”下拉列表中选择“顺时针”选项，将“旋转次数”设为1，如图5-60所示。

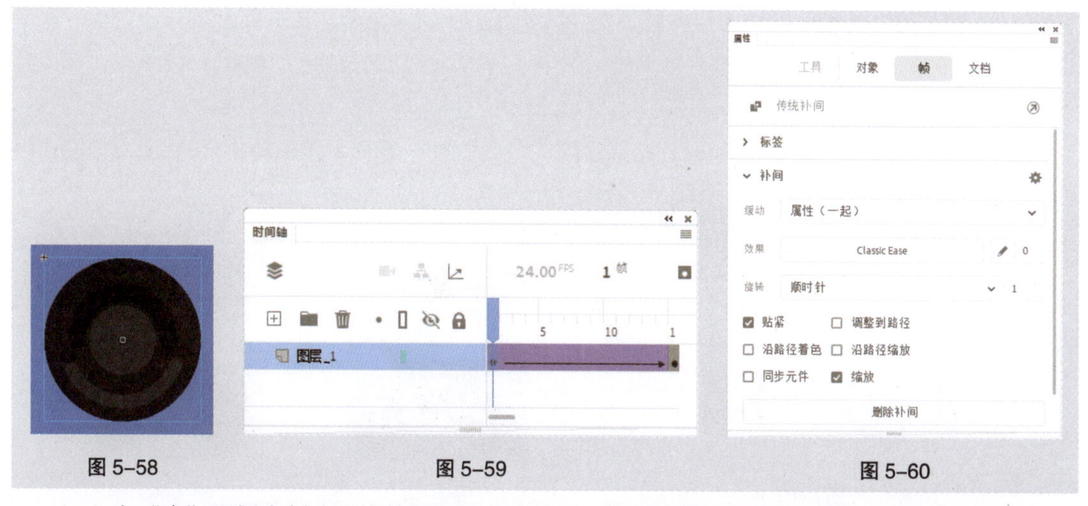

图 5-58　　图 5-59　　图 5-60

（6）在“库”面板中创建影片剪辑元件“人物1”。将“图层1”重命名为“人物”。将“库”面板中的位图“02”拖曳到舞台窗口中，放置在适当的位置并对其进行缩放，效果如图5-61所示。

（7）在“时间轴”面板中创建新图层并将其命名为“车轮”。将“库”面板中的影片剪辑元件“车轮动”拖曳到舞台窗口中，并放置在适当的位置，如图5-62所示。

（8）选择“选择”工具▶，选择车轮实例，按住Alt键的同时拖曳鼠标指针到适当的位置，复制车轮实例，效果如图5-63所示。在“时间轴”面板中将“车轮”图层拖曳到“人物”图层的下方，效果如图5-64所示。

图 5-61　　图 5-62　　图 5-63　　图 5-64

（9）在“库”面板中用鼠标右键单击影片剪辑元件“人物1”，在弹出的快捷菜单中选择“直接复制”命令，在弹出的“直接复制元件”对话框中进行设置，如图5-65所示。单击“确定”按钮，新建影片剪辑元件“人物1动”，如图5-66所示。

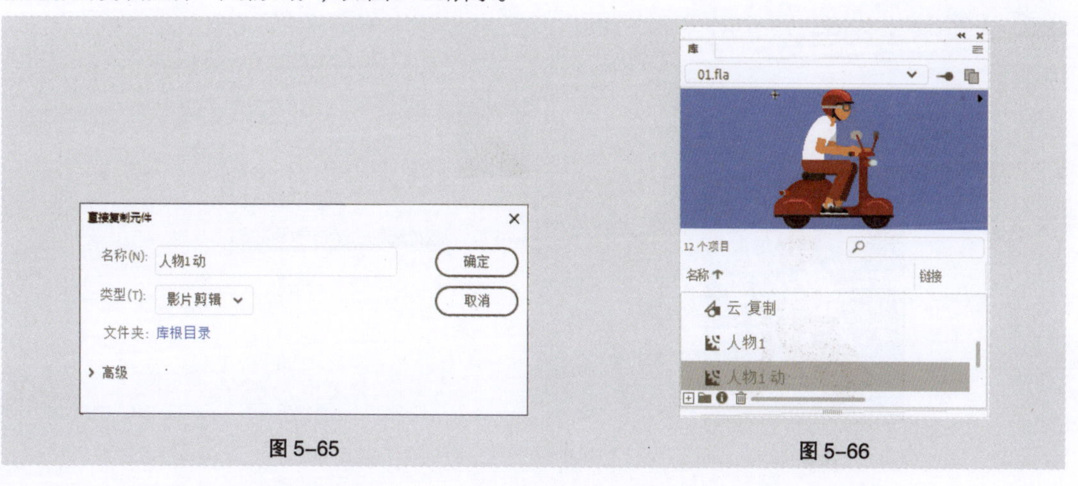

图 5-65　　图 5-66

（10）在“库”面板中双击影片剪辑元件“人物1动”，进入影片剪辑元件的舞台窗口中。选中“车轮”图层的第5帧，按F5键，插入普通帧。选中“人物”图层的第3帧、第5帧，按F6键，插入关键帧，如图5-67所示。

（11）选中“人物”图层的第3帧，在舞台窗口中选中图5-68所示的图像，按5次上方向键，移动图像的位置，效果如图5-69所示。

图 5-67　　图 5-68　　图 5-69

2. 制作左侧人物

（1）单击舞台窗口左上方的 ← 图标，进入“场景1”的舞台窗口。在“时间轴”面板中创建新图层并将其命名为“人物1”。将“库”面板中的影片剪辑元件“人物1”拖曳到舞台窗口中，并放置在适当的位置，如图5-70所示。

（2）选中“人物1”图层的第10帧、第15帧、第25帧、第30帧，按F6键，插入关键帧。选中“人物1”图层的第1帧，在舞台窗口中将“人物1”实例水平向左拖曳到适当的位置，如图5-71所示。

图 5-70　　图 5-71

（3）用鼠标右键单击“人物1”图层的第1帧，在弹出的快捷菜单中选择“创建传统补间”命令，生成传统补间动画。

（4）选中“人物1”图层的第15帧，在舞台窗口中选中“人物1”实例，如图5-72所示。在“属性”面板的“对象”选项卡中，单击“交换”按钮 ⇄，在弹出的“交换元件”对话框中，选中影片剪辑“人物1动”，如图5-73所示，单击“确定”按钮，完成影片剪辑元件的交换。

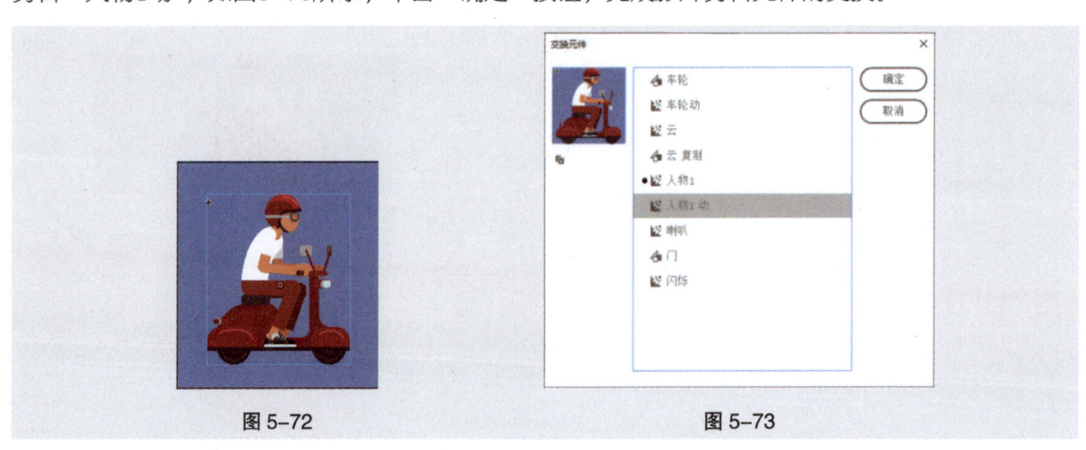

图 5-72　　图 5-73

（5）选中“人物1”图层的第30帧，在舞台窗口中将“人物1”实例水平向右拖曳到适当的位置，如图5-74所示。用鼠标右键单击“人物1”图层的第25帧，在弹出的快捷菜单中选择“创建传统补间”命令，生成传统补间动画。

图 5-74

（6）在“时间轴”面板中创建新图层并将其命名为“右门”。选中“右门”图层的第20帧，按F6键，插入关键帧。将“库”面板中的图形元件“门”拖曳到舞台窗口中，并放置在适当的位置，如图5-75所示。

（7）在“时间轴”面板中创建新图层并将其命名为“左门”。选中“左门”图层的第20帧，按F6键，插入关键帧。将“库”面板中的图形元件“门”拖曳到舞台窗口中，并放置在适当的位置，如图5-76所示。

（8）选择“任意变形”工具，在实例的周围出现控制框，按住Shift键的同时，将其等比例缩小，并拖曳到适当的位置，效果如图5-77所示。

图 5-75　　图 5-76　　图 5-77

（9）选中“右门”图层的第25帧，按F6键，插入关键帧。选中“右门”图层的第20帧，在舞台窗口中选中该层中的“门”实例，在“属性”面板的“对象”选项卡中，选择“色彩效果”选项组，在“样式”下拉列表中选择“Alpha”，将其值设为0%，如图5-78所示，效果如图5-79所示。

（10）用鼠标右键单击“右门”图层的第20帧，在弹出的快捷菜单中选择“创建传统补间”命令，生成传统补间动画。

（11）选中“左门”图层的第25帧，按F6键，插入关键帧。选中“左门”图层的第20帧，在舞台窗口中选中该层中的“门”实例，在图形“属性”面板中选择“色彩效果”选项组，在“样式”下拉列表中选择“Alpha”，将其值设为0%，效果如图5-80所示。

（12）用鼠标右键单击“左门”图层的第20帧，在弹出的快捷菜单中选择“创建传统补间”命令，生成传统补间动画。

（13）在“时间轴”面板中将“左门”图层拖曳到“人物1”图层的下方。选中“左门”图层的第30帧，按F6键，插入关键帧。在舞台窗口中将该层中的“门”实例拖曳到适当的位置，如图5-81所示。用鼠标右键单击“左门”图层的第25帧，在弹出的快捷菜单中选择“创建传统补间”命令，生成传统补间动画。

图 5-78　　图 5-79　　图 5-80

（14）选中“左门”图层的第35帧，按F6键，插入关键帧。在舞台窗口中选中该图层中的“门”实例，在“属性”面板的“对象”选项卡中，选择“色彩效果”选项组，在“样式”下拉列表中选择“Alpha”，将其值设为0%，效果如图5-82所示。

（15）用鼠标右键单击“左门”图层的第30帧，在弹出的快捷菜单中选择“创建传统补间”命令，生成传统补间动画。

（16）选中“右门”图层的第30帧、第35帧，按F6键，插入关键帧。在舞台窗口中选中该图层中的“门”实例，在“属性”面板的“对象”选项卡中，选择“色彩效果”选项组，在“样式”下拉列表中选择“Alpha”，将其值设为0%，效果如图5-83所示。

（17）用鼠标右键单击“右门”图层的第30帧，在弹出的快捷菜单中选择“创建传统补间”命令，生成传统补间动画。

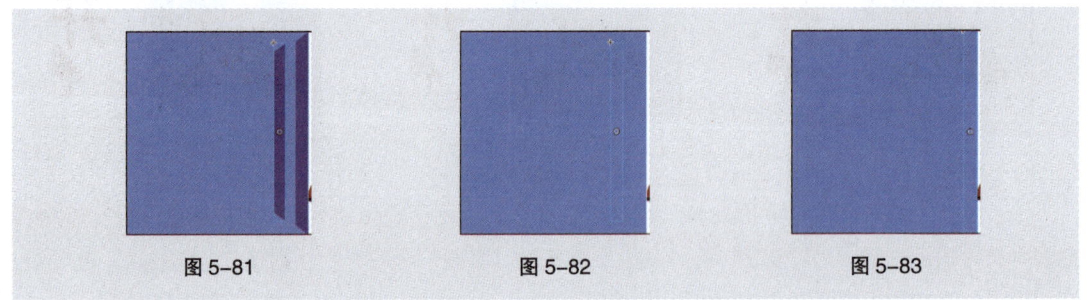
图 5-81　　图 5-82　　图 5-83

3. 制作右侧人物

（1）选中“右门”图层的第40帧，按F7键，插入空白关键帧。将“库”面板中的图形元件“门”拖曳到舞台窗口中，并放置在适当的位置，如图5-84所示。按Ctrl+T组合键，弹出“变形”面板，单击面板下方的“水平翻转”按钮，将其水平翻转，效果如图5-85所示。

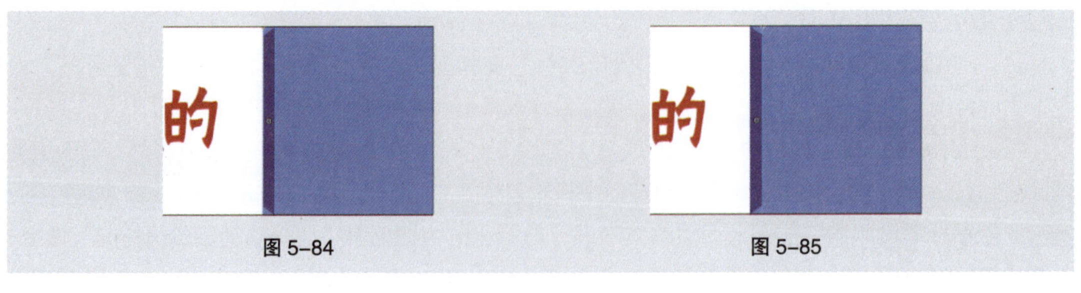

图 5-84　　图 5-85

（2）选中“左门”图层的第25帧，按Ctrl+C组合键，复制该帧中的图像。选中“左门”图层的第40帧，按F7键，插入空白关键帧。按Ctrl+Shift+V组合键，将复制的图像原位粘贴到“左门”图层的第40帧中，如图5-86所示。单击“变形”面板下方的“水平翻转”按钮，将其水平翻转，效果如图5-87所示。

（3）选择“选择”工具，在舞台窗口中选中“左门”图层第40帧中的“门”实例，并将其向右拖曳到适当的位置，如图5-88所示。

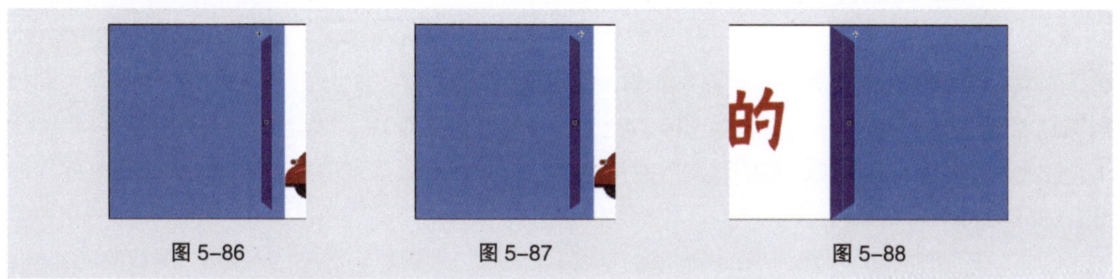

图 5-86　图 5-87　图 5-88

（4）选中“右门”图层的第45帧，按F6键，插入关键帧。选中“右门”图层的第40帧，在舞台窗口中选中该层中的“门”实例，在“属性”面板的“对象”选项卡中，选择“色彩效果”选项组，在“样式”下拉列表中选择“Alpha”，将其值设为0%，效果如图5-89所示。

（5）用鼠标右键单击“右门”图层的第40帧，在弹出的快捷菜单中选择“创建传统补间”命令，生成传统补间动画。

（6）选中“左门”图层的第45帧，按F6键，插入关键帧。选中“左门”图层的第40帧，在舞台窗口中选中该层中的“门”实例，在“属性”面板的“对象”选项卡中，选择“色彩效果”选项组，在“样式”下拉列表中选择“Alpha”，将其值设为0%，效果如图5-90所示。

图 5-89　图 5-90

（7）用鼠标右键单击“左门”图层的第40帧，在弹出的快捷菜单中选择“创建传统补间”命令，生成传统补间动画。

（8）选中“左门”图层的第55帧，按F6键，插入关键帧。在舞台窗口中将该层中的“门”实例拖曳到适当的位置，如图5-91所示。用鼠标右键单击“左门”图层的第45帧，在弹出的快捷菜单中选择“创建传统补间”命令，生成传统补间动画。

（9）选中“左门”图层的第60帧，按F6键，插入关键帧。在舞台窗口中选中该层中的“门”实例，在“属性”面板的“对象”选项卡中，选择“色彩效果”选项组，在“样式”下拉列表中选择“Alpha”，将其值设为0%，效果如图5-92所示。

（10）用鼠标右键单击“左门”图层的第55帧，在弹出的快捷菜单中选择“创建传统补间”命令，生成传统补间动画。

图 5-91　　图 5-92

（11）选中“右门”图层的第55帧、第60帧，按F6键，插入关键帧。选中“右门”图层的第60帧，在舞台窗口中选中该层中的“门”实例，在“属性”面板的“对象”选项卡中，选择“色彩效果”选项组，在“样式”下拉列表中选择“Alpha”，将其值设为0%，效果如图5-93所示。

（12）用鼠标右键单击“右门”图层的第55帧，在弹出的快捷菜单中选择“创建传统补间”命令，生成传统补间动画。

（13）在“时间轴”面板中创建新图层并将其命名为“人物2”。选中“人物2”图层的第45帧，按F6键，插入关键帧。将“库”面板中的影片剪辑元件“人物1动”拖曳到舞台窗口中，并放置在适当的位置，如图5-94所示。

图 5-93　　图 5-94

（14）选中“人物2”图层的第55帧，按F6键，插入关键帧。在舞台窗口中将“人物2动”实例水平向右拖曳到适当的位置，如图5-95所示。用鼠标右键单击“人物2”图层的第45帧，在弹出的快捷菜单中选择“创建传统补间”命令，生成传统补间动画。

（15）选中“人物2”图层的第65帧、第70帧，按F6键，插入关键帧。选中“人物2”图层的第70帧，在舞台窗口中将“人物2动”实例水平向右拖曳到适当的位置，如图5-96所示。用鼠标右键单击“人物2”图层的第65帧，在弹出的快捷菜单中选择“创建传统补间”命令，生成传统补间动画。

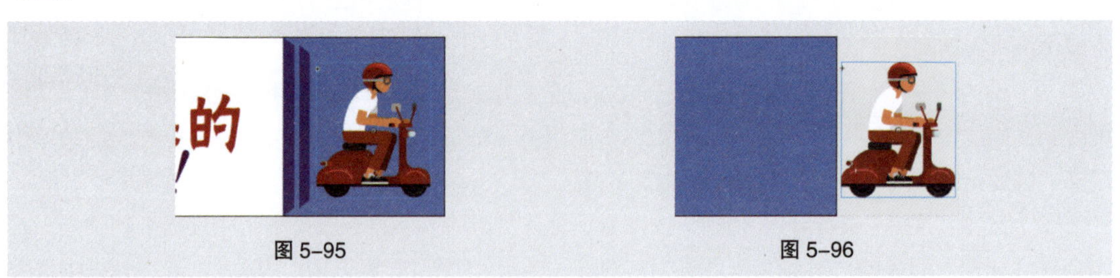

图 5-95　　图 5-96

（16）在“时间轴”面板中将“人物2”图层拖曳到“右门”图层的下方。将“文字”图层和“矩形”图层拖曳到“右门”图层的上方，如图5-97所示。

（17）选中“矩形”图层，将该图层中的对象选中。选择“滴管”工具，在舞台窗口中的蓝色背景区域单击吸取颜色，效果如图5-98所示。社交媒体类公众号动态引导关注制作完成，按

Ctrl+Enter组合键即可查看效果。

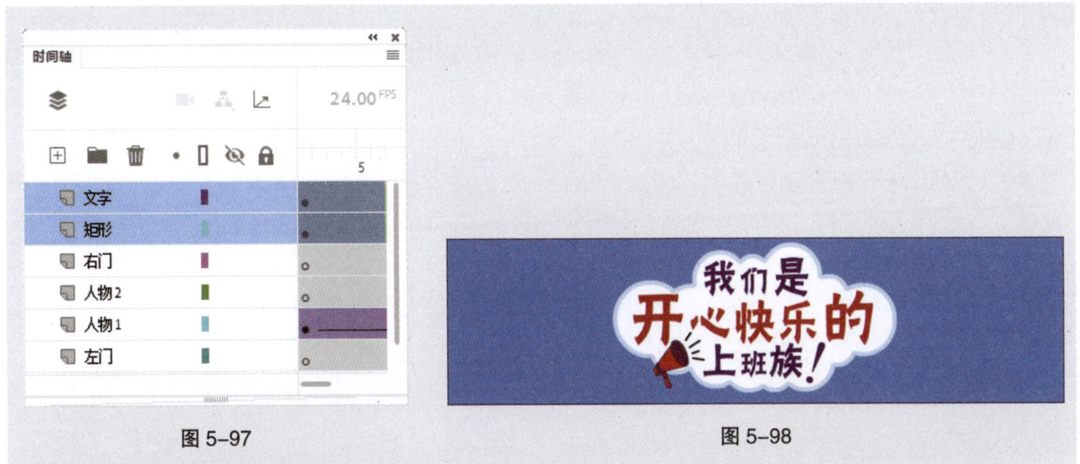

图 5-97　　图 5-98

5.4 高级动画的制作

高级动画主要运用Animate中的层功能进行相关的制作。本节通过讲解制作化妆品类公众号文章配图以及制作服装饰品类公众号封面首图动画两个案例，帮助学生快速掌握运用Animate制作高级动画的方法。

5.4.1 课堂案例——制作化妆品类公众号文章配图

【案例学习目标】学习使用“遮罩层”命令制作遮罩图层。

【案例知识要点】使用“椭圆”工具和“矩形”工具制作形状动画，使用“创建补间形状”命令和“创建传统补间”命令制作动画效果，使用“遮罩层”命令制作遮罩动画效果。化妆品类公众号文章配图效果如图5-99所示。

【效果所在位置】Ch05/效果/制作化妆品类公众号文章配图.fla。

微课

制作化妆品类公众号文章配图

图 5-99

1. 导入文件制作图形元件

（1）启动Animate软件，选择“文件 > 新建”命令，弹出“新建文档”对话框，在“常规”选项卡中选择“ActionScript 3.0”选项，将“宽”选项和“高”选项均设为800，“背景颜色”设为黄色（#FF9900），单击“确定”按钮，完成文档的创建。

（2）选择“文件 > 导入 > 导入到库”命令，在弹出的“导入到库”对话框中，选择云盘中的“Ch05 > 素材 > 制作化妆品类公众号文章配图 > 01～06”文件，单击“打开”按钮，将文件导入“库”面板中，如图5-100所示。

（3）按Ctrl+F8组合键，弹出“创建新元件”对话框，在“名称”文本框中输入“水花”，在“类型”下拉列表中选择“图形”选项，如图5-101所示。单击“确定”按钮，新建图形元件“水花”，如图5-102所示，舞台窗口也随之转换为图形元件的舞台窗口。

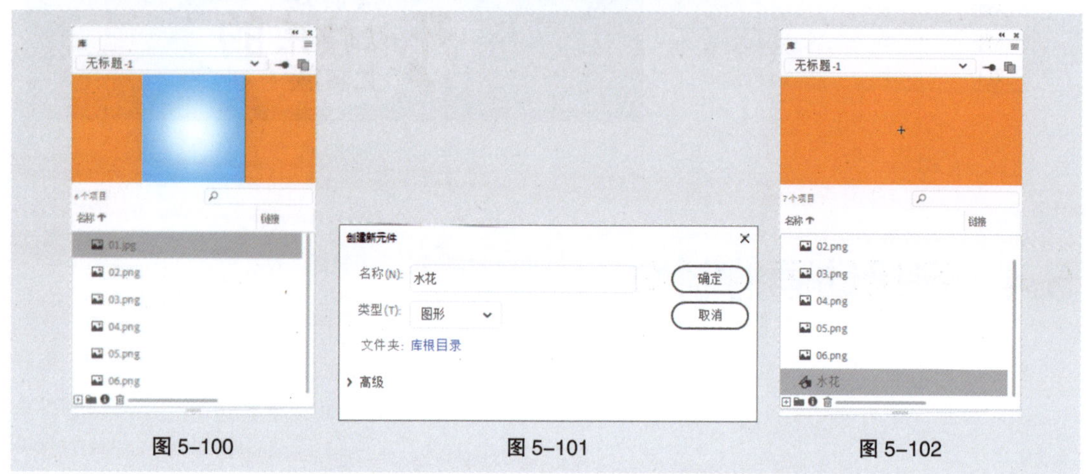

图 5-100　图 5-101　图 5-102

（4）将“库”面板中的位图“02”拖曳到舞台窗口中，并放置在适当的位置，如图5-103所示。用相同的方法分别将“库”面板中的位图“03”“04”“05”“06”，制作成图形元件“芦荟”“化妆品1”“化妆品2”“标牌”，如图5-104所示。

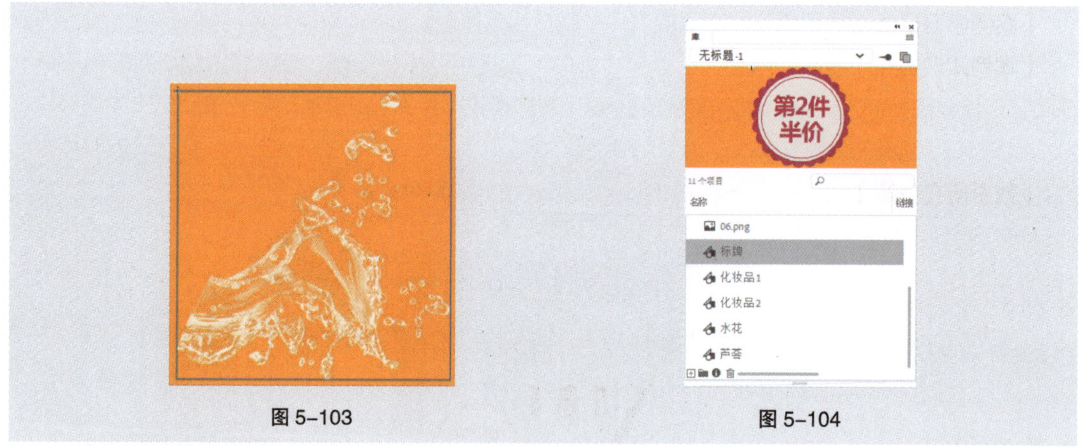

图 5-103　图 5-104

2. 制作底图动画

（1）单击舞台窗口左上方的 ← 图标，进入“场景1”的舞台窗口。将“图层_1”重新命名为“底图”。将“库”面板中的位图“01”拖曳到舞台窗口中，并放置在与舞台窗口中心重叠的位置，如图5-105所示。选中“底图”图层的第120帧，按F5键，插入普通帧，如图5-106所示。

（2）在“时间轴”面板中创建新图层并将其命名为“水花”。将“库”面板中的图形元件“水花”拖曳到舞台窗口中，并放置在适当的位置，如图5-107所示。

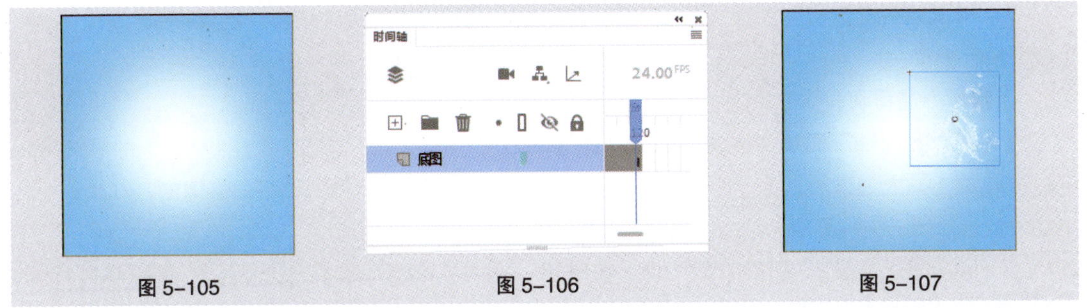

图 5-105　　图 5-106　　图 5-107

（3）选中“水花”图层的第20帧，按F6键，插入关键帧。选中“水花”图层的第1帧，在舞台窗口中选中“水花”实例，在“属性”面板的“对象”选项卡中，选择“色彩效果”选项组，在“样式”下拉列表中选择“Alpha”，将其值设为0%，如图5-108所示，效果如图5-109所示。

（4）用鼠标右键单击“水花”图层的第1帧，在弹出的快捷菜单中选择“创建传统补间”命令，生成传统补间动画，如图5-110所示。

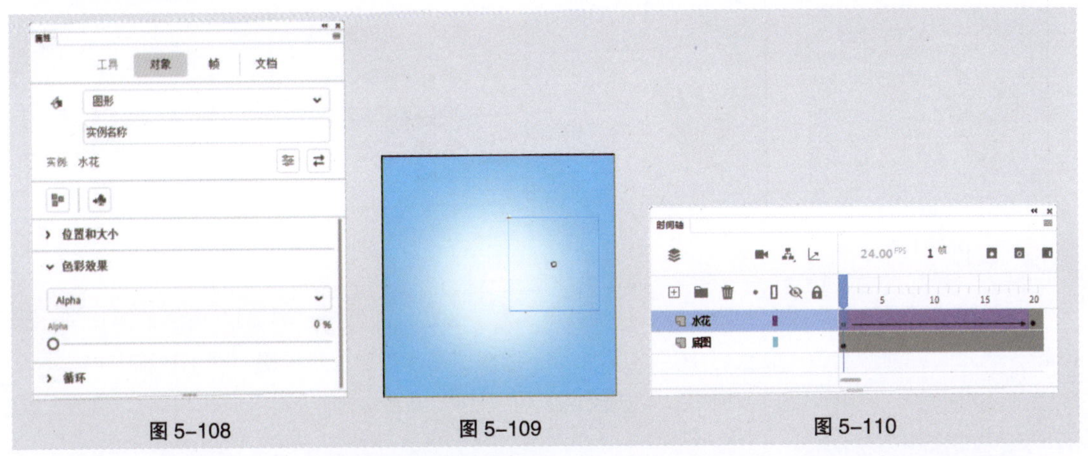

图 5-108　　图 5-109　　图 5-110

（5）在“时间轴”面板中创建新图层并将其命名为“芦荟”。将“库”面板中的图形元件“芦荟”拖曳到舞台窗口中，并放置在适当的位置，如图5-111所示。

（6）选中“芦荟”图层的第20帧，按F6键，插入关键帧。选中“芦荟”图层的第1帧，在舞台窗口中选中“芦荟”实例，在“属性”面板的“对象”选项卡中，选择“色彩效果”选项组，在“样式”下拉列表中选择“Alpha”，将其值设为0%，如图5-112所示，效果如图5-113所示。

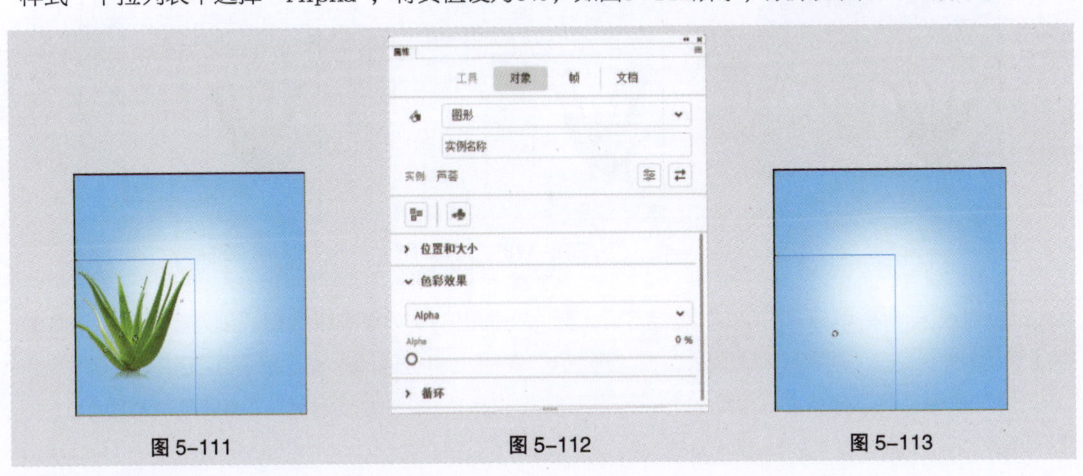

图 5-111　　图 5-112　　图 5-113

（7）用鼠标右键单击“芦荟”图层的第1帧，在弹出的快捷菜单中选择“创建传统补间”命令，生成传统补间动画。

3. 制作产品动画

（1）在“时间轴”面板中创建新图层并将其命名为“化妆品1”。选中“化妆品1”图层的第15帧，按F6键，插入关键帧。将“库”面板中的图形元件“化妆品1”拖曳到舞台窗口中，并放置在适当的位置，如图5-114所示。

（2）选中“化妆品1”图层的第25帧，按F6键，插入关键帧。选中“化妆品1”图层的第15帧，在舞台窗口中选中“化妆品1”实例，在“属性”面板的“对象”选项卡中，选择“色彩效果”选项组，在“样式”下拉列表中选择“Alpha”，将其值设为0%，效果如图5-115所示。

（3）用鼠标右键单击“化妆品1”图层的第1帧，在弹出的快捷菜单中选择“创建传统补间”命令，生成传统补间动画，如图5-116所示。

图 5-114　　图 5-115　　图 5-116

（4）在“时间轴”面板中创建新图层并将其命名为“形状1”。选中“形状1”图层的第15帧，按F6键，插入关键帧。选中“形状1”图层的第25帧，选择“基本矩形”工具，在工具箱中将“填充颜色”设为白色，“笔触颜色”设为无，在舞台窗口中适当的位置绘制1个宽于“化妆品1”实例的矩形，效果如图5-117所示。

（5）选中“形状1”图层的第25帧，按F6键，插入关键帧。选择“任意变形”工具，在矩形周围出现控制点，如图5-118所示，按住Alt键的同时，选中矩形上侧中间的控制点向上拖曳到适当的位置，改变矩形的高度，效果如图5-119所示。

图 5-117　　图 5-118　　图 5-119

（6）用鼠标右键单击“形状1”图层的第15帧，在弹出的快捷菜单中选择“创建补间形状”命令，生成形状补间动画，如图5-120所示。在“形状1”图层上单击鼠标右键，在弹出的快捷菜单中选择“遮罩层”命令，将“形状1”图层设置为遮罩层，“化妆品1”图层为被遮罩层，如图5-121所示。

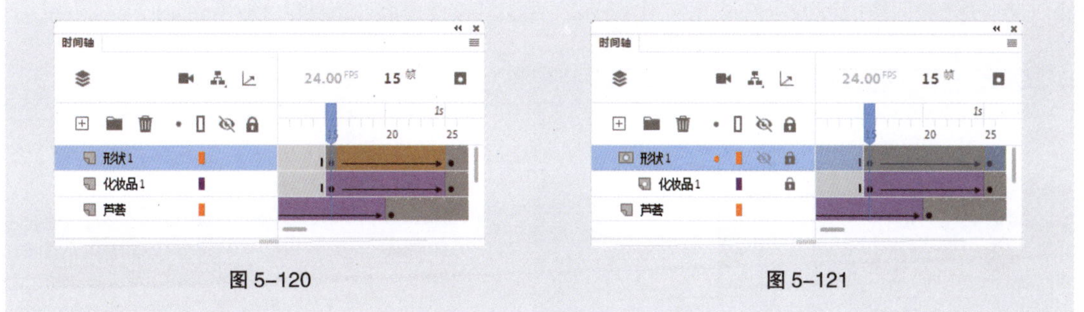

图 5-120　　图 5-121

（7）在“时间轴”面板中创建新图层并将其命名为“化妆品2”。选中“化妆品2”图层的第30帧，按F6键，插入关键帧。将“库”面板中的图形元件“化妆品2”拖曳到舞台窗口中，并放置在适当的位置，如图5-122所示。

（8）选中“化妆品2”图层的第40帧，按F6键，插入关键帧。选中“化妆品2”图层的第30帧，在舞台窗口中将“化妆品2”实例垂直向下拖曳到适当的位置，如图5-123所示。在舞台窗口中选中“化妆品2”实例，在“属性”面板的“对象”选项卡中，选择“色彩效果”选项组，在“样式”下拉列表中选择“Alpha”，将其值设为0%，如图5-124所示。

图 5-122　　图 5-123　　图 5-124

（9）用鼠标右键单击“化妆品2”图层的第30帧，在弹出的快捷菜单中选择“创建传统补间”命令，生成传统补间动画。

（10）在“时间轴”面板中创建新图层并将其命名为“形状2”。选中“形状2”图层的第30帧，按F6键，插入关键帧。选中“形状2”图层的第40帧，选择“基本矩形”工具▆，在舞台窗口中适当的位置绘制1个矩形，效果如图5-125所示。

（11）选中“形状2”图层的第40帧，按F6键，插入关键帧。选择“任意变形”工具，在矩形周围出现控制点，按住Alt键的同时，选中矩形上侧中间的控制点向上拖曳到适当的位置，改变矩形的高度，效果如图5-126所示。

（12）用鼠标右键单击“形状2”图层的第30帧，在弹出的快捷菜单中选择“创建补间形状”命令，生成形状补间动画。在“形状2”图层上单击鼠标右键，在弹出的快捷菜单中选择“遮罩层”命令，将“形状2”图层设置为遮罩层，“化妆品2”图层为被遮罩层，如图5-127所示。

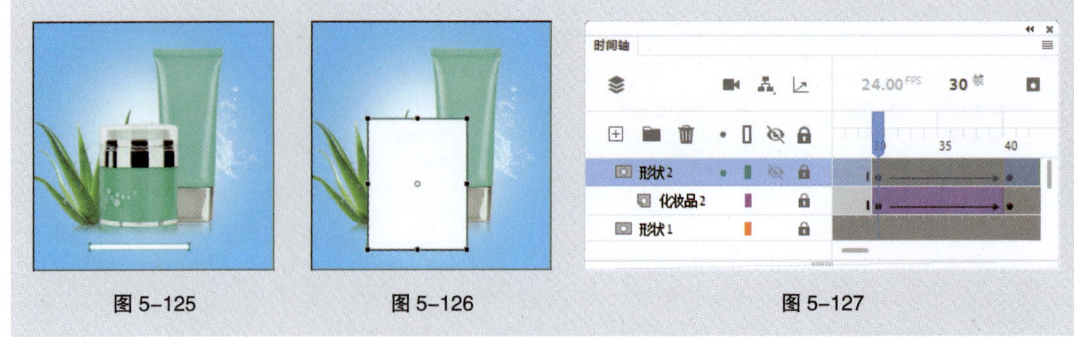

图 5-125　　图 5-126　　图 5-127

（13）在“时间轴”面板中创建新图层并将其命名为“标牌”。选中“标牌”图层的第30帧，按F6键，插入关键帧。将“库”面板中的图形元件“标牌”拖曳到舞台窗口中，并放置在适当的位置，如图5-128所示。

（14）选中“标牌”图层的第40帧，按F6键，插入关键帧。选中“标牌”图层的第30帧，在舞台窗口中选中“标牌”实例，在“属性”面板的“对象”选项卡中，选择“色彩效果”选项组，在“样式”下拉列表中选择“Alpha”，将其值设为0%，如图5-129所示，效果如图5-130所示。

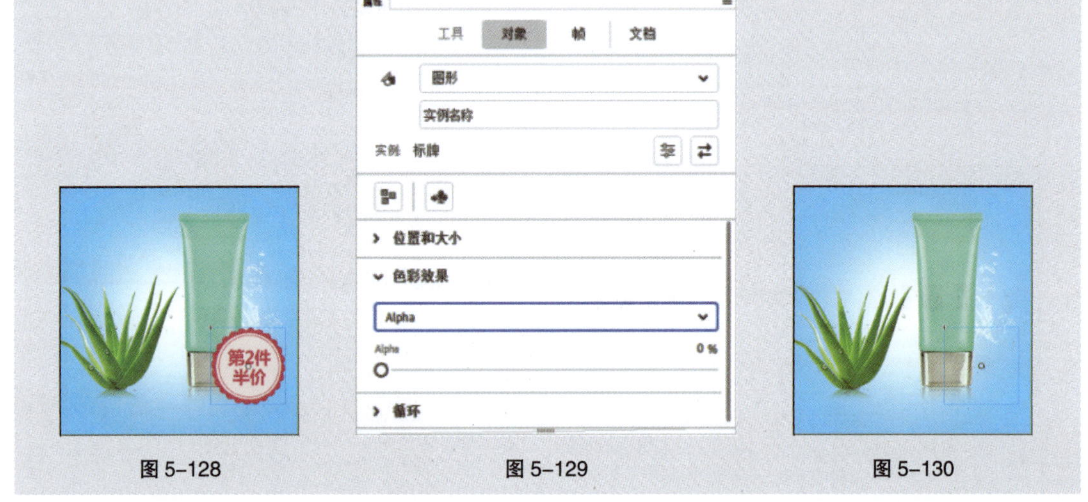

图 5-128　　图 5-129　　图 5-130

（15）用鼠标右键单击“标牌”图层的第30帧，在弹出的快捷菜单中选择“创建传统补间”命令，生成传统补间动画。

（16）在“时间轴”面板中创建新图层并将其命名为“形状3”。选中“形状3”图层的第30帧，按F6键，插入关键帧。选中“形状3”图层的第40帧，选择“基本椭圆”工具，在工具箱中将“填充颜色”设为白色，“笔触颜色”设为无，按住Shift键的同时，在舞台窗口中绘制1个圆形，效果如图5-131所示。

（17）选中“形状3”图层的第40帧，按F6键，插入关键帧。选中“形状3”图层的第30帧，按Ctrl+T组合键，弹出“变形”面板，将“缩放宽度”选项和“缩放高度”选项均设为1.0%，如图5-132所示，效果如图5-133所示。

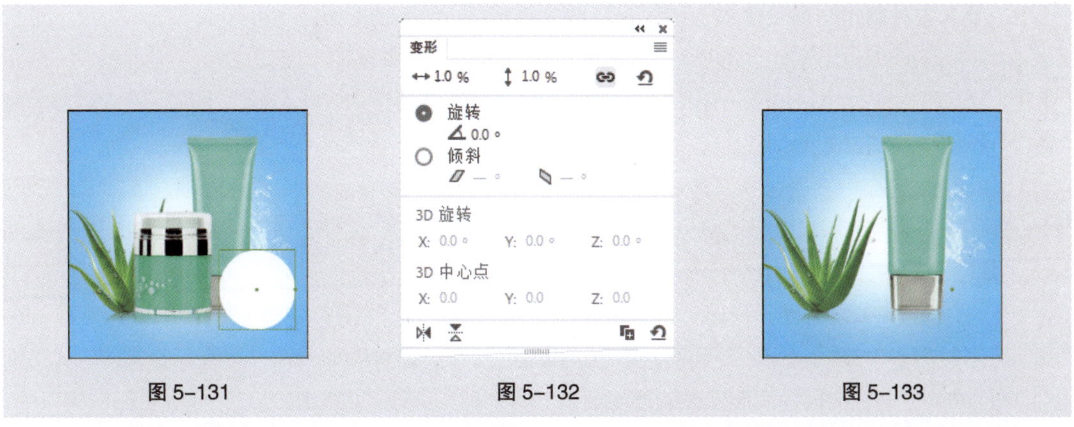

图 5-131　图 5-132　图 5-133

（18）用鼠标右键单击“形状3”图层的第30帧，在弹出的快捷菜单中选择“创建补间形状”命令，生成形状补间动画，如图5-134所示。在“形状3”图层上单击鼠标右键，在弹出的快捷菜单中选择“遮罩层”命令，将“形状3”图层设置为遮罩层，“标牌”图层为被遮罩层，如图5-135所示。化妆品类公众号文章配图制作完成，按Ctrl+Enter组合键即可查看效果。

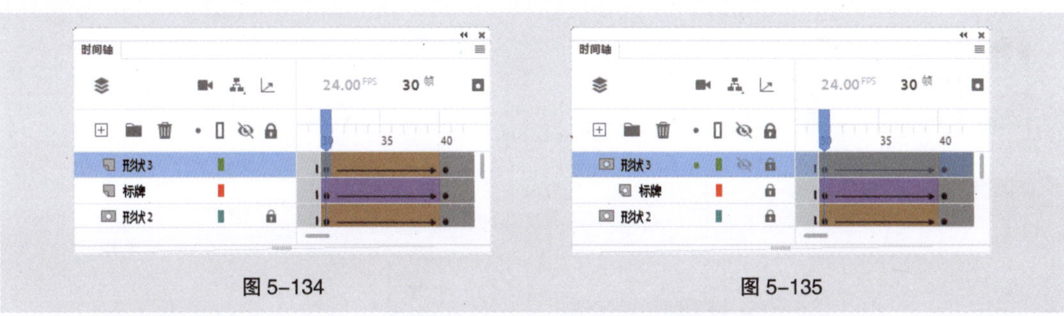

图 5-134　图 5-135

5.4.2　课堂案例——制作服装饰品类公众号封面首图动画

【案例学习目标】学习使用“添加传统运动引导层”命令添加引导层。

【案例知识要点】使用“添加传统运动引导层”命令添加引导层，使用“铅笔”工具绘制曲线，使用“创建传统补间”命令制作花瓣飘落动画效果。服装饰品类公众号封面首图动画效果如图5-136所示。

【效果所在位置】Ch05/效果/制作服装饰品类公众号封面首图动画.fla。

微课

制作服装饰品类公众号封面首图动画

图 5-136

1. 导入素材制作图形元件

（1）启动Animate软件，选择“文件 > 新建”命令，在弹出的“新建文档”对话框中，选择“常规”选项卡中的“ActionScript 3.0”选项，将“宽”选项设为900，“高”选项设为383，单击“确定”按钮，完成文档的创建。

（2）选择“文件 > 导入 > 导入到库”命令，在弹出的“导入到库”对话框中，选择云盘中的“Ch05 > 素材 > 制作服装饰品类公众号封面首图动画 > 01 ~ 06”文件，单击“打开”按钮，将文件导入“库”面板中，如图5-137所示。

（3）按Ctrl+F8组合键，弹出“创建新元件”对话框，在“名称”文本框中输入“花瓣1”，在“类型”下拉列表中选择“图形”选项，单击“确定”按钮，新建图形元件“花瓣1”，如图5-138所示，舞台窗口也随之转换为图形元件的舞台窗口。将“库”面板中的位图“02”拖曳到舞台窗口中，并放置在适当的位置，如图5-139所示。

（4）用相同的方法将“库”面板中的位图“03”“04”“05”“06”，分别制作成图形元件“花瓣2”“花瓣3”“花瓣4”“花瓣5”，如图5-140所示。

图 5-137　　图 5-138　　图 5-139　　图 5-140

2. 制作影片剪辑元件

（1）按Ctrl+F8组合键，弹出“创建新元件”对话框，在“名称”文本框中输入“花瓣动1”，在“类型”下拉列表中选择“影片剪辑”选项，如图5-141所示，单击“确定”按钮，新建影片剪辑元件“花瓣动1”。舞台窗口也随之转换为影片剪辑元件的舞台窗口。

（2）在“图层_1”上单击鼠标右键，在弹出的快捷菜单中选择“添加传统运动引导层”命令，为“图层1”添加运动引导层，如图5-142所示。

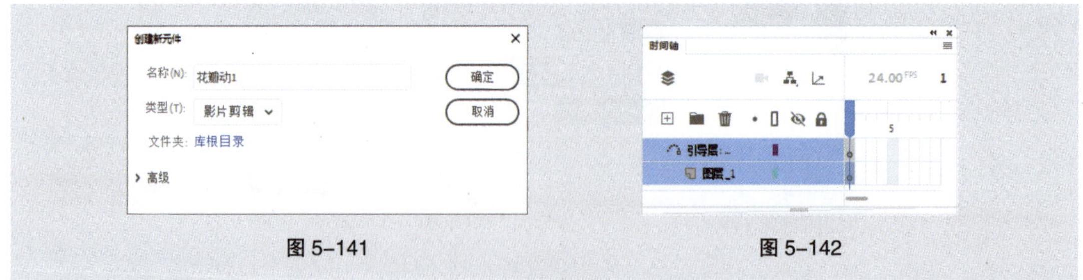

图 5-141　　图 5-142

（3）选择“铅笔”工具，在工具箱中将“笔触颜色”设为红色（#FF0000），在引导层上绘制出1条曲线，如图5-143所示。选中引导层的第40帧，按F5键，插入普通帧，如图5-144所示。

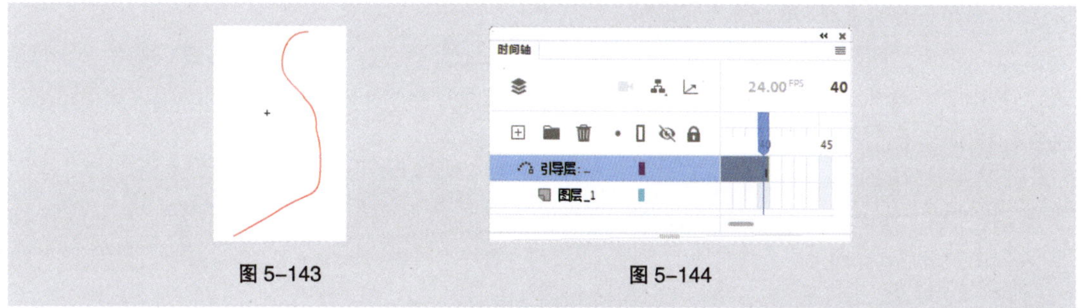

图 5-143　　图 5-144

（4）选中“图层_1”的第1帧，将“库”面板中的图形元件“花瓣1”拖曳到舞台窗口中并将其放置在曲线上方的端点上，效果如图5-145所示。

（5）选中“图层_1”的第40帧，按F6键，插入关键帧，如图5-146所示。选择“选择”工具▶，在舞台窗口中将“花瓣1”实例拖曳到曲线下方的端点上，效果如图5-147所示。

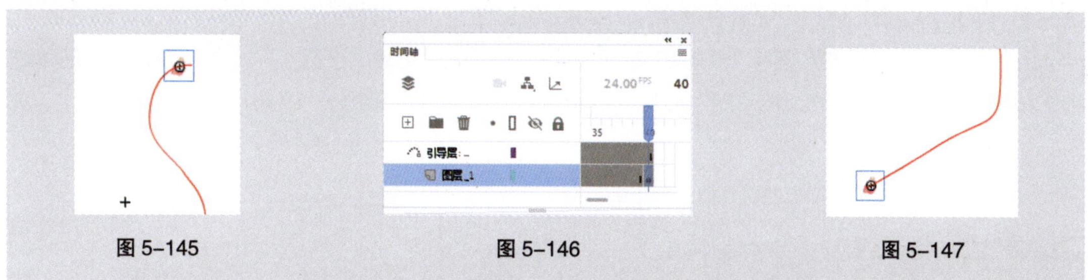

图 5-145　　图 5-146　　图 5-147

（6）用鼠标右键单击“图层_1”中的第1帧，在弹出的快捷菜单中选择“创建传统补间”命令，在第1帧和第40帧之间生成传统补间动画，如图5-148所示。

（7）通过上述的步骤用图形元件“花瓣2”“花瓣3”“花瓣4”“花瓣5”，分别制作影片剪辑元件“花瓣动2”“花瓣动3”“花瓣动4”和“花瓣动5”，如图5-149所示。

（8）按Ctrl+F8组合键，弹出“创建新元件”对话框，在“名称”文本框中输入“一起动”，在“类型”下拉列表中选择“影片剪辑”选项，单击“确定”按钮，新建影片剪辑元件“一起动”，如图5-150所示。舞台窗口也随之转换为影片剪辑元件的舞台窗口。

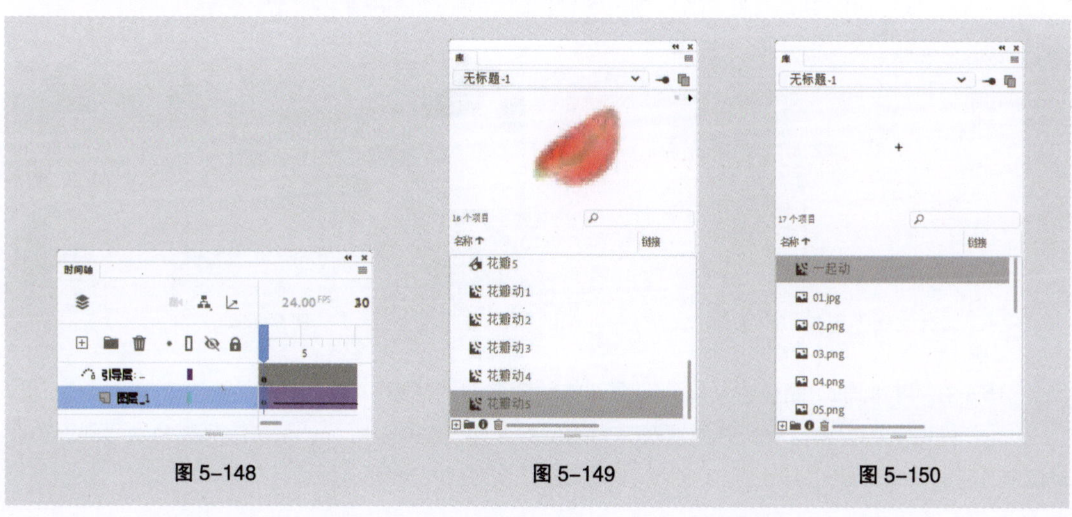

图 5-148　　图 5-149　　图 5-150

（9）将“库”面板中的影片剪辑元件“花瓣动1”拖曳到舞台窗口中，如图5-151所示。选中“图层1”的第50帧，按F5键，插入普通帧。

（10）单击“时间轴”面板上方的“新建图层”按钮⊞，新建“图层_2”。选中“图层_2”的第5帧，按F6键，插入关键帧。将“库”面板中的影片剪辑元件“花瓣动2”向舞台窗口中拖曳两次，如图5-152所示。

图 5-151　　图 5-152

（11）单击“时间轴”面板上方的“新建图层”按钮⊞，新建“图层_3”。选中“图层_3”的第10帧，按F6键，插入关键帧。将“库”面板中的影片剪辑元件“花瓣动3”拖曳到舞台窗口中，如图5-153所示。

（12）单击“时间轴”面板上方的“新建图层”按钮⊞，新建“图层4”。选中“图层4”的第15帧，按F6键，插入关键帧。将“库”面板中的影片剪辑元件“花瓣动4”向舞台窗口中拖曳两次，如图5-154所示。

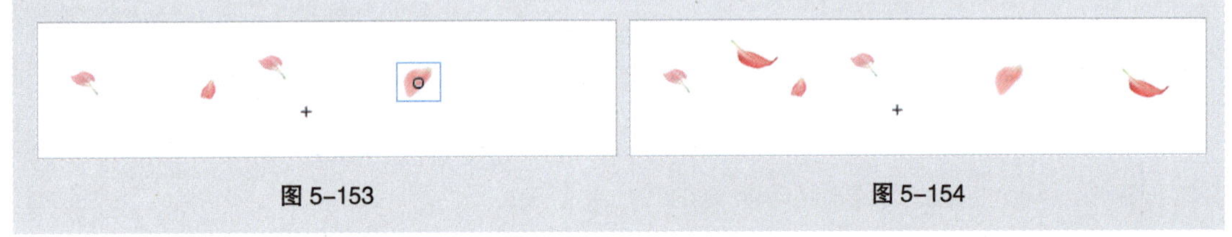

图 5-153　　图 5-154

（13）单击“时间轴”面板上方的“新建图层”按钮⊞，新建“图层5”。选中“图层5”的第20帧，按F6键，插入关键帧。将“库”面板中的影片剪辑元件“花瓣动5”拖曳到舞台窗口中，如图5-155所示。

（14）单击舞台窗口左上方的 ← 图标，进入“场景1”的舞台窗口。将“图层_1”重命名为“底图”。将“库”面板中的位图“01”拖曳到舞台窗口中，如图5-156所示。

图 5-155　　图 5-156

（15）在“时间轴”面板中创建新图层并将其命名为“花瓣”。将“库”面板中的影片剪辑元件“一起动”拖曳到舞台窗口中，并放置在适当的位置，如图5-157所示。服装饰品类公众号封面首图动画制作完成，按Ctrl+Enter组合键即可查看效果，如图5-158所示。

图 5-157　　图 5-158

5.5 交互式动画的制作

交互式动画主要是使用软件中的交互功能进行制作，如凡科微传单即为制作H5页面中交互式动画的常用软件。

5.5.1 课堂案例——制作食品餐饮行业产品营销 H5 页面

【案例学习目标】学习使用凡科微传单制作H5页面并发布的方法。

【案例知识要点】运用谷歌浏览器登录凡科官网，使用凡科微传单制作食品餐饮行业产品营销H5页面，使用凡科微传单趣味功能中的画中画功能制作H5页面，效果如图5-159所示。

【效果所在位置】Ch05/效果/制作食品餐饮行业产品营销H5页面.psd。

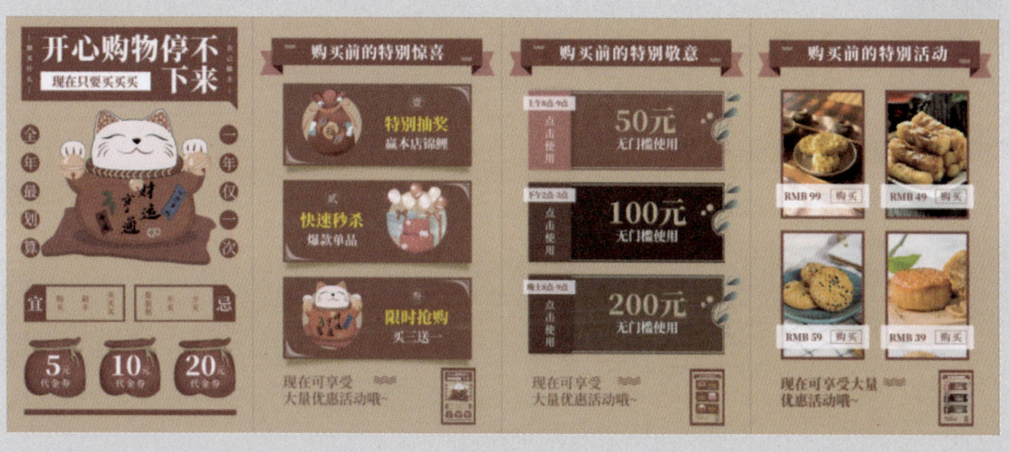

图 5-159

（1）使用谷歌浏览器打开凡科官网。官网右上方有“免费注册”按钮，如图5-160所示，可单击进行注册并登录。进入“创建活动”页面，选择“从空白创建”，如图5-161所示。

图 5-160　　图 5-161

（2）单击页面上方的“趣味”选项，在弹出的菜单中选择“画中画”功能，如图5-162所示。在弹出的窗口中单击“添加”按钮，页面创建完成。

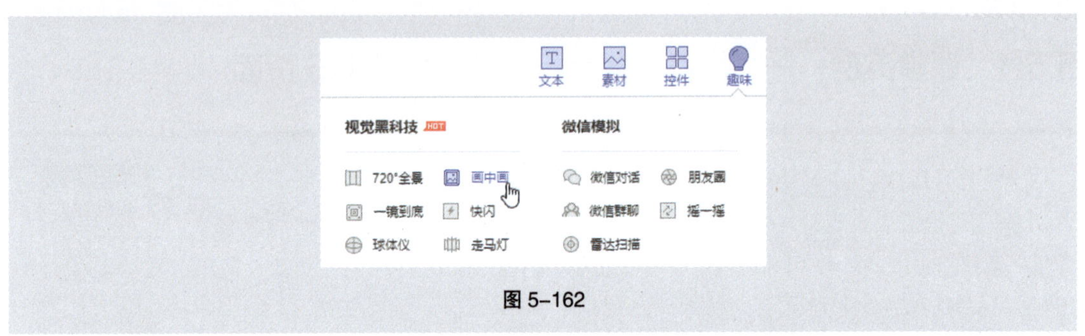

图 5-162

（3）在页面窗口中选取“页面1”，单击右侧的“删除”按钮，如图5-163所示。弹出“信息提示”对话框，单击“确定”按钮，删除空白页面，页面如图5-164所示。选取“长按”按钮，在右侧的“按钮样式”面板中展开“高级样式”以调整大小，如图5-165所示。

图 5-163　　图 5-164　　图 5-165

（4）单击页面上方的“素材”选项，如图5-166所示，在弹出的对话框中单击“本地上传”按钮，选中“Ch05 > 素材 > 制作食品餐饮行业产品营销H5页面 > 01 ~ 04”，效果如图5-167所示。单击使用“01”素材，页面效果如图5-168所示。

图 5-166

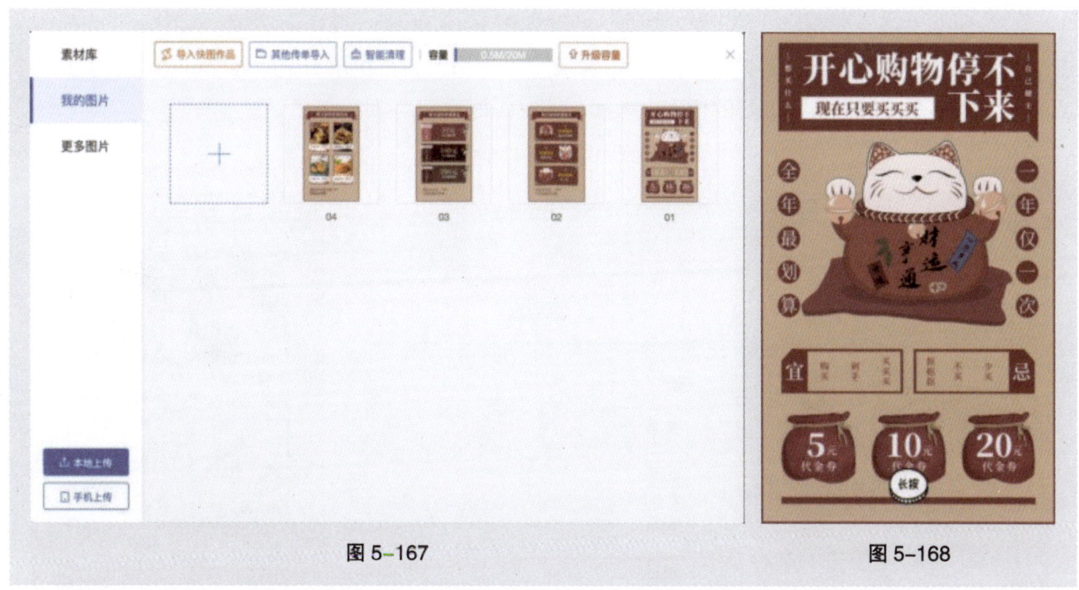

图 5-167　　图 5-168

（5）单击图像右侧的“生成”按钮，如图5-169所示，生成“画中画”，单击页面右上方的“保存”按钮，如图5-170所示，保存页面效果。

图 5-169　　图 5-170

（6）在页面右侧“画中画”面板中单击选取“第2幕”，如图5-171所示，再次选取素材，选取上一个页面的缩略图并将其拖曳到适当的位置，效果如图5-172所示。

图 5-171　　图 5-172

（7）根据上述步骤制作“第3幕”页面，效果如图5-173所示。在页面右侧“画中画”面板中单击“第3幕”下方的“添加”选项添加画面，如图5-174所示，再次单击选取素材，单击选取上一个页面的缩略图并将其拖曳到适当的位置，效果如图5-175所示。

图 5-173　图 5-174　图 5-175

（8）单击“设置画板”按钮，如图5-176所示，在弹出的颜色面板中选择“更多颜色”，如图5-177所示，在弹出的面板中输入颜色数值“d8bba3”如图5-178所示。

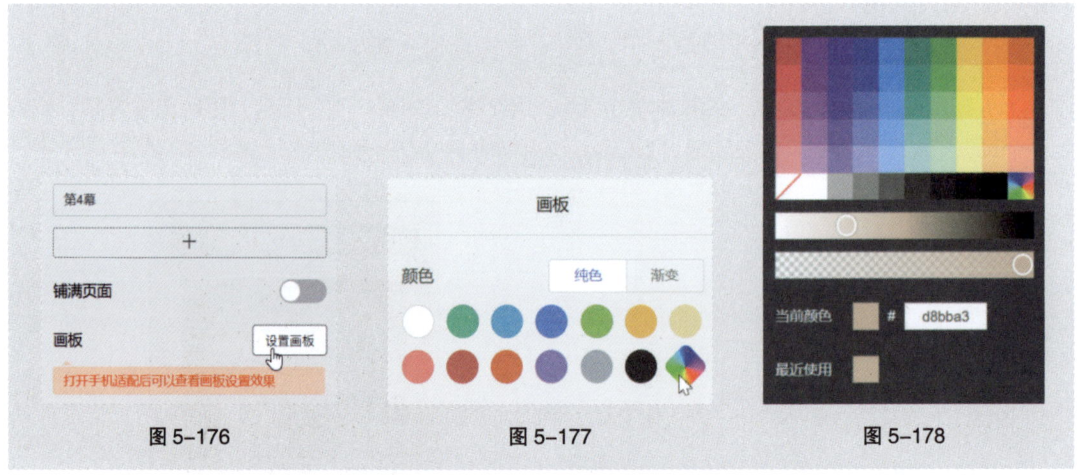

图 5-176　图 5-177　图 5-178

（9）单击页面右上方的“音乐”按钮，打开“背景音乐”面板，如图5-179所示，单击“选择音乐”按钮，在弹出的面板中选取背景音乐。单击底图右侧的“生成”按钮，生成“画中画”，单击页面右上方的“预览和设置”按钮，保存并预览效果，如图5-180所示。

（10）单击“基础设置”面板中的“编辑分享样式”按钮，在弹出的面板中编辑分享样式，如图5-181所示。单击“手机预览”或“分享作品”按钮，扫描二维码即可分享作品。食品餐饮行业产品营销H5页面制作完成。

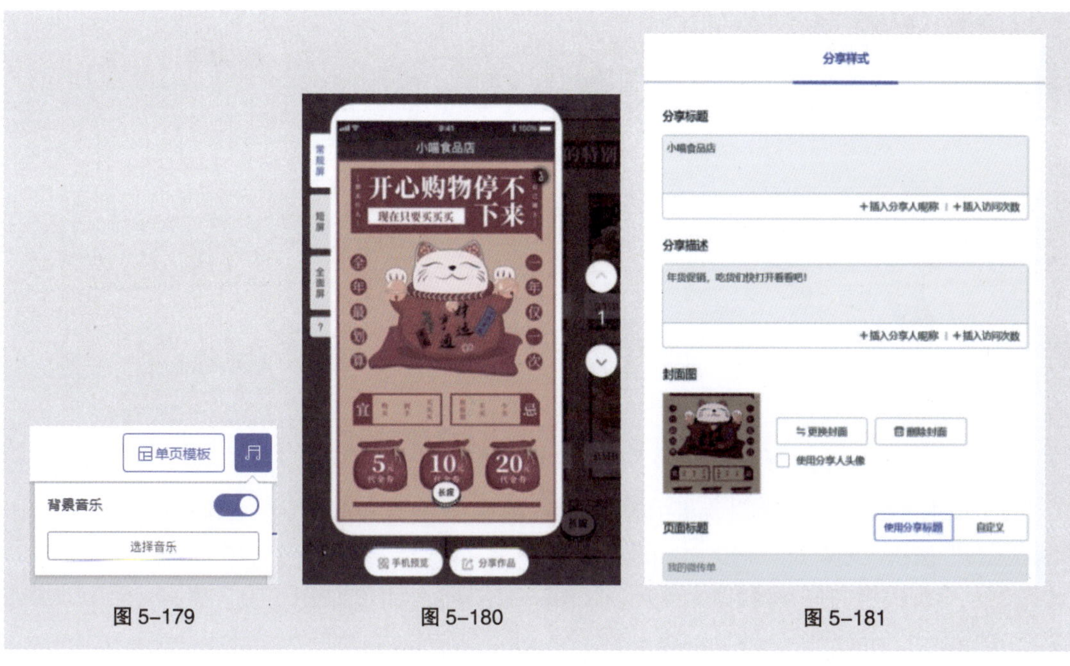

图 5-179　　图 5-180　　图 5-181

5.5.2 课堂案例——制作家居装修行业产品推广 H5 页面

【案例学习目标】 学习使用凡科互动制作H5页面并发布的方法。

【案例知识要点】 运用谷歌浏览器登录凡科官网，使用凡科互动为传单制作家居装修行业产品推广H5页面，使用凡科微传单趣味中的全景功能功能制作最终效果。家居装修行业产品推广H5页面效果如图5-182所示。

【效果所在位置】 Ch05/效果/制作家居装修行业产品推广H5页面.psd。

微课

制作家居装修行业产品推广 H5 页面

图 5-182

（1）使用谷歌浏览器登录凡科官网。单击“进入管理”按钮，打开“常用产品”面板，如图5-183所示，选择“微传单”，进入“创建活动”页面，选择“从空白创建”，如图5-184所示。

图 5-183　　图 5-184

（2）单击页面右侧“背景”面板中的添加图片区域，如图5-185所示。在弹出的对话框中单击“本地上传”按钮，选取云盘中的“Ch05 > 素材 > 制作家居装修行业产品推广H5页面 > 01 ~ 10”素材文件，单击“打开”按钮置入图片，如图5-186所示。单击使用“01”素材，页面效果如图5-187所示。

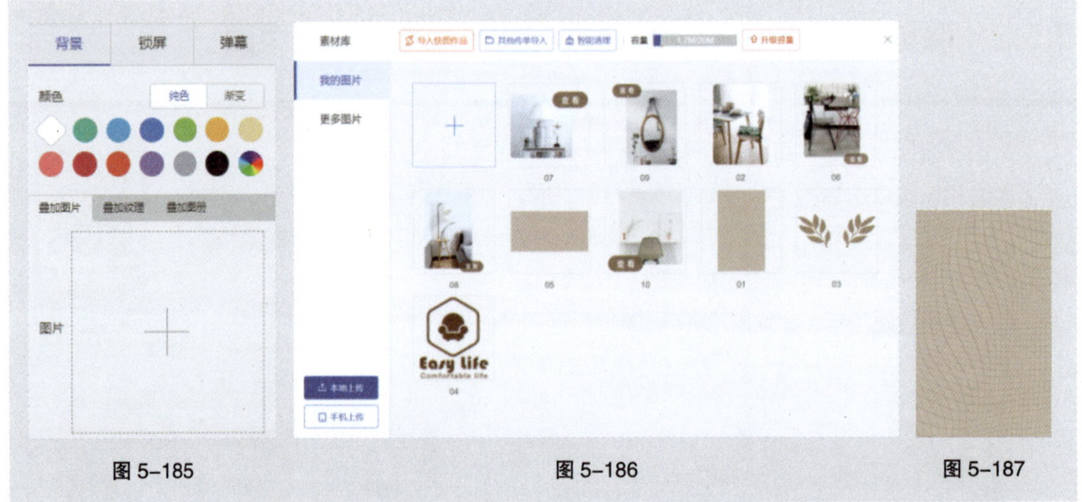

图 5-185　　图 5-186　　图 5-187

（3）单击效果右侧的“手机适配”按钮，如图5-188所示，在弹出的面板中进行设置，如图5-189所示，页面效果如图5-190所示，单击页面右上方的“保存”按钮，保存页面效果。

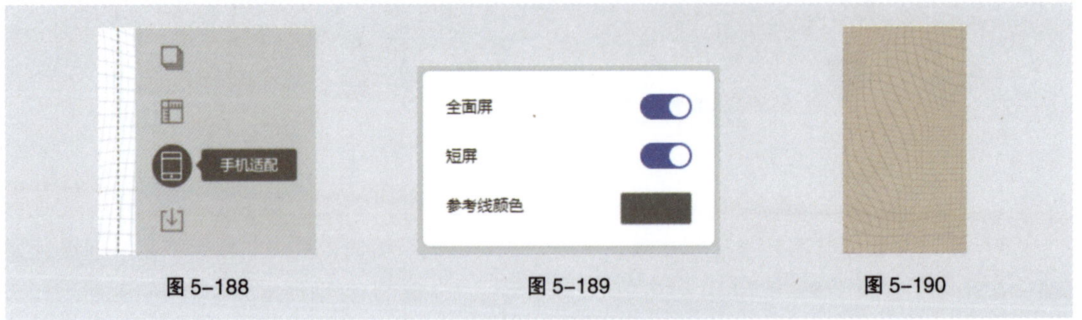

图 5-188　　图 5-189　　图 5-190

（4）单击页面上方的“素材”选项，在弹出的对话框中单击使用“02”素材，调整其大小并将其拖曳到适当的位置，在页面空白处单击，页面效果如图5-191所示。单击选取素材，将页面右侧的面板切换到“动画”，使用“向左淡入”入场动画，其他选项的设置如图5-192所示。根据上述步骤添加其他素材，并为其添加动画，页面效果如图5-193所示。

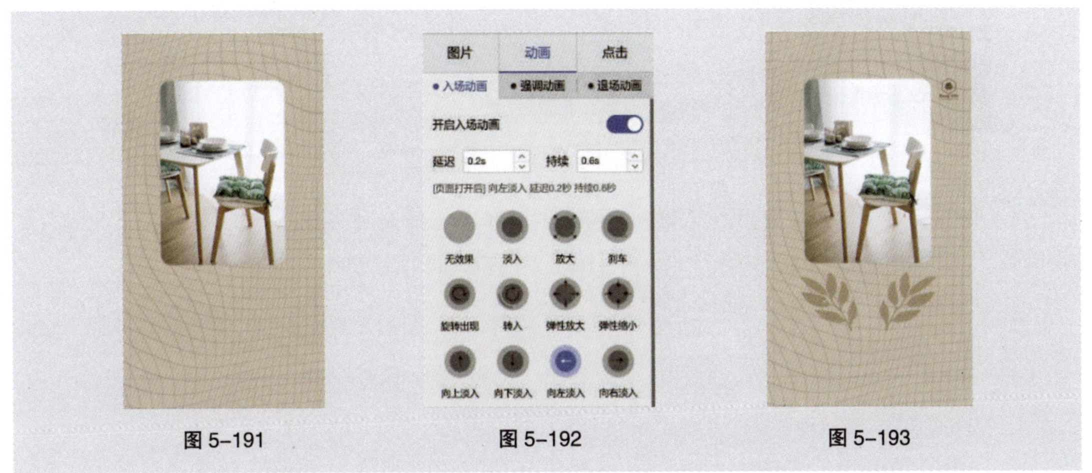

图 5-191　图 5-192　图 5-193

（5）单击页面上方的“文本”选项，在弹出的菜单中选择“副标题”，输入需要的文字，选择合适的字体并设置大小，如图5-194所示。设置文字填充色为深棕色，将其拖曳到适当的位置，并添加动画，在页面空白处单击，文字效果如图5-195所示。用相同的方法输入其他文字，并添加动画，页面效果如图5-196所示。

图 5-194　图 5-195　图 5-196

（6）单击页面上方的“控件”选项，在弹出的菜单中选择“功能 > 按钮”命令，如图5-197所示，效果如图5-198所示。单击“选取”按钮，在页面右侧的面板中选取合适的“按钮样式”，在文本框中输入“即刻点击 进行体验”如图5-199所示，并设置“主题颜色”为深棕色（#764421），如图5-200所示。展开“高级样式”选项，输入数值调整按钮宽高等参数，具体设置如图5-201所示，效果如图5-202所示。

图 5-197　图 5-198　图 5-199

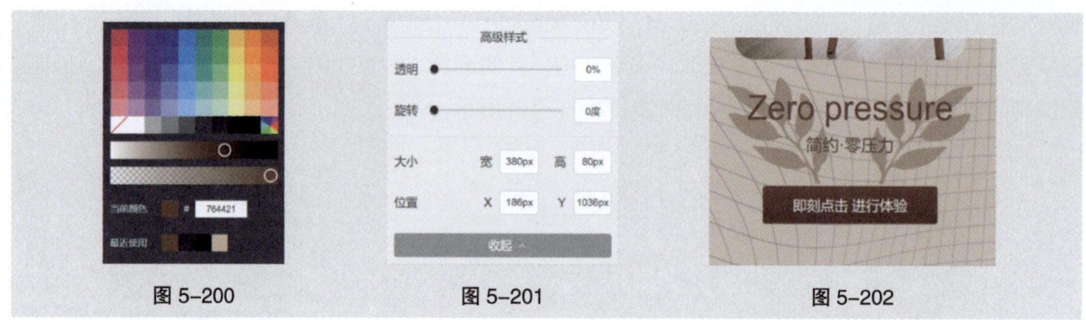

图 5-200　　图 5-201　　图 5-202

（7）单击页面上方的“趣味”选项，在弹出的菜单中选择“视觉黑科技720° 全景”命令，如图5-203所示。在弹出的窗口中单击“添加”按钮，空白页面创建完成，如图5-204所示。

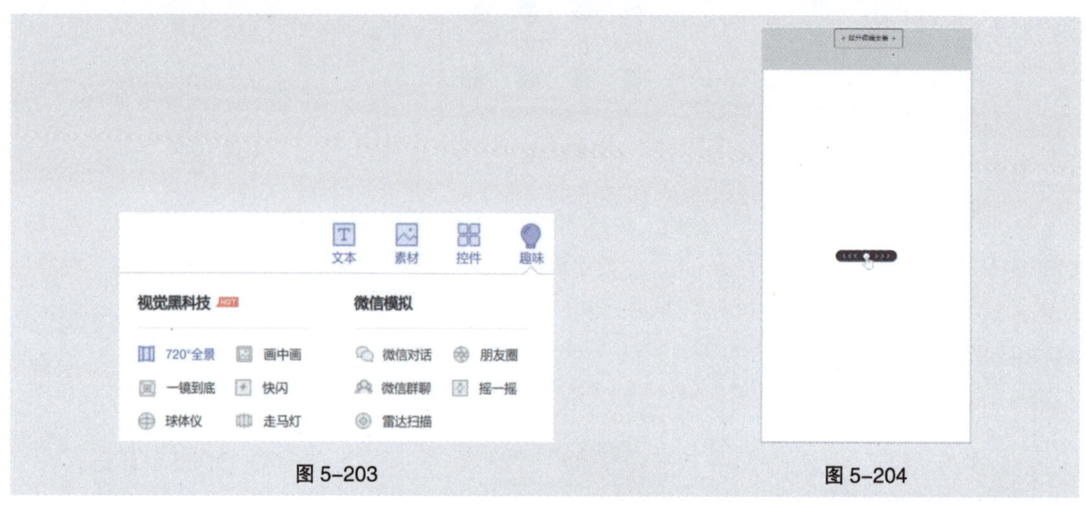

图 5-203　　图 5-204

（8）单击页面上方的“展开编辑全景”按钮，展开编辑全景，在外圈背景中选择“自定义”，在空白处单击，如图5-205所示，在弹出的对话框中单击使用“05”素材，添加效果，页面效果如图5-206所示。添加其他素材，调整其大小并将拖曳到适当的位置，效果如图5-207所示。

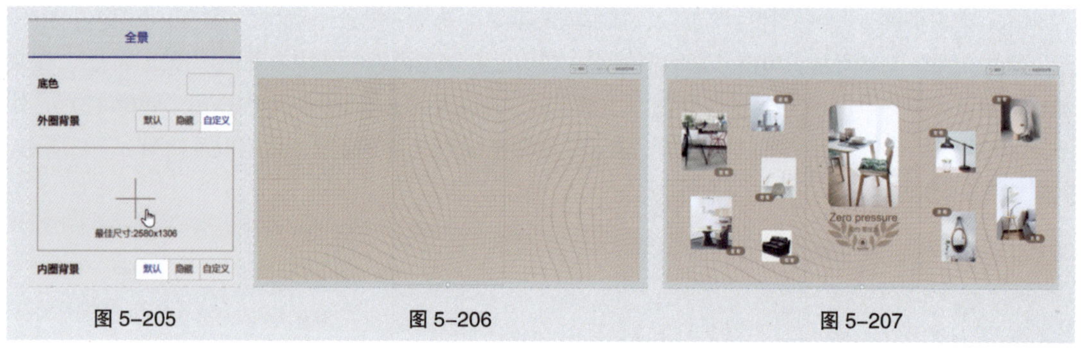

图 5-205　　图 5-206　　图 5-207

（9）单击页面右上方的“收起预览效果”按钮，收起预览效果，页面如图5-208所示。单击页面左侧的“弹窗”选项，单击“添加弹窗”按钮展开编辑弹窗页面，如图5-209所示。单击页面上方的“素材”选项，上传并使用“15”素材，将其拖曳到适当的位置，在页面空白处单击，效果如图5-210所示。

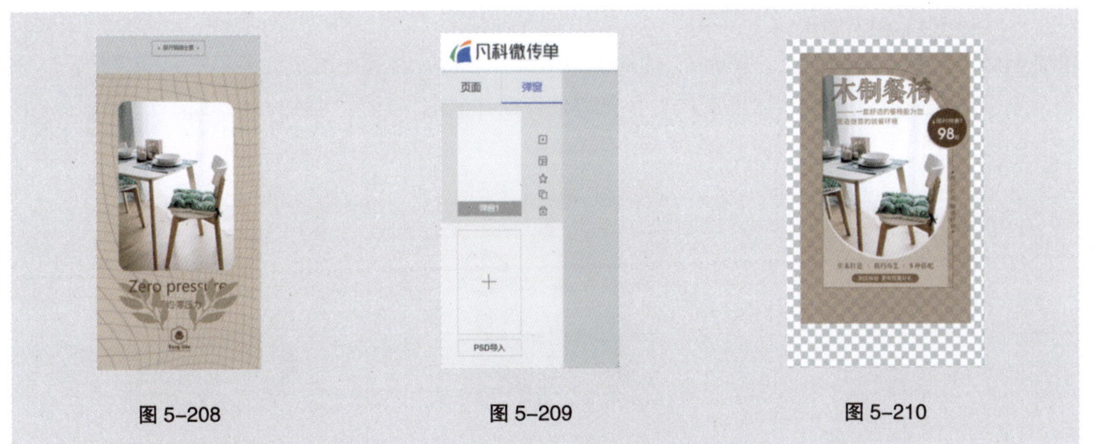

图 5-208　　图 5-209　　图 5-210

（10）单击页面上方的“控件”选项，在弹出的菜单中选择“功能 > 按钮”命令，如图5-211所示。单击“选取”按钮，在页面右侧的面板中选取合适的“按钮样式”，在“文本”文本框中输入“返回”，“文字样式”设为“自定义”，设置文字颜色为深棕色，设置“主题颜色”为白色，如图5-212所示。

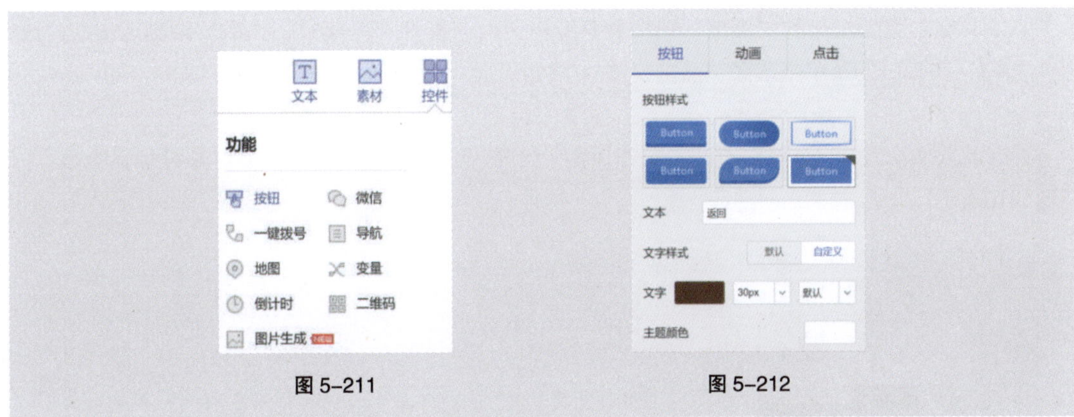

图 5-211　　图 5-212

（11）展开“高级样式”选项，输入数值调整按钮大小和位置，设置如图5-213所示，效果如图5-214所示。

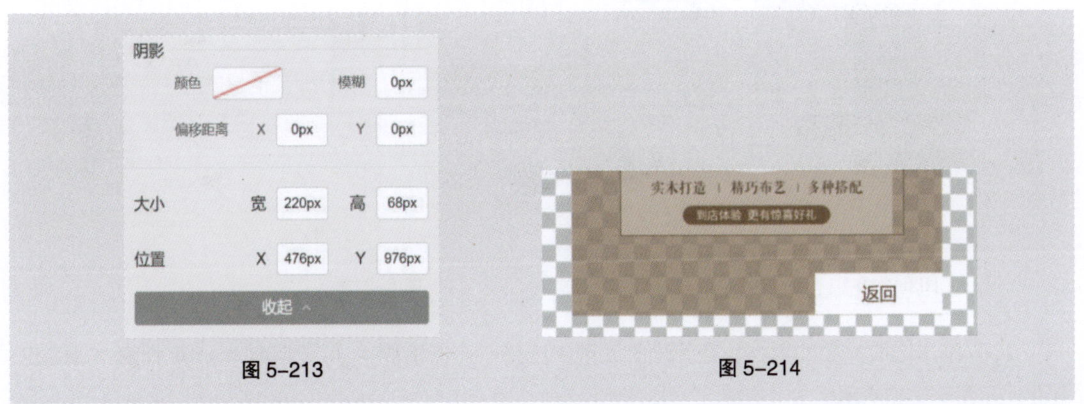

图 5-213　　图 5-214

（12）单击页面左侧的“弹窗1”下方的空白页面添加弹窗，如图5-215所示。单击页面上方的“素材”选项，在弹出的对话框中单击使用“16”素材，将其拖曳到适当的位置，在页面空白处单击，效果如图5-216所示。在“弹窗1”页面上选取“返回”按钮，单击鼠标右键，在弹出的快捷菜单中选择“复制”命令。在“弹窗2”图层上单击鼠标右键，在弹出的快捷菜单中选择“粘贴”命令，效果如图5-217所示。用相同的方法添加其他弹窗并粘贴“返回”按钮。

图 5-215　　图 5-216　　图 5-217

（13）单击页面左侧的“页面”选项展开编辑页面。打开“页面1”，选取“即刻点击 进行体验”按钮，在弹出的菜单中选择“点击事件 > 跳转页面 > 固定页面 > 下一页”命令，如图5-218所示。

（14）选取“720° 全景”页面，单击页面上方的“展开编辑全景”按钮，展开编辑全景，如图5-219所示。

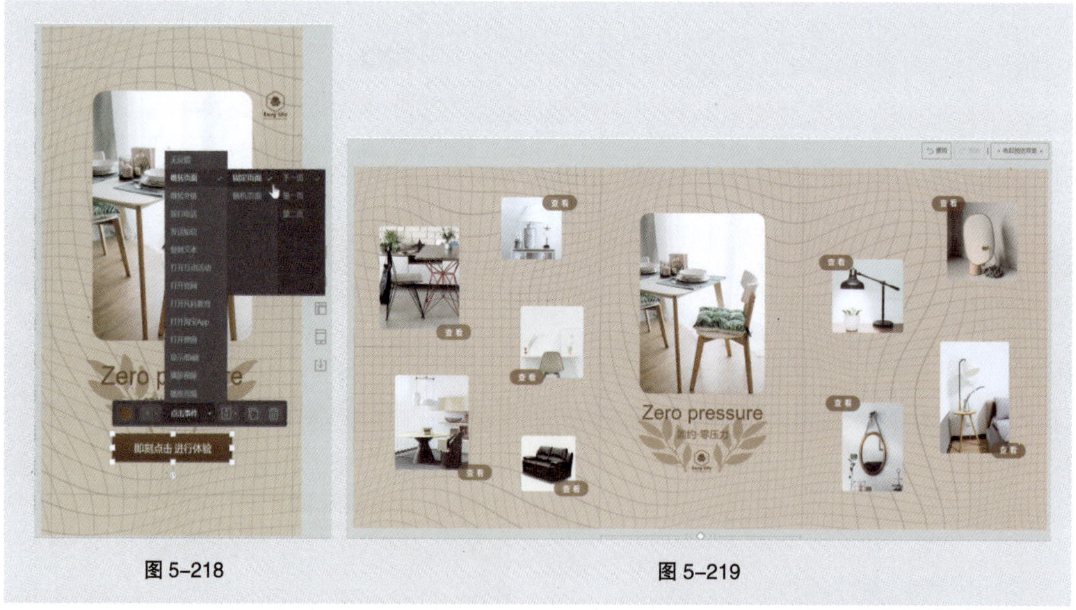

图 5-218　　图 5-219

（15）单击选取需要的素材，在弹出的菜单中选择“点击事件 > 打开弹窗 > 固定弹窗 > 弹窗2”命令，如图5-220所示。

图 5-220

（16）根据上述步骤为其他素材添加事件。单击页面右上方的“收起预览效果”按钮，收起预览效果。单击页面左侧的“弹窗”选项展开编辑弹窗页面，单击选取“返回”按钮，在弹出的菜单中选择“点击事件 > 关闭当前弹窗”命令，如图5-221所示。用相同的方法为其他返回按钮添加事件。

图 5-221

（17）单击页面右上方的“音乐”按钮，打开“背景音乐”面板，单击“更换”按钮，在弹出的面板中选取背景音乐，如图5-222所示。单击页面右上方的“预览和设置”按钮，保存并预览效果，如图5-223所示。

图 5-222　　图 5-223

（18）单击“基础设置”面板中的“编辑分享样式”按钮，如图5-224所示，在弹出的面板中编辑分享样式，如图5-225所示。单击“手机预览”或“分享作品”按钮，扫描二维码即可分享作品。家居装修行业产品推广H5页面制作完成。

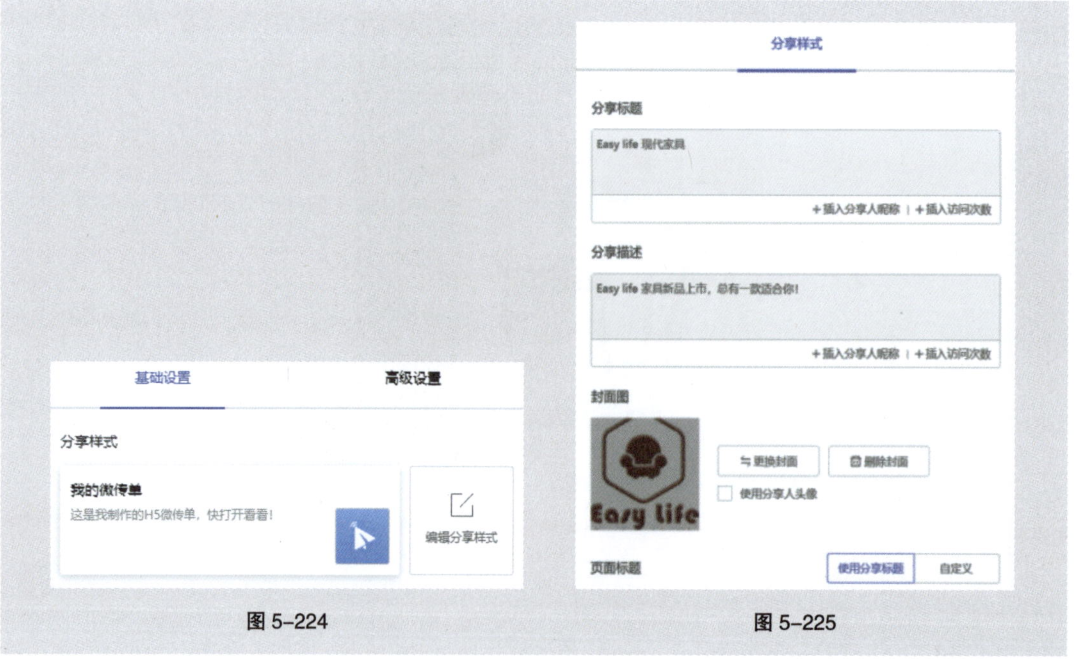

图 5-224　　图 5-225

5.6 课堂练习——制作食品餐饮类公众号封面首图动画

【练习知识要点】使用“导入”命令导入素材制作图形元件，使用“变形”面板改变实例图形的大小，使用“创建传统补间”命令创建传统补间动画，使用“属性”面板改变实例图形的不透明度。食品餐饮类公众号封面首图动画效果如图5-226所示。

【效果所在位置】Ch05/效果/制作食品餐饮类公众号封面首图动画.fla。

微课

制作食品餐饮类公众号封面首图动画

图 5-226

5.7 课后习题——制作教育咨询类公众号横版海报

【习题知识要点】使用“导入”命令导入素材制作图形元件，使用“创建传统补间”命令创建传统补间动画，使用“属性”面板改变实例图形的不透明度。教育咨询类公众号横版海报效果如图5-227所示。

【效果所在位置】Ch05/效果/制作教育咨询类公众号横版海报.fla。

图 5-227

06

第6章 综合案例

本章介绍

本章结合多个新媒体技术应用案例，综合介绍商业领域中的图像、视频、动画和H5页面制作方法与技巧。通过本章的学习，学生可以加深理解案例的设计理念和各软件的技术要点，制作出更专业的新媒体作品。

学习目标

- 掌握图像的制作方法。
- 掌握视频的制作方法。
- 掌握动画的制作方法。
- 掌握H5页面的制作方法。

素养目标

- 培养学以致用的能力。
- 培养综合处理信息的能力。
- 提高艺术审美水平。

技能目标

- 掌握宣传海报的制作方法。
- 掌握节目包装的制作方法。
- 掌握产品广告的制作方法。
- 掌握公众号首图动画的制作方法。
- 掌握活动促销H5页面的制作方法。
- 掌握产品介绍H5页面的制作方法。

6.1 图像的制作

6.1.1 课堂案例——制作公益环保宣传海报

【案例学习目标】学习使用“移动”工具和图层蒙版制作公益环保宣传海报。

【案例知识要点】使用“移动”工具添加素材图片，使用“椭圆”工具、“横排文字”工具和“字符”控制面板制作路径文字，使用“横排文字”工具和“矩形”工具添加其他相关信息。公益环保宣传海报效果如图6-1所示。

【效果所在位置】Ch06/效果/制作公益环保宣传海报.psd。

图 6-1

（1）启动Photoshop软件，按Ctrl+O组合键，弹出“打开”对话框，选择云盘中的“Ch06 > 制作公益环保宣传海报 > 素材 > 01、02”文件，单击“打开”按钮，打开图片，如图6-2所示。选择“移动”工具 ，将“02”图片拖曳到01图像窗口中的适当位置，效果如图6-3所示，在“图层”面板中生成新的图层并将其命名为“天空”。

图 6-2

图 6-3

（2）单击“图层”面板下方的“添加图层蒙版”按钮，为“天空”图层添加图层蒙版，如图6-4所示。将前景色设为黑色。选择“画笔”工具，在属性栏中单击“画笔预设”选项右侧的按钮，在弹出的“画笔”选择面板中选择需要的画笔形状，如图6-5所示。在属性栏中将“不透明度”设为80%，在图像窗口中涂抹，擦除不需要的部分，效果如图6-6所示。

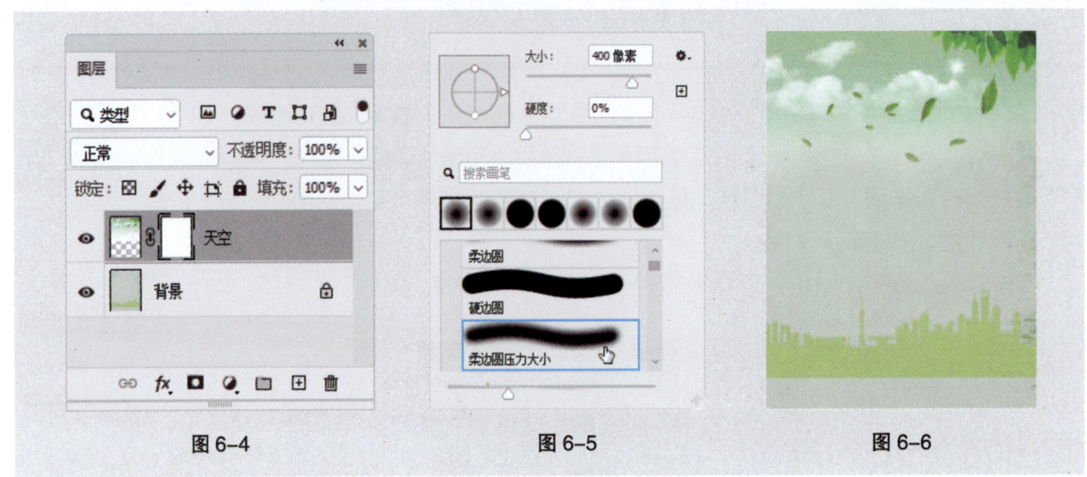

图 6-4　　图 6-5　　图 6-6

（3）按Ctrl+O组合键，弹出“打开”对话框，选择云盘中的“Ch06 > 制作公益环保宣传海报 > 素材 > 03～06”文件，单击“打开”按钮，打开图片。选择“移动”工具，分别将图片拖曳到图像窗口中的适当位置，效果如图6-7所示，在“图层”面板中生成新的图层并将其命名为“草地”“人物”“热气球1”“热气球2”，如图6-8所示。

图 6-7　　图 6-8

（4）选中“人物”图层。单击“图层”面板下方的“添加图层样式”按钮，在弹出的菜单中选择“投影”命令，在弹出的“图层样式”对话框中进行设置，如图6-9所示。单击“确定”按钮，效果如图6-10所示。

（5）选择“矩形”工具，在属性栏中将“填充”颜色设为无，“描边”颜色设为白色，“描边宽度”设为1.5，在图像窗口中绘制一个矩形，效果如图6-11所示，在“图层”面板中生成新的形状图层“矩形1”。

图 6-9　　图 6-10　　图 6-11

（6）选择“文件 > 置入嵌入对象”命令，弹出“置入嵌入的对象”对话框，选择云盘中的“Ch06 > 制作公益环保宣传海报 > 素材 > 07”文件。单击“置入”按钮，置入图片，将图片拖曳到适当的位置，按Enter键确定操作，在“图层”控制面板中生成新的图层并将其命名为“文案”，如图6-12所示，效果如图6-13所示。公益环保宣传海报制作完成。

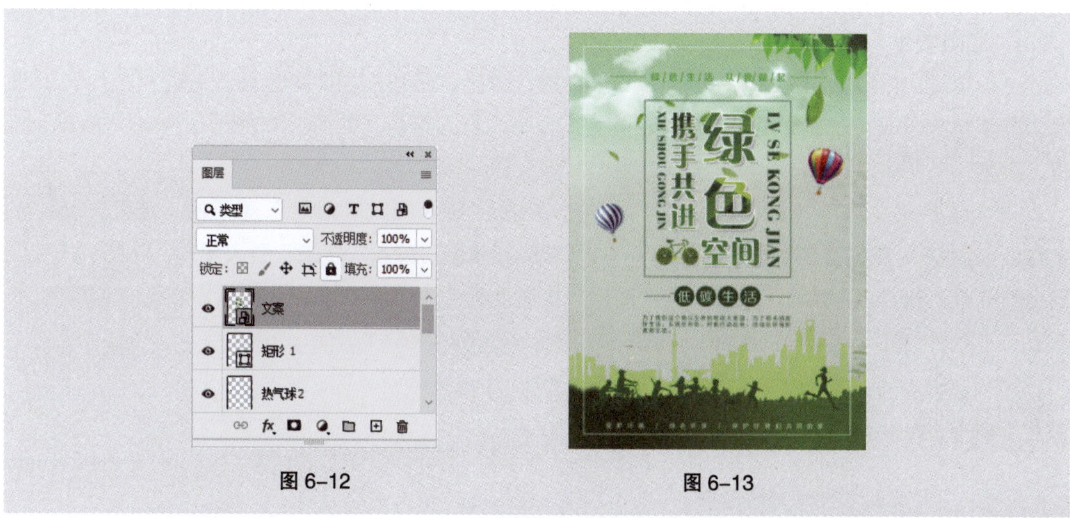

图 6-12　　图 6-13

6.1.2　课堂案例——制作立冬节气宣传海报

【案例学习目标】学习使用“横排文字”工具和“字符”面板添加文字。

【案例知识要点】使用“置入嵌入对象”命令置入图片，使用“横排文字”工具添加文字，使用“添加图层样式”按钮为图像添加效果，使用“矩形”工具和“圆角矩形”工具绘制基本形状。立冬节气宣传海报效果如图6-14所示。

【效果所在位置】Ch06/效果/制作立冬节气宣传海报.psd。

图 6–14

1. 底图制作

（1）启动Photoshop软件，按Ctrl+N组合键，弹出“新建文档”对话框，设置宽度为1125像素，高度为2436像素，分辨率为72像素/英寸，背景内容为白色，如图6–15所示。单击“创建”按钮，新建一个文件。

（2）选择“文件 > 置入嵌入对象”命令，弹出“置入嵌入的对象”对话框，选择云盘中的“Ch06 > 素材 > 制作立冬节气宣传海报 > 01”文件。单击“置入”按钮，置入图片，将图片拖曳到适当的位置，按Enter键确认操作，在“图层”控制面板中生成新的图层并将其命名为“纹理”，将图层的“不透明度”选项设为80%，如图6–16所示，效果如图6–17所示。

图 6–15　　图 6–16

（3）选择“文件 > 置入嵌入对象”命令，弹出“置入嵌入的对象”对话框，选择云盘中的

“Ch06 > 素材 > 制作立冬节气宣传海报 > 02”文件。单击“置入”按钮，置入图片，将图片拖曳到适当的位置并调整其大小，按Enter键确定操作，效果如图6-18所示，在“图层”控制面板中生成新的图层并将其命名为“雪地”，如图6-19所示。

图 6-17　　图 6-18　　图 6-19

（4）选择“文件 > 置入嵌入对象”命令，弹出“置入嵌入的对象”对话框，选择云盘中的“Ch06 > 素材 > 制作立冬节气宣传海报 > 03”文件。单击“置入”按钮，置入图片，将图片拖曳到适当的位置，按Enter 键确定操作，效果如图6-20所示，在“图层”控制面板中生成新的图层并将其命名为“山峰”，将图层的混合模式设为“颜色加深”，如图6-21所示，效果如图6-22所示。

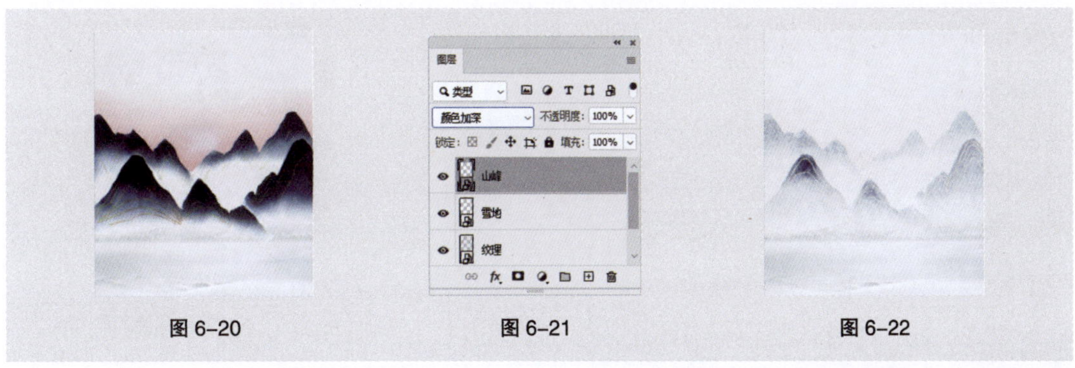

图 6-20　　图 6-21　　图 6-22

（5）按Ctrl+J组合键，复制“山峰”图层，在“图层”控制面板中生成新的图层“山峰 拷贝”，如图6-23所示，效果如图6-24所示，在“图层”控制面板中将“不透明度”选项设为40%，如图6-25所示，效果如图6-26所示。

图 6-23　　图 6-24　　图 6-25　　图 6-26

（6）选择“椭圆”工具，在属性栏中将“选择工具模式”设为形状，将“填充”颜色设为淡红色（232、153、130），“描边”颜色设为黑色，“描边粗细”选项设为1像素。在图像窗口中绘制一个圆形，按Enter键确定操作，效果如图6-27所示，在“图层”控制面板中生成新的形状图层并将其命名为“太阳”，如图6-28所示。

图 6-27　　图 6-28

（7）单击“图层”控制面板下方的“添加图层样式”按钮fx，在弹出的菜单中选择“外发光”命令，弹出对话框，将投影颜色设为淡黄色（246、222、172），其他选项的设置如图6-29所示。单击“确定”按钮。在“属性”面板中，单击“蒙版”按钮，切换到相应的面板中进行设置，如图6-30所示。按Enter键确认操作，单击“确定”按钮，效果如图6-31所示。

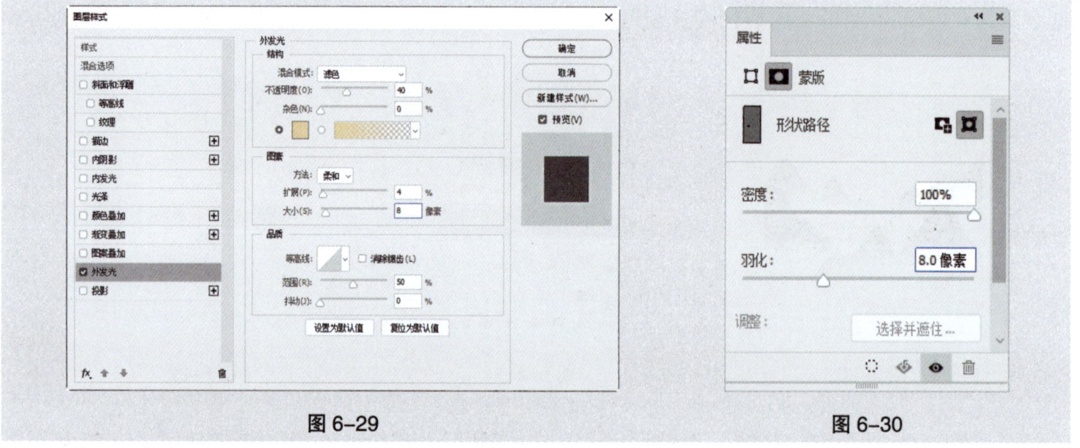

图 6-29　　图 6-30

（8）在“图层”控制面板中，按住Shift键的同时，单击“纹理”图层，将需要的图层同时选取，按Ctrl＋G组合键，群组图层并将其命名为“底图”，如图6-32所示。

图 6-31　　图 6-32

2. 添加标题

（1）选择“横排文字”工具 T，在适当的位置输入需要的文字并选取文字，选择“窗口 > 字符”命令，弹出“字符”面板，在面板中将“颜色”设为深灰色（97、99、107），其他选项的设置如图6-33所示。按Enter键确认操作，效果如图6-34所示。

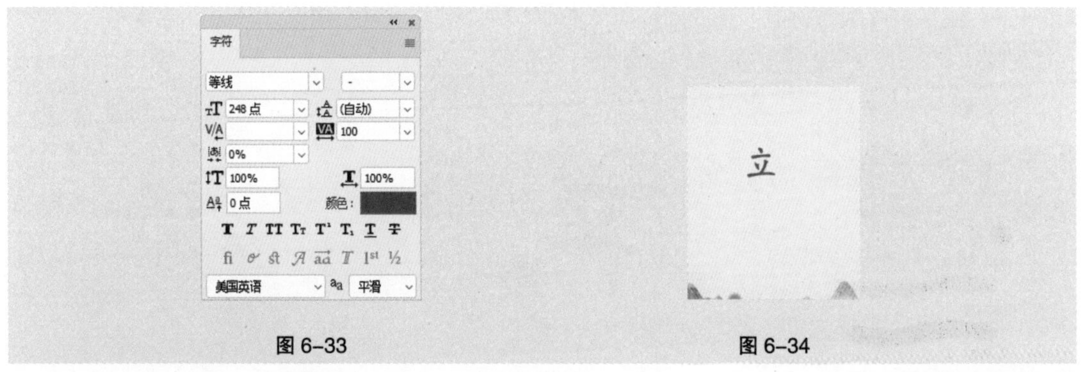

图 6-33　　图 6-34

（2）单击“图层”控制面板下方的“添加图层样式”按钮 fx，在弹出的菜单中选择“投影”命令，弹出“图层样式”对话框，将投影颜色设为鹤灰色（62、55、40），其他选项的设置如图6-35所示。单击“确定”按钮，效果如图6-36所示。

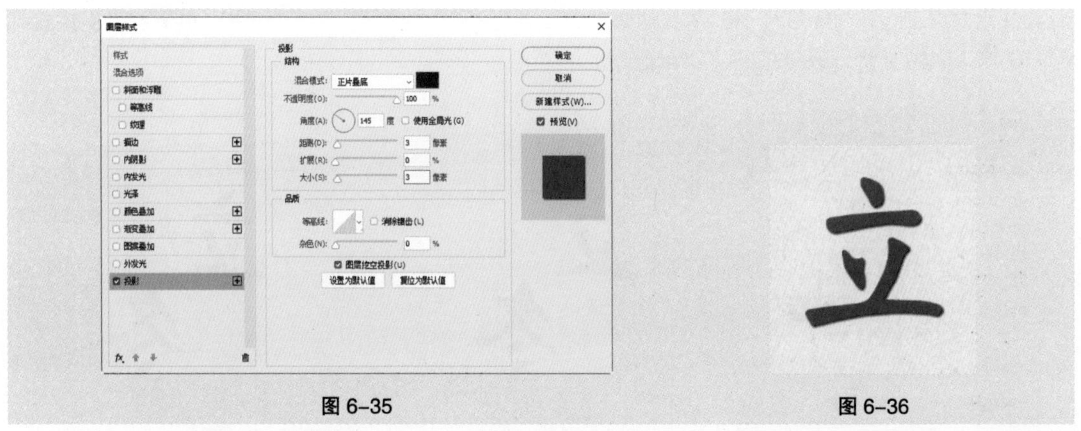

图 6-35　　图 6-36

（3）单击“图层”控制面板下方的“添加图层样式”按钮 fx，在弹出的菜单中选择“投影”命令，弹出“图层样式”对话框，将投影颜色设为浅灰色（224、224、224），其他选项的设置如图6-37所示，单击“确定”按钮，效果如图6-38所示。使用步骤（1）的方法输入其他文字，并添加投影效果，效果如图6-39所示。

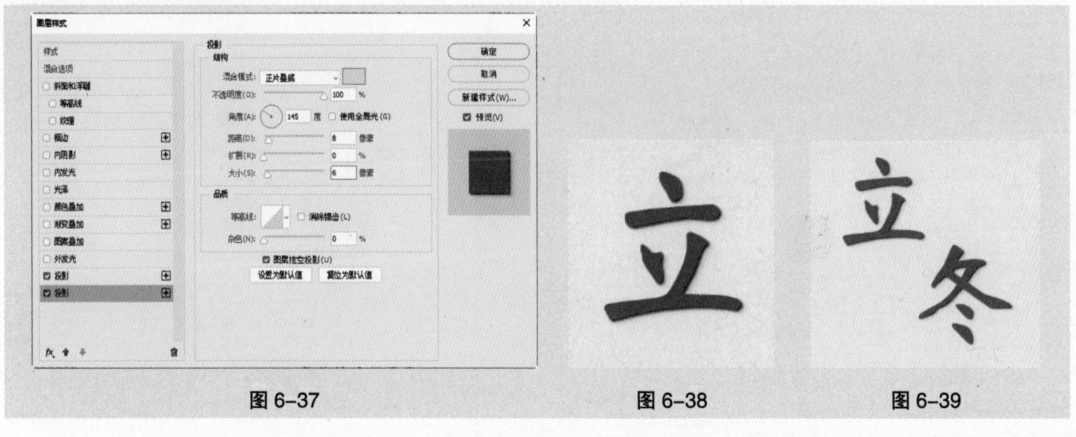

图 6-37　　图 6-38　　图 6-39

（4）单击“创建新图层”按钮⊞，新建图层，在“图层”控制面板中生成新的图层“图层1”。将前景色设为白色。选择“画笔”工具，在属性栏中单击“画笔”选项右侧的按钮⌄，在弹出的“画笔”选择面板中选择需要的画笔形状，将“大小”选项设为5像素，如图6-40所示。在图像窗口中拖曳鼠标指针在适当的位置进行绘制，效果如图6-41所示。

（5）按住Shift键的同时，将需要的图层同时选取，单击鼠标右键，在弹出的快捷菜单中选择“链接图层”命令，将选中的图层链接，如图6-42所示。

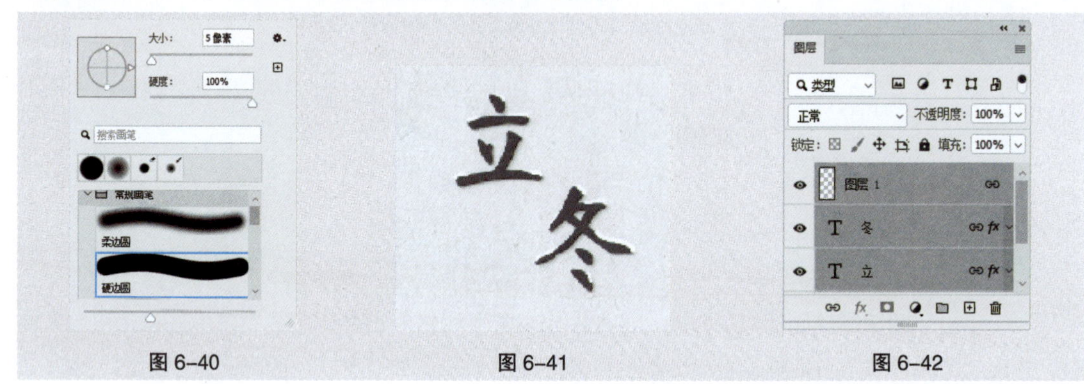

图 6-40　　图 6-41　　图 6-42

（6）选择“横排文字”工具T，在适当的位置输入需要的文字并选取文字，在“字符”面板中设置颜色为深灰色（98、97、96），其他选项的设置如图6-43所示，效果如图6-44所示。使用相同的方法输入其他文字，效果如图6-45所示。

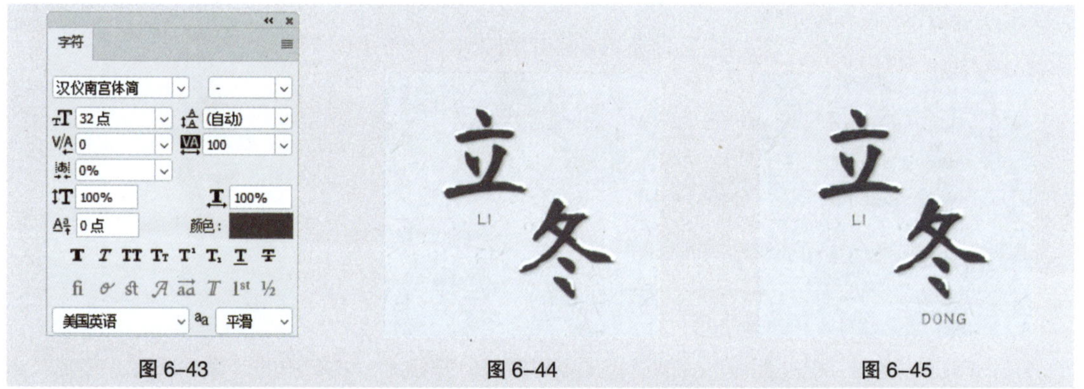

图 6-43　　图 6-44　　图 6-45

（7）选择“文件 > 置入嵌入对象”命令，弹出“置入嵌入的对象”对话框，选择云盘中的“Ch06 > 素材 > 制作立冬节气宣传海报 > 04”文件。单击“置入”按钮，置入图片，将其拖曳到适当的位置，按Enter键确定操作，效果如图6-46所示，在“图层”控制面板中生成新的图层并将其命名为“印章”，如图6-47所示。

图 6-46　　图 6-47

（8）选择“直排文字”工具IT，在适当的位置输入需要的文字并选取文字，在“字符”面板中，将“颜色”设为白色，其他选项的设置如图6-48所示，按Enter键确定操作，效果如图6-49所示，在“图层”控制面板中生成新的文字图层。在“印章”图层上单击鼠标右键，在弹出的快捷菜单中选择“栅格化图层”命令，栅格化图层，如图6-50所示。

图6-48　　图6-49　　图6-50

（9）选中“印章”图层，按住Ctrl键的同时单击“诸事纳新”图层的缩略图，生成选区，如图6-51所示。按Delete键，删除选区中的图像。按Ctrl+D组合键，取消选区，效果如图6-52所示，单击“诸事纳新”图层左侧的眼睛图标，将图层隐藏。

图6-51　　图6-52

（10）选择“直排文字”工具IT，在适当的位置输入需要的文字并选取文字，在“字符”面板中设置颜色为深灰色（97、99、107），其他选项的设置如图6-53所示，效果如图6-54所示。

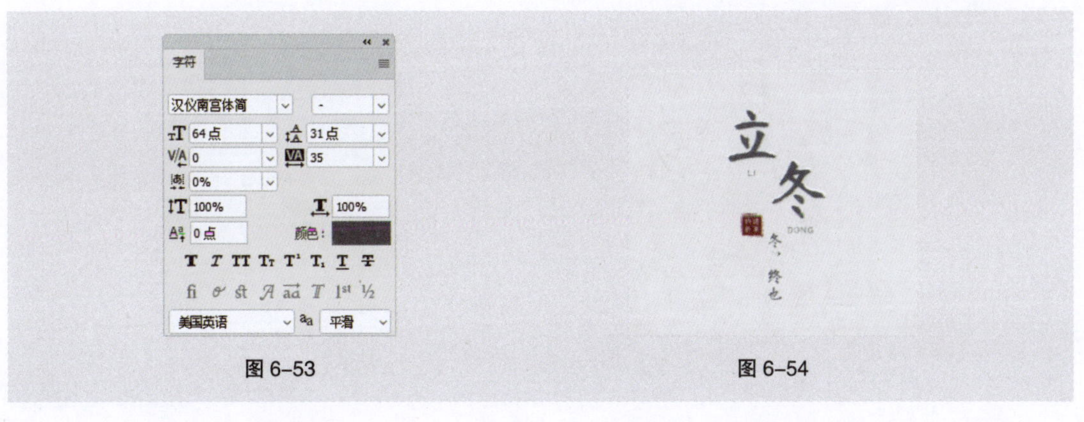

图6-53　　图6-54

（11）单击“图层”控制面板下方的“添加图层样式”按钮 fx，在弹出的菜单中选择“投影”命令，弹出“图层样式”对话框，将投影颜色设为浅灰色（218、215、209），其他选项的设置如图6-55所示，效果如图6-56所示。使用相同的方法输入其他文字，效果如图6-57所示。

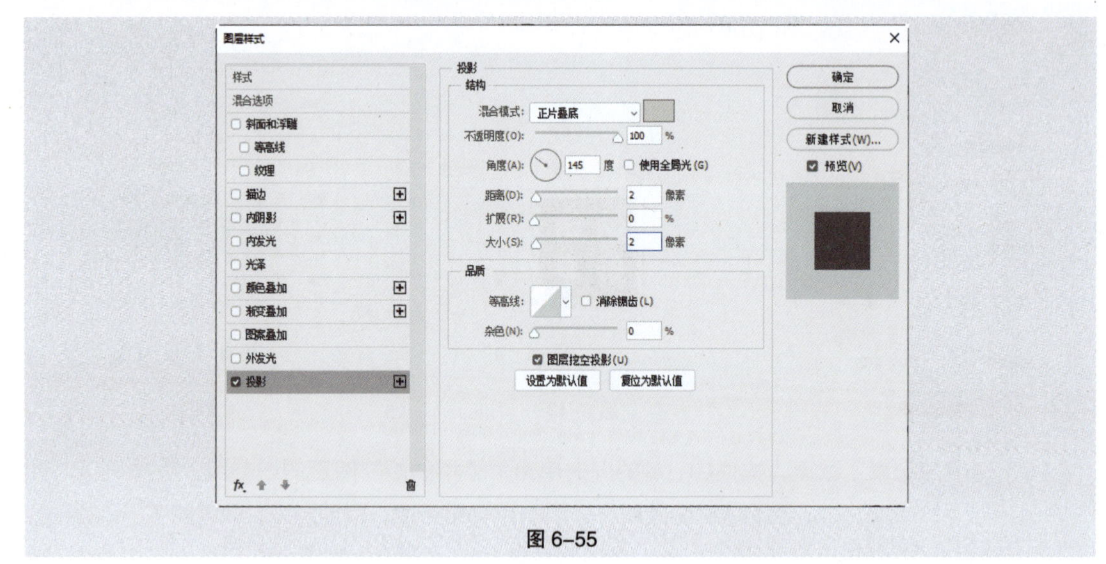

图 6-55

图 6-56　　图 6-57

（12）选择“文件 > 置入嵌入对象”命令，弹出“置入嵌入的对象”对话框，选择云盘中的“Ch06 > 素材 > 制作立冬节气宣传海报 > 05”文件。单击“置入”按钮，置入图片，将其拖曳到适当的位置，按Enter键确认操作，效果如图6-58所示，在“图层”控制面板中生成新的图层并将其命名为“小雪花”，如图6-59所示。

图 6-58　　图 6-59

（13）单击“图层”控制面板下方的“添加图层样式”按钮 fx，在弹出的菜单中选择“投影”

命令，弹出“图层样式”对话框，将投影颜色设为浅灰色（212、209、202），其他选项的设置如图6-60所示，效果如图6-61所示。

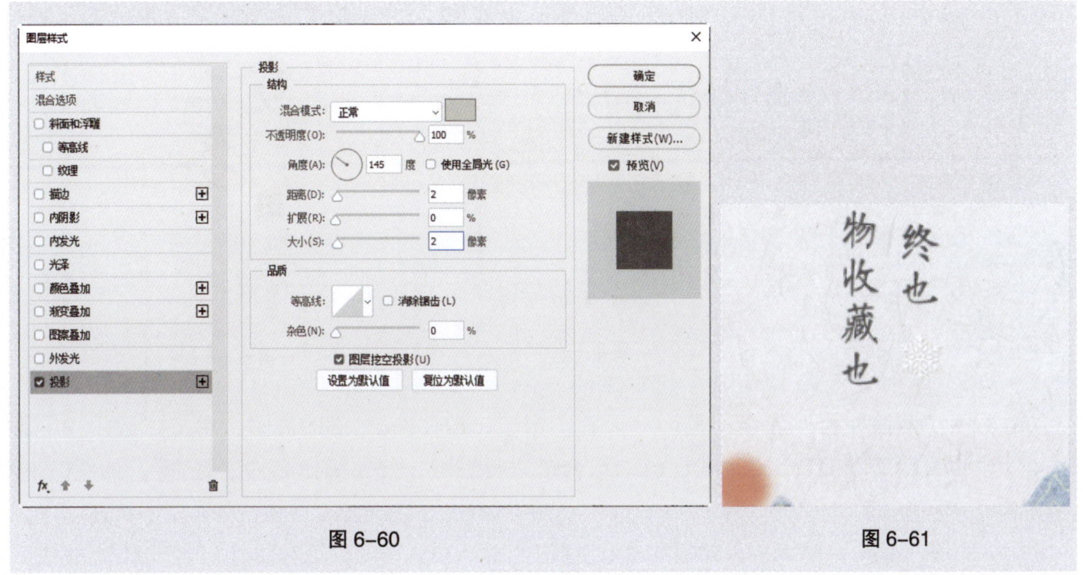

图 6-60　　图 6-61

（14）在“图层”控制面板中选中“印章”图层，按住Shift键的同时，将需要的图层同时选取，按Ctrl＋G组合键进行编组，并将其命名为“标题”，如图6-62所示。

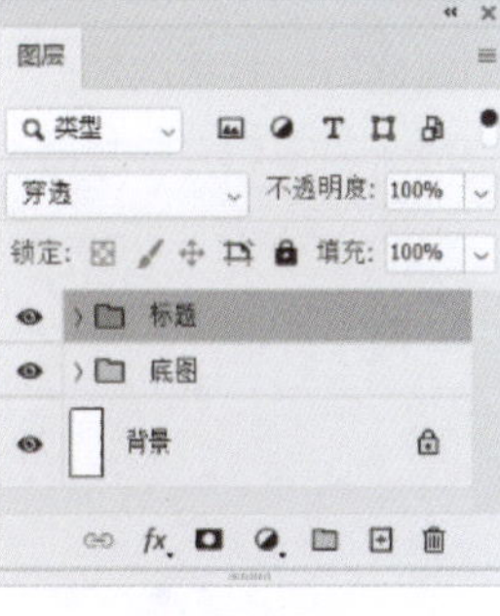

图 6-62

3. 添加装饰

（1）选择“文件 > 置入嵌入对象”命令，弹出“置入嵌入的对象”对话框，分别选择云盘中的“Ch06 > 素材 > 制作立冬节气宣传海报 > 06～09”文件。分别单击“置入”按钮，将图片置入图像窗口中，分别拖曳到适当的位置并调整大小，效果如图6-63所示，在“图层”控制面板中分别生成新的图层并将其命名为“大雁”“大雁 2”“远山 1”“远山 2”，如图6-64所示。

图 6-63　　图 6-64

（2）选中“大雁”图层，将“不透明度”选项设为70%，如图6-65所示。选中“大雁 2”图层，将“不透明度”选项设为50%，如图6-66所示。效果如图6-67所示。

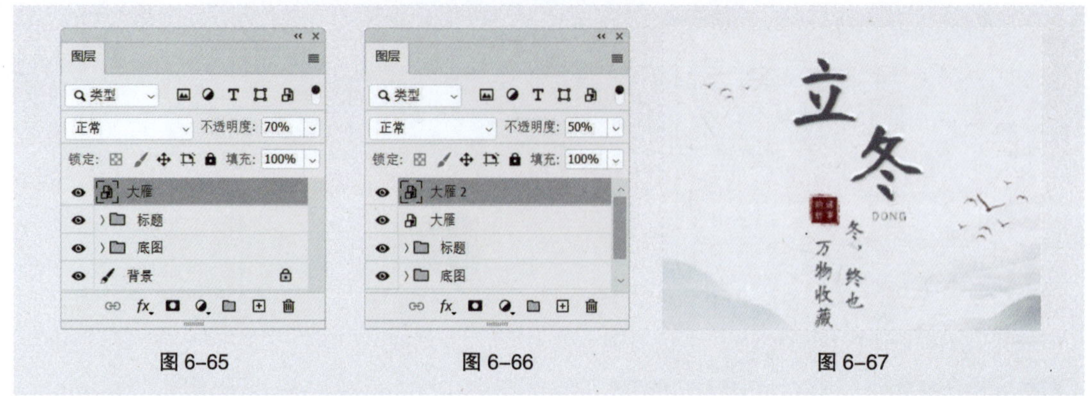

图 6-65　　图 6-66　　图 6-67

（3）在“图层”控制面板中选中“大雁”图层，按住Shift键的同时，单击“远山 2”图层，将需要的图层同时选取，按Ctrl＋G组合键进行编组，并将其命名为“装饰”，如图6-68所示。

（4）选择“文件 > 置入嵌入对象”命令，弹出“置入嵌入的对象”对话框，分别选择云盘中的“Ch06 > 素材 > 制作立冬节气宣传海报 > 10～12”文件。分别单击“置入”按钮，将图片分别置入图像窗口中并拖曳到适当的位置，按Enter键确定操作，效果如图6-69所示，在“图层”控制面板中生成新的图层并将其命名为“状态栏”“跳过”“Home”。

（5）选中“Home”图层，在“图层”控制面板中将“不透明度”选项设为50%，如图6-70所示，效果如图6-71所示。立冬节气宣传海报制作完成。

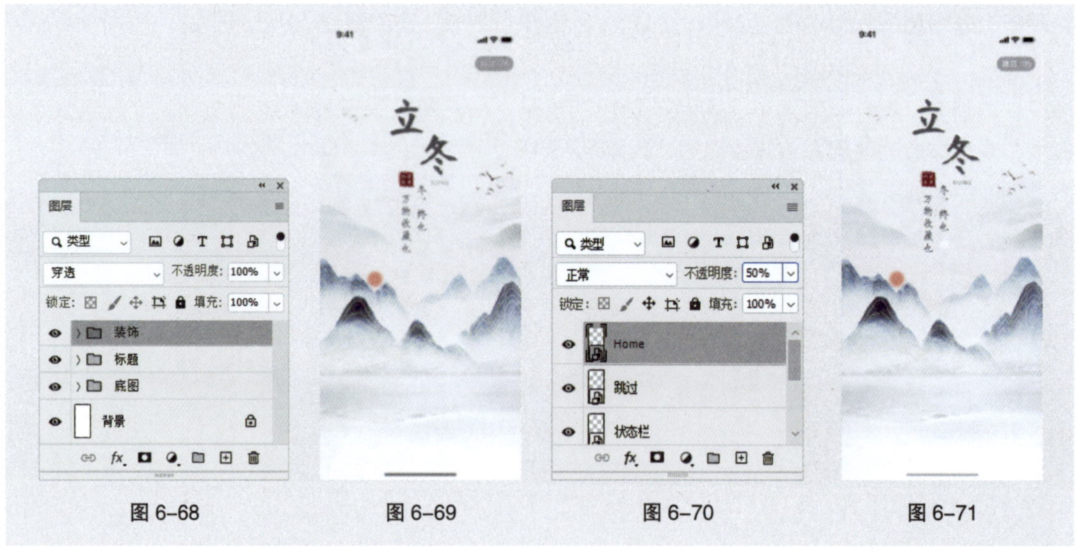

图 6-68　　图 6-69　　图 6-70　　图 6-71

6.2 视频的制作

6.2.1 课堂案例——制作京城故事节目包装

【案例学习目标】学习使用“速度/持续时间”命令、“基本图形”面板、“效果”面板和“效果控件”面板制作节目包装。

【案例知识要点】使用“导入”命令导入素材文件，使用入点和出点调整素材文件，使用“速度/持续时间”命令调整影片速度，使用“效果”面板添加特效，使用“效果控件”面板调整效果，并制作素材文字位置和缩放的动画效果，使用“基本图形”面板添加介绍文字和图形。京城故事节目包装效果如图6-72所示。

【效果所在位置】Ch06/效果/制作京城故事节目包装.prproj。

图 6-72

1. 添加并调整素材

（1）启动Premiere Pro软件，选择“文件 > 新建 > 项目”命令，弹出“导入”界面，如图6-73所示，单击“创建”按钮，新建项目。选择“文件 > 新建 > 序列”命令，弹出“新建序列”对话框，打开“设置”选项卡，设置如图6-74所示。单击“确定”按钮，新建序列。

（2）选择“文件 > 导入”命令，弹出“导入”对话框，选择本书云盘中的“Ch06/制作京城故事节目包装/素材/01 ~ 10”文件，如图6-75所示，单击“打开”按钮，将素材文件导入“项目”面板中，如图6-76所示。

（3）双击“项目”面板中的“01”文件，在“源”监视器面板中打开“01”文件。将时间标签放置在00:00:02:15的位置。按I键，创建标记入点。将时间标签放置在00:00:04:18的位置。按O键，创建标记出点，如图6-77所示。

（4）选中“源”监视器面板中的“01”文件并将其拖曳到“时间轴”面板中的“V1”轨道中，

弹出“剪辑不匹配警告”对话框，单击“保持现有设置”按钮，在保持现有序列设置的情况下将“01”文件放置在“V1”轨道中，如图6-78所示。

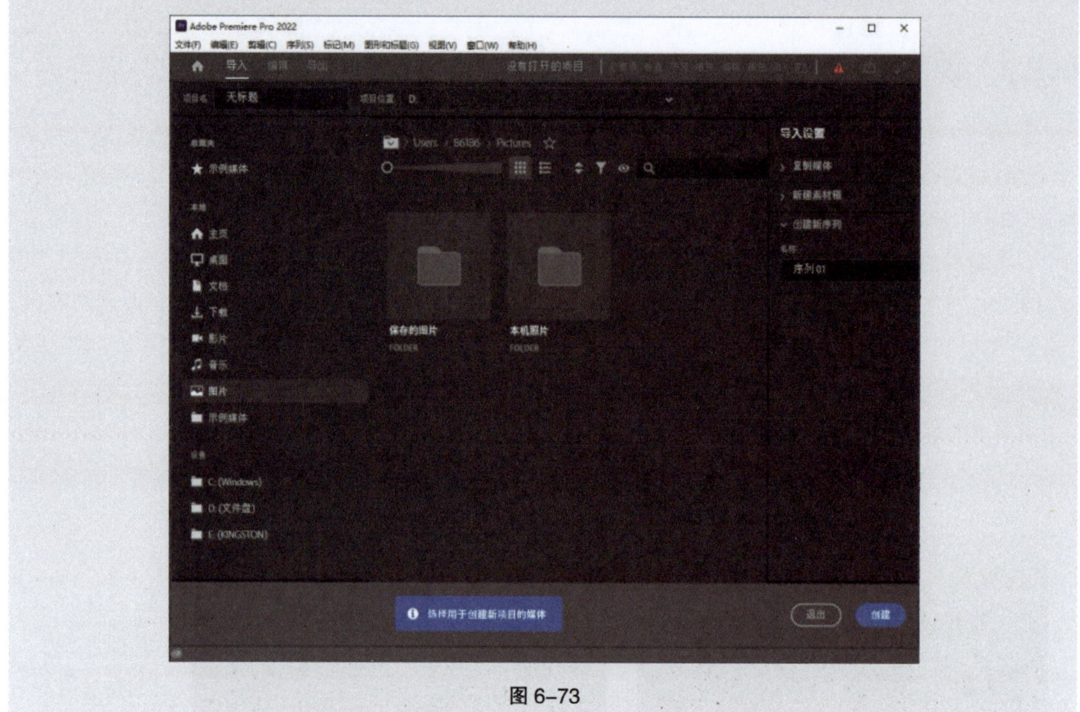

图 6-73

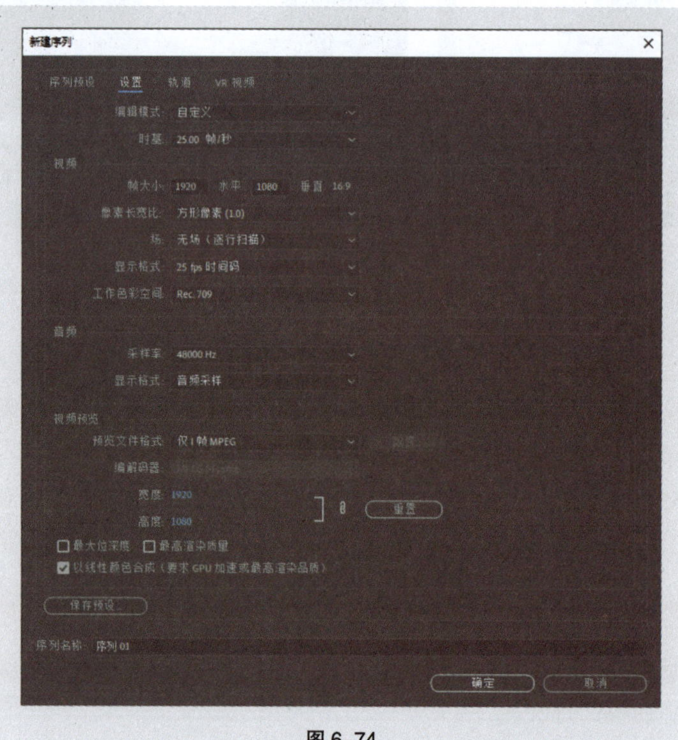

图 6-74

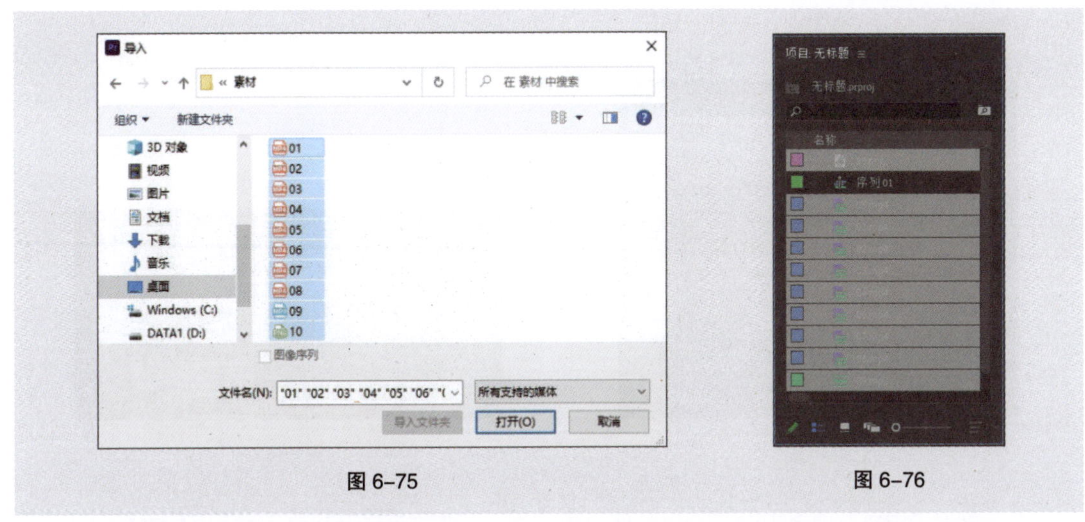

图 6-75

图 6-76

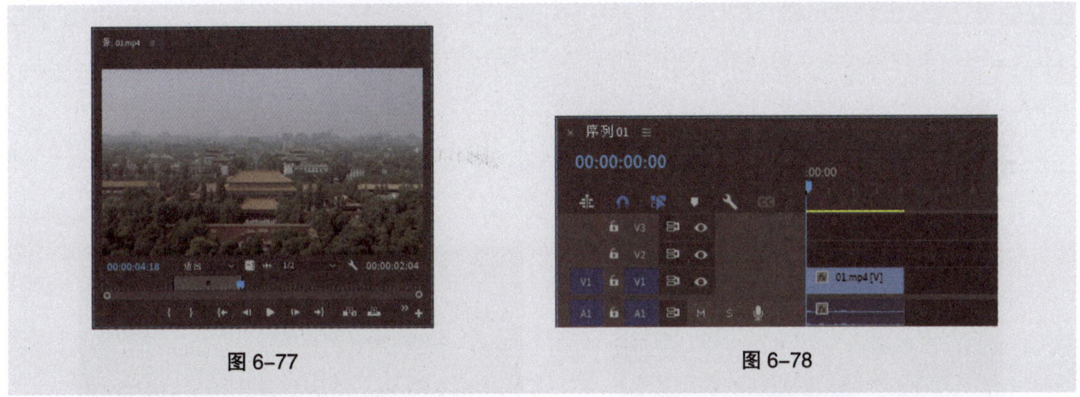

图 6-77

图 6-78

（5）选择“时间轴”面板中的“01”文件。在“01”文件上单击鼠标右键，在弹出的快捷菜单中选择“速度/持续时间”命令，在弹出的“剪辑速度/持续时间”对话框中进行设置，如图6-79所示。单击“确定”按钮，效果如图6-80所示。

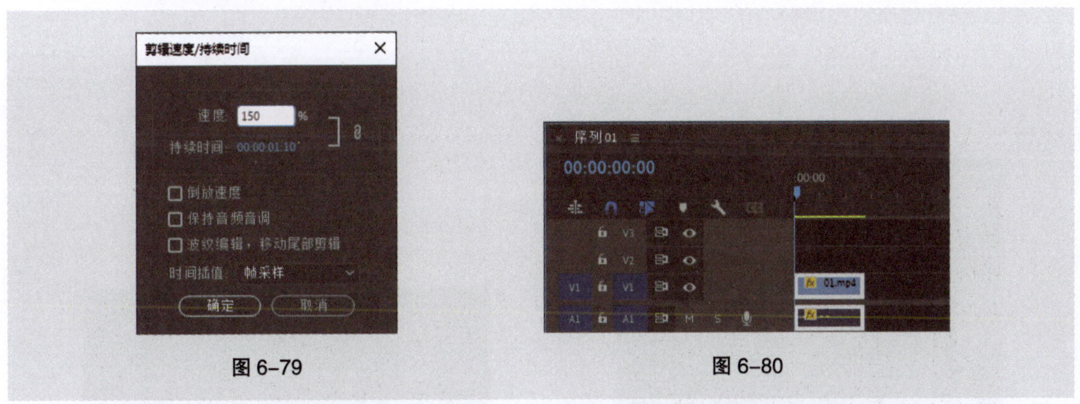

图 6-79

图 6-80

（6）双击“项目”面板中的“02”文件，在“源”监视器面板中打开“02”文件。将时间标签放置在00:00:07:00的位置。按I键，创建标记入点。将时间标签放置在00:00:08:02的位置。按O键，创建标记出点，如图6-81所示。选中“源”监视器面板中的“02”文件并将其拖曳到“时间轴”面板中的“V1”轨道中，如图6-82所示。

图 6-81

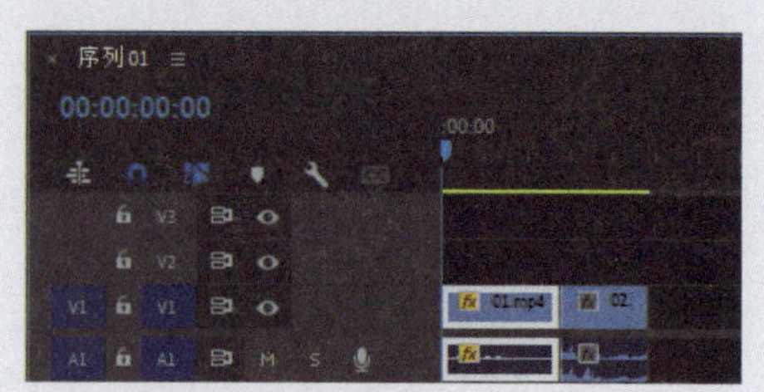

图 6-82

（7）双击“项目”面板中的“03”文件，在“源”监视器面板中打开“03”文件。将时间标签放置在00:00:01:12的位置。按O键，创建标记出点，如图6-83所示。选中“源”监视器面板中的“03”文件并将其拖曳到“时间轴”面板中的“V1”轨道中，如图6-84所示。

图 6-83

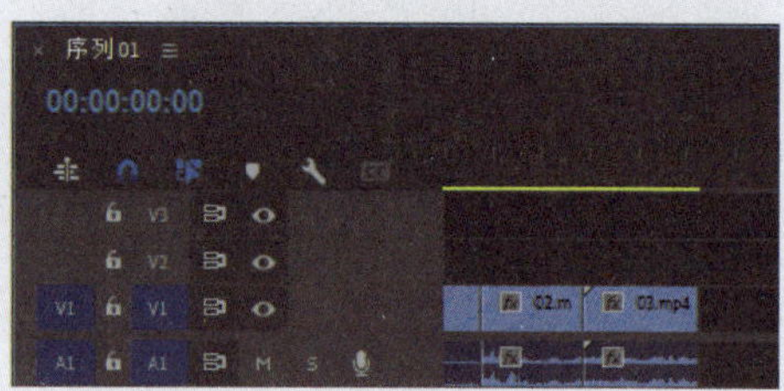

图 6-84

（8）双击“项目”面板中的“04”文件，在“源”监视器面板中打开“04”文件。将时间标签放置在00:00:02:19的位置。按O键，创建标记出点，如图6-85所示。选中“源”监视器面板中的“04”文件并将其拖曳到“时间轴”面板中的“V1”轨道中，如图6-86所示。

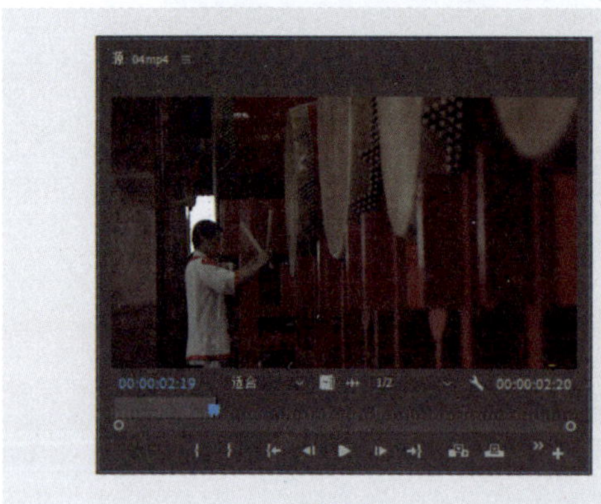

图 6-85

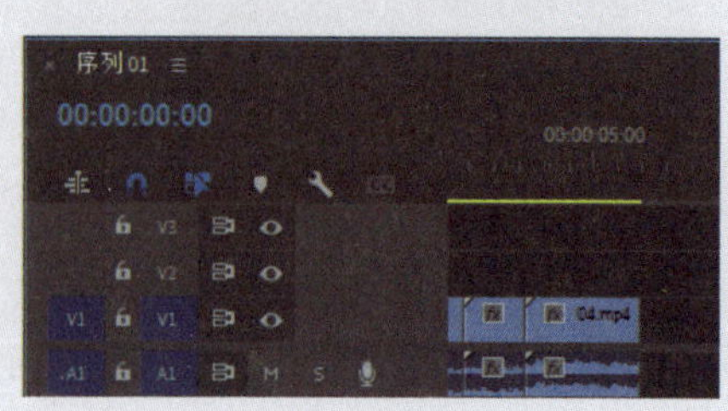

图 6-86

（9）选择“时间轴”面板中的“04”文件。在“04”文件上单击鼠标右键，在弹出的快捷菜单中选择“速度/持续时间”命令，在弹出的“剪辑速度/持续时间”对话框中进行设置，如图6-87所示。单击“确定”按钮，效果如图6-88所示。

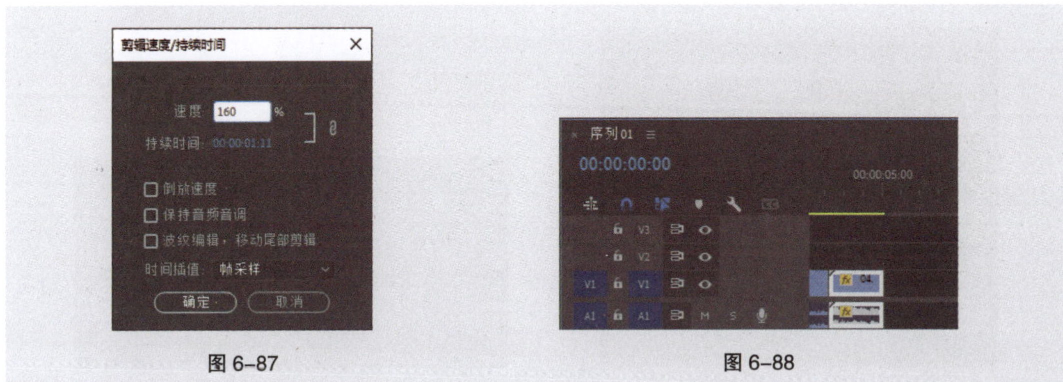

图 6-87　　图 6-88

（10）双击“项目”面板中的“05”文件，在“源”监视器面板中打开“05”文件。将时间标签放置在00:00:03:02的位置。按I键，创建标记入点。将时间标签放置在00:00:04:05的位置。按O键，创建标记出点，如图6-89所示。选中“源”监视器面板中的“05”文件并将其拖曳到“时间轴”面板中的“V1”轨道中，如图6-90所示。

图 6-89　　图 6-90

（11）双击“项目”面板中的“06”文件，在“源”监视器面板中打开“06”文件。将时间标签放置在00:00:01:18的位置。按O键，创建标记出点，如图6-91所示。选中“源”监视器面板中的“06”文件并将其拖曳到“时间轴”面板中的“V1”轨道中，如图6-92所示。

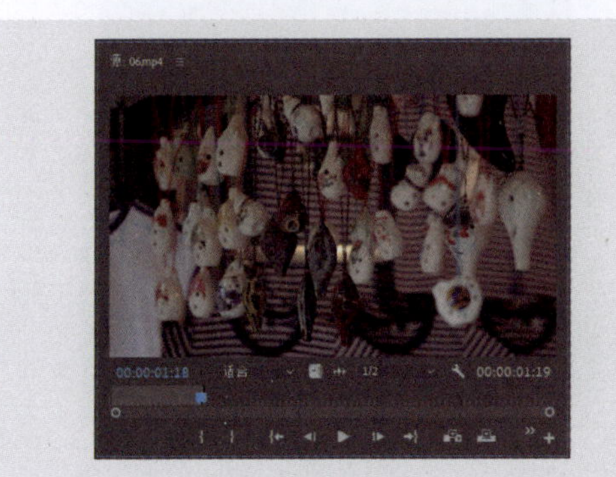

图 6-91

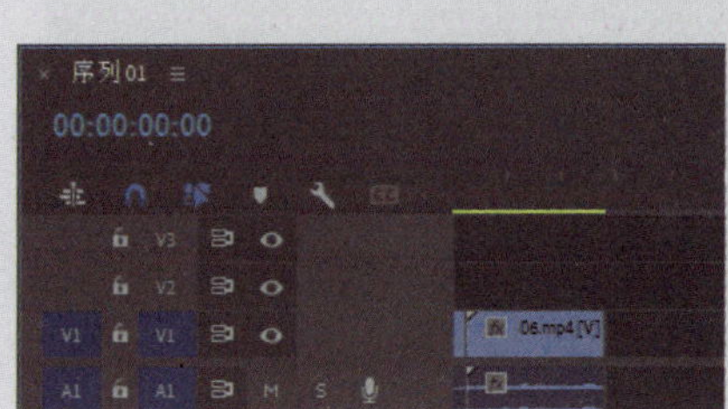

图 6-92

（12）双击“项目”面板中的“07”文件，在“源”监视器面板中打开“07”文件。将时间标签放置在00:00:02:14的位置。按O键，创建标记出点，如图6-93所示。选中“源”监视器面板中的“07”文件并将其拖曳到“时间轴”面板中的“V1”轨道中，如图6-94所示。

图 6-93

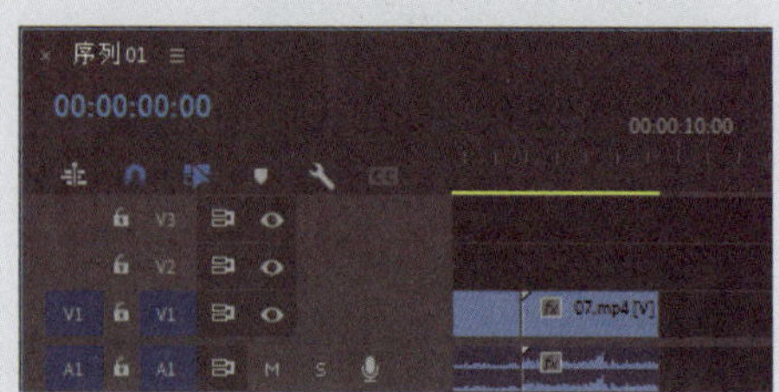

图 6-94

（13）选择“时间轴”面板中的“07”文件。在“07”文件上单击鼠标右键，在弹出的快捷菜单中选择“速度/持续时间”命令，在弹出的“剪辑速度/持续时间”对话框中进行设置，如图6-95所示。单击“确定”按钮，效果如图6-96所示。

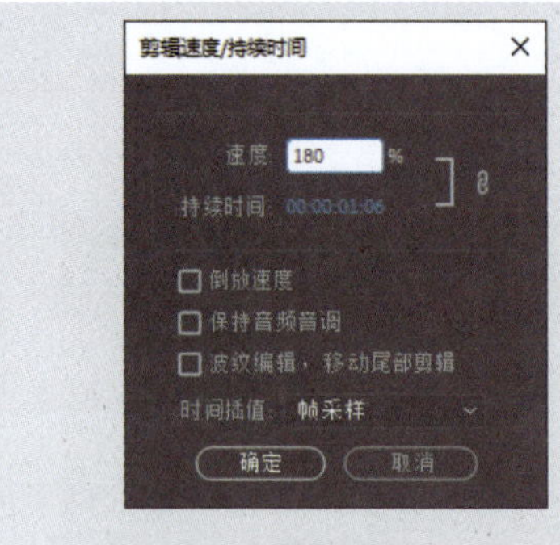

图 6-95

图 6-96

（14）双击“项目”面板中的“08”文件，在“源”监视器面板中打开“08”文件。将时间标签放置在00:00:00:22的位置。按O键，创建标记出点，如图6-97所示。选中“源”监视器面板中的“08”文件并将其拖曳到“时间轴”面板中的“V1”轨道中，如图6-98所示。

图 6-97

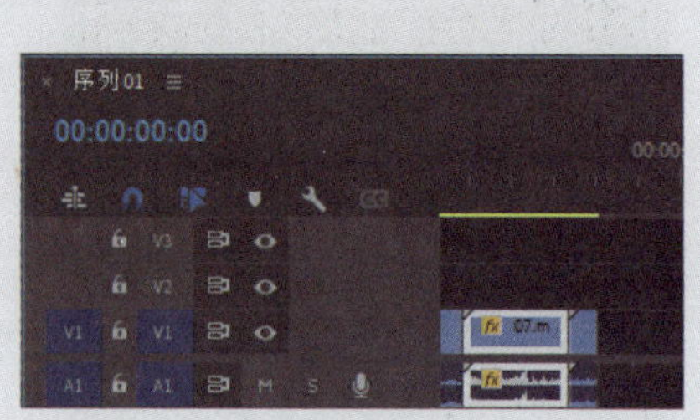

图 6-98

2. 添加并调整特效

（1）选择“效果”面板，展开“视频效果”分类选项，单击“调整”文件夹前面的三角形按钮并将其展开，选中“Levels”效果，如图6-99所示。将“Levels”效果拖曳到“时间轴”面板中的“01”文件上。选择“效果控件”面板，展开“Levels”效果，选项的设置如图6-100所示。

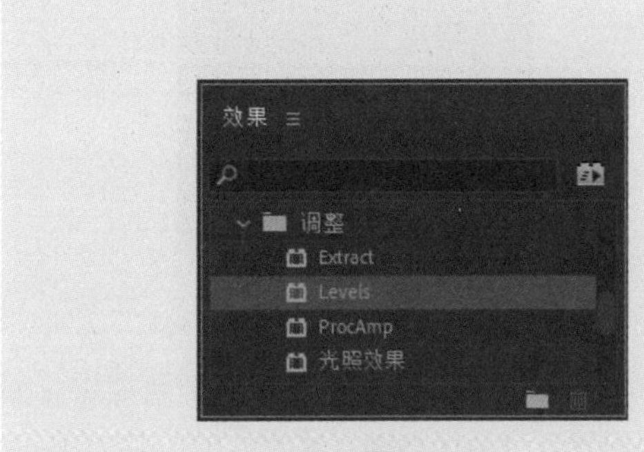

图 6-99

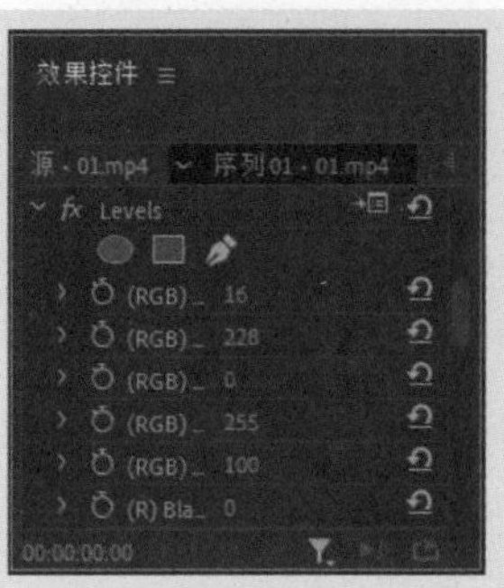

图 6-100

（2）选择“效果”面板，选中“Levels”效果，将“Levels”效果拖曳到“时间轴”面板中的“02”文件上。选择“效果控件”面板，展开“Levels”效果，选项的设置如图6-101所示。选择“效果”面板，展开“视频效果”分类选项，单击“过时”文件夹前面的三角形按钮并将其展开，选中“自动色阶”效果，如图6-102所示。将“自动色阶”效果拖曳到“时间轴”面板中的“08”文件上。

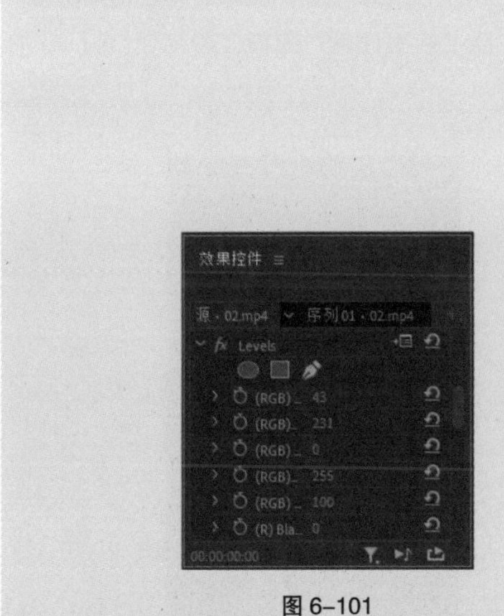

图 6-101

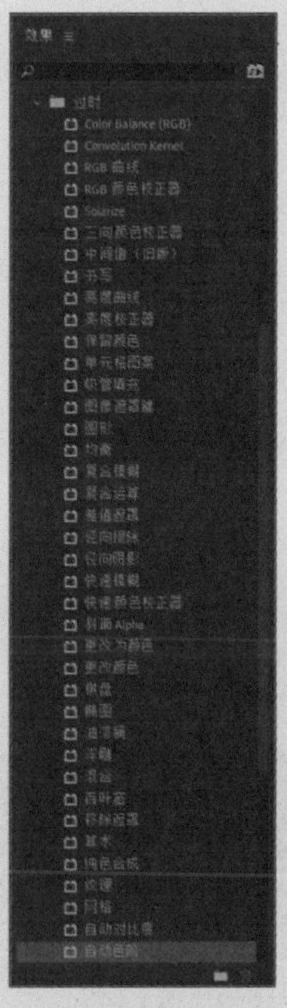

图 6-102

（3）选择“项目”面板。选择“文件 > 新建 > 调整图层”命令，弹出“调整图层”对话框，如图6-103所示，单击“确定”按钮，将“调整图层”文件添加到“项目”面板，如图6-104所示。

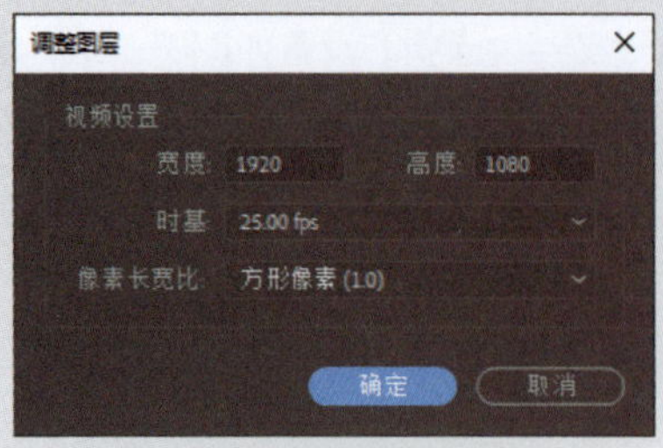

图 6-103

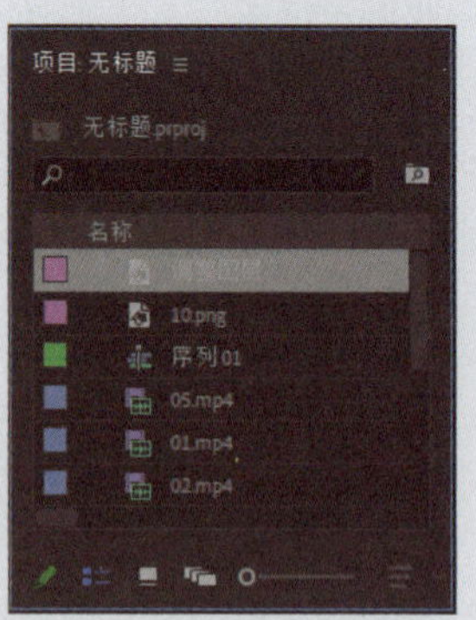

图 6-104

（4）将“项目”面板中的“调整图层”文件拖曳到“时间轴”面板中的“V2”轨道中，如图6-105所示。将鼠标指针放在“调整图层”文件的结束位置，当鼠标指针呈⊣状时，将其向右拖曳到“08”文件的结束位置上，如图6-106所示。

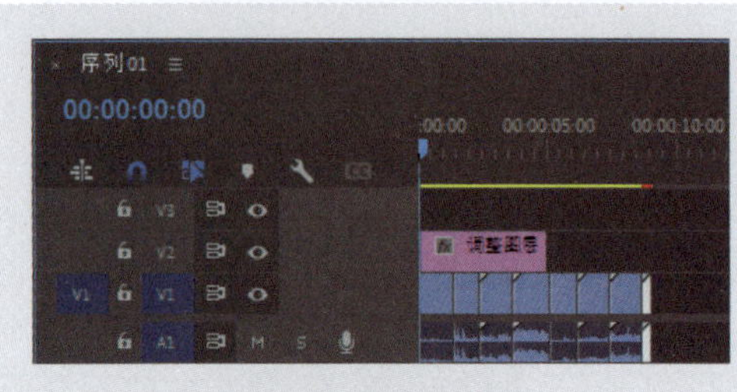

图 6-105

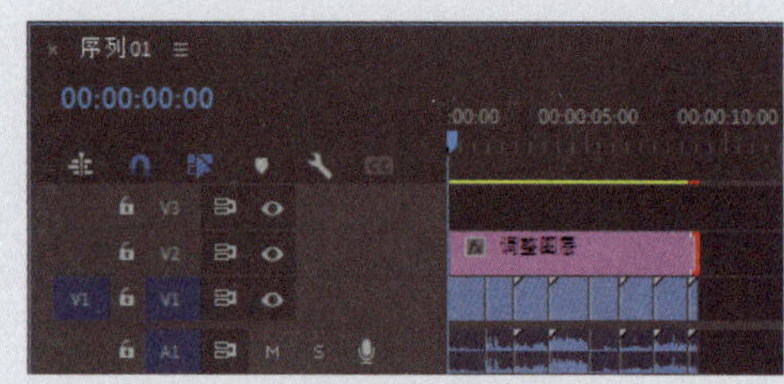

图 6-106

（5）选择“效果”面板，展开“视频效果”分类选项，单击“颜色校正”文件夹前面的三角形按钮▶将其展开，选中“Lumetri颜色”效果，如图6-107所示。将“Lumetri颜色”效果拖曳到“时间轴”面板“V2”轨道中的“调整图层”文件上。选择“效果控件”面板，展开“Lumetri颜色”选项，设置如图6-108所示。

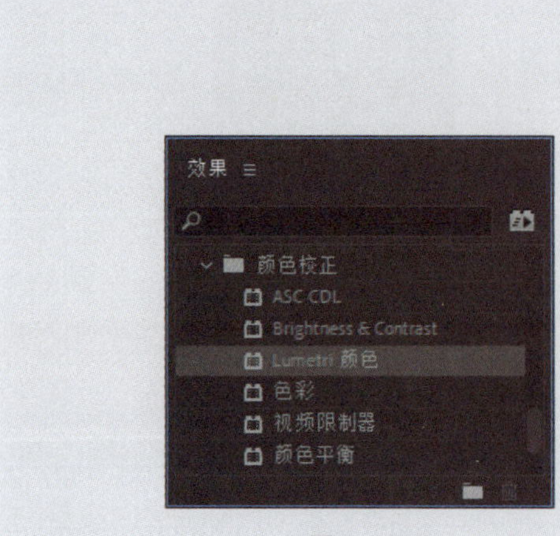

图 6-107

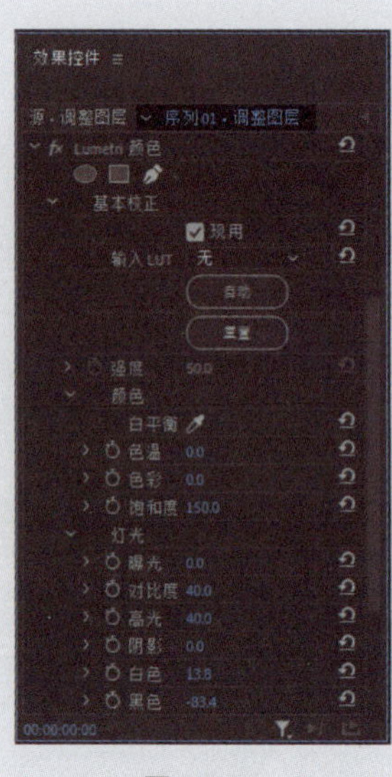

图 6-108

（6）选择“剃刀”工具，在“01”“02”“07”文件的结束位置处单击切割素材，如图6-109所示。

（7）选择“选择”工具，选择切割后的第2个“调整图层”文件。选择“效果控件”面板，展开“Lumetri颜色”选项，设置如图6-110所示。选择“选择”工具，选择切割后的第4个“调整图层”文件。选择“效果控件”面板，展开“Lumetri颜色”选项，设置如图6-111所示。

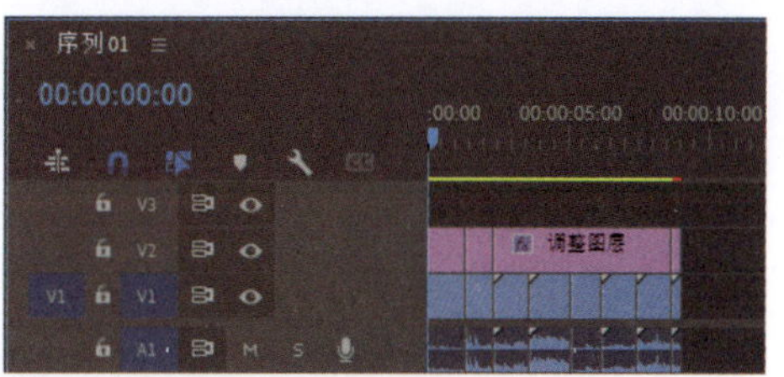

图 6-109

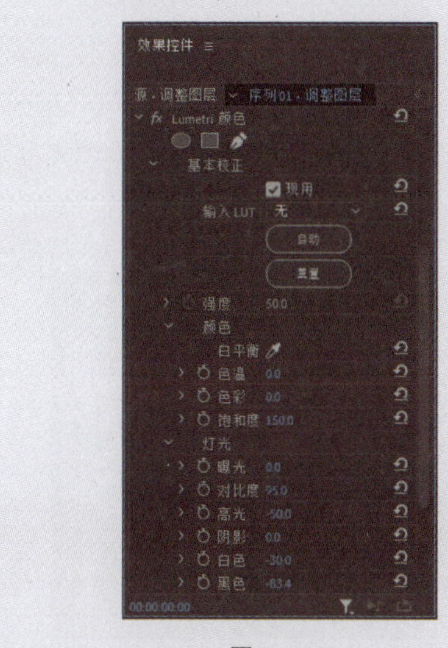

图 6-110

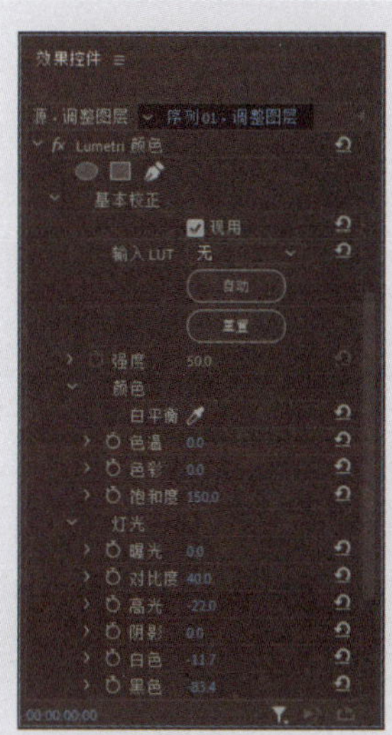

图 6-111

3. 添加并调整宣传文字

（1）将“项目”面板中的“10”文件拖曳到“时间轴”面板中的“V3”轨道中，如图6-112所示。将鼠标指针放在“10”文件的结束位置，当鼠标指针呈状时，将其向右拖曳到“08”文件的结束位置上，如图6-113所示。

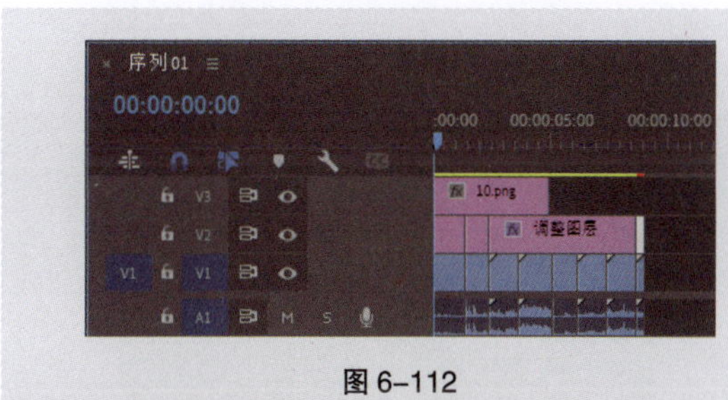

图 6-112

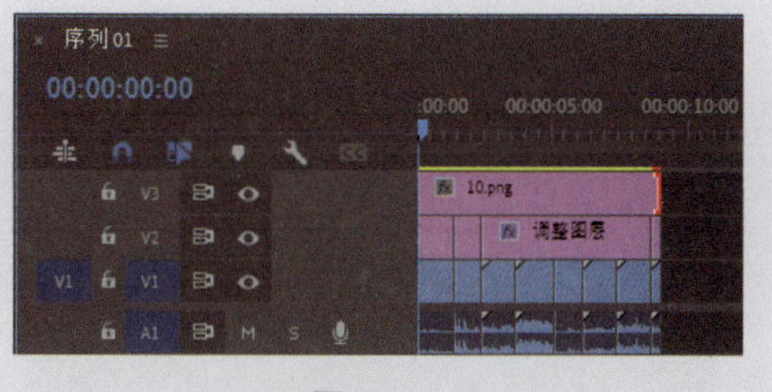

图 6-113

（2）选择“时间轴”面板中的“10”文件。选择“效果控件”面板，展开“运动”选项，将“缩放”选项设置为0.0，单击“缩放”选项左侧的“切换动画”按钮，如图6-114所示，记录第1个动画关键帧。将时间标签放置在00:00:00:10的位置。将“缩放”选项设置为120.0，如图6-115所示，记录第2个动画关键帧。

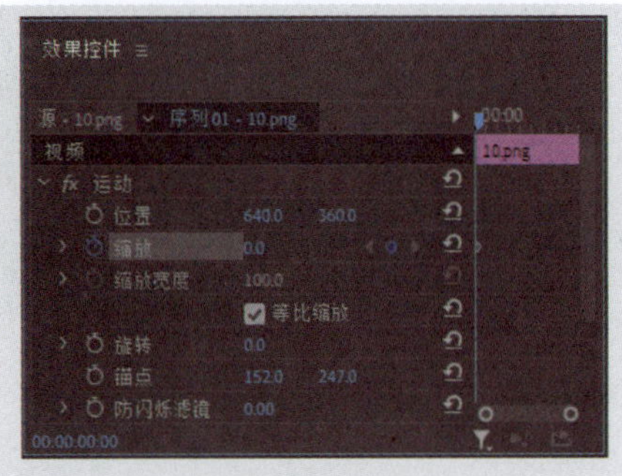

图 6–114

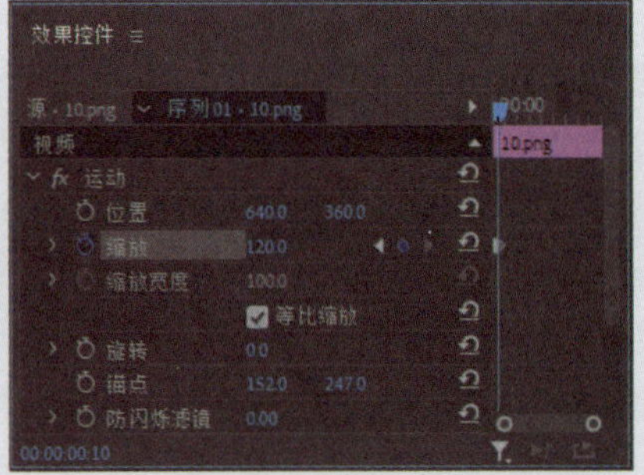

图 6–115

（3）将时间标签放置在00:00:01:09的位置。单击“缩放”选项右侧的“添加/移除关键帧”按钮，记录第3个动画关键帧。单击“位置”选项左侧的“切换动画”按钮，如图6–116所示，记录第1个动画关键帧。将时间标签放置在00:00:01:17的位置。将“缩放”选项设置为49.0，记录第4个动画关键帧。将“位置”选项设置为1735.0和896.0，如图6–117所示，记录第2个动画关键帧。

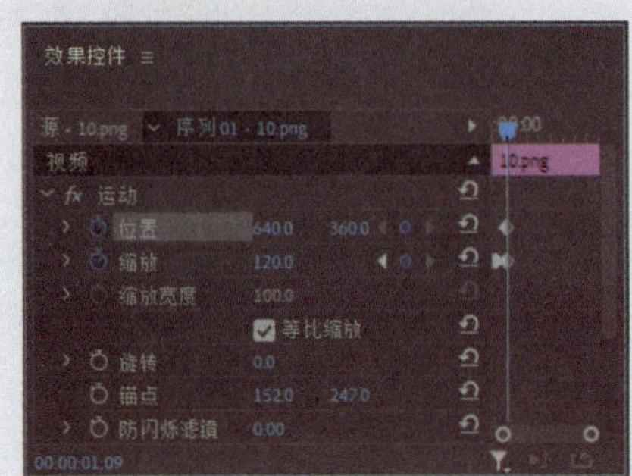

图 6–116

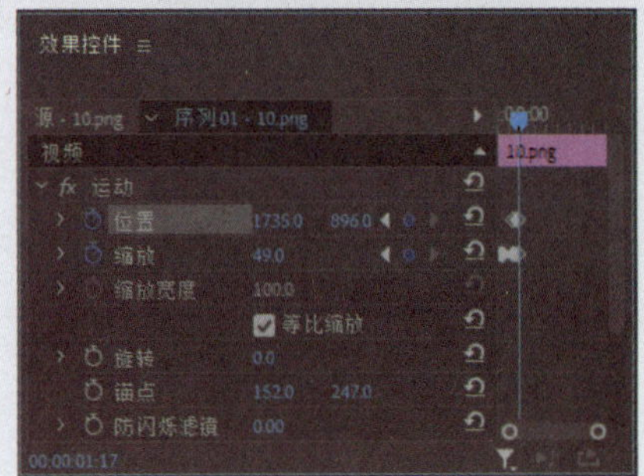

图 6–117

4. 添加其他信息文字

（1）将时间标签放置在00:00:01:10的位置上。选择“基本图形”面板，打开“编辑”选项卡，单击“新建图层”按钮，在弹出的菜单中选择“矩形”命令。在“节目”监视器面板中生成矩形，在“时间轴”面板中的“V4”（视频4）轨道中生成图形文件，如图6–118所示。在“节目”监视器面板中调整矩形，如图6–119所示。

图 6–118

图 6–119

（2）在“外观”栏中单击“填充”选项左侧的颜色块，弹出“拾色器”对话框，将“填充选项”

设置为“线性渐变”，将下方的两个色标颜色均设置为蓝色（0、74、217），将上方的左侧色标的“不透明度”选项设置为60%，将右侧色标的“不透明度”选项设置为0%，如图6-120所示。单击“确定”按钮，“节目”监视器面板中的效果如图6-121所示。

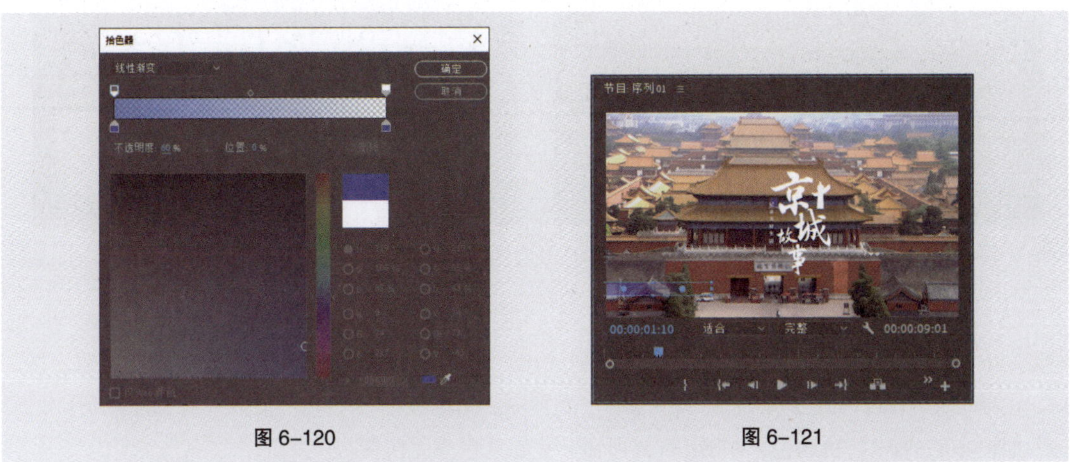

图 6-120　　图 6-121

（3）在“节目”监视器面板中调整渐变填充，如图6-122所示。选择“基本图形”面板，单击“新建图层”按钮，在弹出的菜单中选择“文本”命令。在“节目”监视器面板中修改文字，如图6-123所示。

图 6-122　　图 6-123

（4）选中“节目”监视器面板中的文字。“基本图形”面板的“文本”栏中的设置如图6-124所示，“外观”栏中的设置如图6-125所示，在“节目”监视器面板中将文字拖曳到适当的位置，效果如图6-126所示。

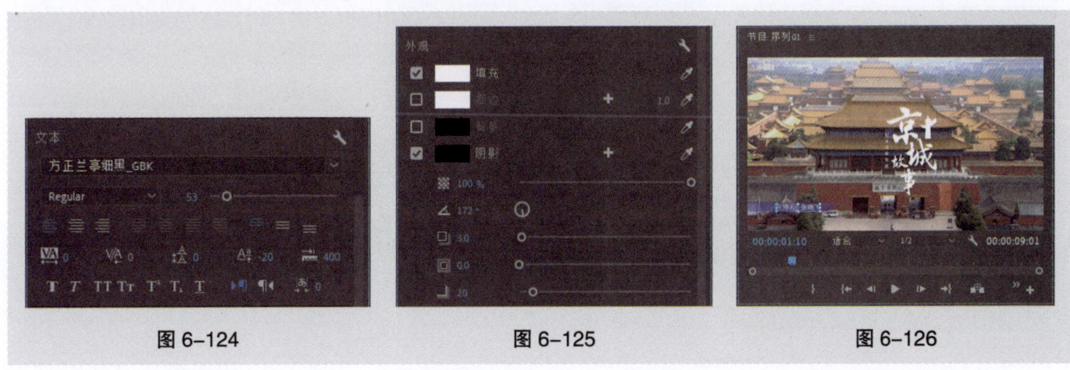

图 6-124　　图 6-125　　图 6-126

（5）将时间标签放置在00:00:00:00的位置上。按住Alt键的同时，选择下方的音频文件，如图6-127所示。按Delete键，删除文件，如图6-128所示。

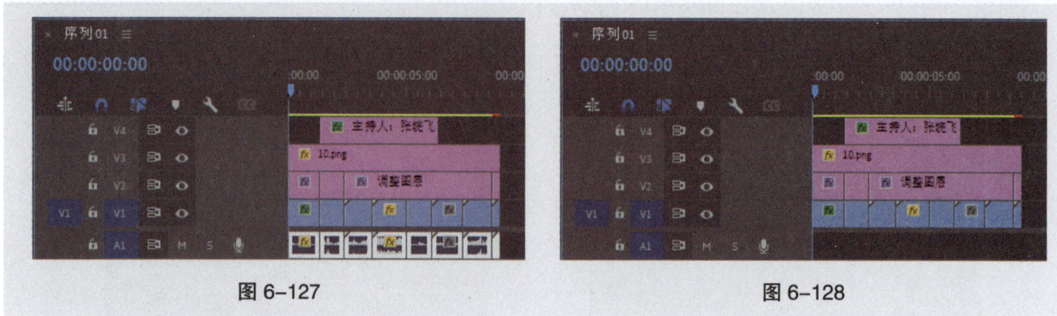

图 6-127　　图 6-128

（6）双击"项目"面板中的"09"文件，在"源"监视器面板中打开"09"文件。将时间标签放置在00:00:11:01的位置。按I键，创建标记入点。将时间标签放置在00:00:22:02的位置。按O键，创建标记出点，如图6-129所示。选中"源"监视器面板中的"09"文件并将其拖曳到"时间轴"面板中的"A1"轨道中，如图6-130所示。京城故事节目包装制作完成。

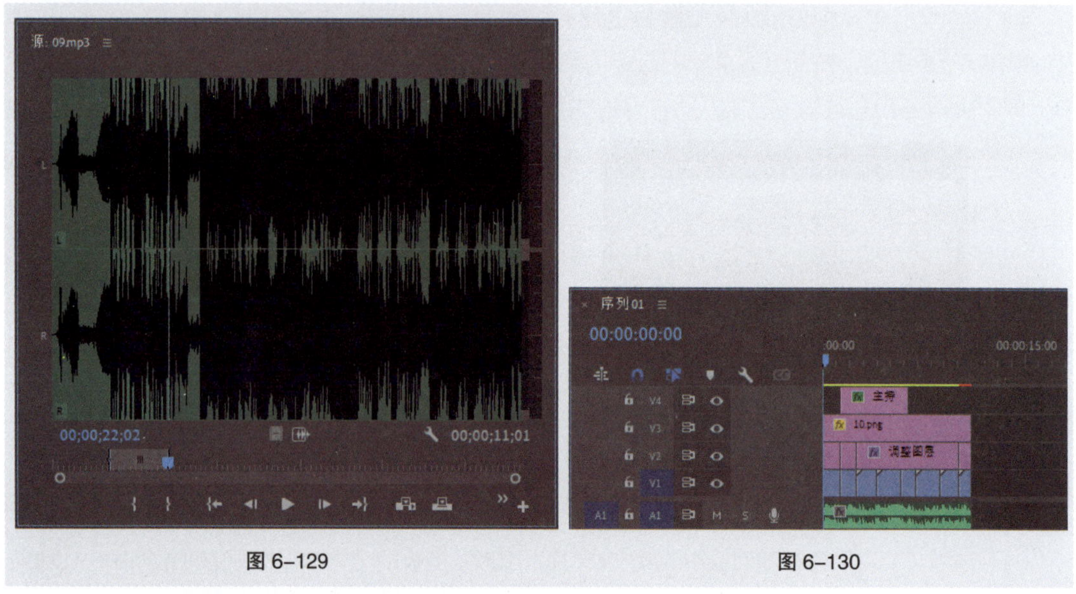

图 6-129　　图 6-130

6.2.2　课堂案例——制作运动产品广告

【案例学习目标】学习使用"导入"命令、"效果控件"面板和"基本图形"面板制作运动产品广告。

【案例知识要点】使用"导入"命令导入素材文件，使用"效果控件"面板编辑文件并制作动画，使用"基本图形"面板添加并编辑图形和文本。运动产品广告效果如图6-131所示。

【效果所在位置】Ch06/效果/制作运动产品广告.prproj。

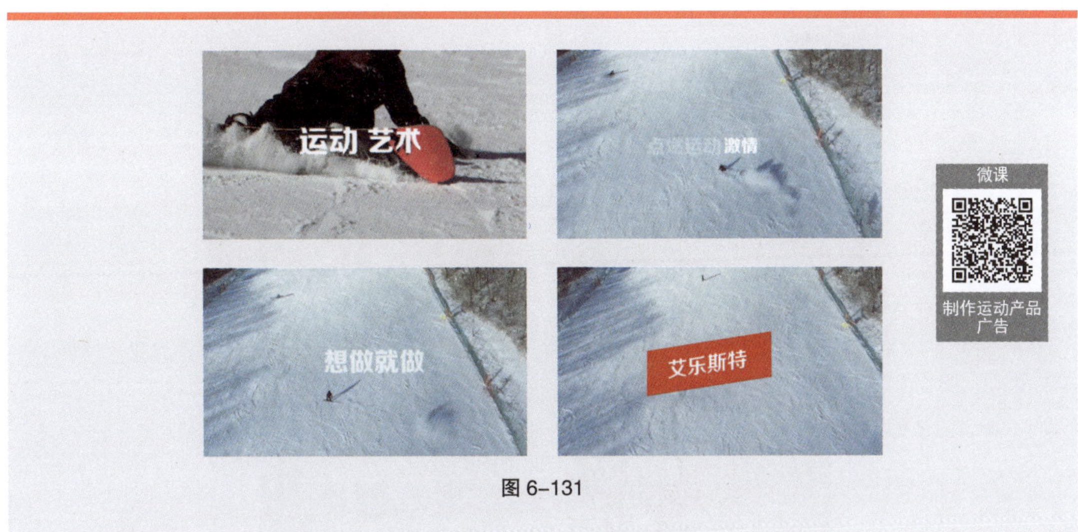

图 6–131

微课
制作运动产品广告

1. 新建项目并编辑素材

（1）启动Premiere Pro软件，选择“文件 > 新建 > 项目”命令，弹出“导入”界面，如图6–132所示，单击“创建”按钮，新建项目。选择“文件 > 新建 > 序列”命令，弹出“新建序列”对话框，打开“设置”选项卡，设置如图6–133所示。单击“确定”按钮，新建序列。

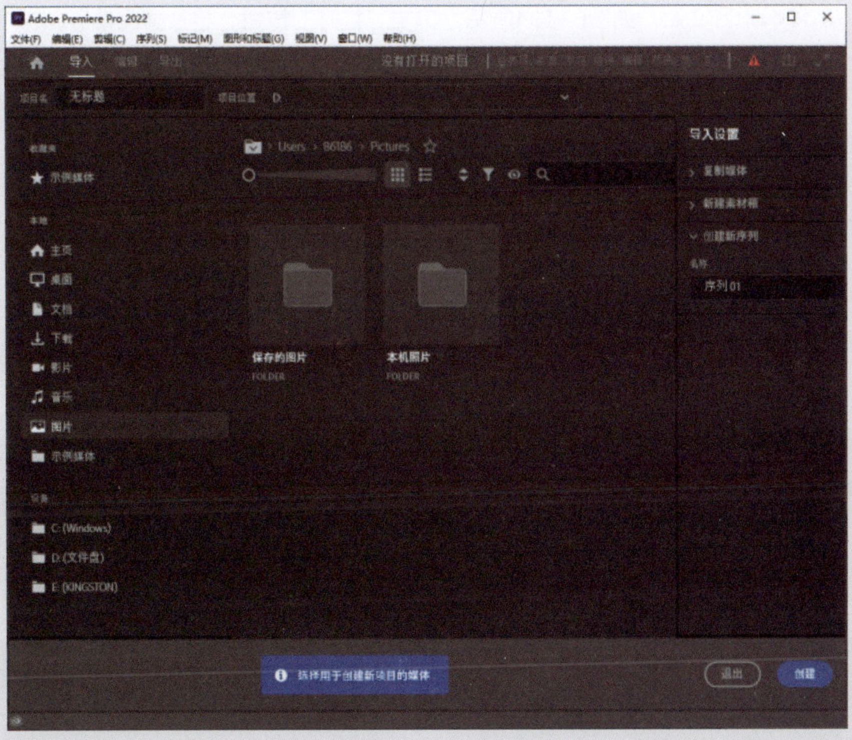

图 6–132

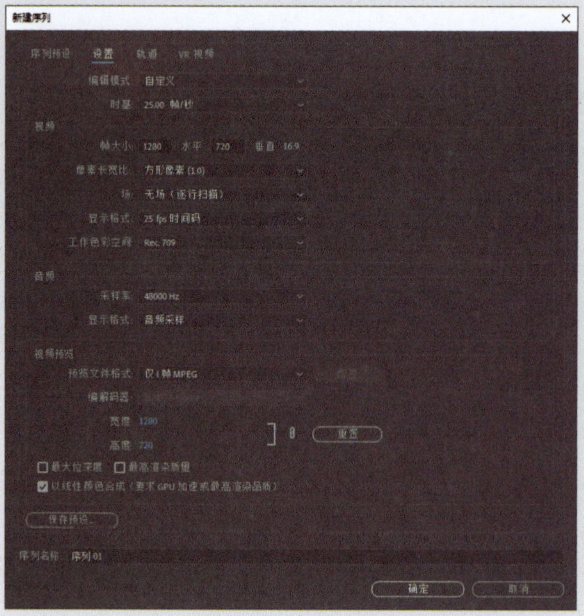

图 6-133

（2）选择“文件 > 导入”命令，弹出“导入”对话框，选择本书云盘中的“Ch06/制作运动产品广告/素材/01～03”文件，如图6-134所示，单击“打开”按钮，将素材文件导入“项目”面板中，如图6-135所示。

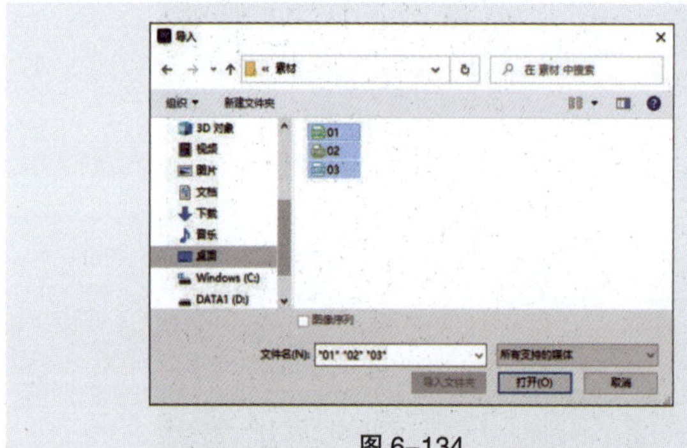

图 6-134

图 6-135

（3）将“项目”面板中的“01”文件拖曳到“时间轴”面板中的“V1”轨道中，弹出“剪辑不匹配警告”对话框，单击“保持现有设置”按钮。将“01”文件放置到“V1”轨道中，如图6-136所示。选择“时间轴”面板中的“01”文件，如图6-137所示。

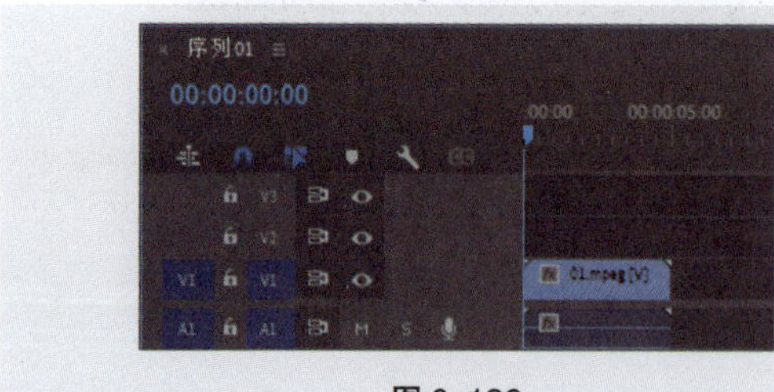

图 6-136

图 6-137

（4）选择“剪辑 > 取消链接”命令，取消视音频链接，如图6-138所示。选择音频，按Delete键，删除音频，如图6-139所示。

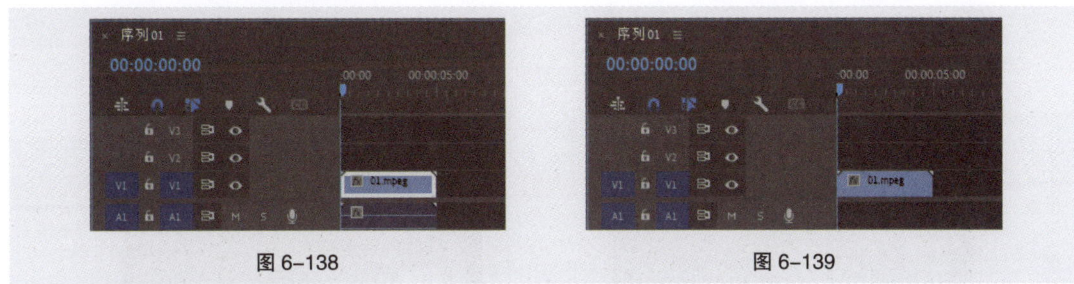

图 6-138　　图 6-139

2. 添加广告语和动画

（1）选择“基本图形”面板，打开“编辑”选项卡，单击“新建图层”按钮，在弹出的菜单中选择“文本”命令。在“时间轴”面板中的“V2”轨道中生成“新建文本图层”文件，如图6-140所示。“节目”监视器面板中的效果如图6-141所示。

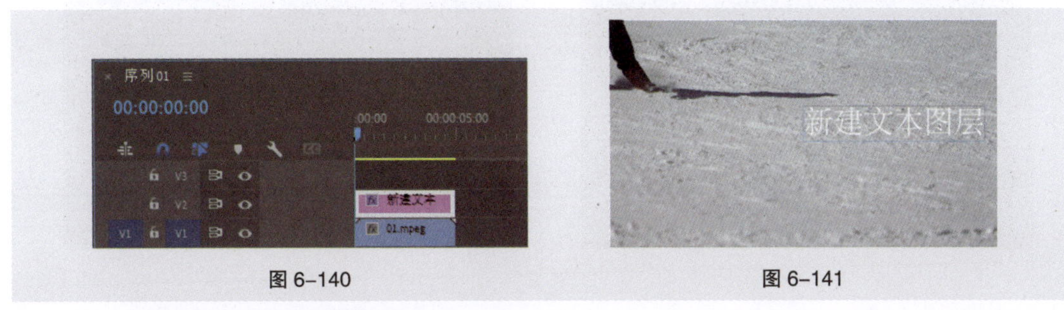

图 6-140　　图 6-141

（2）在“节目”监视器面板中修改文字，效果如图6-142所示。将时间标签放置在00:00:00:13的位置上。在“运动”文件的结束位置单击，显示编辑点。当鼠标指针呈状时，将其向左拖曳到00:00:00:13的位置，如图6-143所示。

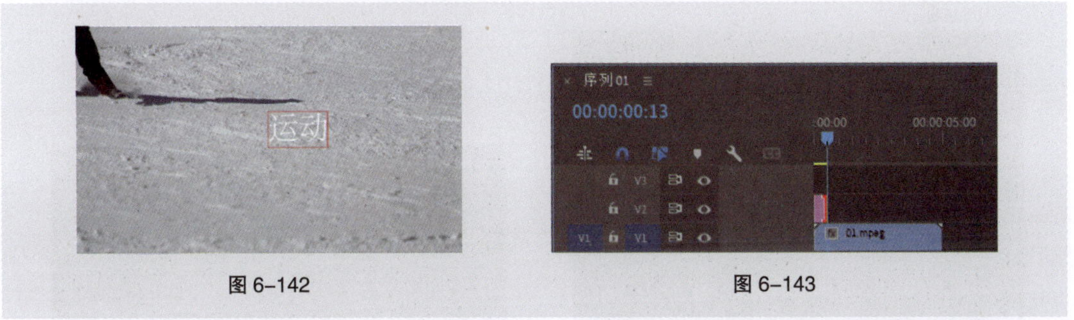

图 6-142　　图 6-143

（3）将时间标签放置在00:00:00:00的位置上。在“基本图形”面板中选择“运动”图层，“基本图形”面板的“对齐并变换”栏中的设置如图6-144所示，“文本”栏和“外观”栏的设置如图6-145所示。

（4）选择“时间轴”面板中的“运动”文件。选择“效果控件”面板，展开“运动”选项，将“位置”选项设置为640.0和360.0，单击“位置”选项左侧的“切换动画”按钮，如图6-146所示，记录第1个动画关键帧。将时间标签放置在00:00:00:05的位置上。在“效果控件”面板中，将“位置”选项设置为569.0和360.0，记录第2个动画关键帧。单击“缩放”选项左侧的“切换动画”按钮，如图6-147所示，记录第1个动画关键帧。

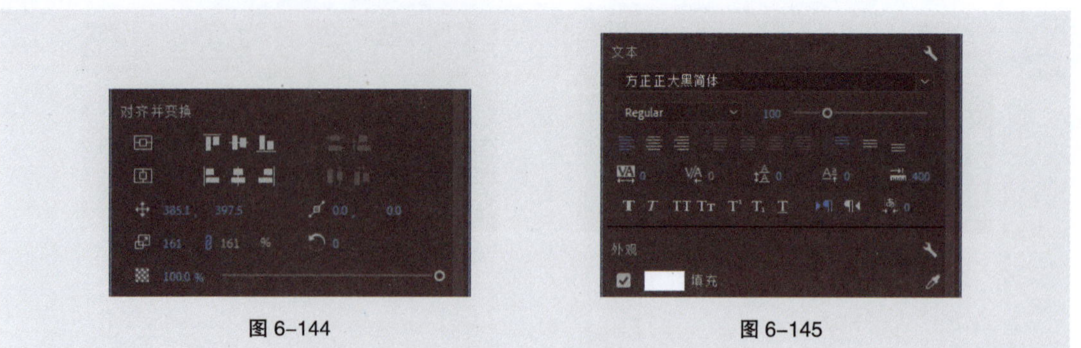

图 6-144　　图 6-145

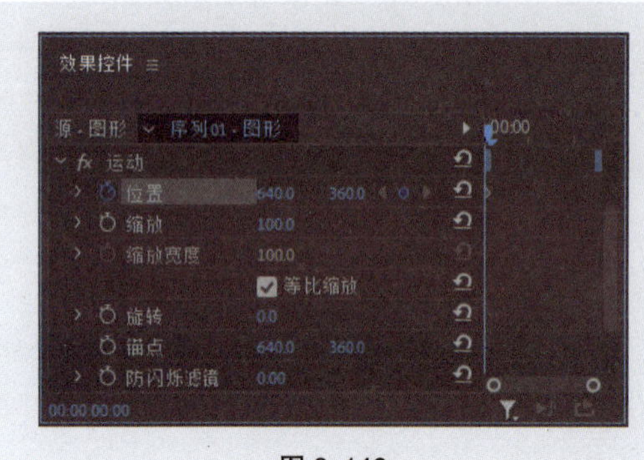

图 6-146

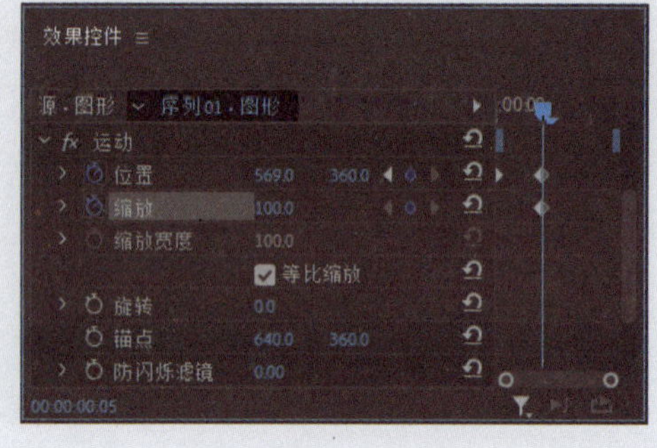

图 6-147

（5）将时间标签放置在00:00:00:12的位置上。在“效果控件”面板中，将“缩放”选项设置为70.0，如图6-148所示，记录第2个动画关键帧。用上述方法创建图形文字并添加关键帧，如图6-149所示。

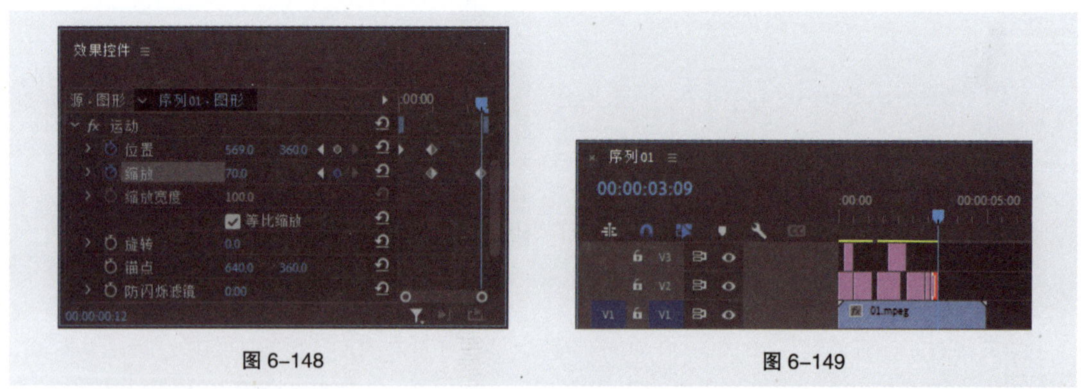

图 6-148　　图 6-149

3. 添加装饰图形和动画

（1）将时间标签放置在00:00:03:09的位置上。选择“基本图形”面板，打开“编辑”选项卡，单击“新建图层”按钮，在弹出的菜单中选择“矩形”命令。在“时间轴”面板中的“V2”轨道中生成“图形”文件，如图6-150所示，“节目”监视器面板中的效果如图6-151所示。

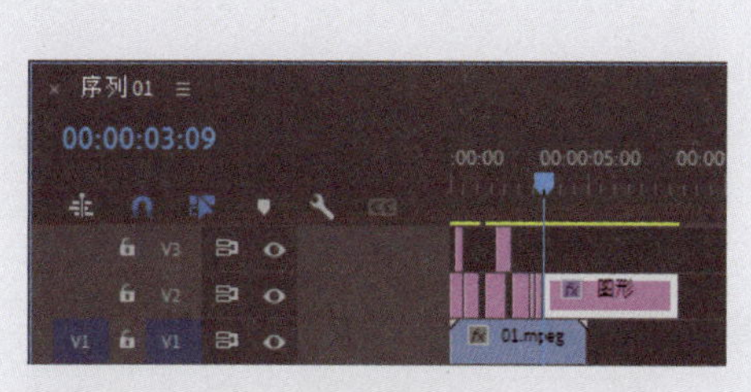

图 6-150

图 6-151

（2）在“时间轴”面板中选择“图形”文件。在“基本图形”面板中选择“形状01”图层，在“外观”栏中将“填充”颜色设置为红色（230、61、24），“对齐并变换”栏中的设置如图6-152所示。选择“工具”面板中的“钢笔”工具，在“节目”监视器面板选择右上角、右下角和左下角的锚点，并拖曳到适当的位置，效果如图6-153所示。

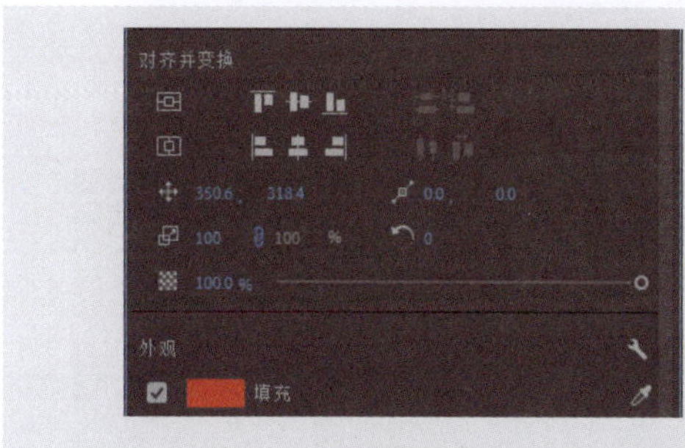

图 6-152

图 6-153

（3）在“图形”文件的结束位置单击，显示编辑点。当鼠标指针呈状时，将其向左拖曳到“01”文件的结束位置，如图6-154所示。

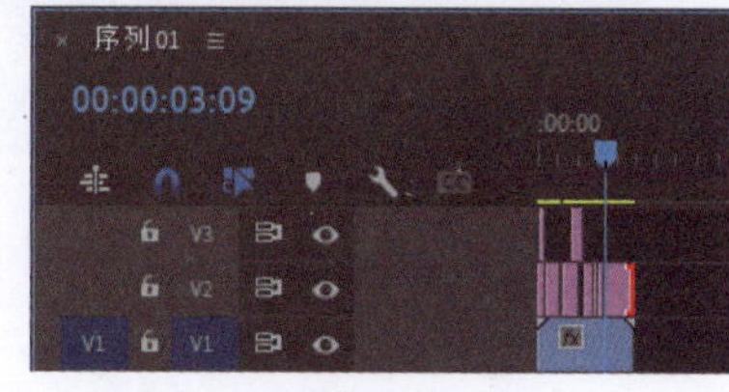

图 6-154

（4）选择“效果控件”面板，展开“形状（形状01）”选项组，取消勾选“等比缩放”复选框，将“垂直缩放”选项设置为0，单击“垂直缩放”选项左侧的“切换动画”按钮，如图6-155所示，记录第1个动画关键帧。将时间标签放置在00:00:03:22的位置上。在“效果控件”面板中，将“垂直缩放”选项设置为100，如图6-156所示，记录第2个动画关键帧。

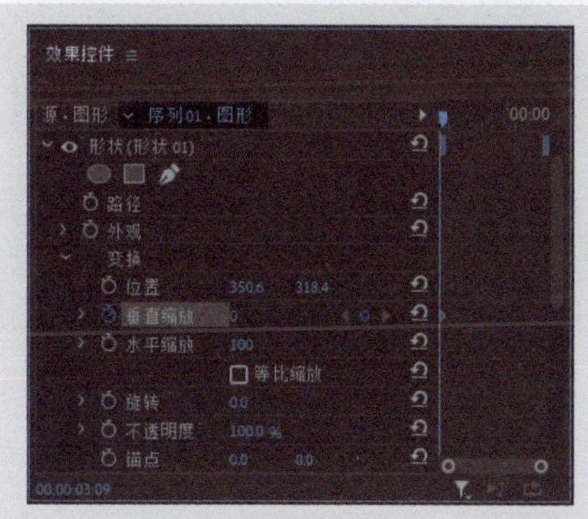

图 6-155

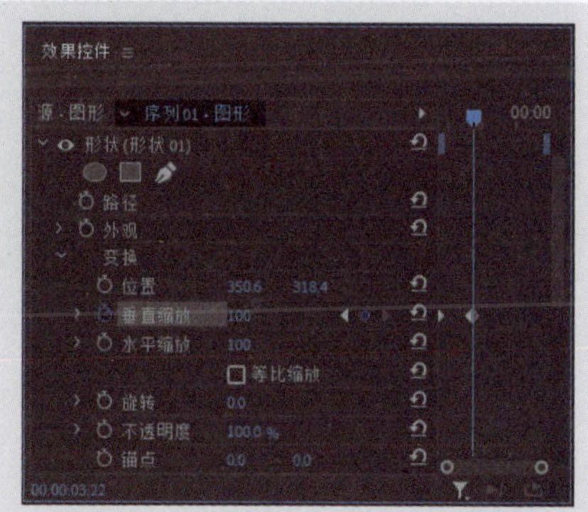

图 6-156

（5）将时间标签放置在00:00:03:14的位置上。在“项目”面板中，选中“02”文件并将其拖曳到“时间轴”面板中的“V3”轨道中，如图6-157所示。在“02”文件的结束位置单击，显示编辑点。当鼠标指针呈状时，将其向左拖曳到“01”文件的结束位置，如图6-158所示。

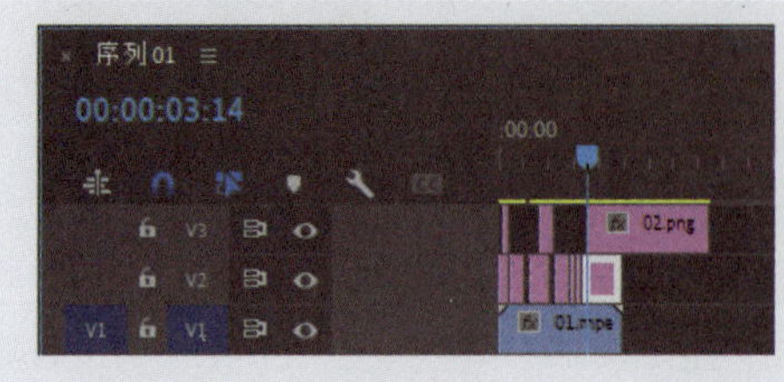

图 6-157

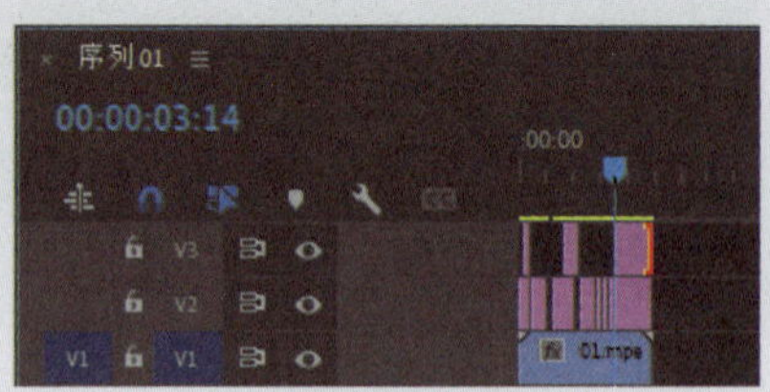

图 6-158

（6）在“时间轴”面板中选择“02”文件。将时间标签放置在00:00:03:20的位置上。选择“效果控件”面板，展开“运动”选项，将“位置”选项设置为590.0和437.0，单击“位置”选项左侧的“切换动画”按钮，如图6-159所示，记录第1个动画关键帧。将时间标签放置在00:00:04:03的位置上，将“位置”选项设置为590.0和370.0，如图6-160所示，记录第2个动画关键帧。

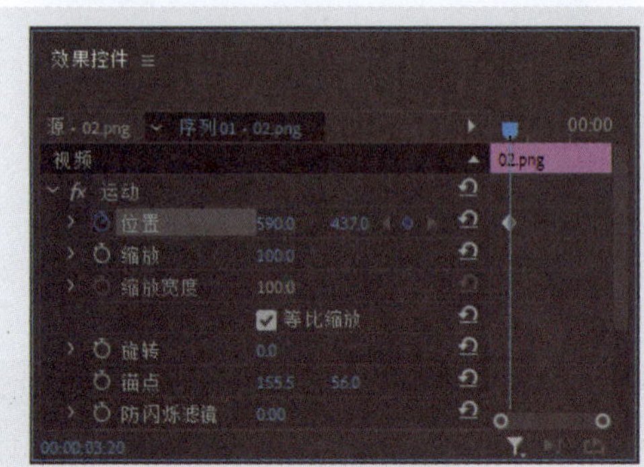

图 6-159

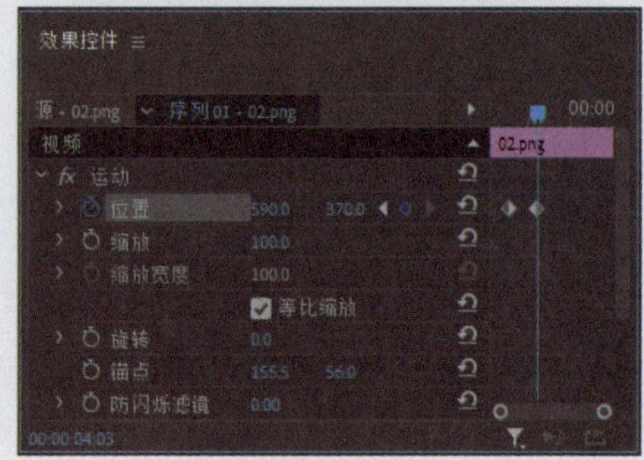

图 6-160

（7）将时间标签放置在00:00:03:20的位置上。选择“效果控件”面板，展开“不透明度”选项，将“不透明度”选项设置为0.0%，单击“不透明度”选项左侧的“切换动画”按钮，如图6-161所示，记录第1个动画关键帧。将时间标签放置在00:00:03:22的位置上。将“不透明度”选项设置为100.0%，如图6-162所示，记录第2个动画关键帧。

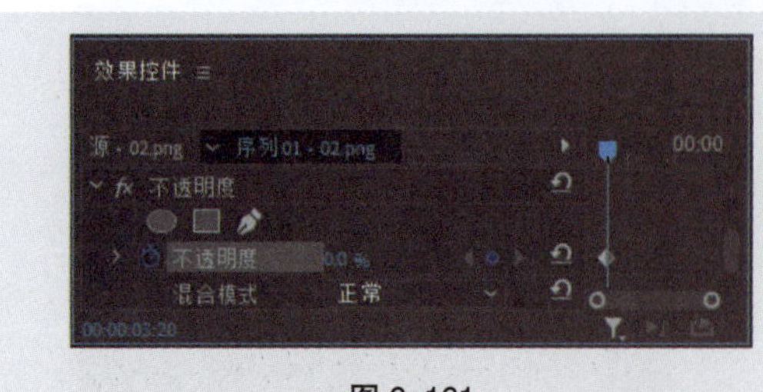

图 6-161

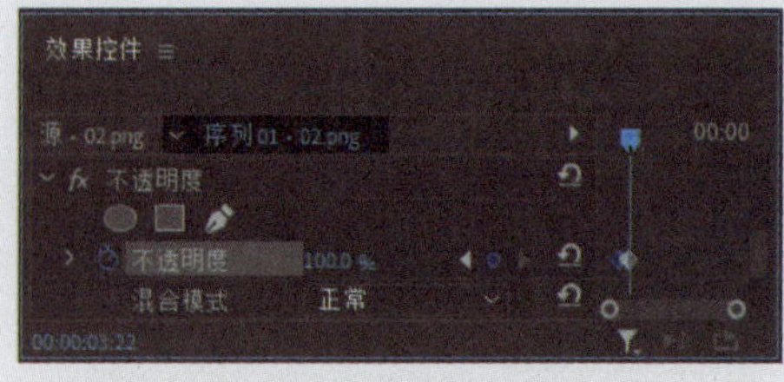

图 6-162

（8）在“项目”面板中，选中“03”文件并将其拖曳到“时间轴”面板中的“A1”轨道中，如图6-163所示。在“03”文件的结束位置单击，显示编辑点。当鼠标指针呈状时，将其向左拖曳到“01”文件的结束位置，如图6-164所示。运动产品广告制作完成。

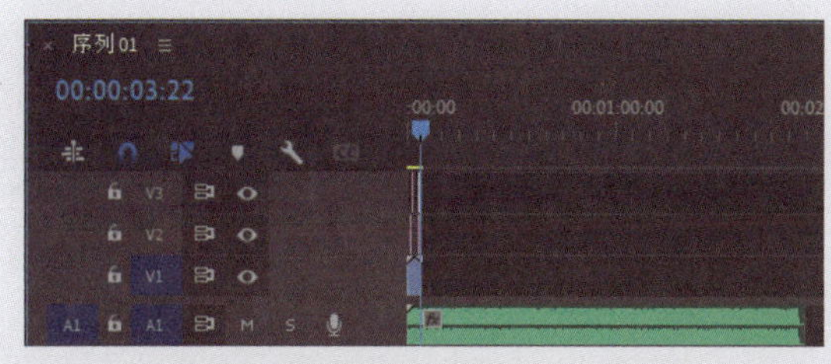

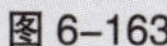
图 6-163

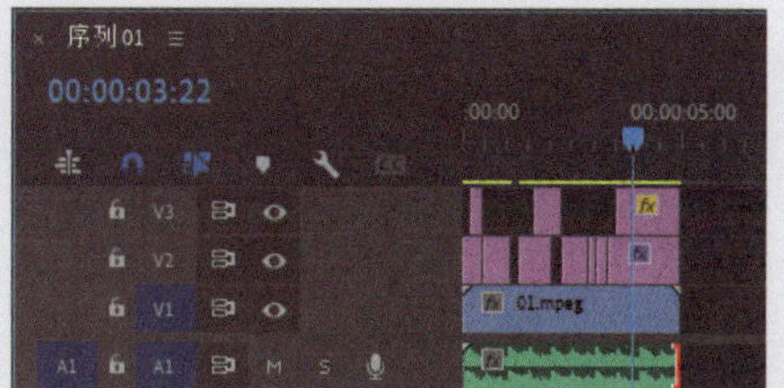

图 6-164

6.3 动画的制作

6.3.1 课堂案例——制作电商类 App 横版海报

【案例学习目标】学习使用“创建传统补间”命令制作传统补间动画。

【案例知识要点】使用“导入”命令导入素材文件，使用“文本”工具制作广告语元件；使用“创建传统补间”命令制作补间动画效果，使用“动作脚本”命令添加动作脚本。电商类App横版海报效果如图6-165所示。

【效果所在位置】Ch06/效果/制作电商类App横版海报.fla。

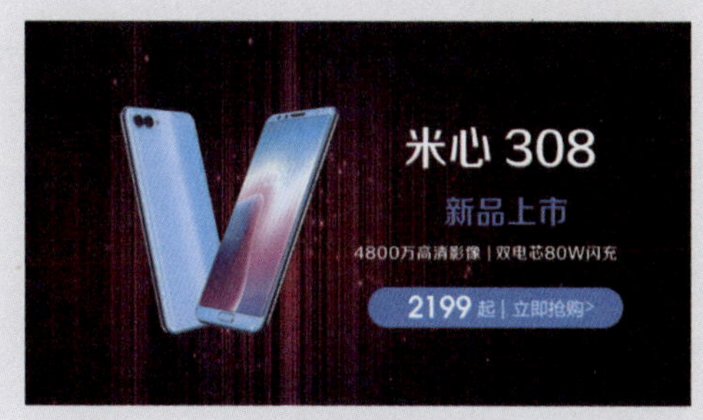

图 6-165

1. 导入素材制作元件

（1）启动Animate软件，选择“文件 > 新建”命令，弹出“新建文档”对话框，在“常规”选项卡中选择“ActionScript 3.0”选项，将“宽”选项设为900，“高”选项设为500，“背景颜色”设为浅灰色（#CCCCCC），单击“确定”按钮，完成文档的创建。

（2）选择“文件 > 导入 > 导入到库”命令，在弹出的“导入到库”对话框中，选择云盘中的“Ch06 > 素材 > 制作电商类App横版海报 > 01 ~ 04”文件，单击“打开”按钮，将文件导入“库”面板中，如图6-166所示。

（3）按Ctrl+F8组合键，弹出“创建新元件”对话框，在“名称”文本框中输入“底图”，在“类型”下拉列表中选择“图形”选项，单击“确定”按钮，新建图形元件“底图”，如图6-167所示，舞台窗口随之转换为图形元件的舞台窗口。将“库”面板中的位图“01”拖曳到舞台窗口中，如图6-168所示。

图 6-166 　　图 6-167　　图 6-168

（4）在“库”面板中新建1个图形元件“手机”，舞台窗口也随之转换为图形元件的舞台窗口。将“库”面板中的位图“03”拖曳到舞台窗口中，并放置在适当的位置。按Ctrl+T组合键，弹出“变形”面板，将“缩放宽度”选项和“缩放高度”选项均设为80，效果如图6-169所示。

（5）在“库”面板中新建1个图形元件“价位”，舞台窗口也随之转换为图形元件的舞台窗口。将“库”面板中的位图“04”拖曳到舞台窗口中，并放置在适当的位置，如图6-170所示。

（6）在“库”面板中新建1个图形元件“文字1”，舞台窗口也随之转换为图形元件的舞台窗口。选择“文本”工具**T**，在“属性”面板的“工具”选项卡中进行设置，在舞台窗口中适当的位置输入大小为60、字体为“方正正中黑简体”的白色文字，文字效果如图6-171所示。

图 6-169　　图 6-170　　图 6-171

（7）根据上述的步骤分别制作图形元件“文字2”和“文字3”，并设置相应的字体和颜色，文字效果如图6-172和图6-173所示。

图 6-172　　图 6-173

（8）在“库”面板中新建1个图形元件“渐变色”，舞台窗口也随之转换为图形元件的舞台窗口。选择“窗口 > 颜色”命令，弹出“颜色”面板，单击“笔触颜色”按钮，将其设为无，单击“填充颜色”按钮，在“颜色类型”下拉列表中选择“线性渐变”选项，在色带上设置3个控制点，选中色带上两侧的控制点，将其设为白色，在“Alpha”选项下将其不透明度设为0%，选中色带上中间的控制点，将其设为白色，生成渐变色，效果如图6-174所示。选择“基本矩形”工具，在舞台窗口中绘制1个矩形，效果如图6-175所示。

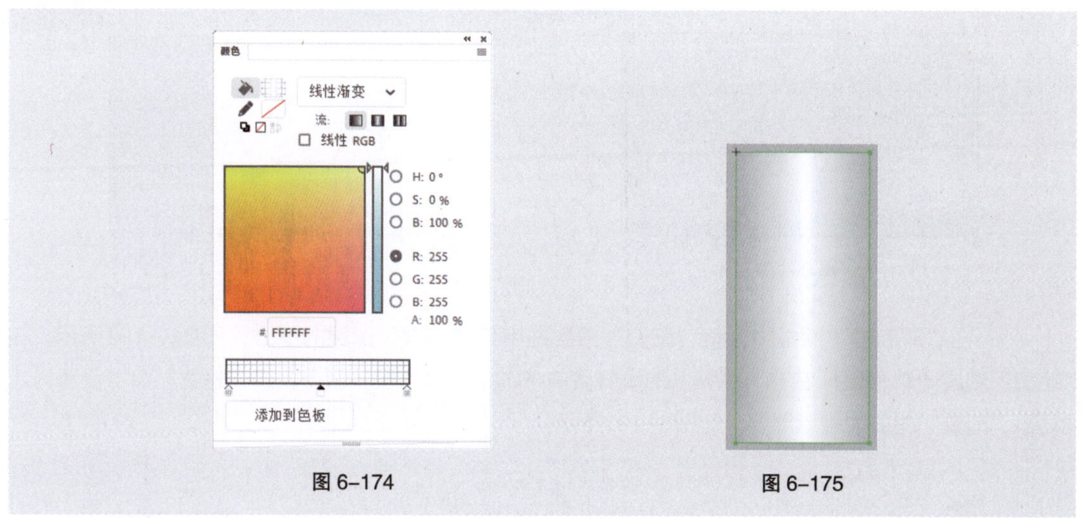

图 6-174　　图 6-175

2. 制作场景动画

（1）按Ctrl+J组合键，弹出“文档设置”对话框，将“舞台颜色”设为蓝色（#0099FF），单击“确定”按钮，完成舞台颜色的设置。单击舞台窗口左上方的 ← 图标，进入“场景1”的舞台窗口。将“图层_1”重命名为“轮廓”，如图6-176所示。选中“轮廓”图层的第80帧，按F5键，插入普通帧。

（2）将“库”面板中的图形元件“02”拖曳到舞台窗口中，保持图形的选取状态，按Ctrl+T组合键，弹出“变形”面板，将“缩放宽度”选项和“缩放高度”选项均设为80%，如图6-177所示。在实例“属性”面板中，将“X”选项设为126，“Y”选项设为109，效果如图6-178所示。

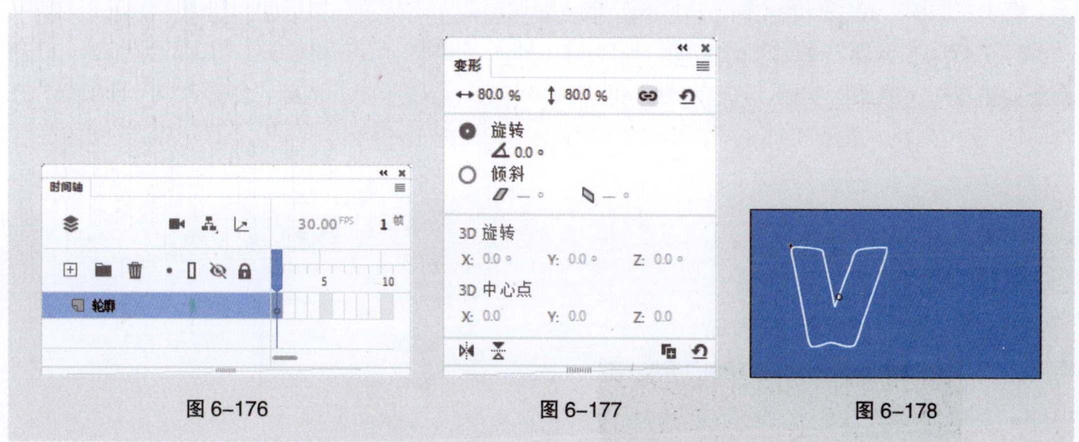

图 6-176　　图 6-177　　图 6-178

（3）在“时间轴”面板中创建新图层并将其命名为“渐变”。将“库”面板中的图形元件“渐变色”拖曳到舞台窗口中，并放置在适当的位置，如图6-179所示。分别选中“渐变”图层的第10帧、第20帧、第30帧、第40帧，按F6键，插入关键帧。

（4）选中“渐变”图层的第10帧，在舞台窗口中将“渐变色”实例水平向右拖曳到适当的位置，如图6-180所示。用相同的方法设置“渐变”图层的第30帧。分别用鼠标右键单击“渐变”图层的第1帧、度10帧、第20帧、第30帧，在弹出的快捷菜单中选择“创建传统补间”命令，生成传统补间动画。

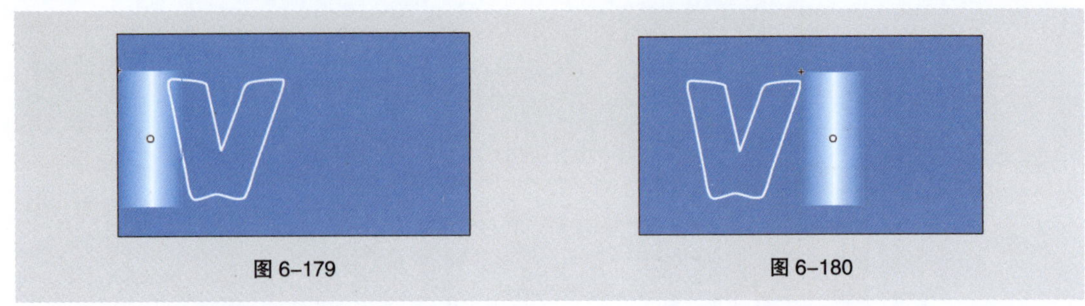

图 6-179　　图 6-180

（5）在“时间轴”面板中，将“渐变”图层拖曳到“轮廓”图层的下方，如图6-181所示。在“轮廓”图层上单击鼠标右键，在弹出的快捷菜单中选择“遮罩层”命令，将“轮廓”图层设置为遮罩层，“渐变”图层为被遮罩层，如图6-182所示。

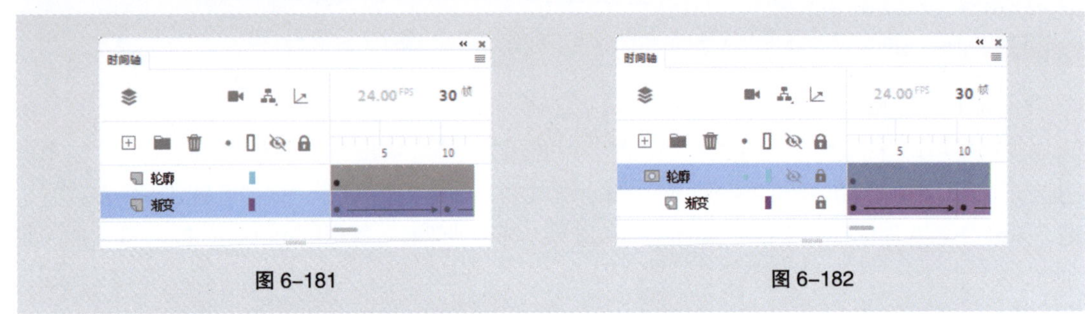

图 6-181　　图 6-182

（6）在“时间轴”面板中创建新图层并将其命名为“底图”。选中“底图”图层的第40帧，按F6键，插入关键帧。将“库”面板中的图形元件“底图”拖曳到舞台窗口的中心位置，如图6-183所示。选中“底图”图层的第60帧，按F5键，插入普通帧。

（7）选中“底图”图层的第50帧，按F6键，插入关键帧。选中“底图”图层的第40帧，在舞台窗口中选中“底图”实例，在“属性”面板的“对象”选项卡中，选择“色彩效果”选项组，在“样式”下拉列表中选择“Alpha”，将其值设为0%，如图6-184所示。

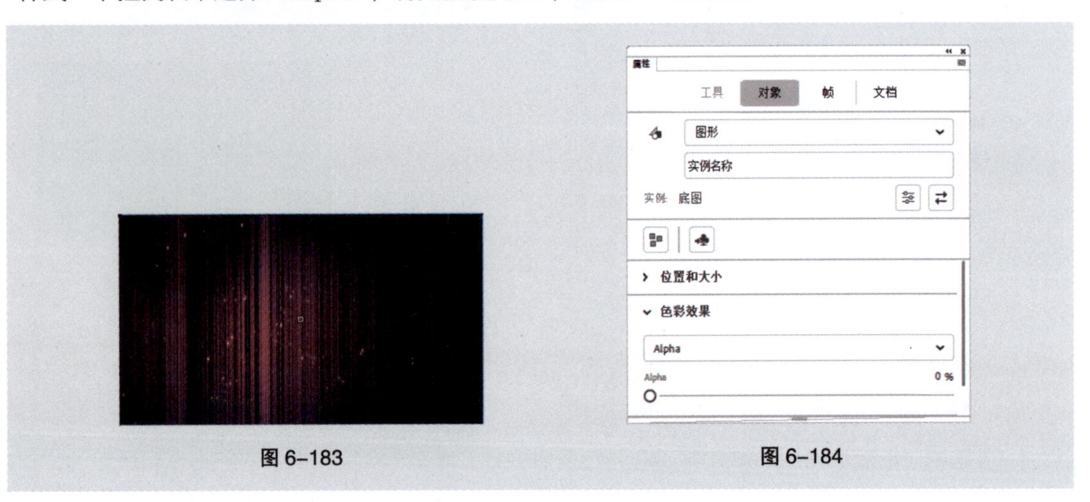

图 6-183　　图 6-184

（8）用鼠标右键单击“底图”图层的第40帧，在弹出的快捷菜单中选择“创建传统补间”命令，生成传统补间动画。

（9）在“时间轴”面板中创建新图层并将其命名为“手机”。选中“手机”图层的第40帧，按F6键，插入关键帧。将“库”面板中的图形元件“手机”拖曳到舞台窗口中，在“属性”面板的“对象”选项卡中，将“X”选项设为127，“Y”选项设为110，如图6–185所示，效果如图6–186所示。

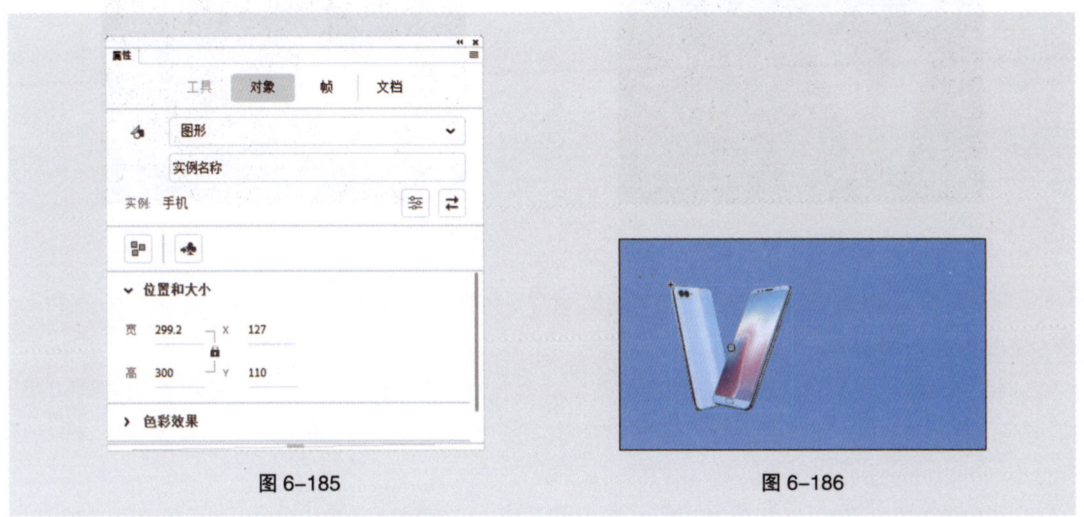

图 6–185　　图 6–186

（10）选中“手机”图层的第50帧，按F6键，插入关键帧。选中“手机”图层的第40帧，在舞台窗口中选中“手机”实例，在“属性”面板的“对象”选项卡中，选择“色彩效果”选项组，在“样式”下拉列表中选择“Alpha”，将其值设为0%，如图6–187所示，效果如图6–188所示。

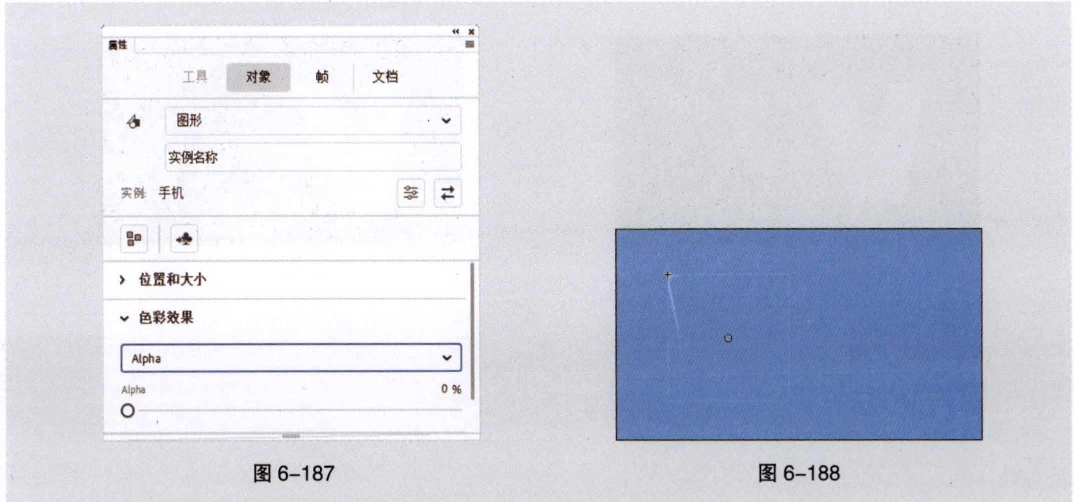

图 6–187　　图 6–188

（11）用鼠标右键单击“手机”图层的第40帧，在弹出的快捷菜单中选择“创建传统补间”命令，生成传统补间动画。

（12）在“时间轴”面板中创建新图层并将其命名为“文字1”。选中“文字1”图层的第50帧，按F6键，插入关键帧。将“库”面板中的图形元件“文字1”拖曳到舞台窗口中，并放置在适当的位置，如图6–189所示。

（13）选中“文字1”图层的第60帧，按F6键，插入关键帧。选中“文字1”图层的第50帧，在舞台窗口中将“文字1”实例水平向右拖曳到适当的位置，如图6-190所示。在“属性”面板的“对象”选项卡中，选择“色彩效果”选项组，在“样式”下拉列表中选择“Alpha”，将其值设为0%。

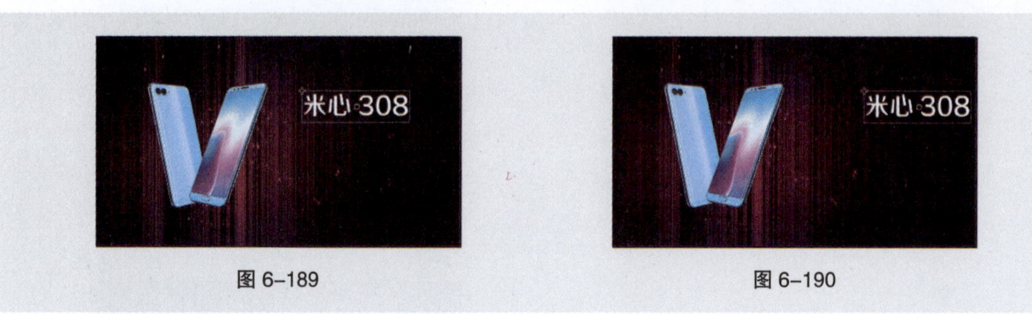

图 6-189　　图 6-190

（14）用鼠标右键单击“文字1”图层的第50帧，在弹出的快捷菜单中选择“创建传统补间”命令，生成传统补间动画。

（15）在“时间轴”面板中创建新图层并将其命名为“文字2”。选中“文字2”图层的第50帧，按F6键，插入关键帧。选中“文字2”图层的第60帧，将“库”面板中的图形元件“文字2”拖曳到舞台窗口中，并放置在适当的位置，如图6-191所示。

（16）选中“文字2”图层的第60帧，按F6键，插入关键帧。选中“文字2”图层的第50帧，在舞台窗口中将“文字2”实例水平向左拖曳到适当的位置，如图6-192所示。在“属性”面板的“对象”选项卡中，选择“色彩效果”选项组，在“样式”下拉列表中选择“Alpha”，将其值设为0%。

图 6-191　　图 6-192

（17）用鼠标右键单击“文字2”图层的第50帧，在弹出的快捷菜单中选择“创建传统补间”命令，生成传统补间动画。

（18）在“时间轴”面板中创建新图层并将其命名为“文字3”。选中“文字3”图层的第55帧，按F6键，插入关键帧。选中“文字3”图层的第65帧，将“库”面板中的图形元件“文字3”拖曳到舞台窗口中，并放置在适当的位置，如图6-193所示。

（19）选中“文字3”图层的第65帧，按F6键，插入关键帧。选中“文字3”图层的第55帧，在舞台窗口中将“文字3”实例垂直向下拖曳到适当的位置，如图6-194所示。在“属性”面板的“对象”选项卡中，选择“色彩效果”选项组，在“样式”下拉列表中选择“Alpha”，将其值设为0%。

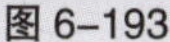
图 6-193

图 6-194

（20）用鼠标右键单击“文字3”图层的第55帧，在弹出的快捷菜单中选择“创建传统补间”命令，生成传统补间动画。

（21）在“时间轴”面板中创建新图层并将其命名为“价位”。选中“价位”图层的第60帧，按F6键，插入关键帧。选中“价位”图层的第70帧，将“库”面板中的图形元件“价位”拖曳到舞台窗口中，并放置在适当的位置，如图6-195所示。

（22）选中“价位”图层的第75帧，按F6键，插入关键帧。选中“价位”图层的第60帧，在舞台窗口中将“价位”实例垂直向下拖曳到适当的位置，如图6-196所示。在“属性”面板的“对象”选项卡中，选择“色彩效果”选项组，在“样式”下拉列表中选择“Alpha”，将其值设为0%。

图 6-195　　图 6-196

（23）用鼠标右键单击“价位”图层的第60帧，在弹出的快捷菜单中选择“创建传统补间”命令，生成传统补间动画。

（24）在“时间轴”面板中创建新图层并将其命名为“动作脚本”。选中“动作脚本”图层的第80帧，按F6键，插入关键帧。选择“窗口 > 动作”命令，弹出“动作”面板，在“动作”面板中设置脚本语言，“脚本窗口”中显示的效果如图6-197所示。设置好动作脚本后，关闭“动作”面板。在“动作脚本”图层的第60帧上显示出一个标记“a”，如图6-198所示。电商类App横版海报制作完成，按Ctrl+Enter组合键即可查看效果。

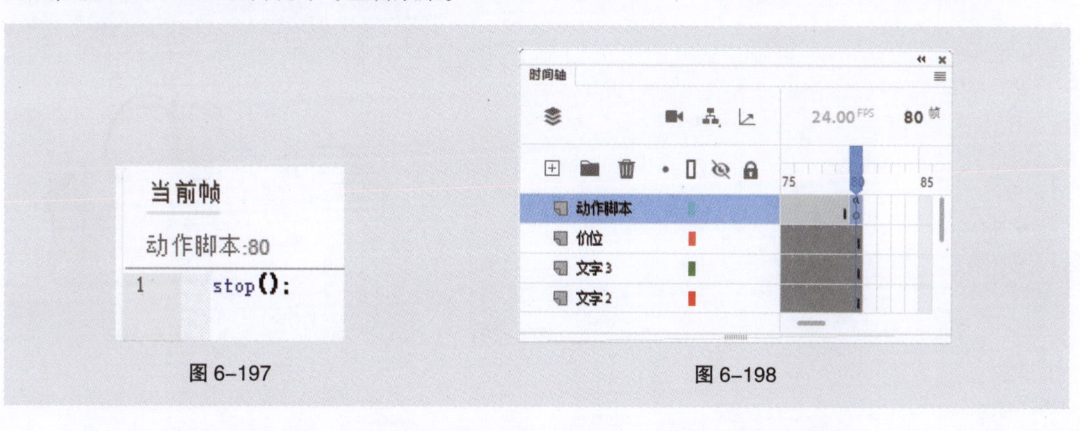

图 6-197　　图 6-198

6.3.2 课堂案例——制作女包类公众号首图动画

【案例学习目标】学习使用“创建传统补间”命令制作传统补间动画。

【案例知识要点】使用“导入”命令，导入素材文件；使用“创建元件”命令，将导入的素材制作成图形元件；使用“文字”工具，输入广告语文本；使用“创建传统补间”命令，制作补间动画效果。女包类公众号首图动画效果如图6-199所示。

【效果所在位置】Ch06/效果/制作女包类公众号首图动画.fla。

图 6-199

1. 制作图形元件

（1）启动Animate软件，选择“文件 > 新建”命令，弹出“新建文档”对话框，在“常规”选项卡中选择“ActionScript 3.0”选项，将“宽”选项设为900，“高”选项设为383，“背景颜色”设为粉色（#F5AAFF），单击“确定”按钮，完成文档的创建。

（2）选择“文件 > 导入 > 导入到库”命令，在弹出的“导入到库”对话框中，选择云盘中的“Ch06 > 素材 > 制作女包类公众号首图动画 > 01、02”文件，单击“打开”按钮，将文件导入“库”面板中，如图6-200所示。

（3）按Ctrl+F8组合键，弹出“创建新元件”对话框，在“名称”文本框中输入“包”，在“类型”下拉列表中选择“图形”选项，如图6-201所示，单击“确定”按钮，新建图形元件“包”，舞台窗口也随之转换为图形元件的舞台窗口。将“库”面板中的位图“02”拖曳到舞台窗口中，如图6-202所示。

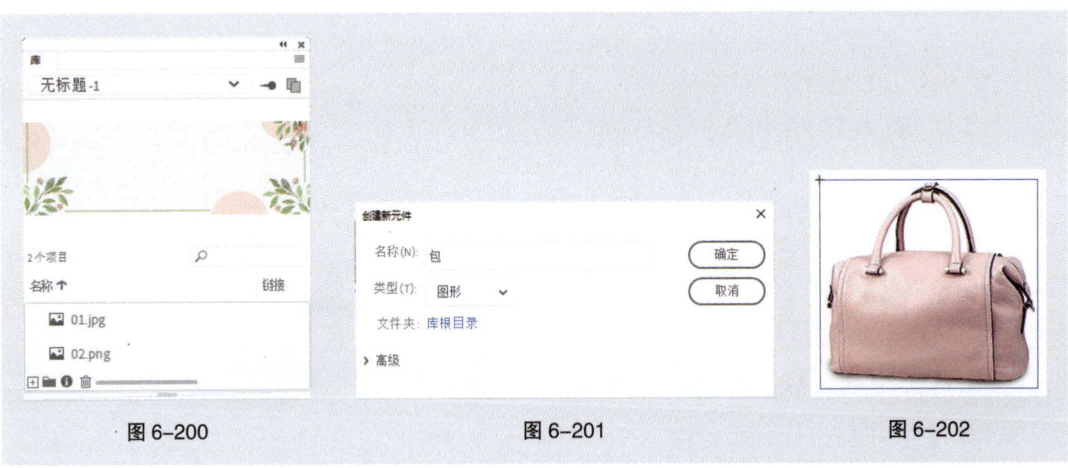

图 6-200　图 6-201　图 6-202

（4）在“库”面板中新建1个图形元件“文字1”，舞台窗口也随之转换为图形元件的舞台窗口。选择“基本矩形”工具，在舞台窗口中绘制一个矩形。保持图形的选取状态，在“属性”面板“对象”选项卡中，将“宽”选项设为87，“高”选项设为20，“X”选项和“Y”选项均设为0，效果如图6-203所示。

（5）选择“文本”工具T，在“属性”面板的“工具”选项卡中进行设置，在舞台窗口中适当的位置输入大小为9、字体为“方正兰亭黑简体”的白色文字，文字效果如图6-204所示。根据上述的步骤制作图形元件“文字2”，并设置相应的文字属性，效果如图6-205所示。

图 6-203　　图 6-204　　图 6-205

2. 制作文字动画效果

（1）单击舞台窗口左上方的图标←，进入“场景1”的舞台窗口。将“图层_1”重命名为“底图”。将“库”面板中的位图“01”拖曳到与舞台中心重叠的位置，如图6-206所示。选中“底图”图层的第210帧，按F5键，插入普通帧。

（2）在“时间轴”面板中创建新图层并将其命名为“遮罩”。选择“矩形”工具，在工具箱中将“填充颜色”选项设为绿色（#90CC3B），在舞台窗口中绘制一个矩形，效果如图6-207所示。

图 6-206　　图 6-207

（3）选中“底图”图层的第20帧，按F6键，插入关键帧。选中“底图”图层的第1帧，按Ctrl+T组合键，将“缩放宽度”选项设为1%，“缩放高度”选项设为100%，效果如图6-208所示。

（4）用鼠标右键单击“遮罩”图层的第1帧，在弹出的快捷菜单中选择“创建补间形状”命令，生成形状补间动画。在“遮罩”图层上单击鼠标右键，在弹出的快捷菜单中选择“遮罩层”命令，将“遮罩”图层设置为遮罩层，“底图”图层为被遮罩层，如图6-209所示。

图 6-208　　图 6-209

（5）在“时间轴”面板中创建新图层并将其命名为“NEW”。选中“NEW”图层的第20帧，按

F6键，插入关键帧。选择“文本”工具T，在“属性”面板的“工具”选项卡中进行设置，在舞台窗口中适当的位置输入大小为30、字体为“AvantGarde-Demi”的粉色（#EF9D9D）文字，文字效果如图6-210所示。

（6）在“时间轴”面板中创建新图层并将其命名为“遮罩2”。选中“遮罩2”图层的第20帧，按F6键，插入关键帧。选择“矩形”工具■，在舞台窗口英文单词“NEW”的左侧绘制一个矩形，效果如图6-211所示。

图 6-210　　图 6-211

（7）选中“遮罩2”图层的第30帧，按F6键，插入关键帧。选择“任意变形”工具，在矩形周围出现控制点，如图6-212所示，按住Alt键的同时，选中矩形右侧中间的控制点并向右拖曳到适当的位置，改变矩形的宽度，效果如图6-213所示。

图 6-212　　图 6-213

（8）用鼠标右键单击“遮罩2”图层的第20帧，在弹出的快捷菜单中选择“创建补间形状”命令，生成形状补间动画，如图6-214所示。在“遮罩2”图层上单击鼠标右键，在弹出的快捷菜单中选择“遮罩层”命令，将“遮罩2”图层设置为遮罩层，“NEW”图层为被遮罩层，如图6-215所示。

图 6-214　　图 6-215

（9）在“时间轴”面板中创建新图层并将其命名为“LOOK”。选中“LOOK”图层的第30帧，按F6键，插入关键帧。选择“文本”工具T，在“属性”面板的“工具”选项卡中进行设置，在舞台窗口中适当的位置输入大小为30、字体为“AvantGarde-Demi”的粉色（#EF9D9D）文字，文字效果如图6-216所示。

（10）在“时间轴”面板中创建新图层并将其命名为“遮罩3”。选中“遮罩3”图层的第30帧，按F6键，插入关键帧。选择“矩形”工具，在舞台窗口英文单词“LOOK”的左侧绘制一个矩形，效果如图6-217所示。

图 6-216　　图 6-217

（11）选中“遮罩3”图层的第40帧，按F6键，插入关键帧。选择“任意变形”工具，在矩形周围出现控制点，按住Alt键的同时，选中矩形右侧中间的控制点并向右拖曳到适当的位置，改变矩形的宽度，效果如图6-218所示。

（12）用鼠标右键单击“遮罩3”图层的第30帧，在弹出的快捷菜单中选择“创建补间形状”命令，生成形状补间动画。在“遮罩3”图层上单击鼠标右键，在弹出的快捷菜单中选择“遮罩层”命令，将“遮罩3”图层设置为遮罩层，“LOOK”图层为被遮罩层，如图6-219所示。

图 6-218　　图 6-219

（13）在“时间轴”面板中创建新图层并将其命名为“花季盛宴”。选中“花季盛宴”图层的第40帧，按F6键，插入关键帧。选择“文本”工具**T**，在“属性”面板“工具”选项卡中进行设置，在舞台窗口中适当的位置输入大小为35、字体为“方正兰亭中黑简体”的红色（#F71036）文字，文字效果如图6-220所示。

（14）在“时间轴”面板中创建新图层并将其命名为“遮罩4”。选中“遮罩4”图层的第40帧，按F6键，插入关键帧。选择“矩形”工具，在舞台窗口文字“花季盛宴”的左侧绘制一个矩形，效果如图6-221所示。

图 6-220　　图 6-221

（15）选中“遮罩4”图层的第60帧，按F6键，插入关键帧。选择“任意变形”工具，在矩形周围出现控制点，按住Alt键的同时，选中矩形右侧中间的控制点并向右拖曳到适当的位置，改变矩形的宽度，效果如图6-222所示。

（16）用鼠标右键单击“遮罩4”图层的第40帧，在弹出的快捷菜单中选择“创建补间形状”命令，生成形状补间动画。在“遮罩4”图层上单击鼠标右键，在弹出的快捷菜单中选择“遮罩层”命令，将“遮罩4”图层设置为遮罩层，“花季盛宴”图层为被遮罩层，如图6-223所示。

图 6-222　　图 6-223

（17）在“时间轴”面板中创建新图层并将其命名为“水平线”。选中“水平线”图层的第60帧，按F6键，插入关键帧。选择“线条”工具，在工具箱中将“填充颜色”选项设为黑色，在舞台窗口中绘制一条直线，效果如图6-224所示。

（18）选择“选择”工具，按住Alt键的同时向下拖曳水平线到适当的位置，复制水平线，效果如图6-225所示。

图 6-224　　图 6-225

（19）在“时间轴”面板中创建新图层并将其命名为“遮罩5”。选中“遮罩5”图层的第60帧，按F6键，插入关键帧。选择“矩形”工具，在舞台窗口水平线的左侧绘制一个矩形，效果如图6-226所示。

（20）选中“遮罩5”图层的第80帧，按F6键，插入关键帧。选择“任意变形”工具，在矩形周围出现控制点，按住Alt键的同时，选中矩形右侧中间的控制点并向右拖曳到适当的位置，改变矩形的宽度，效果如图6-227所示。

（21）用鼠标右键单击“遮罩5”图层的第60帧，在弹出的快捷菜单中选择“创建补间形状”命令，生成形状补间动画。在“遮罩5”图层上单击鼠标右键，在弹出的快捷菜单中选择“遮罩层”命令，将“遮罩5”图层设置为遮罩层，“水平线”图层为被遮罩层。

图 6-226

图 6-227

（22）在“时间轴”面板中创建新图层并将其命名为“日期”。选中“日期”图层的第80帧，按F6键，插入关键帧。选择“文本”工具**T**，在“属性”面板的“工具”选项卡中进行设置，在舞台窗口中适当的位置输入大小为13、字体为“方正兰亭中黑简体”的黑色文字，文字效果如图6-228所示。

（23）在“时间轴”面板中创建新图层并将其命名为“遮罩6”。选中“遮罩6”图层的第80帧，按F6键，插入关键帧。选择“矩形”工具■，在舞台窗口文字“4月12日12点开始”的左侧绘制一个矩形，效果如图6-229所示。

图 6-228

图 6-229

（24）选中“遮罩6”图层的第95帧，按F6键，插入关键帧。选择“任意变形”工具，在矩形周围出现控制点，按住Alt键的同时，选中矩形右侧中间的控制点并向右拖曳到适当的位置，改变矩形的宽度，效果如图6-230所示。

（25）用鼠标右键单击“遮罩6”图层的第80帧，在弹出的快捷菜单中选择“创建补间形状”命令，生成形状补间动画。在“遮罩6”图层上单击鼠标右键，在弹出的快捷菜单中选择“遮罩层”命令，将“遮罩6”图层设置为遮罩层，“日期”图层为被遮罩层，如图6-231所示。

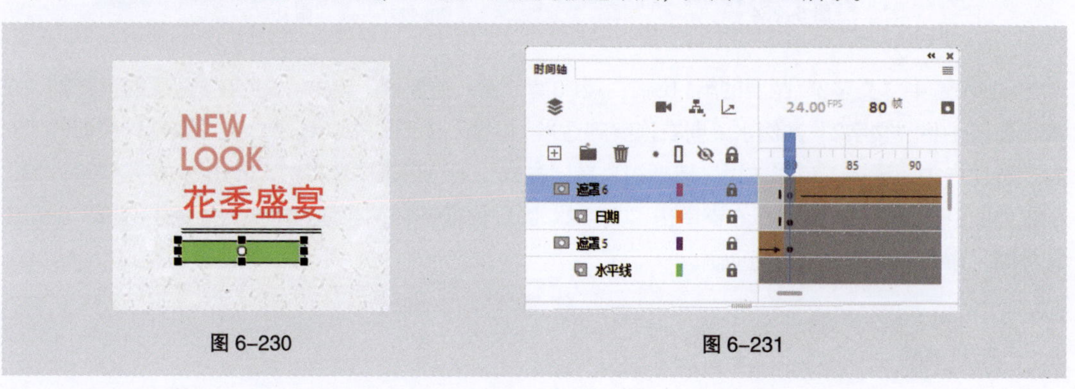

图 6-230

图 6-231

（26）在“时间轴”面板中创建新图层并将其命名为“文字1”。选中“文字1”图层的第95帧，按F6键，插入关键帧。将“库”面板中的图形元件“文字1”拖曳到舞台窗口中，并放置在适当的位置，如图6-232所示。

（27）在“时间轴”面板中创建新图层并将其命名为“文字2”。选中“文字2”图层的第95帧，按F6键，插入关键帧。将“库”面板中的图形元件“文字2”拖曳到舞台窗口中，并放置在适当的位置，如图6-233所示。

图 6-232　图 6-233

（28）选中“文字1”图层的第110帧，按F6键，插入关键帧。选中“文字1”图层的第95帧，在舞台窗口中将“文字1”实例水平向左拖曳到适当的位置，如图6-234所示。在“属性”面板的“对象”选项卡中，选择“色彩效果”选项组，在“样式”下拉列表中选择“Alpha”，将其值设为0%，效果如图6-235所示。用鼠标右键单击“文字1”图层的第95帧，在弹出的快捷菜单中选择“创建传统补间”命令，生成传统补间动画。

图 6-234　图 6-235

（29）选中“文字2”图层的第110帧，按F6键，插入关键帧。选中“文字2”图层的第95帧，在舞台窗口中将“文字2”实例水平向右拖曳到适当的位置，如图6-236所示。在“属性”面板的“对象”选项卡中，选择“色彩效果”选项组，在“样式”下拉列表中选择“Alpha”，将其值设为0%，效果如图6-237所示。用鼠标右键单击“文字2”图层的第95帧，在弹出的快捷菜单中选择“创建传统补间”命令，生成传统补间动画。

图 6-236　　图 6-237

3. 制作女包动画

（1）在“时间轴”面板中创建新图层并将其命名为“包”。选中“包”图层的第110帧，按F6键，插入关键帧。将“库”面板中的图形元件“包”拖曳到舞台窗口中，并放置在适当的位置，如图6-238所示。

（2）分别选中“包”图层的第140帧、第145帧、第150帧、第155帧和第160帧，按F6键，插入关键帧。选中“包”图层的第145帧，按Ctrl+T组合键，弹出“变形”面板，将“旋转”选项设为5°，效果如图6-239所示。

图 6-238　　图 6-239

（3）选中“包”图层的第155帧，在“变形”面板中，将“旋转”选项设为-5°，效果如图6-240所示。分别用鼠标右键单击“包”图层的第140帧、第145帧、第150帧和第155帧，在弹出的快捷菜单中选择“创建传统补间”命令，生成传统补间动画，如图6-241所示。

图 6-240　　图 6-241

（4）分别选中“包”图层的第170帧、第172帧、第174帧、第176帧、第178帧和第180帧，按

F6键，插入关键帧。选中“包”图层的第170帧，选择“选择”工具，在舞台窗口中选择“包”实例，在“属性”面板的“对象”选项卡中，选择“色彩效果”选项组，在“样式”下拉列表中选择“色调”选项，“着色”选项设为白色，“着色量”选项设为100，如图6-242所示，舞台窗口中效果如图6-243所示。用相同的方法设置“包”图层的第174帧和第178帧。

图 6-242

图 6-243

（5）在“时间轴”面板中创建新图层并将其命名为“遮罩7”。选中“遮罩7”图层的第110帧，按F6键，插入关键帧。选择“椭圆”工具，在舞台窗口中绘制一个圆形，效果如图6-244所示。

（6）选中“遮罩7”图层的第125帧，按F6键，插入关键帧。选中“遮罩7”图层的第110帧，按Ctrl+T组合键，弹出“变形”面板，将“缩放宽度”选项和“缩放高度”选项均设为1%，效果如图6-245所示。

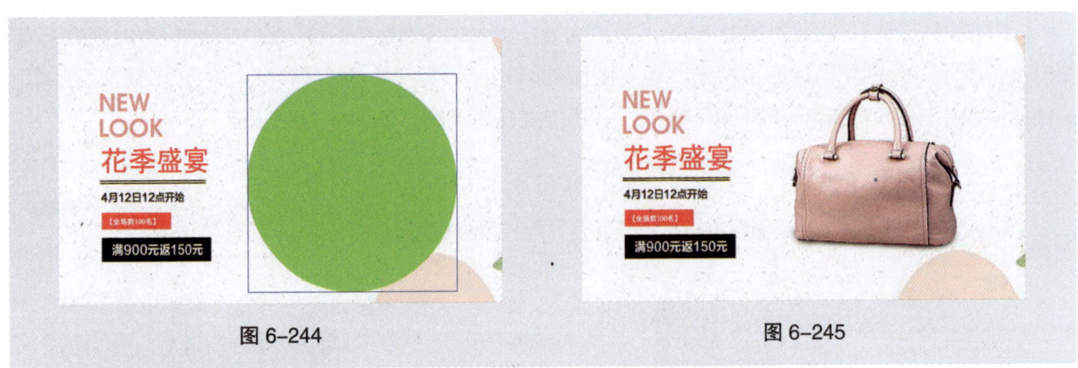

图 6-244

图 6-245

（7）用鼠标右键单击“遮罩7”图层的第110帧，在弹出的快捷菜单中选择“创建补间形状”命令，生成形状补间动画，如图6-246所示。在“遮罩7”图层上单击鼠标右键，在弹出的快捷菜单中选择“遮罩层”命令，将“遮罩7”图层设置为遮罩层，“包”图层为被遮罩层，如图6-247所示。女包类公众号首图动画制作完成，按Ctrl+Enter组合键即可查看动画效果。

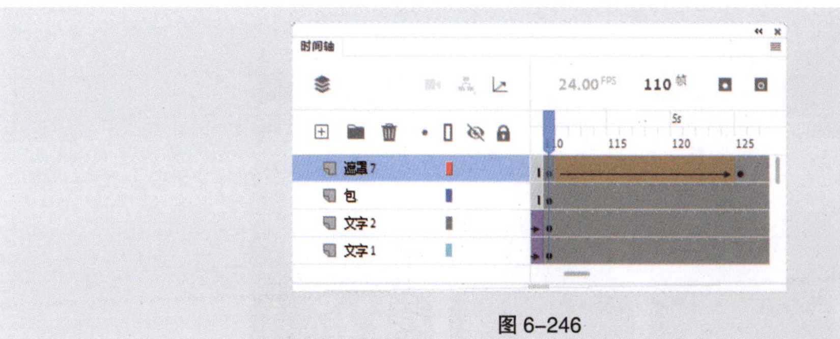

图 6-246

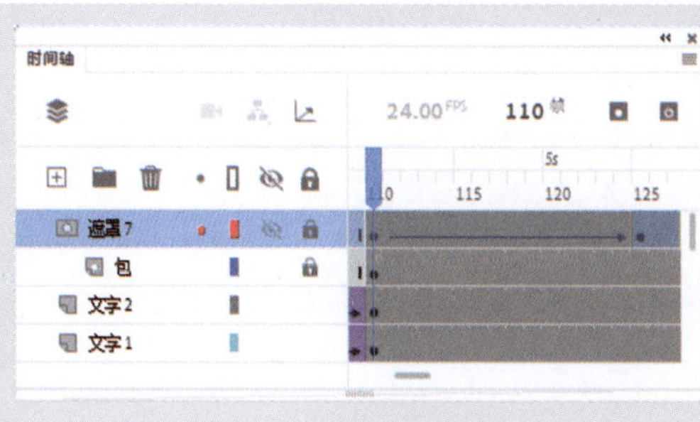

图 6-247

6.4 H5 页面的制作

6.4.1 课堂案例——制作电子商务行业活动促销 H5 页面

【案例学习目标】了解电子商务行业活动促销H5页面项目策划及交互设计，学习使用凡科互动制作H5页面并发布的方法。

【案例知识要点】使用谷歌浏览器登录凡科官网，使用凡科互动为电子商务行业活动促销制作H5页面，使用凡科微传单的趣味中的球体仪功能制作最终效果。电子商务行业活动促销H5页面效果如图6-248所示。

【效果所在位置】Ch06/效果/制作电子商务行业活动促销H5页面.psd。

图 6-248

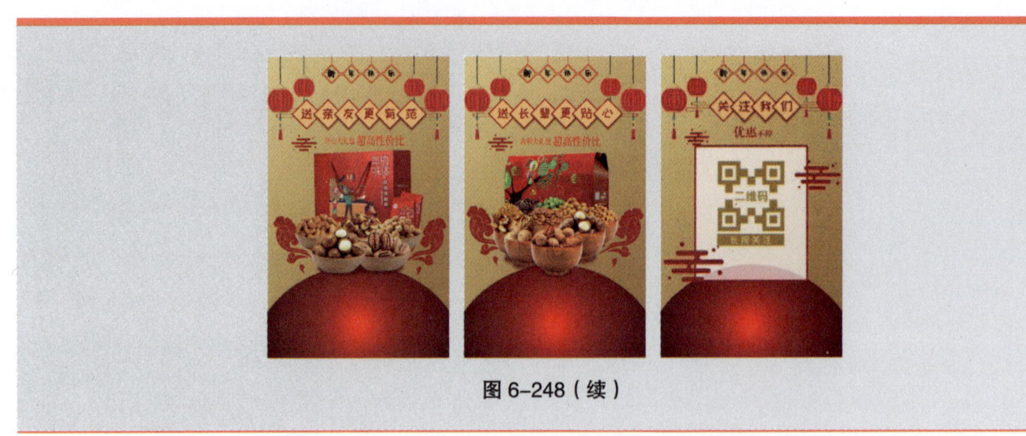
图 6-248（续）

（1）使用谷歌浏览器登录凡科官网。单击“进入管理”按钮，打开“常用产品”面板，如图6-249所示选择“微传单”，进入“创建活动”页面，选择“从空白创建”，如图6-250所示。

图 6-249　　图 6-250

（2）单击页面右侧“背景”面板中的添加图片区域，如图6-251所示。在弹出的对话框中单击“本地上传”按钮，选取云盘中的“Ch06 > 素材 > 制作电子商务行业活动促销H5页面 > 01 ~ 18”素材文件，单击“打开”按钮置入图片，如图6-252所示。单击使用“01”素材，页面效果如图6-253所示。

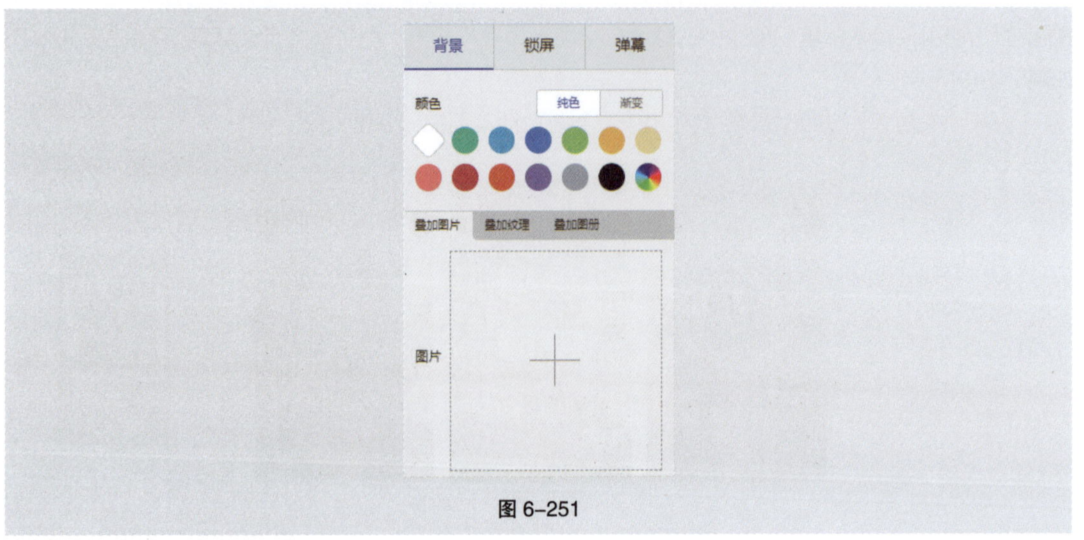

图 6-251

图 6-252　　图 6-253

（3）单击效果右侧的“手机适配”按钮，如图6-254所示。在弹出的面板中进行设置，如图6-255所示，单击页面右上方的“保存”按钮，保存页面效果。

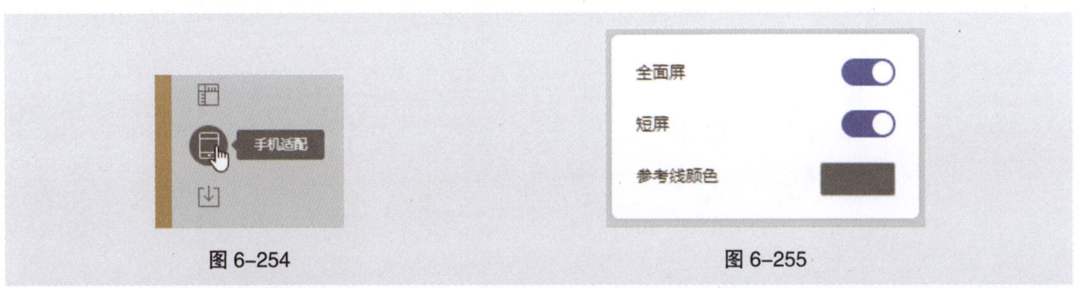

图 6-254　　图 6-255

（4）单击页面上方的“素材”选项，在弹出的对话框中单击使用“02”素材，并将其拖曳到适当的位置，在页面空白处单击，页面效果如图6-256所示。单击选取素材，将页面右侧的面板切换到“动画”，单击使用“旋转出现”动效，设置如图6-257所示。用相同的方法添加其他素材，并为其添加动画，页面效果如图6-258所示。

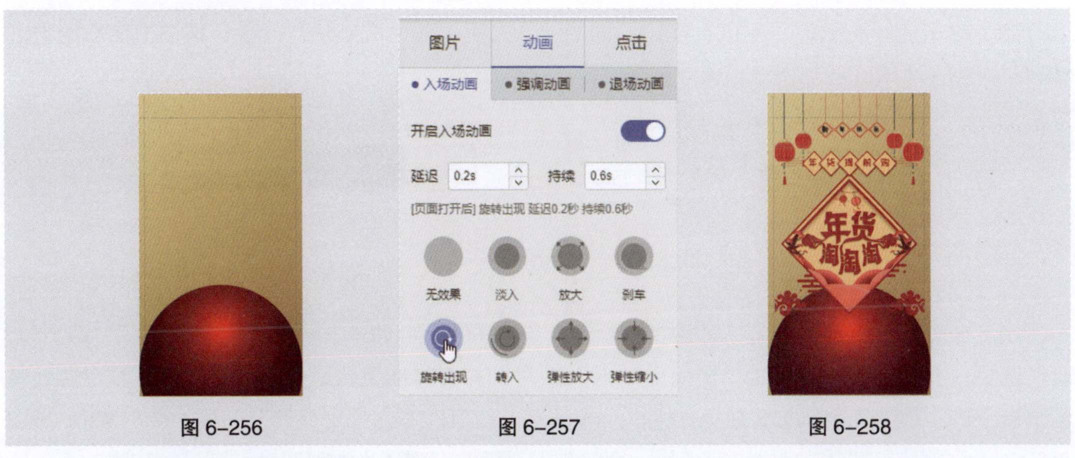

图 6-256　　图 6-257　　图 6-258

（5）单击页面上方的“趣味”选项，在弹出的菜单中选择“球体仪”功能，如图6-259所示。在弹出的窗口中单击“添加”按钮，页面创建完成。

（6）单击页面右侧“球体仪”面板中的球体样式“设置”按钮，在弹出的面板中单击“更多颜色”，如图6-260所示。在弹出的色彩面板中将当前颜色设为红色（# c20508），如图6-261所示，在页面空白处单击，退出面板。

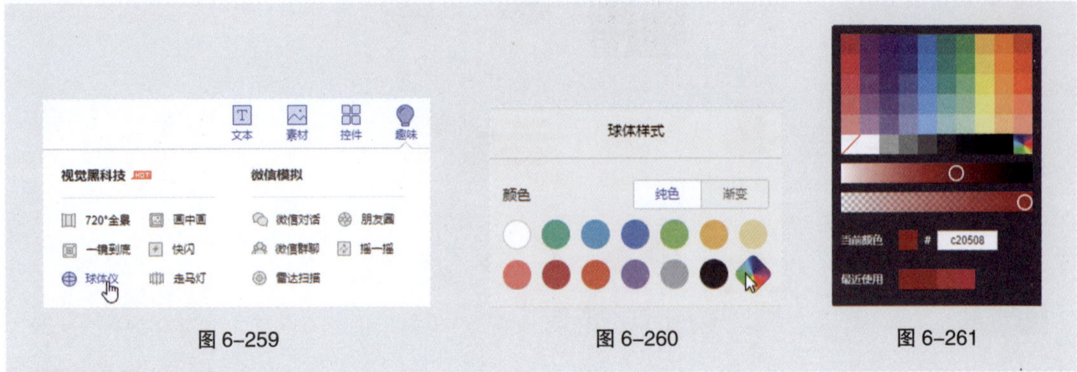

图 6-259　　图 6-260　　图 6-261

（7）单击页面右侧“背景”面板中的添加图片区域，如图6-262所示。在弹出的对话框中单击“本地上传”按钮，选取云盘中的“Ch06 > 素材 > 制作电子商务行业活动促销H5页面 > 09 ~ 18”文件，单击“打开”按钮置入图片，单击使用“01”素材，页面效果如图6-263所示。

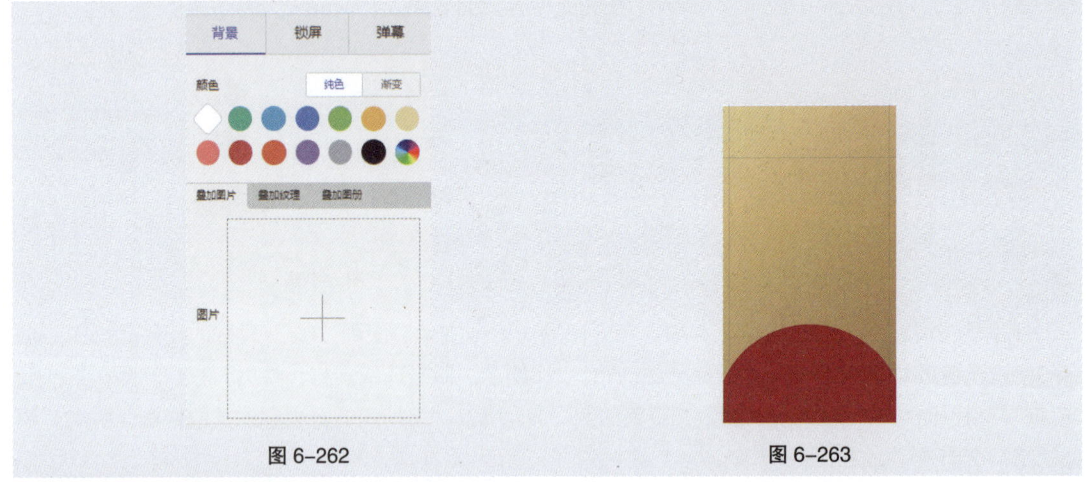

图 6-262　　图 6-263

（8）单击底图右侧的“生成”按钮，如图6-264所示，生成走马灯元素，单击页面右上方的“保存”按钮，如图6-265所示，保存页面效果。

图 6-264　　图 6-265

（9）在页面右侧“球体仪”面板中单击选取“第1幕”，如图6-266所示，单击页面上方的“素材”选项，在弹出的对话框中单击使用“09”素材，并将其拖曳到适当的位置，在页面空白处单击鼠标左键，取消选取状态，效果如图6-267所示。在页面右侧“走马灯”面板中单击选取“第2幕”，分别选取“03”“12”“17”素材，调整其大小并拖曳到适当的位置为页面添加装饰效果，如图6-268所示。用相同的方法添加其他主页面及装饰页面。

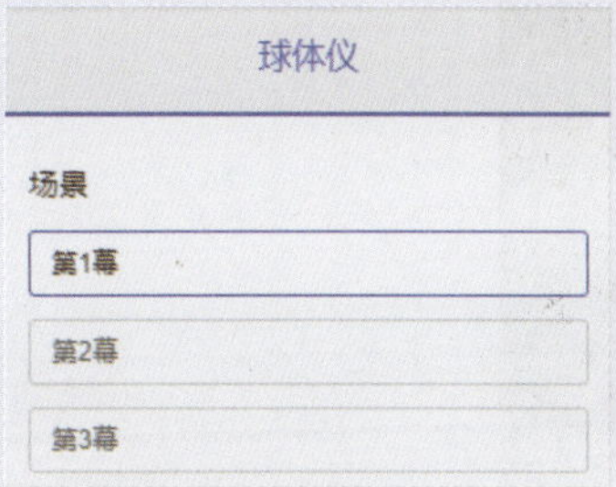

图 6-266 　　图 6-267 　　图 6-268

（10）单击页面右上方的“音乐”按钮，打开“背景音乐”选项，如图6-269所示，单击“选择音乐”按钮，在弹出的面板中选取背景音乐。单击底图右侧的“生成”按钮，生成走马灯效果，单击页面右上方的“预览和设置”按钮，保存并预览效果，如图6-270所示。

（11）单击“基础设置”面板中的“编辑分享样式”按钮，在弹出的面板中编辑分享样式，如图6-271所示。单击效果下方“手机预览”或“分享作品”按钮，扫描二维码即可分享作品。电子商务行业活动促销H5页面制作完成。

图 6-269　　图 6-270　　图 6-271

6.4.2 课堂案例——制作传统中式糕点介绍 H5 页面

【案例学习目标】了解传统中式糕点介绍H5页面项目策划及交互设计，学习使用iH5制作页面效果，使用iH5 3.0的“页面>剪切>使用滚动条”功能制作最终效果和发布的方法。

【案例知识要点】使用谷歌浏览器登录iH5官网，使用iH5制作传统中式糕点介绍H5页面，使用iH5的“页面>剪切>使用滚动条”功能制作最终效果。传统中式糕点介绍H5页面效果如图6-272所示。

【效果所在位置】Ch06/效果/制作传统中式糕点介绍H5页面.psd。

图 6-272

（1）使用谷歌浏览器打开iH5官网，页面右上方有“注册”按钮，如图6-273所示，可单击进行注册并登录。

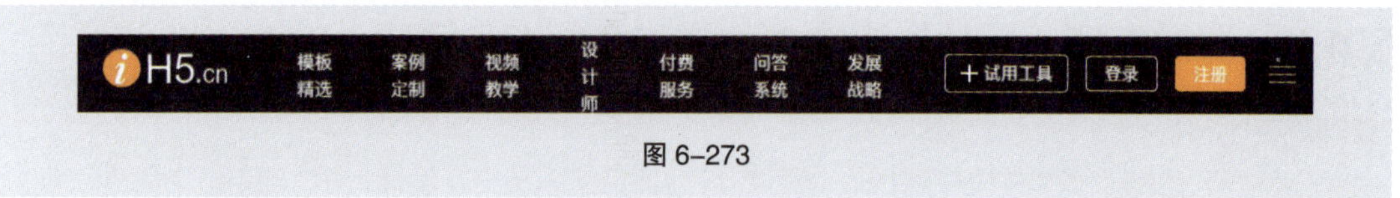

图 6-273

（2）单击右侧的“创建作品”按钮，如图6-274所示，在弹出的“新建作品”对话框中选择“新版工具”选项，如图6-275所示，单击“创建作品”按钮，在弹出的对话框中单击“关闭”按钮，进入工作页面。

（3）单击“对象树”控制面板下方的“页面”按钮，生成新的图层“页面1”，如图6-276所示。选择“页面1”图层，选取云盘中的“Ch06 > 素材 > 制作传统中式糕点介绍H5页面 > 制作发布 > 01～09”文件，分别将其拖曳到图像窗口中适当的位置，效果如图6-277所示，在“对象树”

控制面板中生成新的图层，如图6-278所示。

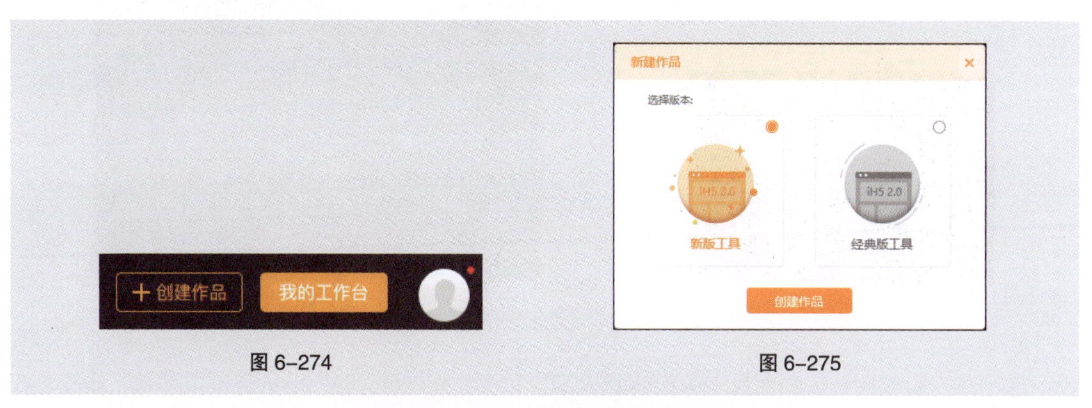

图 6-274

图 6-275

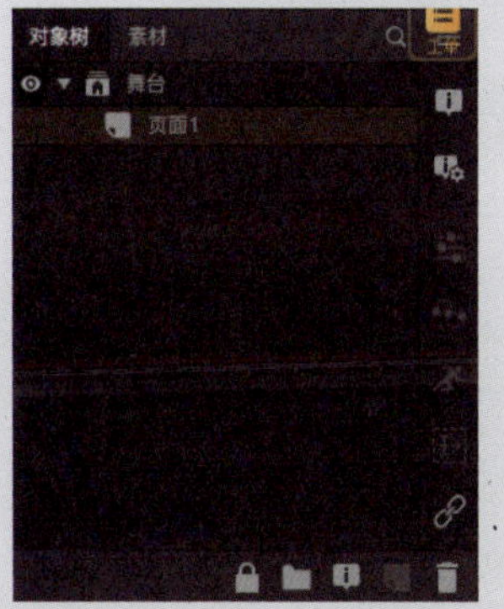

图 6-276

图 6-277

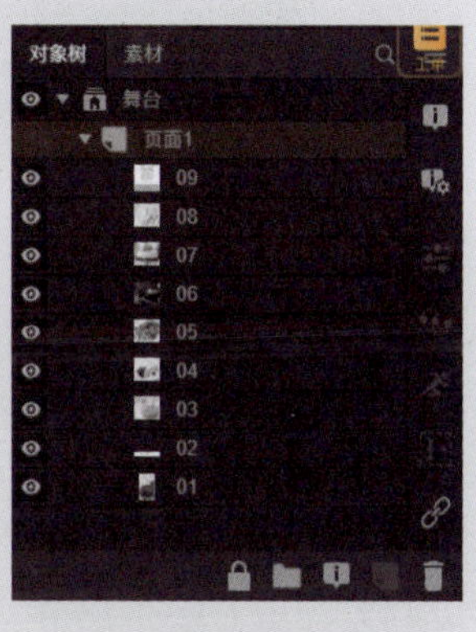

图 6-278

（4）在“页面 1的属性”面板中的“剪切”下拉列表中选择“使用滚动条”选项，如图6-279所示。在“对象树”控制面板中单击选取“01”图层，在页面上方的菜单栏中选择“动效”命令，在弹出的下拉菜单中单击选取“飞入（从上）”选项，如图6-280所示。

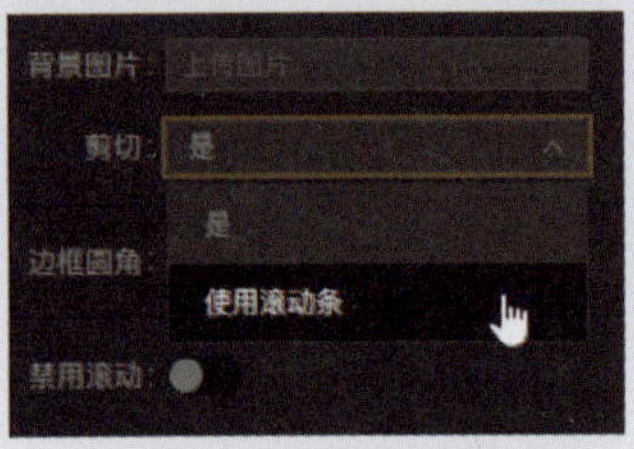

图 6-279 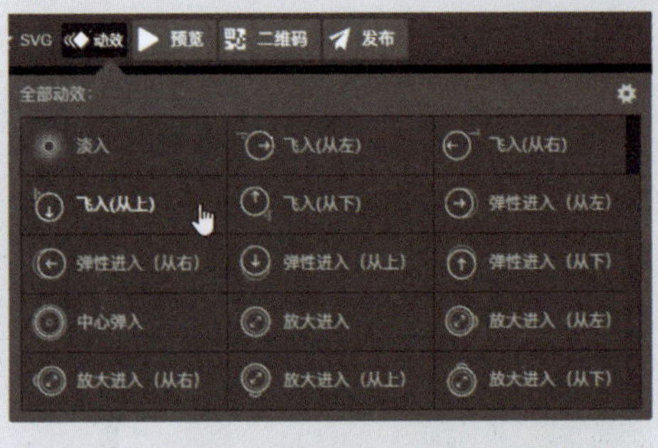　　图 6-280

（5）在“对象树”控制面板中单击选取“02”图层，如图6-281所示，选择“动效”命令，在弹出的下拉菜单中单击选取“飞入（从左）”选项。在“对象树”控制面板中单击选取“飞入（从左）”图层，在左侧“飞入（从左）的属性”面板中将“启动延时”选项设为1，其他选项的设置如图6-282所示。

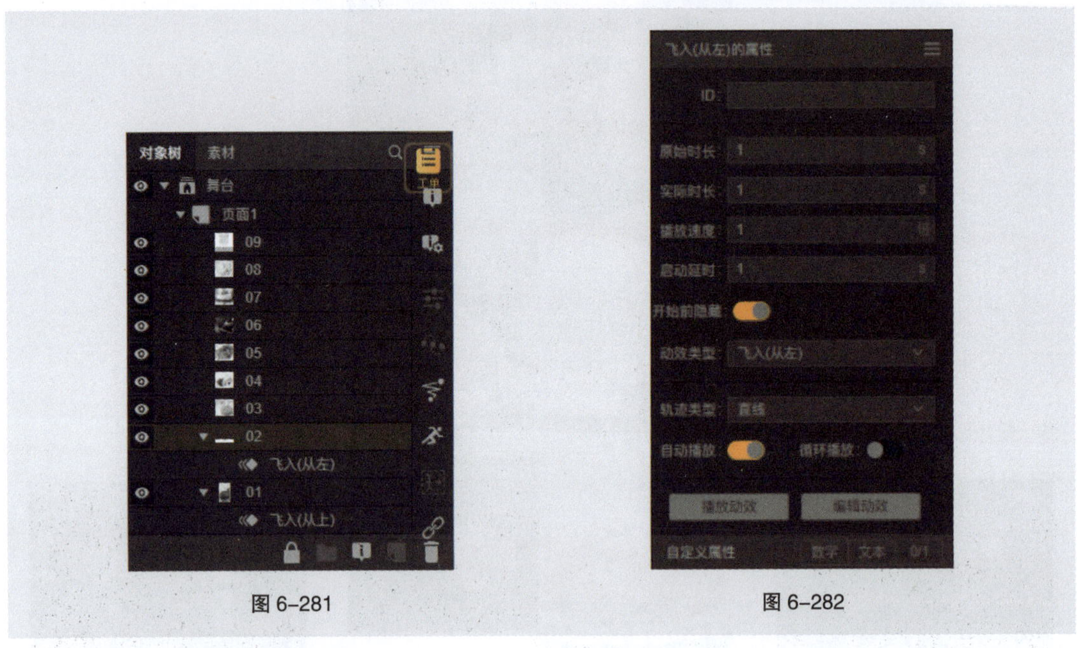

图 6-281　　图 6-282

（6）在“对象树”控制面板中单击选取“03”图层，选择“动效”命令，在弹出的下拉菜单中单击选取“飞入（从右）”选项，如图6-283所示。在“对象树”控制面板中单击选取“飞入（从右）”图层，在左侧“飞入（从右）的属性”面板中将“启动延时”选项设为2，如图6-284所示。

（7）根据上述步骤制作其他动效。在“对象树”控制面板中单击选取“舞台”图层，单击左侧工具栏中的“微信”按钮，在“对象树”控制面板中生成新的“微信1”图层，如图6-285所示。在“对象树”控制面板中单击选取“微信1”图层，在左侧“微信1的属性”面板中在“标题”文本框中输入“传承的味道”，在“描述”文本框中输入“一起来品尝吧！”，单击“分享截图”选项，在弹出的面板中选取云盘中的“Ch06 > 素材 > 制作传统中式糕点介绍H5页面> 制作发布 > 01”文件，如图6-286所示。

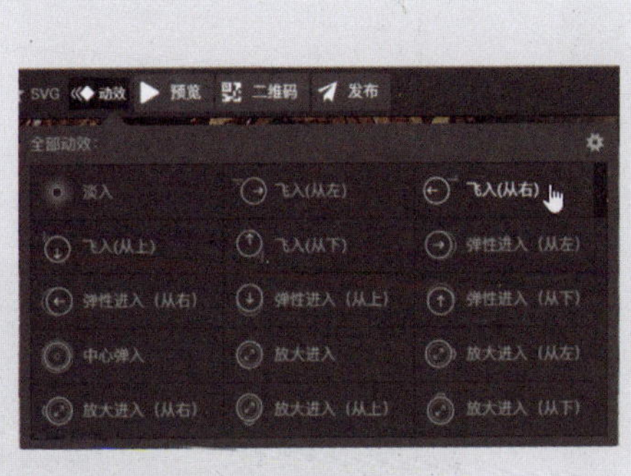

图 6-283

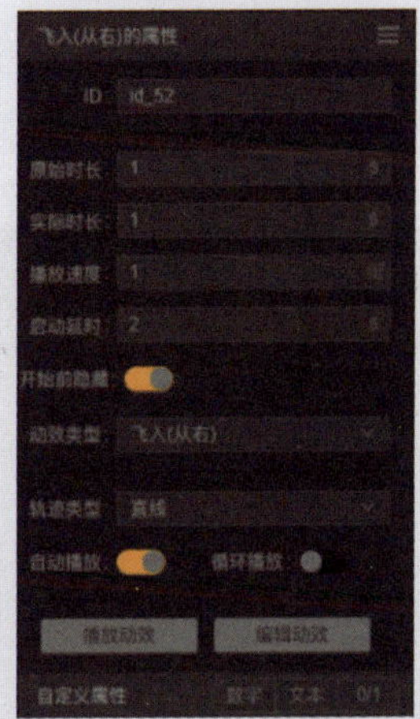

图 6-284

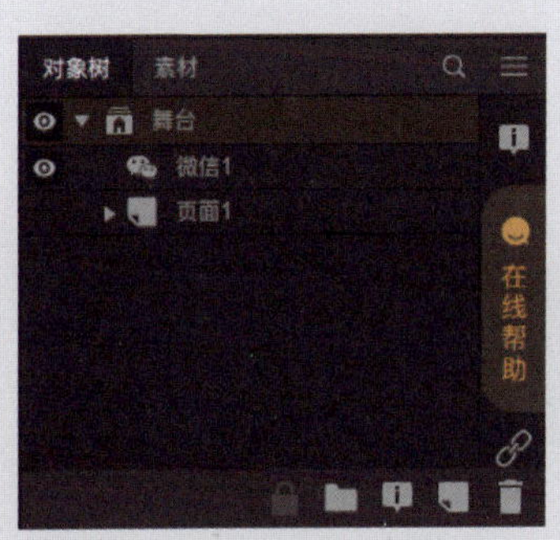

图 6-285

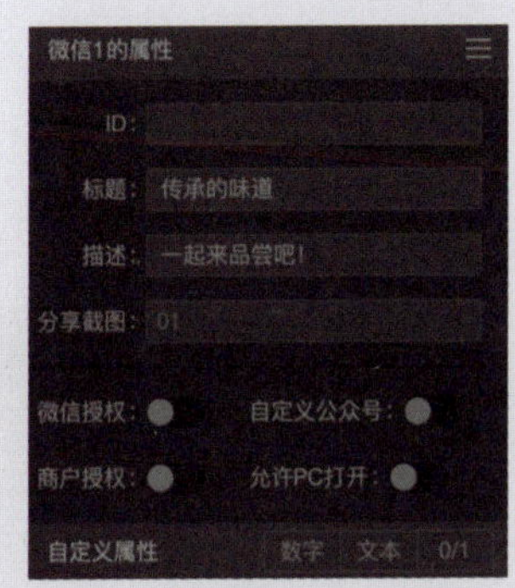

图 6-286

（8）在“对象树”控制面板中单击选取“舞台”图层，单击左侧工具栏中的“音频”按钮♫，选择云盘中的“Ch06 > 素材 > 制作传统中式糕点介绍H5页面 > 制作发布 > 10”文件，在“对象树”控制面板中生成新的音乐图层并将其命名为“配乐”，如图6-287所示。在“配乐的属性”面板中进行设置，如图6-288所示。

图 6-287

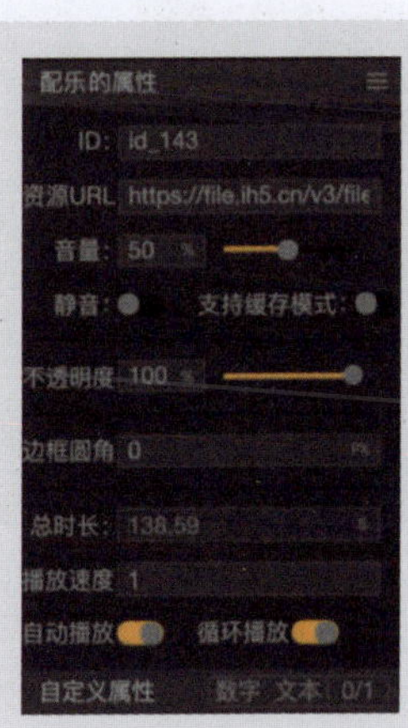

图 6-288

（9）在“对象树”控制面板中单击选取“舞台”图层，将鼠标指针移动至页面上方的“小模块”按钮上，在弹出的面板中选择“音乐控制”并挑选合适的按钮，如图6-289所示，在“对象树”控制面板中生成新的“音乐控制3-1”图层，如图6-290所示。

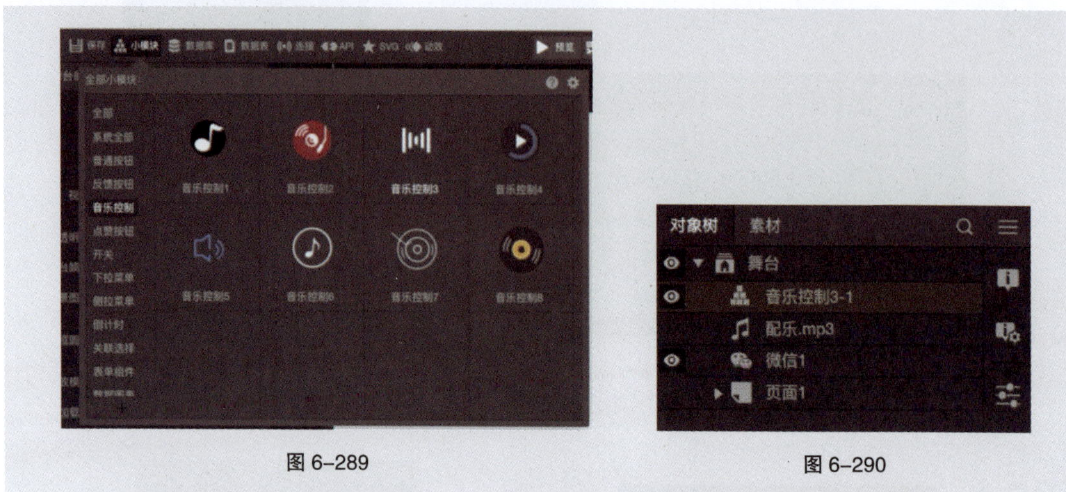

图 6-289　　图 6-290

（10）在“对象树”控制面板中单击选取“音乐控制3-1”图层，单击面板右上方的“事件”按钮，添加时间，在弹出的面板中进行设置，如图6-291所示。

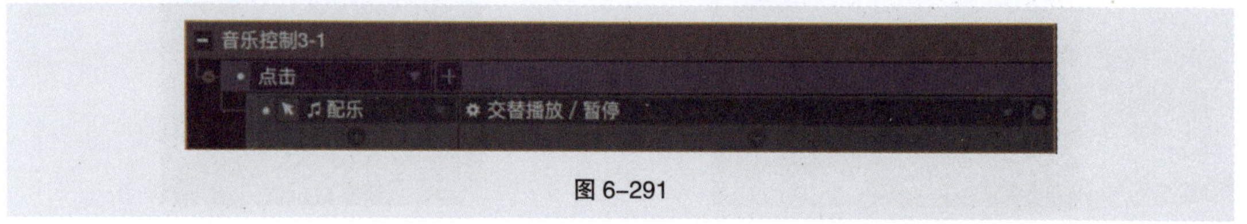

图 6-291

（11）在“对象树”控制面板中单击选取“页面1”图层，将鼠标指针移动至页面上方的“小模块”按钮上，在弹出的面板中选择“全部”并挑选合适的按钮，如图6-292所示，在“对象树”控制面板中生成新的“向上滑动2-1”图层，如图6-293所示。

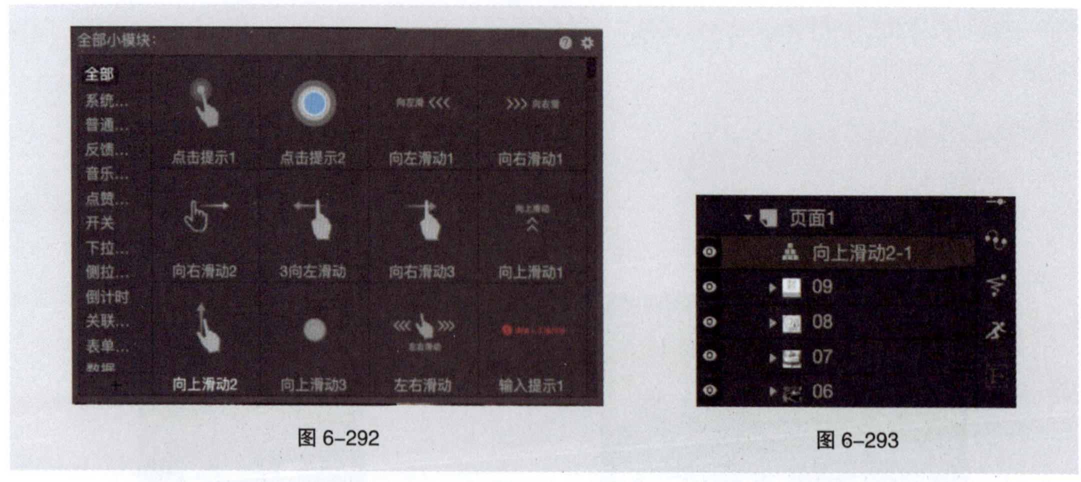

图 6-292　　图 6-293

（12）单击菜单栏中的“发布”按钮，弹出提示“请先进行实名认证再发布作品”，进行实名认证后，即可成功发布作品，并生成二维码和小程序链接。